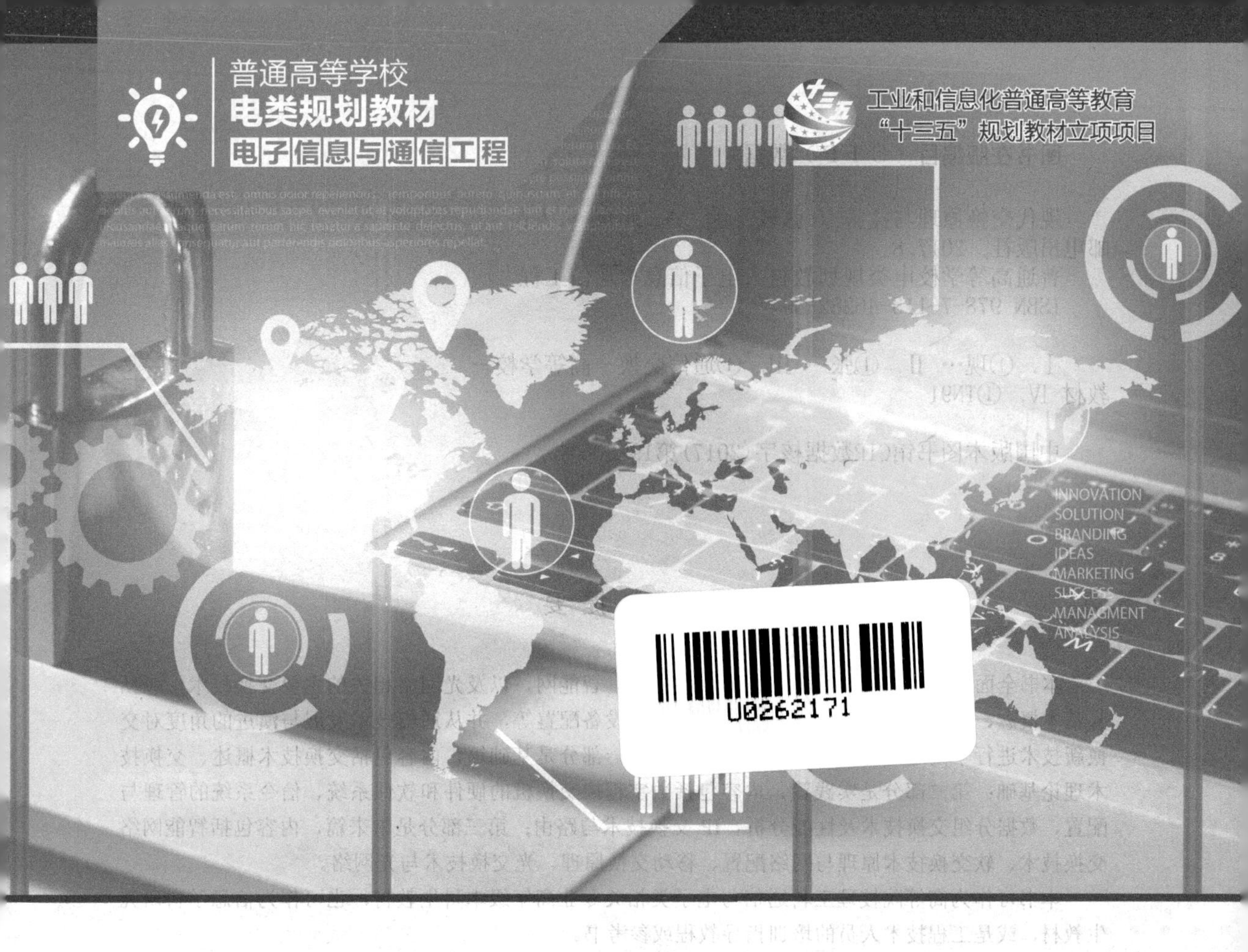

现代交换原理与技术

◎张轶 主编
◎王助娟 来婷 王宝华 副主编

人民邮电出版社
北京

图书在版编目（CIP）数据

现代交换原理与技术 / 张铁主编. -- 北京 : 人民邮电出版社, 2017.8
普通高等学校电类规划教材. 电子信息与通信工程
ISBN 978-7-115-46282-4

Ⅰ. ①现… Ⅱ. ①张… Ⅲ. ①通信交换－高等学校－教材 Ⅳ. ①TN91

中国版本图书馆CIP数据核字(2017)第192806号

内 容 提 要

本书全面、系统地介绍了与互联网、通信网、智能网，以及光网络相关的主要交换技术，包括其基本概念、性能参数与比较、工作原理、典型设备配置等，并从通信技术发展与演进的角度对交换新技术进行了阐述。全书共分为三大部分，第一部分是基础篇，内容包括交换技术概述、交换技术理论基础；第二部分是实践篇，内容包括数字程控交换机的硬件和软件系统、信令系统的管理与配置、数据分组交换技术及性能分析、IP 交换技术与路由；第三部分是未来篇，内容包括智能网络交换技术、软交换技术原理与网络配置、移动交换原理、光交换技术与光网络。

本书可作为高等院校理工科通信与电子类相关专业高年级本科生教材，也可作为信息学科研究生教材，或是工程技术人员的培训指导教程或参考书。

◆ 主　　编　张　铁
副 主 编　王助娟　来　婷　王宝华
责任编辑　李　召
责任印制　陈　犇
◆ 人民邮电出版社出版发行　　北京市丰台区成寿寺路 11 号
邮编　100164　　电子邮件　315@ptpress.com.cn
网址　http://www.ptpress.com.cn
廊坊市印艺阁数字科技有限公司印刷
◆ 开本：787×1092　1/16
印张：19.75　　2017 年 8 月第 1 版
字数：484 千字　　2025 年 1 月河北第 10 次印刷

定价：54.00 元

读者服务热线：(010)81055256　印装质量热线：(010)81055316
反盗版热线：(010)81055315
广告经营许可证：京东市监广登字 20170147 号

前言

无论在繁华的现代大都市，还是经济高速发展的北上广地区；无论是人潮如织的祖国内地，还是边陲口岸、广袤戈壁；无论春秋冬夏、寒来暑往，还是风霜雨雪、斗转星移；信息交换正为全人类服务着，帮助人们跨越时间与空间的鸿沟。

在信息技术的浪潮中，网络世界发生着翻天覆地的变革，以固定电话网络为代表的电信网、以计算机网络为代表的数据网络、以蜂窝网络为代表的移动无线网络，正进行着彼此之间的互联互通、相互融合。数字程控交换机拥有非常成熟的技术，并且是电信网、移动网、综合业务数字网的核心部件，起着关键作用。同时，随着人与人之间沟通方式的转变，以及对信息量需求的与日俱增，以 IP 网络和分组技术为基础的宽带数据网络正以迅猛的速度建设和发展着。

正因为交换技术发展日新月异，新的架构、新的技术非常丰富，而又受到篇幅的限制，不可能将方方面面的知识点都覆盖到，因此本书的结构设计是在基本原理和技术的基础上，尽可能将应用最为广泛的交换技术包含进来。具体来说，本书的结构内容包括三个大的部分——基础篇、实践篇、未来篇。在第一部分的基础篇中，第 1 章首先介绍了交换技术的产生背景、交换技术的基本原理与特性、电信网和数据交换网，以及各自的工作方式和层次模型，然后对交换技术的发展与演进做了概述，分析了交换机的各个功能子模块，介绍了目前市场上常见品牌的交换设备。第 2 章从话务基本理论出发，对交换系统的概率模型做了概要性描述，其次是关于服务质量和话务负载能力的讨论，并对交换机内部的典型交换单元做了介绍。

第二部分为实践篇，在第 3 章重点讲解了电路交换方式和公用电话交换网的硬件部分，与此相对应，电话交换网的软件设计部分则在第 4 章中详细介绍，包括软件的组成、程序的执行和管理等。第 5 章讲述了随路信令和共路信令，重点介绍 7 号信令的框架和相关配置。第 6 章介绍了各类分组交换方式，包括以太网交换方式、帧中继、ATM 交换，最后介绍了分组交换网络的相关性能。第 7 章重点介绍非连接的 IP 交换技术和标签交换方式，具体包括几种典型的路由算法、高性能路由器的架构，以及 MPLS。

第三部分为未来篇，包括智能网络交换、软交换和下一代网络，以及移动交换。具体来说，第 8 章介绍了智能业务交换，包括概念模型、固定智能网络和移动智能网络。第 9

章介绍下一代网络，包括基于软交换技术的NGN，软交换的相关设备、SIP协议、软交换的组网和路由问题。第10章介绍在移动通信网络中起关键作用的移动交换技术，包括蜂窝网络结构、切换与漫游、移动应用等。第11章介绍光交换技术与光网络，包括光纤通信的关键技术、光交换中的交换单元与交换机制、自动交换光网络的体系架构与光路由、以及光交换网络的未来演进方向。

针对应用型高等院校信息类专业的教学特点，以及交换技术这门课程学习的实际需要，本教材具有以下特点，主要表现在以下几个方面。

1．系统完整。全书从通信网的角度将原理、技术与实际应用紧密结合。

2．突出重点。各类交换技术与相应网络有机结合，由产生的背景出发，有取有舍，将主流技术呈现给读者。

3．理论联系实际。在理论知识介绍的基础上，对实际性能配置加以补充。

4．知识融合与交叉。可读性强，知识点连成网络，便于记忆和理解。

5．编写人员均为各高校教学与科研的一线教师，且从教多年，讲授过包括交换技术、数据网络、通信原理在内的多门专业课程，对相关领域有较强的把握能力，且能将各自的研究方向与专业有机融合，形成重基础、强应用的特色教材。

本书主要由张轶完成，在编写过程中，得到了武汉纺织大学电子与电气工程学院领导与同仁的大力支持，同时，通信工程教研室给予了具有建设性的建议，感谢武汉纺织大学科技处、教务处领导的大力支持，感谢湖北省教育厅项目资助（No.17Q091）以及武汉纺织大学校基金的资助（No.155028），特别感谢人民邮电出版社在整个出版过程中付出的努力，以及为本教材的顺利出版付出的辛勤劳动。

为了配合教师授课，本书配备了多媒体PPT课件、电子教案，以及授课计划，可免费提供给任课教师教学使用。

由于通信技术与计算机网络的发展迅速，加之作者本身教学与研究水平的局限，书中的错误及信息的滞后在所难免，敬请广大读者在使用过程中批评指正。

编　者

2017年7月

目录

第一部分 基础篇

第1章 交换技术概述……2
1.1 交换技术的基本概念……2
1.1.1 交换技术的引入……2
1.1.2 交换的作用……4
1.1.3 交换机的基本特征……4
1.2 交换式通信网……5
1.2.1 公共交换电信网……5
1.2.2 数据交换网……6
1.2.3 通信网的类型及工作方式……6
1.2.4 通信网协议及分层模型……7
1.3 交换技术的发展与演进……9
1.3.1 交换技术的发展阶段……9
1.3.2 电路交换技术的发展……10
1.3.3 IP交换技术概述……10
1.3.4 标记交换技术……11
1.3.5 软交换的发展……11
1.3.6 光交换技术应用与发展……12
1.3.7 宽带交换技术与国家战略……12
1.4 交换方式的分类……14
1.4.1 模拟交换方式与数字交换方式……14
1.4.2 分组交换方式与电路交换方式……16
1.4.3 宽带交换方式与窄带交换方式……16
1.5 交换机的构成与各模块的功能……18
1.5.1 交叉开关矩阵……19
1.5.2 交换机的一般组成……20
1.5.3 交换设备的主要参数指标……21
1.5.4 品牌交换机参数比较……22
本章小结……24
练习题与思考题……24
第2章 交换技术理论基础……25
2.1 话务基本理论……25
2.1.1 话务量的基本概念……25
2.1.2 线束的容量及利用度……27
2.1.3 呼叫处理能力与呼损分析……28
2.2 交换系统中的概率理论及随机过程……33
2.2.1 概率理论基础……34
2.2.2 典型的概率分布……35
2.2.3 随机过程的应用……37
2.3 交换网络的服务质量与话务负载能力……40
2.3.1 服务质量的定义……40
2.3.2 交换网络的服务质量处理流程……41
2.3.3 交换网络服务质量的保障机制与策略……41
2.3.4 服务质量分类标准……42
2.4 电信网互连基本技术……43
2.4.1 连续信号离散化……43
2.4.2 时分多路复用技术……44
2.4.3 接口控制技术……46

2.4.4 信令技术 ……47
2.5 交换单元与交换网络……47
2.5.1 交换单元的基本模型……47
2.5.2 典型的交换单元……50
2.5.3 交换网络级联……52
本章小结 ……54
练习题与思考题 ……54

第二部分 实践篇

第3章 数字程控交换机的硬件系统……56
3.1 硬件系统概述 ……56
3.2 数字程控交换机的硬件结构……57
3.2.1 总体结构 ……57
3.2.2 用户话路和信号部件……58
3.2.3 数字程控交换机的终端接口 ……60
3.3 数字程控交换机的话路控制系统……60
3.3.1 处理机的控制结构……60
3.3.2 处理机的配置方式……61
3.3.3 处理机的通信方式……63
3.4 移动网络中的数字程控交换系统 ……63
3.4.1 数字移动交换系统的硬件结构 ……63
3.4.2 数字移动交换系统的功能……64
3.4.3 数字移动交换系统的无线呼叫实现 ……66
3.4.4 数字交换主流芯片介绍……66
本章小结 ……66
练习题与思考题 ……66
第4章 数字程控交换机的软件系统……67
4.1 概述 ……67
4.2 数字程控交换机软件设计的基本需求 ……68
4.2.1 实时性需求……68
4.2.2 可靠性需求……68
4.2.3 可维护性需求……70
4.3 数字程控交换机的软件系统……70
4.3.1 数字程控交换机软件组成……70
4.3.2 数字程控交换机的操作系统及特点 ……72
4.3.3 数字程控交换机的程序设计语言 ……72
4.4 数字程控交换机程序的执行与管理维护……73
4.4.1 数字程控交换机程序的运行流程……73
4.4.2 数字程控交换机的程序调度……74
4.4.3 数字程控交换机呼叫处理程序的管理……76
4.4.4 数字程控交换机的程序诊断与过程维护……77
4.4.5 交换机 PRA 数据配置 ……77
4.4.6 交换机典型故障处理与分析……78
本章小结……78
练习题与思考题……79
第5章 信令系统管理与配置……80
5.1 电话通信网络……80
5.1.1 固定电话网络……81
5.1.2 移动电话网络……82
5.1.3 电话网络的编号规则……83
5.1.4 电话通信网中的路由……84
5.2 随路信令与共路信令……85
5.2.1 随路信令……85
5.2.2 7号信令概述……86
5.2.3 7号信令网络的分类与分级方式……87
5.2.4 7号信令信号单元格式……88
5.2.5 7号信令电话用户部分……90
5.2.6 7号信令 ISDN 用户部分……92
5.3 7号信令系统的开通配置实例……95
5.3.1 信令交换局的连接设置……95
5.3.2 信令邻接交换局的设置……95
5.3.3 信令数据设置……96
5.4 中继数据配置与故障分析实例……96
5.4.1 中继电路配置与出局路由链……96
5.4.2 号码分析与链路状态……97
5.4.3 7号信令跟踪设置……98
5.4.4 7号信令系统配置典型故障分析……98
本章小结……98

练习题与思考题……99
第6章 数据分组交换技术及性能分析……100
6.1 分组交换技术的背景……100
6.2 分组交换技术的基本原理……101
6.2.1 统计时分复用原理……101
6.2.2 分组交换的数据格式……102
6.2.3 数据链路层的帧结构……103
6.2.4 分组的存储与转发……106
6.2.5 虚电路与数据报的交换机制…107
6.3 以太网交换技术……109
6.3.1 以太网交换原理……111
6.3.2 第2层交换技术……113
6.3.3 第3层交换技术……114
6.3.4 第4层交换技术……116
6.3.5 局域网快速交换技术……118
6.3.6 电信级交换以太网及发展…119
6.4 帧中继交换原理……120
6.4.1 帧中继交换基本特点……120
6.4.2 帧格式与协议栈……121
6.4.3 帧中继交换的应用……122
6.5 面向连接的ATM交换原理……123
6.5.1 ATM交换产生的背景……123
6.5.2 ATM交换协议模型……124
6.5.3 ATM交换网络信令技术……128
6.5.4 ATM交换网络的流量控制…131
6.6 数据分组交换网络性能分析……133
本章小结……135
练习题与思考题……136
第7章 IP交换技术与路由……137
7.1 IP技术基础……137
7.1.1 IP互连与分组协议……137
7.1.2 IP编址方案的演进……142
7.1.3 TCP与UDP协议……143
7.2 IP路由选择算法……145
7.2.1 路由信息协议……146
7.2.2 开放最短路径优先算法……148
7.2.3 边界网关协议……149
7.2.4 IP交换技术与ATM技术的融合……150
7.3 路由与交换……151
7.3.1 集线器、以太网交换机与路由器……151
7.3.2 IP网络检测实用工具……153
7.3.3 基于IP的集群路由……161
7.4 高性能交换设备体系架构……162
7.4.1 高性能交换设备产生的背景…162
7.4.2 高性能交换设备的关键技术…163
7.4.3 典型的高性能交换与路由产品……165
7.5 多协议标签交换技术……166
7.5.1 多协议标签交换概念……167
7.5.2 多协议标签交换基本原理…167
7.5.3 多协议标签交换的应用与发展趋势……169
本章小结……171
练习题与思考题……172

第三部分 未来篇

第8章 智能网络交换技术……174
8.1 概述……174
8.1.1 智能网络的背景……174
8.1.2 智能网络的通信协议……175
8.1.3 智能网络的基本模型……175
8.1.4 智能网络的发展与演进……178
8.2 典型的智能网络业务……179
8.2.1 智能网业务标准……179
8.2.2 个人通信业务……182
8.2.3 专用网业务（VPN）……184
8.2.4 被叫集中付费业务……186
8.2.5 记帐卡呼叫业务……187
8.3 固定智能网络与移动智能网络及其发展……188
8.3.1 固定智能网络……188
8.3.2 移动智能网络……191
8.3.3 综合智能网络……191
8.3.4 智能网络与下一代网络的融合……193
本章小结……194
练习题与思考题……195

第 9 章 软交换技术原理与网络配置……196

9.1 软交换技术概述……196

9.1.1 软交换体系架构……197

9.1.2 基于软交换技术的下一代网络分层模型……198

9.1.3 软交换实现的主要功能……199

9.1.4 软交换技术设备功能……201

9.2 IP 多媒体子系统……203

9.2.1 IMS 标准化……203

9.2.2 IMS 的系统架构……204

9.2.3 IMS 系统的主要功能实体……204

9.2.4 IMS 功能特点……208

9.2.5 IMS 和软交换的特点比较……209

9.2.6 IMS 典型设备……209

9.3 软交换技术的典型协议……210

9.3.1 媒体网关控制协议……210

9.3.2 H.323 协议……212

9.3.3 SIGTRAN 的信令传输层协议……214

9.3.4 SIGTRAN 的信令适配层协议……216

9.3.5 SIP 协议……219

本章小结……224

练习题与思考题……224

第 10 章 移动交换原理……225

10.1 移动通信网络概述……225

10.1.1 移动通信系统网络结构……226

10.1.2 编号规则……228

10.1.3 移动通信网络的发展及演进……235

10.2 移动交换技术……239

10.2.1 移动呼叫的流程……240

10.2.2 漫游与切换……241

10.2.3 移动交换接口与信令……246

10.2.4 位置更新……249

10.3 GPRS 无线数据业务……252

10.3.1 网络架构……252

10.3.2 GPRS 网络协议栈……254

10.3.3 GPRS 的业务信道与控制信道……254

10.3.4 GPRS 交换业务平台……255

10.4 基于移动交换的 3G 核心网发展与演进……256

10.4.1 基本概念……257

10.4.2 移动软交换及应用……260

10.4.3 全 IP 核心网的发展演进……262

本章小结……263

练习题与思考题……264

第 11 章 光交换技术与光网络……265

11.1 光通信概述……265

11.2 光纤通信关键技术……267

11.2.1 FTTH 技术……267

11.2.2 WDM 技术……268

11.2.3 RPR 技术……268

11.3 光交换机制……269

11.3.1 空分光交换……269

11.3.2 时分光交换……269

11.3.3 波分/频分光交换……270

11.3.4 自由空间光交换……271

11.3.5 光突发交换……272

11.3.6 光分组及其缓存……272

11.4 光交换单元……273

11.4.1 光分插复用……273

11.4.2 光交叉连接……275

11.5 自动交换光网络……275

11.5.1 ASON 的网络体系结构……276

11.5.2 ASON 的链路资源管理……277

11.5.3 ASON 光网络的保护和恢复……278

11.5.4 ASON 光网络的路由……279

11.5.5 光交换平台……280

11.6 光交换网络的演进与未来发展…283

本章小结……284

练习题与思考题……284

附录 1 缩略词表……285

附录 2 爱尔兰呼损公式计算表……297

参考文献……308

第一部分

基础篇

第 1 章 交换技术概述

本章作为全书的基础部分，主要介绍交换技术的基本概念及基本特征。首先说明通信网的工作方式、协议及分层模型，然后从交换发展的背景出发，理解交换的根本作用，以及交换技术在通信网络中的地位，最后从技术角度讲述目前的一些主要交换方式，包括模拟交换方式与数字交换方式、分布交换方式与程控交换方式、分组交换方式与电路交换方式、宽带交换方式与窄带交换方式等。同时，对交换机的主要工作参数进行简要描述，包括服务质量指标、可靠性，以及性能参数。

1.1 交换技术的基本概念

谈到交换，从广义上讲，任何数据的转发都可以叫做交换，但是，传统的、狭义的第二层交换技术，仅包括数据链路层的转发。本节将说明为什么需要交换技术和交换设备，并描述了交换的作用及基本特征。

1.1.1 交换技术的引入

通信（交换信息）的目的是在信息的源节点和目的节点之间传送信息，源节点和目的节点对应的就是各种通信终端，比如 2 个用户要想通话，最简单的就是各拿 1 个电话机，用 1 条通信线路连接起来，就可以实现最基本的通信，如图 1-1 所示。

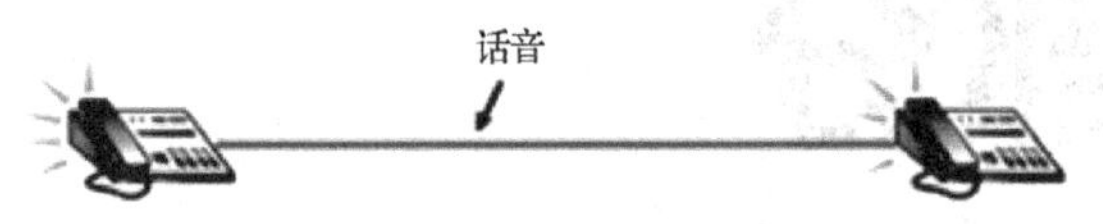

图 1-1 用 1 条通信线路连接的话音链路

当信息以电信号的形式传送时，由此构成的就是电信系统，1 个电信系统至少应当由发送或接收信息的终端和传输信息的媒介组成，终端将包含信息的消息，如声音、数据、图像、视频等，转换成可以被传输媒介接收的电信号，同时，将来自传输媒介的电信号还原成原始消息，传输媒介则把电信号从一个地点传送到另一个地点，这种只涉及 2 个终端的通信，被称为点对点通信。典型的点到点通信系统如图 1-2 所示。

实现多个用户之间的通信，最简单、最直接的方式就是两两互相连接。这样的一种连接方式称为全互连方式。全互连方式很简单，也很直接，但存在下列问题。

（1）连接线对的数量随终端数的平方增加，当存在 N 个终端时，需要的连接线对数为：$N(N-1)/2$。

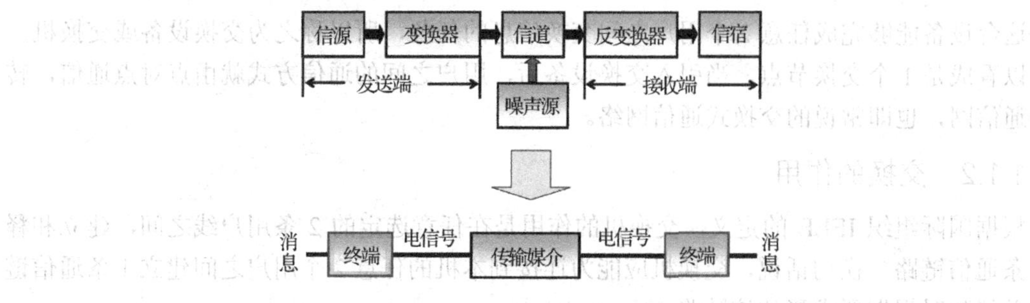

图 1-2 点到点通信系统

（2）当这些终端分别位于相距很远的两地时，两地之间需要大量的长途线路。

（3）当增加到第 $N+1$ 个终端时，必须增设 N 对线路。

（4）每个终端都有 $N-1$ 对线与其他终端相连接，因而，每个终端都需要有 $N-1$ 个线路接口。

全互连方式结构如图 1-3 所示。

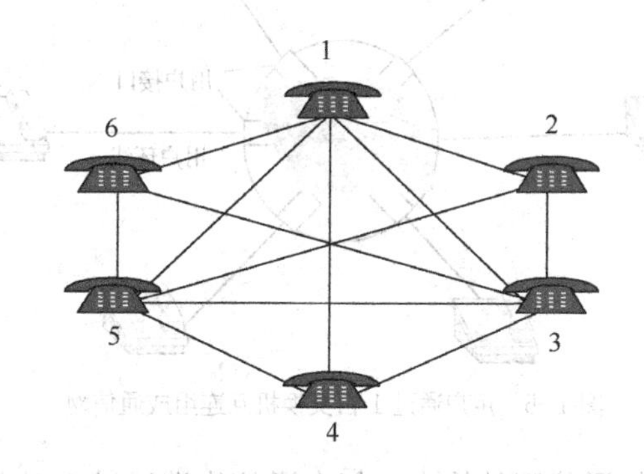

图 1-3 具有 6 个终端的全互连方式结构示意图

随着用户数量的增加，上述问题将会变得更加突出，为此，可以考虑在用户分布密集的中心安装 1 台设备，把每个用户的电话机或其他终端设备，用各自专用的线路连接到这台设备上，从而，使得这台设备相当于 1 个开关，当任意 2 个用户需要通信时，该设备可以立即将这 2 个用户之间的通信线路连通（称为"接续"），让用户进行通信，当用户通信完毕后，该设备又可以立即把 2 个用户之间的连接线断开。

引入交换设备之后的网络连接如图 1-4 所示。

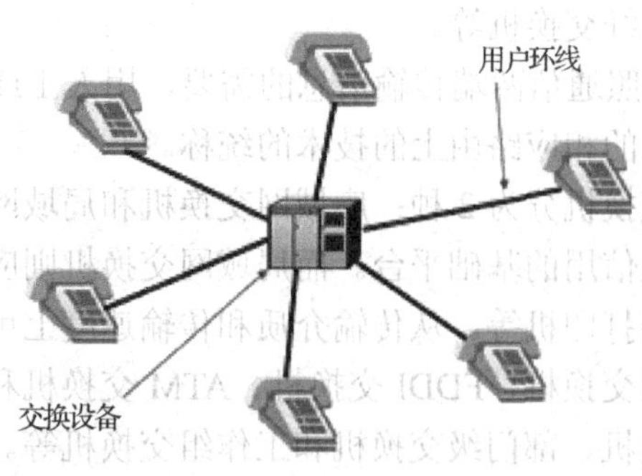

图 1-4 基于交换设备的网络连接示意图

这台设备能够完成任意 2 个用户之间交换信息的任务，所以称之为交换设备或交换机，也可以看成是 1 个交换节点。当引入交换设备后，用户之间的通信方式就由点对点通信，转变为通信网，也即常说的交换式通信网络。

1.1.2　交换的作用

根据国际组织 IEEE 的定义，交换机的作用是在任意选定的 2 条用户线之间，建立和释放 1 条通信链路。换句话说，交换机应能为连接到本机的任意 2 个用户之间建立 1 条通信链路，并能随时根据要求释放该链路。

最基本的通信网仅包含 1 台交换机，每个用户（电话机或通信终端）通过 1 条专用的用户环线（简称用户线），与交换机中的相应接口相连接，实际应用的用户线是 1 对绞合的塑胶线，如图 1-5 所示。

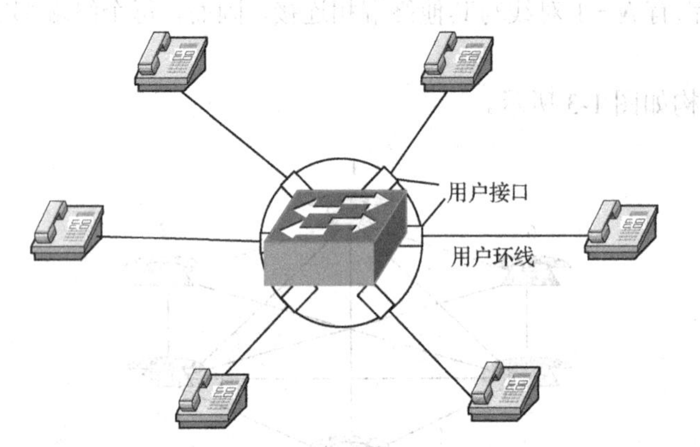

图 1-5　用户通过 1 台交换机互连组成通信网

在由 1 台交换机组成的通信网结构中，每个通信终端通过 1 对专门的用户环线，连到交换机的线路接口，交换机负责监测各个用户状态。需要时，在 2 个用户之间建立和释放通信连路。但是当用户多时，连接管理复杂性急剧上升，并且用户分布区域较大时，用户线的投资代价占主要部分。

1.1.3　交换机的基本特征

交换机（switch）意为“开关”，是 1 种用于电（光）信号转发的网络设备，它可以为接入交换机的任意两个网络节点提供电信号通路，最常见的交换机是以太网交换机，其他常见的还有电话语音交换机、光纤交换机等。

交换（switching）是按照通信两端传输信息的需要，用人工或设备自动完成的方法，把要传输的信息送到符合要求的相应路由上的技术的统称。

从广义上来看，网络交换机分为 2 种：广域网交换机和局域网交换机。广域网交换机主要应用于电信领域，提供通信用的基础平台。而局域网交换机则应用于局域网络，用于连接终端设备，如 PC 机及网络打印机等。从传输介质和传输速度上可分为以太网交换机、快速以太网交换机、千兆以太网交换机、FDDI 交换机、ATM 交换机和令牌环交换机等。从规模应用上又可分为企业级交换机、部门级交换机和工作组交换机等。各厂商划分的尺度并不是完全一致的，一般来讲，企业级交换机都是机架式，部门级交换机可以是机架式（插槽数较少），也可以是固定配置式，而工作组级交换机为固定配置式（功能较为简单）。

1.2 交换式通信网

利用多台交换机组成的通信网络，汇接交换机互连多个端局交换机，用于疏导本交换区各交换机之间的互通业务，端局交换机连接用户终端，用户交换机在信令方式上相当于用户电话机。

1.2.1 公共交换电信网

交换节点的基本功能是，实现任意入线与任意出线之间的互连，这是交换系统最基本的功能，交换节点可以控制包括本局接续、出局接续、入局接续，以及转接接续在内的 4 种接续类型。

（1）本局接续：指在本局范围内各用户线之间的接续。

（2）出局接续：指用户线与出中继线之间的接续。

（3）入局接续：指入中继线与用户线之间的接续。

（4）转接接续：指入中继线与出中继线之间的接续。

多台交换机组成的公共交换电信网如图 1-6 所示。

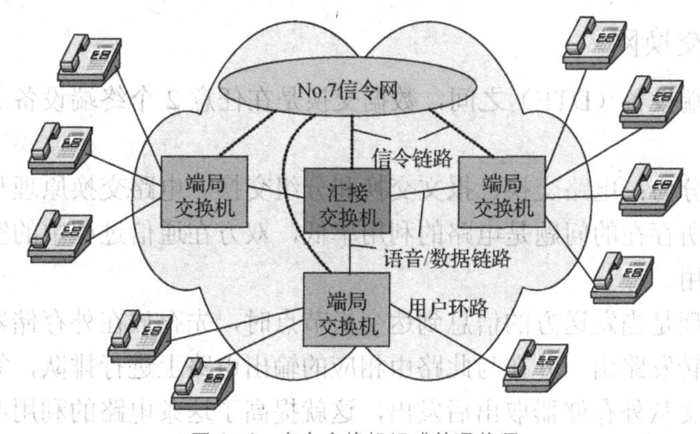

图 1-6 多台交换机组成的通信网

用户环路常以模拟方式传送 300～3400Hz 话音信号，数据链路采用 PCM 时分复用，每个用户占用 64kbit/s 带宽，常以 2Mbit/s 或更高速率的复用群传送话音/数据，信令网是专门用来传送各交换机之间的通信操作指令，以及维护信令的数据通信的分组交换网络。

节点是构成网络的核心，因此，交换设备是通信网的核心，其基本作用是为网络中的任意用户构建通话连接。交换节点的功能包括监视功能、信令功能、连接功能，以及控制功能。

（1）监视功能：发现和判断用户的呼叫请求。

（2）信令功能：接收和分析地址信号，按目的地址选路，并转发信号。

（3）连接功能：按需实现任意端口之间的信息传送。

（4）控制功能：控制连接的建立与释放。

终端包括电话、传真、计算机、视频终端和 PBX 等，它们是信息的产生者和使用者，主要功能如下。

（1）用户信息的处理：用户信息的发送和接收，将信息转换成适合传输的信号及相应的反变换。

（2）信令信息的处理：产生和识别连接建立、业务管理等控制信息。

传输系统（transmission system）为信息传送提供通道，并实现网络节点的互连，包括线路接口、传输媒介、交叉连接设备等。

传输系统的主要目标是提高物理线路的利用率。传输系统通过采用复用技术，如频分复用、时分复用、码分复用、波分复用等技术的同时，为保证交换节点正确接收和识别传输的数据流，交换节点必须与传输系统协调一致，保持帧同步和位同步，并遵守相同的传输技术体制（如 SDH、WDM）等。

业务节点（service node）包括业务控制点（SCP）、智能外设（IP）、语音信箱（VMS），以及因特网上各种服务器等，由连接在网络边缘的计算机、数据库系统组成，所实现的功能包括以下几方面。

（1）实现独立于交换节点的控制逻辑。

（2）实现对交换节点业务控制。

（3）提供智能化、个性化、差异化服务。

基本业务的呼叫建立、执行控制在交换节点实现，但很多新的电信业务则转移到业务节点中。

1.2.2 数据交换网

在多个数据终端设备（DTE）之间，数据交换是在任意 2 个终端设备之间，建立临时的数据通路的过程。

数据交换可以分为：电路交换、报文交换和分组交换。电路交换原理与电话交换原理基本相同，电路交换所存在的问题是电路的利用率低，双方在通信过程中的空闲时间，电路资源不能得到充分利用。

报文交换的原理是当发送方的信息到达交换节点时，先存放在外存储器中，待中央处理机分析报头，确定转发路由，并在与此路由相应的输出电路上进行排队，等待输出。一旦电路空闲，立即将报文从外存储器取出后发出，这就提高了这条电路的利用率。报文交换虽然提高了电路的利用率，但报文经存储转发后会产生较大的时延。

分组交换也是一种存储转发交换方式，但与报文交换不同，它是把报文划分为一定长度的分组，以分组为单位进行存储转发，这就不但保留了报文交换方式提高电路利用率的优点，同时克服了时延大的缺点。

1.2.3 通信网的类型及工作方式

通信网是将一定数量的节点（包括端系统、交换机）和连接这些节点的传输系统有机地组织在一起的，按照约定的规则或协议完成任意用户间信息交换的通信体系，用户使用它可以克服空间、时间等障碍进行有效的信息交换。

通信网的类型按照信号方式、服务区域、业务类型、服务对象、活动方式等划分，可以包括不同的类别。

（1）按信号方式划分：分为模拟通信网和数字通信网。

（2）按服务区域划分：分为本地/长途或 LAN/MAN/WAN。

（3）按业务类型划分：分为电话通信网（PSTN、PLMN）、数据通信网（X.25、FR、Internet）。

（4）按服务对象划分：可以分为公用通信网和专用通信网。

（5）按活动方式划分：可以分为固定通信网和移动通信网。

在通信网中，网络将信息由信源传送至信宿具有 2 种工作方式：面向连接（connection oriented，CO）、无连接（connectionless，CL）。面向连接型节点和无连接型节点的结构如图 1-7 所示。

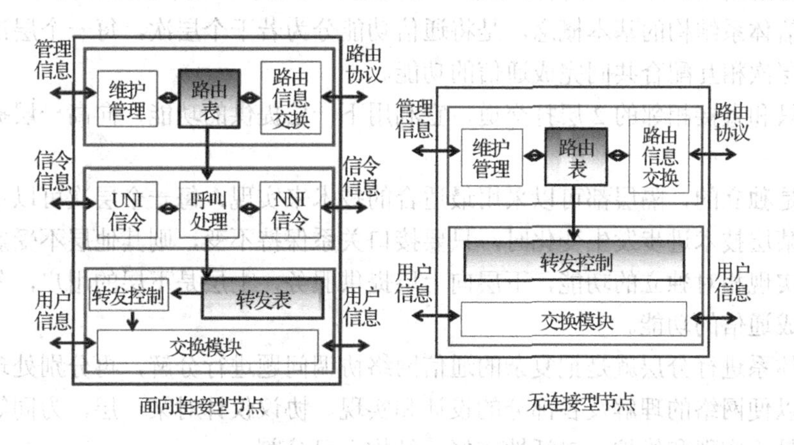

图 1-7 面向连接型节点和无连接型节点的结构示意图

面向连接网络依赖发送方和接收方之间的通信和阻塞，以管理双方的数据传输，网络系统需要在发送数据之前，先建立连接的一种特性，面向连接网络类似于电话系统，在开始通信前必须先进行 1 次呼叫和应答。

面向连接的服务（connection-oriented service）就是通信双方在通信时，要事先建立 1 条通信线路，其过程包括建立连接、使用连接和释放连接 3 个过程。

无面向连接服务（connectionless service），是不要求发送方和接收方之间的会话连接，发送方只是简单地开始向目的地发送数据分组，此业务不如面向连接的方法可靠，但对于周期性的突发传输很有用，系统不必为发送传输到的目的端，以及从其中接收传输的系统保留状态信息，无连接网络提供最小的服务，仅仅是连接，无连接服务的优点是通信比较迅速，使用灵活方便，连接开销小，但可靠性也相对较低，不能防止报文的丢失、重复或失序，适合于突发数据量业务。

1.2.4 通信网协议及分层模型

通信协议（protocol）是指双方实体完成通信或服务所必须遵循的规则和约定。通过通信信道和设备互连起来的、多个不同地理位置的数据通信系统，要使其能协同工作，实现信息交换和资源共享，它们之间必须具有共同的语言，交流什么、怎样交流及何时交流，都必须遵循某种互相都能接受的规则，这个规则就是通信协议。

协议定义了数据单元使用的格式，信息单元应该包含的信息与含义、连接方式、信息发送和接收的时序，从而确保网络中数据顺利地传送到确定的地方。

在计算机通信中，通信协议用于实现计算机与网络连接之间的标准，网络如果没有统一的通信协议，信息传递就无法识别，通信协议是通信各方事前约定的通信规则，可以简单地理解为，各计算机之间进行相互会话所使用的共同语言，2 台计算机在进行通信时，必须使用通信协议。

通信协议主要由以下 3 个要素组成。

（1）语法：即如何通信，包括数据的格式、编码和信号等级（电平的高低）等。

（2）语义：即通信内容，包括数据内容、含义，以及控制信息等。

（3）定时规则（时序）：即何时通信，明确通信的顺序、速率匹配和排序。

分层通信体系结构的基本概念，是将通信功能分为若干个层次，每一个层次完成一部分功能，各个层次相互配合共同完成通信的功能。

每一层只和直接相邻的 2 层打交道，它利用下一层提供的功能，向高一层提供本层所能完成的服务。

每一层是独立的，隔层都可以采用最适合的技术来实现，每一个层次可以单独进行开发和测试，当某层技术进步发生变化时，只要接口关系保持不变，则其他层不受影响。

每一层实现相对独立的功能，下层向上层提供服务，上层是下层的用户，各个层次相互配合共同完成通信的功能。

将网络体系进行分层就是把复杂的通信网络协调问题进行分解，再分别处理，使复杂的问题简化，以便网络的理解及各部分的设计和实现。协议仅针对某一层，为同等实体之间的通信制定，易于实现和维护，灵活性较好，结构上可分割。

OSI 七层参考模型如图 1-8 所示。

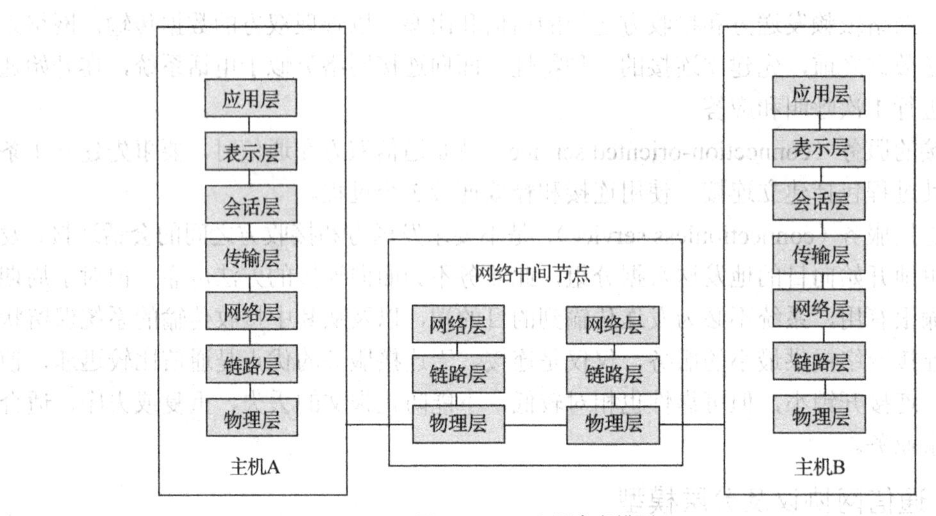

图 1-8　OSI 七层参考模型

传输控制协议是局域网中常用的通信协议簇（transport control protocol/internet protocol，TCP/IP）的历史应当追溯到 Internet 的前身—ARPAnet 时代，为了实现不同网络之间的互连，美国国防部于 1977 年到 1979 年间制定了 TCP/IP 体系结构和协议，TCP/IP 是由一组具有专业用途的多个子协议组合而成的，这些子协议包括 TCP、IP、UDP、ARP、ICMP 等，TCP/IP 凭借其实现成本低、在多平台间通信安全可靠，以及可路由性等优势迅速发展，并成为 Internet 中的标准协议。

TCP/IP 的参考模型如图 1-9 所示。

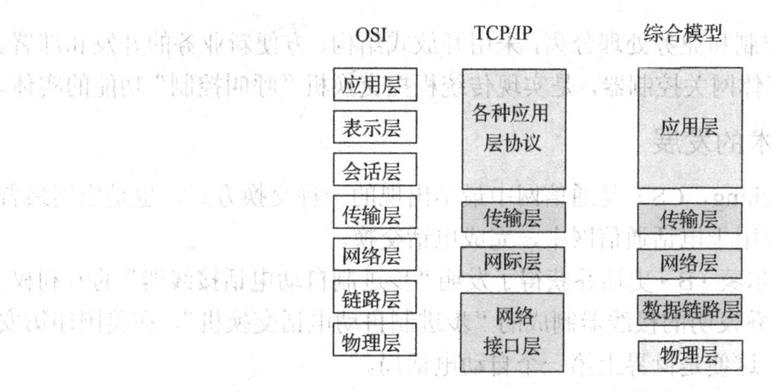

图 1-9 TCP/IP 四层参考模型

TCP/IP 已经成为局域网中的首选协议，在操作系统（如 Windows7、Windows XP、Windows Server2003 等）中已经将 TCP/IP 作为其默认安装的通信协议。

1.3 交换技术的发展与演进

从 1876 年贝尔发明电话（点到点人工接续方式），以及 1878 年发明第一台交换机开始，电话交换已经从电路交换方式发展到了分组交换和包交换的阶段，但整个交换是从电路交换方式发展起来的。

其中，电路交换方式的整个发展经历了 3 个阶段：人工交换阶段、机电式自动交换方式阶段、电子式自动交换方式阶段。下面分别介绍几种典型的交换技术的发展，并从这几种交换技术不同阶段的发展过程中，体会交换的本质思想和实现原理。

特别是人工交换阶段，虽然它很原始，功能很简单，但它却最能直观地反映出交换的本质思想，通过对人工交换的学习，既可以理解交换的原理，也可以了解交换的起源。

1.3.1 交换技术的发展阶段

1876 年贝尔发明电话，基于人工接续实现了点到点连接，1889 年发明步进制交换机，随后，出现了机动制交换机（用硬件控制接续过程），1932 年出现纵横制交换机，第二次世界大战后，长途网络实现自动化，1965 年 AT&T 推出第 1 台程控交换机，实现空分开关模拟交换。1970 年首先在法国拉尼翁，开通第 1 台数字程控交换机，开创了数字化语音网络新时期（用程序控制接续）。

数据网络和分组交换，始于 20 世纪 70 年代，CCITT 建立了 1 个称作 X.25 的标准协议，ISO 通过了 OSI 七层框架协议，为世界上任何计算机间通信提供了条件，Internet 技术、路由器、IP 技术，现已成为 NGN 的技术基础。

宽带交换技术主要用来交换大块数据业务和视频业务，快速电路交换和帧中继，用于解决数据分组交换的节点处理速度问题。ATM 交换是将数据组装成定长的短分组，利用电路交换机制实现高速数据交换。基于 IP 交换的多协议标记交换（MPLS），是 IP 技术和 ATM 交换相结合的产物。

随着光器件及波分复用技术的发展和不断成熟，光交换技术已经成为实现 NGN 的一项核心技术，当前分为空分机制的光路交换（ODX）、时空结合的光突发交换（OBS），只完成光层交换。

软交换技术是将呼叫控制和业务处理分离，采用开放式结构，方便新业务的开发和部署。软交换也称作呼叫代理、媒体网关控制器，是实现传统程控交换机“呼叫控制”功能的实体。

1.3.2 电路交换技术的发展

电路交换（circuit switching，CS）是通信网中最早出现的一种交换方式，也是应用最普遍的一种交换方式，主要应用于电话通信网中，完成电话交换。

1891年3月10日，阿尔蒙•B•史端乔获得了发明“步进制自动电话接线器”的专利权。1892年11月3日，用史端乔发明的接线器制成的“步进制自动电话交换机”，在美国印第安纳州的拉波特城投入使用，这便是世界上第一个自动电话局。

1919年，瑞典的电话工程师帕尔姆格伦和贝塔兰德发明了一种自动接线器，叫做“纵横制接线器”，并申请了专利。1929年，瑞典松兹瓦尔市建成了世界上第一个大型纵横制电话局，拥有3500个用户。

“纵横制”的名称来自纵横接线器的构造，它由一些纵棒、横棒和电磁装置构成，控制通过电磁装置的电流，可吸动相关的纵棒和横棒动作，使得纵棒和横棒在某个交叉点接触，从而实现接线的工作。

1965年5月，美国贝尔系统的1号电子交换机问世，它是世界上第一部开通使用的程控电话交换机。1970年，法国开通了世界上第一部程控数字交换机，采用时分复用技术和大规模集成电路。随后世界各国都大力开发。进入20世纪80年代，程控数字电话交换机开始在世界上普及。

程控数字交换与数字传输相结合，可以构成综合业务数字网，不仅实现电话交换，还能实现传真、数据、图像通信等的交换。程控数字交换机处理速度快，体积小、容量大，灵活性强，服务功能多，便于改变交换机功能，便于建设智能网，向用户提供更多、更方便的电话服务。因此，它已成为当代电话交换的主要制式。

电话通信的过程是：首先摘机，听到拨号音后拨号，交换机找寻被叫，向被叫振铃同时向主叫送回铃音，此时表明在电话网的主被叫之间已经建立起双向的话音传送通路；当被叫摘机应答，即可进入通话阶段；在通话过程中，任何一方挂机，交换机会拆除已建立的通话通路，并向另一方送忙音，提示挂机，从而结束通话。

从电话通信过程的描述可以看出，电话通信分为3个阶段：呼叫建立、通话、呼叫拆除。电话通信的过程，即电路交换的过程，因此，相应的电路交换的基本过程可分为连接建立、信息传送和连接拆除3个阶段。

1.3.3 IP交换技术概述

1996年，美国Ipsilon公司提出了一种专门用于在ATM网上传送IP分组的技术，称之为IP交换（IP switch）。

它只对数据流的第1个数据包进行路由地址处理，按路由转发，随后按已计算的路由在ATM网上建立虚电路VC，以后的数据包沿着VC以直通（cut-through）方式进行传输，不再经过路由器。

采用IP交换技术可以将数据包的转发速度提高到第2层交换机的速度，IP交换基于IP交换机，可被看作是由IP路由器和ATM交换机组合而成，其中的“ATM交换机”去除了所有的 ATM 信令和路由协议，并受“IP 路由器”的控制。

1.3.4 标记交换技术

标签交换（tag switching）是由 Cisco 公司于 1996 年提出的，它是一种利用附加在 IP 数据分组上的标签（tag）进行快速转发的 IP 交换技术。

由于标签短小，所以根据标签建立的转发表也就很小，这样可以快速简便地查找转发表，从而大大提高了数据分组的传输速度和转发效率。

标记交换网络包含 3 个成分：标记边缘路由器、标记交换机和标记分发协议。标记边缘路由器位于标记交换网络的边缘，包含完整 3 层功能的路由设备，它们检查到来的分组，在转发给标记交换网络前打上适当的标记，当分组退出标记交换网络时删去该标记。作为具有完整功能的路由器，标记边缘路由器也可应用于增值的第 3 层服务，如安全、记费和 QoS 分类。标记边缘路由器不需要特别的硬件，它作为 Cisco 软件的 1 个附加特性来实现，原有的路由器可以通过软件升级具有标记边缘路由器的功能。

标记交换机是标记交换网络的核心。所谓标记，是短的、固定长度的标签，使标记交换机能用快速的硬件技术做简单快速的表查询和分组转发。标记可以位于 ATM 信元的 VCI 域，IPv6 的 flow label 域在 2 层和 3 层头信息之间，这使得标记交换可用于广泛的介质之上，包括 ATM 连接、以太网等。

标记分发协议提供了标记交换机与标记交换机，或标记边缘路由器交换标记信息的方法。标记边缘路由器和标记交换机，用标准的路由协议（如 BGP、OSPF）建立它们的路由数据库。相邻的标记交换机和边缘路由器，通过标记分发协议，彼此分发存贮在标记信息库（TIB）中的标记值。

1.3.5 软交换的发展

软交换的概念最早起源于美国，当时在企业网络环境下，用户采用基于以太网的电话，通过一套基于 PC 服务器的呼叫控制软件（call manager 或 call server），实现 PBX（private branch exchange，用户级交换机）功能（IP PBX）。对于这样一套设备，系统不需单独铺设网络，而只通过与局域网共享就可实现管理与维护的统一。

软交换国际论坛（international soft switch consortium，ISC）的成立更加快了软交换技术的发展步伐，软交换相关标准和协议得到了 IETF、ITU-T 等国际标准化组织的重视。ISC 成立于 1999 年 5 月，是一个非盈利性的工业组织，其主要宗旨是通过开放的成员政策和标准协议，促进世界范围内多厂商软交换设备的兼容性和“无缝”的互操作性。

作为专门从事软交换体系研究的公认的权威性国际组织，ISC 倡导将开放的结构和多厂商互操作性用于下一代的语音、图像和数据解决方案，分为 Application、Architecture、Carriers、Device Control、Legal Intercept、Marketing、Session Management 和 SIP 8 个工作组。

ISC 成员主要包括系统供应商和业务提供商，其中包括一些著名的设备厂商，如阿尔卡特、思科、爱立信、富士通、诺基亚、北电、NTT 和朗讯等，我国的中兴公司、华为公司和网络与交换标准研究所等也都是该组织的会员。

通过提供工业界最大的论坛，对软交换的组成和功能进行标识、讨论和定义，并通过其成员间的合作促进下一代多媒体通信网络的普遍采用。

软交换技术的基本框架结构、主要功能、性能、应用范围等方面已经基本确定，具体表现在如下几个方面。

（1）在结构方面，软交换采用分层结构模型，所有设备之间通过标准接口互通，提供基于策略的 OSS 和通用业务平台，并支持平面组网方式。

（2）在功能方面，软交换完成呼叫处理、协议适配、媒体接入、网络资源管理、业务代理、互连互通、策略支持等功能，并支持业务编程。

（3）在性能方面，软交换满足电信级设备要求，在处理能力、高负荷话务量、冗余备份、动态切换、呼叫保护等方面都达到了指定标准。

（4）在覆盖范围方面，软交换定位于 NGN，当前主要是解决现有通信网络，如 PSTN、PLMN、IN、因特网和 CATV 等的融合问题，并和 3G 协同，最终完成在骨干包交换网中提供综合多媒体业务。

1.3.6 光交换技术应用与发展

每当提到烽火台，大家就会自然而然地想到长城，一旦发现敌情，便立刻发出警报：白天点燃掺有狼粪的柴草，使浓烟直上云霄；夜里则燃烧加有硫磺和硝石的干柴，使火光通明，以传递紧急军情。

1960 年 7 月世界上第一台红宝石激光器出现了，1961 年 9 月由中国科学院长春光学精密机械研究所研制成功中国第一台红宝石激光器。

20 世纪 60 年代，实验室用氦——氖气体激光器进行了传送电视信号和 20 路电话的实验，到 20 世纪 80 年代初，激光通信已进入应用发展阶段。

宽带城域网（BMAN）是我国信息化建设的热点，DWDM（密集波分复用）的巨大带宽和传输数据的透明性，是当今光纤应用领域的首选技术。然而，MAN 等具有传输距离短、拓扑灵活和接入类型多等特点，如照搬主要用于长途传输的 DWDM，必然成本过高；同时早期 DWDM 对 MAN 等灵活多样性也难以适应。

面对这种低成本的城域范围的宽带需求，CWDM（粗波分复用）技术应运而生，并很快应用该技术研制生产了实用性的设备。对光通信来说，其技术基本成熟，而业务需求相对不足，以被誉为“宽带接入最终目标”的 FTTH 为例，其实现技术 EPON 已经完全成熟，但由于普通用户上网需要的带宽不高，使 FTTH 的商用只限于一些试点地区。

但是，在 2006 年，随着 IPTV 等三重播放业务开展，运营商提供的带宽已经不能满足用户对高清晰电视的要求，随之 FTTH 的部署也提上了日程。

ASON 对传输网络控制灵活，可为企业客户提供个性化服务，不少运营商为发展和维系企业客户，大力投资建设 ASON。

未来传输网络的最终目标，是构建全光网络，即在接入网、城域网、骨干网完全实现“光纤传输代替铜线传输”，骨干网和城域网已经基本实现了全光化，部分网络发展较快的区域，也实现了部分接入层的光进铜退。

1.3.7 宽带交换技术与国家战略

2013 年 8 月 17 日，中国国务院发布了“宽带中国”战略实施方案，部署未来 8 年宽带发展目标及路径，意味着“宽带战略”从部门行动上升为国家战略，宽带首次成为国家战略性公共基础设施。

1．“宽带中国”战略及实施方案

宽带网络是新时期我国经济社会发展的战略性公共基础设施，发展宽带网络对拉动有效投资和促进信息消费、推进发展方式转变和小康社会建设具有重要支撑作用。从全球范围看，宽带网络正推动新一轮信息化发展浪潮，众多国家纷纷将发展宽带网络作为战略部署的优先行动领域，作为抢占新时期国际经济、科技和产业竞争制高点的重要举措。近年来，我国宽带网络覆盖范围不断扩大，传输和接入能力不断增强，宽带技术创新取得显著进展，完整产业链已初步形成，应用服务水平不断提升，电子商务、软件外包、云计算和物联网等新兴业态蓬勃发展，网络信息安全保障逐步加强，但我国宽带网络仍然存在公共基础设施定位不明确、区域和城乡发展不平衡、应用服务不够丰富、技术原创能力不足、发展环境不完善等问题，亟需得到解决。

根据《2006～2020 年国家信息化发展战略》《国务院关于大力推进信息化发展和切实保障信息安全的若干意见》（国发〔2012〕23 号）和《“十二五”国家战略性新兴产业发展规划》的总体要求，特制定《“宽带中国”战略及实施方案》，旨在加强战略引导和系统部署，推动我国宽带基础设施快速健康发展。

2．发展目标

到 2020 年，我国宽带网络基础设施发展水平与发达国家之间的差距大幅缩小，国民充分享受宽带带来的经济增长、服务便利和发展机遇。宽带网络全面覆盖城乡，固定宽带家庭普及率达到 70%，3G/LTE 用户普及率达到 85%，行政村通宽带比例超过 98%。城市和农村家庭宽带接入能力分别达到 50Mbit/s 和 12Mbit/s，发达城市部分家庭用户可达 1 Gbit/s。宽带应用深度融入生产生活，移动互联网全面普及。技术创新和产业竞争力达到国际先进水平，形成较为健全的网络与信息安全保障体系。

“宽带中国”发展目标与发展时间规划如表 1-1 所示。

表 1-1　“宽带中国”发展目标与发展时间规划

指标	单位	2013 年	2015 年	2020 年
1．宽带用户规模				
固定宽带接入用户	亿户	2.1	2.7	4.0
其中：光纤到户（FTTH）用户	亿户	0.3	0.7	——
其中：城市宽带用户	亿户	1.6	2.0	——
农村宽带用户	亿户	0.5	0.7	——
3G/LTE 用户	亿户	3.3	4.5	12
2．宽带普及水平				
固定宽带家庭普及率	%	40	50	70
其中：城市家庭普及率	%	55	65	——
农村家庭普及率	%	20	30	——
3G/LTE 用户普及率	%	25	32.5	85
3．宽带网络能力				
城市宽带接入能力	Mbit/s	20（80%用户）	20	50

续表

指标	单位	2013年	2015年	2020年
其中：发达城市	Mbit/s		100（部分城市）	1000（部分用户）
农村宽带接入能力	Mbit/s	4（85%用户）	4	12
大型企事业单位接入带宽	Mbit/s		大于100	大于1000
互联网国际出口带宽	Gbit/s	2500	6500	—
FTTH覆盖家庭	亿个	1.3	2.0	3.0
3G/LTE基站规模	万个	95	120	—
行政村通宽带比例	%	90	95	>98
全国有线电视网络互连互通平台覆盖有线电视网络用户比例	%	60	80	>95
4.宽带信息应用				
网民数量	亿人	7.0	8.5	11.0
其中：农村网民	亿人	1.8	2.0	—
互联网数据量（网页总字节）	太字节	7800	15000	
电子商务交易额	万亿元	10	18	—

2015年11月16日，由工业和信息化部主办的“互联网+”协同制造与创业创新发展论坛在深圳举行。“互联网+”为未来产业和技术创新的相互促进并支撑经济发展带来了新的成长空间，作为最重要的信息基础设施，宽带支撑着物联网、云计算等高新技术产业的发展，工信部未来将进一步加大“宽带中国”战略的实施力度。

1.4 交换方式的分类

世界的发展是飞速的。回首过去，现在的中国不管在哪个方面都有着重大的突破，同时也证明了中国是不可小视的。例如，北斗系统全球组网首颗卫星发射成功、“长征六号”首飞“一箭多星”、自主研制的大型客机C919首架机正式下线、剪接体高分辨率三维结构获解析、首次发现外尔费米子、攻克细胞信号传导重大科学难题、首次发现相对论性高速喷流新模式、首个自驱动可变形液态金属机器问世、“永磁高铁”牵引系统通过首轮线路试验考核、“天宫二号”空间实验室发射升空，等等。

在日常生活中，当人们提到通信时，自然会想到传递消息最常用、最方便和最快捷的QQ、微信、朋友圈、网络红包、在线支付、电话、E-mail、手机等通信方式。在这些通信方式中，是用电信号作为载体传递消息，因而称之为电信。这些产生、传输电信号和在接收端把它恢复为原本消息的设备的总体，就构成了一个通信系统。

由此可以看出通信在生活中的重要性，它带来了各种各样的消息，如果有一天它消失了，不敢想象世界会变成怎样。

本节将对各种交换方式做简要介绍，包括模拟交换方式与数字交换方式、分布交换方式与程控交换方式、分组交换方式与电路交换方式，以及宽带交换方式与窄带交换方式等。

1.4.1 模拟交换方式与数字交换方式

1．模拟信号与数字信号

模拟信号是指用连续变化的物理量所表达的信息，如温度、湿度、压力、长度、电流、电压等，通常又将模拟信号称为连续信号，它在一定的时间范围内可以有无限多个不同的取值，而数字信号是指在取值上是离散的、不连续的信号。

实际过程中的各种物理量，如摄像机拍摄的图像、录音机录下的声音、车间控制室所记录的压力、转速、湿度等等都是模拟信号，数字信号是在模拟信号的基础上经过采样、量化和编码而形成的。

具体地说，采样就是把输入的模拟信号按适当的时间间隔，得到各个时刻的样本值；量化是把经采样测得的各个时刻的值，用二进码制来表示；编码则是把量化生成的二进制数排列在一起，形成顺序脉冲序列。

模拟信号传输过程中，先把信息信号转换成波动电信号（因此叫“模拟”），再通过有线或无线的方式传输出去，电信号被接收下来后，通过接收设备还原成信息信号。

不同的数据必须转换为相应的信号才能进行传输：模拟数据（模拟量）一般采用模拟信号（analog signal），例如，用一系列连续变化的电磁波（如无线电与电视广播中的电磁波），或电压信号（如电话传输中的音频电压信号）来表示；数字数据（数字量）则采用数字信号（digital signal），例如，用一系列断续变化的电压脉冲（如可用恒定的正电压表示二进制数 1，用恒定的负电压表示二进制数 0），或光脉冲来表示。

当模拟信号采用连续变化的电磁波表示时，电磁波本身既是信号载体，同时作为传输介质；而当模拟信号采用连续变化的信号电压表示时，它一般通过传统的模拟信号传输线路（例如，电话网、有线电视网）传输，当数字信号采用断续变化的电压或光脉冲表示时，则需要用双绞线、电缆或光纤介质将通信双方连接起来，才能把信号从 1 个节点传到另 1 个节点。

模拟信号和数字信号之间可以相互转换，模拟信号一般通过脉码调制（pulse code modulation，PCM）方法量化为数字信号，即让模拟信号的不同幅度分别对应不同的二进制值，例如，采用 8 位编码可将模拟信号量化为 2^8=256 个量级。

数字信号一般通过对载波进行移相（phase shift）的方法转换为模拟信号。计算机、计算机局域网与城域网中均使用二进制数字信号，在计算机广域网中，实际传送的则既包括二进制数字信号，也包括由数字信号转换得到的模拟信号，但是更普遍并具有发展前景的是数字信号。

2．模拟系统与数字系统

模拟系统是一种以模拟信号传输信息的通信方式，非电信号（如声、光等）输入到变换器（如送话器、光电管），使其输出连续的电信号，且电信号的频率或振幅等随输入的非电信号而变化。

模拟通信与数字通信相比，模拟通信系统设备简单，占用频带窄，但通信质量、抗干扰能力和保密性能等不及数字通信。从长远观点看，模拟通信已经逐步被数字通信所替代。

模拟通信的优点是直观且容易实现，但存在以下几个缺点。

（1）保密性差。模拟通信，尤其是微波通信和有线明线通信，很容易被窃听，只要收到模拟信号，就容易得到通信内容。

（2）抗干扰能力弱。电信号在沿线路的传输过程中，会受到来自外界的和通信系统内部的各种噪声干扰，噪声和信号混合后难以分开，从而使得通信质量下降。线路越长，噪声的积累也就越多。数字信号与模拟信号的区别不在于该信号使用哪个波段（C、KU）进行转发，而在于信号采用何种标准进行传输。如：亚卫 2 号 C 波段转发器上是我国省区卫星数字电视节目，它所采用的标准是MPEG-2-DVBS。

（3）设备不易大规模集成化。

（4）不适于飞速发展的计算机通信要求。

模拟通信的信道只能采用频分多路复用，在诸多的线性调制方式中，振幅调制的单边带调制，具有频谱利用率和调制效率高的优点，因而模拟载波系统的组群均采用这种调制方式，以载波组群作为基带信号进行二次调制，则可采用其他线性调制方法。

模拟传输系统的配套交换设备，如未经适当的模数转换，即应采用空分交换设备，早期的电话网就是模拟通信网。

模拟通信可直接用于电话通信，但受到传输模拟信号的金属电缆和明线频带的限制，且空分交换难以实现模拟复用，同时，当网络容量不断扩大，非话业务迅速增长，以及话音信号已能实现数字化的条件下，以大容量、数字化、时分复用为特征的数字传输系统和程控数字交换设备，已取代模拟系统向数字网过渡。

数字信号与模拟信号不同，它是一种离散的、脉冲有无的组合形式，是负载数字信息的信号，电报信号就属于数字信号，现在最常见的数字信号是幅度取值只有2种（用0和1代表）的波形，称为“二进制信号”，“数字通信”是指用数字信号作为载体来传输信息，或者用数字信号对载波进行数字调制后再传输的通信方式。

1.4.2 分组交换方式与电路交换方式

以电路连接为目的的交换方式是电路交换方式，电话网中就是采用电路交换方式，打电话时，首先是摘下话机拨号，拨号完毕，交换机就知道了要和谁通话，并为双方建立连接，等一方挂机后，交换机就把双方的线路断开，为双方各自开始一次新的通话做好准备。因此，可以体会到，电路交换的动作，就是在通信时建立（即连接）电路，通信完毕时拆除（即断开）电路。至于在通信过程中双方传送信息的内容，与交换系统无关。

电路交换的工作特点如下。

（1）信息传送的最小单位是时隙。

（2）面向连接。

（3）同步时分复用。

（4）信息传送无差错控制。

（5）基于呼叫损失的流量控制。

（6）信息具有透明性。

（7）独占性。

电路交换常与分组交换进行比较，其主要不同之处在于：分组交换的通信线路并不是专用于源端与目的端之间的信息传输，在要求数据按先后顺序且以突发方式快速传输的情况下，使用分组交换是较为理想的选择。

1.4.3 宽带交换方式与窄带交换方式

窄带信道运载的信号是以PCM一次群速率（2 048kbit/s或1 544kbit/s）为限的数字信号，而这种速率的数字信号已能表达多种的自然信息，如话音、文字、数据和图像等，因此窄带ISDN交换可以支持综合的通信和信息处理业务。

按照 CCITT 建议，窄带 ISDN 应该具备电路交换能力、分组交换能力、非交换能力和公共信道信令能力，这些能力都可以看成是窄带综合业务交换的功能。

在窄带 ISDN 网络中，电路实际上是经过连接的信道，而并不是线路，一条信道只是线路上的一个特定时隙，连接信道的工作只是将一条信道上的信号全部搬运到另一条信道上去，而不改变信号内容，窄带 ISDN 的电路交换原理和数字电话网中的交换原理是完全相同的，电路交换方式控制简单，信息传送时延小，但是信道的传送能力往往得不到充分利用，因为，电路交换是利用电路连接的方式来实现信息传递，这种电路连接在整个通信期间都需要保持。

分组交换的特点是将需要传送的信息分割成小段，每段加上标签，注明收信人地址，包装成分组（包），然后将分组逐个送入网络，独立地进行传递，分组到达目的地后，经过组装恢复成原来的信息。分组交换方式不需要电路连接，仅在传送分组时才占用信道，因此可以充分利用网络资源，但是分组交换控制比较复杂，信息传送时延较大。

公共信道信令能力，是为了实现交换而必须具备的信令处理和传送能力，公共信道信令是窄带 ISDN 采用的一种信令方式，它的特点是将控制信令和话音信息分开，在不同的信道中传送，每条信令信道控制一群话音信道工作。

窄带 ISDN 中无论是用户和网络之间，还是网络内部的交换机之间，或者用户和用户之间，一律采用公共信道信令方式，这种方式可以增加信令的种类，提高信令传送的速率和可靠性。

由于窄带 ISDN 是在数字电话网的基础上发展起来的，窄带综合业务交换在很大程度上沿用了数字电话交换技术，即以 64kbit/s 速率的电路交换为主。

凡是速率低于 64kbit/s 的用户信息，都要先适配成 64kbit/s 速率，然后进行传输和交换，而对于高于 64kbit/s 的信道，可以用多个 64kbit/s 信道组合实现，采用分组交换方式时，分组也以统计复用方式插入 64kbit/s 信道进行传送。

窄带 ISDN 的用户与网络之间的接口上有 B、D、H 3 种类型的信道，它们的速率和用途如表 1-2 所示。

表 1-2　B、D、H 信道的速率

信道种类		速率	功能
B 信道		64 kbit/s	传输用户信息
D 信道		16 kbit/s、64 kbit/s	传输信令信息、分组数据
H 信道	H0 信道	384 kbit/s	传输用户信息
	H1 信道	1 536 kbit/s	
	H2 信道	1 920 kbit/s	

ISDN 用户可以用 2 种速率接入网络：一种是基本速率 144kbit/s，包含 2 条 B 信道和 1 条 16kbit/s 的 D 信道（2B+D）；另一种是一次群速率（2048kbit/s 或 1544kbit/s），通常包含 30 或 23 条 B 信道以及 1 条 64kbit/s 的 D 信道（30B+D 或 23B+D）。

一次群速率也可分配给若干个 H0 信道，或由 H0 和 B 混合使用，如一次群速率不再分割，则作为单一的 H1 或 H2 信道使用，窄带综合业务交换的基本任务，就是根据用户的需要来连接信道，或处理这些信道内的分组数据，将其送到目的地。

电路交换业务是窄带 ISDN 业务的主体，CCITT 建议了 8 种标准的窄带 ISDN 电路交换方式承载业务（运载信息的业务），分别如下。

（1）64kbit/s 不受限制数字信息传送业务。

（2）64kbit/s 数字话音传送业务。

（3）64kbit/s，3.1kHz 音频信号传送业务（这是为电话网中，经调制解调器入网的低速数据终端接入 ISDN 而设计的业务）。

（4）话音和 64kbit/s 不受限制数字信息交替传送业务。

（5）2×64kbit/s 不受限制数字信息传送业务。

（6）384kbit/s 不受限制数字信息传送业务。

（7）1 536kbit/s 不受限制数字信息传送业务。

（8）1 920kbit/s 不受限制数字信息传送业务。

宽带交换具有的特点包括如下。

（1）适用于实时交换和非实时交换。

（2）采用新的路由选择方法，如 ATM 交换中，按信头标记选择路由。

（3）支持不同速率的业务，可以提高速率，也可以降低速率。

（4）支持多媒体通信业务。

（5）适用于未来的通信网络。

（6）传输可靠性高，适用性强，传输效率高。

1.5 交换机的构成与各模块的功能

电信网与互联网尽管有许多不同点，但它们都是由许多节点及节点之间的传输链路构成的，而节点又分为端节点和中间节点。

中间节点的功能是交换，由交换机实现，交换机是一种多输入多输出设备，其基本任务是根据用户的要求，将信息从输入端口转发到指定的输出端口。为此，交换机一般由交换网络、控制器和接口 3 大部分组成。

交换网络执行交换机的传送面功能，从原理上看，最基本的交换网络是一个交叉接点(Crossbar)矩阵，它提供任意输入与输出之间的可控制的连接。例如，一个 4×4 的交叉接点矩阵，每个接点的开关有 2 种状态：交叉连接（cross)或平行连接（bar)。如果要使第 m 条输入线与第 n 条输出线连通，那么，只要令相应交叉点的开关处于平行连接状态，而让这 2 条线上的其他开关保持交叉连接状态即可。

在实际的交换网络中，可能是单个的 crossbar 交换器或交换单元，也可能是由许多交换单元组成的多级交换网络，对于分组型的交换网络而言，在交换单元的输入端或输出端，还可能设有缓冲器。

控制器（controller）执行交换机的控制面功能，控制器的基本任务是控制上述交换网络各开关的状态，对于面向连接的交换方式，它必须具有信令功能，即接收、处理和发送信令，以实现呼叫连接控制的全过程，包括连接的建立、维持和释放等过程。对于非连接的交换方式，它的基本功能是实现路由控制，包括路由表的建立和更新、路由表的查找、路由协议的实现等；在确定了到达分组的路由之后，再去控制交换网络的开关，将分组引导到正确的输出端口。

接口（interface)是交换机与各种传输链路的界面，是交换机对外服务的窗口。由于接入交换机和边缘交换机的接口，包括用户线接口和中继线（干线）接口，而用户线包括模拟用户线和数字用户线，数字用户线又有多种不同的速率和不同的传输协议，因此需要多种接口，以实现相应的适配功能，核心交换机的接口种类相对简单，只需要有中继线接口，但要求高速处理。

1.5.1 交叉开关矩阵

交换网络中各开关状态的保持时间，对于采用不同技术体制的交换机是大不相同的，对空分电路交换而言，交叉开关的保持时间等于 1 个呼叫的持续时间，大约几秒至几百秒；对数字同步时分电路交换而言，交叉开关的保持时间等于 1 个时隙（通常是 1 个字节）的持续时间；对分组交换来说，交叉开关的保持时间等于 1 个分组的持续时间；对 ATM 交换来说，交叉开关的保持时间等于一个信元的持续时间。

交换矩阵（switching matrix）是背板式交换机上的硬件结构，用于在各个线路板卡之间实现高速的点到点连接，交换矩阵提供了在插槽之间的各个点到点连接的同时转发数据包的机制。

交换矩阵（交换网板）也称为 Crossbar 芯片，是一种带有多个超高速率接口的硬件芯片，用于数据处理芯片之间数据的高速转发，或高端交换机跨线卡的数据转发。初期的以太网交换构建在共享总线的基础上，共享总线结构所能提供的交换容量有限，一方面是因为共享总线不可避免内部冲突；另一方面共享总线的负载效应，使得高速总线的设计难度相对较大。

随着交换机端口对“独享带宽”的渴求，这种共享总线的结构很快发展为共享内存结构，后来又演进为业界最为先进的 Crossbar 结构，在 Crossbar 结构中，其交换矩阵（交换网板）完全突破了共享带宽限制，在交换网络内部消除了带宽瓶颈，不会因为带宽资源不够而产生阻塞。

交换架构的演进分为总线型交换架构、Crossbar+共享内存架构、分布式 Crossbar 架构，基于总线结构的交换机又分为共享总线和共享内存型总线 2 大类。

1．共享内存结构的交换机

共享内存结构的交换机使用大量的高速 RAM 来存储输入数据，同时依赖中心交换引擎来提供全端口的高性能连接，由核心引擎检查每个输入包以决定路由。这类交换机设计上比较容易实现，但当交换容量扩展到一定程度时，内存操作会产生延迟。另外，在这种设计中，由于总线互连的问题，增加冗余交换引擎相对比较复杂，所以，交换机如果提供双引擎，要做到非常稳定相对比较困难。

早期在市场上推出的网络核心交换机通常都是单引擎，尤其是随着交换机端口的增加，由于需要的内存容量更大，速度也更快，中央内存的价格变得很高，交换引擎会成为性能实现的瓶颈。

2．Crossbar+共享内存架构的交换机

随着网络核心交换机的交换容量从几十个 Gbit/s 发展到几百个 Gbit/s，一种称之为 Crossbar 的交换模式逐渐成为网络核心交换机的首选，Crossbar（即 Crosspoint）被称为交叉开关矩阵或纵横式交换矩阵，它能很好地弥补共享内存模式的一些不足。

首先，Crossbar 实现相对简单，共享交换架构中的线路卡到交换结构的物理连接简化为点到点连接，实现起来更加方便，从而更加容易保证大容量交换机的稳定性。

其次，Crossbar 内部无阻塞。一个 Crossbar，只要同时闭合多个交叉节点，多个不同的端口就可以同时传输数据，从这个意义上，所有的 Crossbar 在内部是无阻塞的，因为它可以支持所有端口同时线速交换数据。

与此同时，由于其简单的实现原理和无阻塞的交换结构，使其可以以非常高的速率运行，半导体厂商目前已经可以用传统 CMOS 技术制造出 10Gbit/s 以上速率的点对点串行收发芯片。

2000 年以后设计生产的网络核心交换机，基本上都选择了 Crossbar 结构的 ASIC 芯片作为核心，但由于 Crossbar 芯片的成本等诸多因素，这时的核心交换设备几乎都选择了共享内存方式来设计业务板，从而降低整机的成本。

因此，“Crossbar+共享内存”成为比较普遍的核心交换架构，但这种结构下，依然会存在业务板总线和交换网板的 Crossbar 互连问题，由于业务板总线上的数据都是标准的以太网帧，而一般 Crossbar 都采用信元交换的模式来体现 Crossbar 的效率和性能，因此，在业务板上，采用的共享总线的结构在一定程度上影响了 Crossbar 的效率，整机性能完全受限于交换网板 Crossbar 的性能。

3. 分布式 Crossbar 架构交换机

随着网络核心交换机的交换容量发展到了几百个 Gbit/s、同时支持多个万兆接口，并规模应用在城域网骨干和园区网核心的时候，分布式的 Crossbar 架构很好的解决了在新的应用环境下，网络核心交换机所面临的高性能和灵活性的挑战。

除了交换网板采用了 Crossbar 架构之外，同时，在每个业务板上也采用了 Crossbar+交换芯片的架构。在业务板上加交换芯片可以很好地解决本地交换的问题，而在业务板交换芯片和交换网板之间的 Crossbar 芯片，解决了把业务板的业务数据信元化，从而提高了交换效率，并且使得业务板的数据类型和交换网板的信元成为 2 个平面，也就是说，可以有非常丰富的业务板，比如，可以把防火墙、IDS 系统、路由器、内容交换、IPv6 等类型的业务整合到核心交换平台上，因此，大大提高了网络核心交换机的业务扩充能力。同时，这个 Crossbar 有相应的高速接口，分别连接到 2 个主控板或者交换网板，从而提高了双主控主备切换的速度。

分布式 Crossbar 设计中，CPU 也采用了分布式设计。设备主控板上的主 CPU 负责整机控制调度、路由表学习和下发，业务板的从 CPU 主要负责本地查表、业务板状态维护工作，这就实现了分布式路由计算和分布式路由表查询，进一步缓解主控板的压力，提高了交换机转发效率，这也是业务板本地转发能够提高效率的重要原因。

分布式 Crossbar、分布式交换的设计理念，是核心网络设备设计的发展方向，保证了现在的网络核心能支撑未来海量的数据交换和灵活的多业务支持的需求。

1.5.2 交换机的一般组成

从交换机的外观上看，前面板上的多个 RJ45 以太网接口，用来连接计算机或其他交换机，后面板或前面板上的串口是交换机的配置口，用串口线缆将其与计算机的串口连接起来，可实现对交换机的配置操作。

面板上有若干指示灯，其亮、灭或闪烁可以反映交换机的工作状态是否正常，此外还有电源插口、电源开关等。可上机架（柜）式交换机的标准长度为 48.26cm（19in）。

CPU 是交换机使用的特殊用途的集成电路芯片 ASIC，以实现高速的数据传输。

RAM/DRAM 是主存储器，存储运行配置。NVRAM（非易失性 RAM）用于存储备份配置文件等。FlashROM（快闪存储器）用于存储系统软件映像文件，是可擦可编程的 ROM。ROM 用于存储开机诊断程序、引导程序和操作系统软件。接口电路是交换机各端口的内部电路。

开放系统互连参考模型 OSI 分为七层，每层的名称、对应的协议数据单元的名称，以及每层所用的设备如表 1-3 所示。

表 1-3 OSI 模型对应的交换设备

层数	名称	协议数据单元名称	相应设备
第七层	应用层	Data	—
第六层	表示层	Data	—
第五层	会话层	Data	—
第四层	传输层	Segment	四层交换机
第三层	网络层	Paket	路由器、三层交换机
第二层	数据链路层	Frame	交换机、网桥
第一层	物理层	Bit	网卡、网线等

1.5.3 交换设备的主要参数指标

1. 交换机

交换机参数是使用者用来衡量交换机用途、性能的重要参考依据，任何一个网络在施工之前都必须经严格的论证，论证的过程包括网络拓扑结构的分析，节点设备功能的确定等环节。其中，设备功能的确定主要是根据该网络的业务要求确定，也就是设备选型，而选购者也就是根据交换机相应的性能参数选购所需设备。例如，该网络用户需要满足的最小带宽、用户节点数量、是否支持远程网络管理、该交换机有多少个扩展槽、支持哪些网络协议、是否支持 VLAN、端口数量等。

基本参数是设备选型时的主要参考标准，通常从这些参数中就能了解该设备的主要信息，判断是否满足建网要求等。例如，需要购买 1 台支持网管功能的第 3 层千兆企业级的模块化以太网交换机，这些参数表中就标明了设备类型。

2. 路由器

包转发率，也称端口吞吐量，是指路由器在某端口（主要是高速同步串口）的数据包转发能力，单位为 pps（包每秒）。一般来讲，低端的路由器包转发率只有几 k 到几十 kpps，而高端路由器则能达到几十 Mpps（百万包每秒）甚至上百 Mpps。如果小型办公使用，则选购转发速率较低的低端路由器即可，如果是大中型企业级别应用，预算允许的情况下此参数选取的越高越好。

支持的网管协议。在路由器里最为常用的网管协议是简单网络管理协议（simple network management protocol，SNMP），即 SNMP 首先是由 Internet 工程任务组织（internet engineering task force，IETF）的研究小组为了解决 Internet 上的路由器管理问题而提出的。

SNMP 是目前最常用的管理协议，由于 SNMP 被设计成与协议无关，所以它可以在 IP、IPX、AppleTalk、OSI，以及其他用到的传输协议上被使用，SNMP 是一系列协议组和规范，该协议提供一种从网络上的设备中收集网络管理信息的方法，SNMP 也为设备向网络管理工作站报告问题和错误提供一种方法。

目前，几乎所有的网络设备生产厂家都实现了对 SNMP 的支持，设备的管理者收集这些信息并记录在管理信息库（MIB）中，这些信息报告设备的特性、数据吞吐量、通信超载和错误等。因为 MIB 有公共的格式，所以来自多个厂商的 SNMP 管理工具可以收集 MIB 信息，在管理控制台上呈现给系统管理员。

通过将 SNMP 嵌入数据通信设备，如路由器、交换机或集线器中，就可以从一个中心站管理这些设备，并以图形方式查看信息，目前可获取的很多管理应用程序，通常可在大多数当前使用的操作系统下运行，如 Windows7、Windows10 和不同版本 UNIX 系统等。

一个被管理的设备有一个管理代理，它负责向管理站请求信息和动作，代理还可以为管理站提供管理信息，因此，一些关键的网络设备（如集线器、路由器、交换机等），在提供这一管理代理时，又称为 SNMP 代理，以便通过 SNMP 管理站进行管理。

是否提供 VPN 支持。虚拟专用网络（virtual private network，VPN），早期的路由器可能不支持 VPN，而现在的路由器产品基本都支持 VPN 功能。它可以通过特殊的加密通信协议，在通过 Internet 连接起来的 2 个或多个企业内部网之间，建立虚拟的专有的通信线路，其安全性能得到保证，尤如架设了专线。VPN 技术原是路由器具有的重要技术之一，目前在交换机，防火墙设备或 Windows2000 等软件里也都支持 VPN 功能，总之，VPN 的核心就是在利用公共网络建立虚拟私有网。

是否支持 QoS。服务质量（quality of service，QoS）是网络的一种安全机制和通信质量保证机制，也是用来解决网络延迟和阻塞等问题的一种技术，现在的路由器一般均支持 QoS。

是否内置防火墙。防火墙是隔离本地和外部网络的一道防御系统。早期低端的路由器大多没有内置防火墙功能，而现在的路由器几乎都支持防火墙功能，有效地提高网络的安全性，只是路由器内置的防火墙在功能上要比专业防火墙产品相对弱些。

安全认证标准。认证是指由可以充分信任的第三方证实，经鉴定的产品或服务符合特定标准或规范性文件的活动。NAS 产品的认证通常是指是否通过国际上通用的安全标准，常见的安全认证包括以下几种。

（1）FCC 认证，美国联邦通信委员会（federal communications commission，FCC）通过控制无线电广播、电视、电信、卫星和电缆来协调国内和国际的通信。

（2）CSA 认证，（canadian standards association，CSA）提供对机械、建材、电器、电脑设备、办公设备、环保、医疗防火安全、运动及娱乐等方面的所有类型的产品，提供安全认证。

（3）CE 认证，（conformite europeenne，CE）提供产品是否符合有关欧洲指令规定的主要要求 Essential Requirements。

（4）TUV 认证，TUV 提供对无线电及通信类产品认证的咨询服务。

（5）UL 认证，UL（underwriter laboratories Inc.）采用科学的测试方法研究确定，各种材料、装置、产品、设备、建筑等对生命、财产有无危害和危害的程度；确定、编写、发行相应的标准和有助于减少及防止造成生命财产受到损失的资料，同时开展实情调研业务。

1.5.4 品牌交换机参数比较

华为 S17XX 系列交换机参数对比如表 1-4 所示。

表 1-4 华为 S17XX 系列交换机比较

设备名称	S1700-8-AC	S1700-8G-AC	S1700-24-AC	S1724G-AC
设备类型	Fixed port	Fixed port	Fixed port	Fixed port
功能级别	L2	L2	L2	L2
深度/cm	13.4	13.4	20.8	20.8
宽度/cm	16	16	32	33
高度/RU	1	1	1	1
FE 电口数量	8	0	24	0
FE 光口数量	0	0	0	0
GE 电口数量	0	8	0	24
MAC 规格	8K	8K	8K	8K

华为 S12700 系列交换机是面向下一代园区网核心而设计开发的敏捷交换机，该系列交换机采用全可编程架构，参数对比如表 1-5 所示。

表 1-5 华为 S12700 系列交换机比较

设备名称	S12712	S12708	S12704
功能级别	L3+	L3+	L3+
深度/cm	48.9	48.9	48.9
宽度/cm	44.2	44.2	44.2
高度/RU	19	15	10
FE 电口数量	576	384	192
FE 光口数量	576	384	192
GE 光口数量	576	384	192
GE 电口数量	576	384	192
MAC 规格	8K	8K	8K

S6720 系列增强型万兆交换机是业界最高性能的盒式交换机，支持丰富的业务特性、完善的安全控制策略、丰富的 QoS 等特性，可用于数据中心，服务器接入及园区网核心。S6720 系列交换机参数对比如表 1-6 所示。

表 1-6 华为 S6720 系列交换机比较

设备型号	S6720 - 30C - EI - 24S - AC	S6720 - 54C - EI - 48S - AC	S6720S - 26Q - EI- 24S - AC	S1724G - DC
设备类型	Fixed port	Fixed port	Fixed port	Fixed port
功能级别	L3+	L3+	L3+	L3+
深度/cm	42	42	22	22
宽度/cm	44.2	44.2	44.2	44.2
高度/RU	1	1	1	1
10GE 电口数量	24	48	24	24
40GE 端口数量	6	6	2	2
VLAN	4094	4094	4094	4094

华为 AR2200 系列企业路由器是面向中型企业或大中型企业分支等，以宽带、专线接入、语音和安全场景为主的路由器产品，采用多核 CPU 和无阻塞交换架构，具有灵活的业务扩展性，参数对比如表 1-7 所示。

表 1-7　　AR2200 系列企业路由器参数对比

设备型号	AR2240C	AR2240	AR2240C - S	AR2220E
三层转发性能（64 字节包）	10Mpps - 25Mpps	10Mpps-25Mpps	6Mpps	9Mpps
带业务转发性能	1Gbit/s	1Gbit/s - 4.5Gbit/s	—	800Mbit/s
DRAM（MB）	2GB	2GB/4GB	2GB/4GB	1GB
Flash	2GB/4GB	2GB/4GB	2GB/4GB	2GB/4GB
外形尺寸	2RU	2RU	2RU	1RU

本章小结

通信，自古有之，本章作为全书的开篇，从交换的概念出发，通过电信服务演进的历史，阐述为什么需要交换设备。在此基础上介绍了各类交换网络的结构及工作方式，包括协议和分层模型。然后针对电路交换技术、IP 交换技术、软交换、光交换等，阐述了各自的发展规律，并以目前新型的的交换机和路由器作对比，说明交换设备的各参数特点，包括功能级别、设备尺寸、各类电口/光口数量、各类端口数量、支持 VLAN 情况、转发性能、带业务的转发性能、DRAM（MB）、Flash 容量等。

练习题与思考题

1．通信网络协议主要包含哪几个要素？各有何含义？
2．通信系统为什么要采用分层结构形式，有什么好处？
3．电信交换的基本技术有哪些？
4．通信网有哪几种工作方式，各自的特点是什么？
5．交换的核心功能有哪些？

第2章 交换技术理论基础

本章介绍的主要内容包括话务基本理论，交换系统中的概率理论及随机过程，交换网络的服务质量与话务负载能力，电信网互连基本技术，交换单元与交换网络等。

其中，爱尔兰公式中各参量之间的关系变化趋势分析是本章的重点。通过本章学习需要掌握交换在整个通信网中的重要性及基本功能，从而引出通信网的三要素；掌握电信交换技术中所要用到的基本技术：例如，接口技术、信令技术、控制技术、互联技术；能够计算爱尔兰公式及呼损大小。

2.1 话务基本理论

人们习惯于用统一的标准来衡量物体，那么，一个通信系统的处理能力如何衡量？本节将从线束的容量及利用度、局间中继线数量分析、呼叫处理能力与呼损分析，以及交换系统的数据业务量等角度，对通信系统的话务处理能力加以阐述。

2.1.1 话务量的基本概念

话务量是电信业务流量的简称，也可以称为电信负载量。话务量既表示电信设备承受的负载，也可以表示用户对通信需求的程度。由于电信用户的电话呼叫次数及呼叫强度，完全呈现的是一种随机性过程，因此话务量被看成是一种统计量参数，并且它是设计交换设备、交换网络、中继设备的重要参考依据。

话务量的大小与包括用户数量、单位时间内用户发起呼叫的频繁程度、每次呼叫时用户被服务的时间长度，以及所观测的时间长度（例如，一秒钟，一分钟，十分钟或是一小时、一天）等因素有关。具体来说，如果在单位时间内的用户发起的呼叫次数越多，或是每次服务所占用资源的时间越长，而且所观测的时间也越长，那么所对应的话务量计算结果也就越大。由于用户呼叫的发生和完成一次服务所需时间的长短均是一种个人行为，因此，是随机的和时刻变化的，所以话务量是一个随时间变化的随机变量。

1．影响话务量的因素

话务量由单位时间内用户呼叫强度、一次呼叫服务用户所占用时间长度、观测时间 3 部分构成，具体含义如表 2-1 所示。

2．话务量计算方法

更为深入的研究发现，不同用户完成一次呼叫服务的时间也是因人而异的，而电信网络的数据处理能力，也跟所有连接用户的平均服务时间长度有关。

表 2-1　　　　话务量表示及影响话务量的三因素

因素	含义	字母表示
单位时间内用户呼叫强度	表示单位时间内用户的平均呼叫次数	*R*
一次呼叫服务用户所占用时间长度	表示每次呼叫时，用户平均占用资源的时间长度。在一次接续过程中，包括摘机、听拨号音、拨号、振铃、通话、挂机等在内的整个期间，对交换设备的占用时间长度	*U*
观测时间	表示对通话业务观测时间的长度，分为小时呼、分钟呼、秒呼	*T*
话务量	单位时间内用户呼叫强度、一次呼叫服务用户所占用时间长度、观测时间三者的函数，即 $B = \mathrm{f}(R, U, T) = R \times U \times T$	*B*
话务量强度	对话务量而言，最关心的是单位时间内的话务量，即话务量强度，用 *A* 表示，它是度量信息系统繁忙程度的重要参数指标，话务量强度的定义为 $A = B/T = \mathrm{f}(R, U, T)/T = R \times U$，并且为了称呼方便，将话务量强度简称为话务量	*A*

由话务量的定义式 $A = R \times U$，可以得到单位时间内用户呼叫强度的量纲为“次/h”，一次呼叫服务用户所占用时间长度的量纲为“h/次”，因此话务量 *A* 是一个无量纲参数。最早从事话务理论研究的丹麦科学家 A.K.爱尔兰（A. K. Erlang），他所发表的有关话务量的代表性著作，至今仍然被认为是话务理论的经典，因此，原国际电报电话咨询委员会（international telegraph and telephone consultative committee，CCITT）即国际电信联盟（international telecommunication union，ITU）的前身建议使用“Erl”（爱尔兰，有时译作“厄朗”或“厄兰”）这个名字，作为国际上通用的话务量衡量单位，这也是为了纪念话务理论的创始人 A. K. Erlang 而命名的。同时规定，若单位时间内用户呼叫强度 *r*，以及一次呼叫服务用户所占用时间长度 *u*，均采用“小时”为时间单位，则 *A* 的单位就为 Erl。

当话务量大小为 1 爱尔兰（Erl），其含义就是一条电路能够处理的最大话务量。如果观测 1 个小时，这条电路被不间断地占用了 1 小时，其实现的话务量就是 1 爱尔兰，有时也可以称作“1 小时呼”，相对应的，当这条电路被不间断地占用了 6 分钟，其实现的话务量就是 0.1 爱尔兰。

相反，如果已知用户线的话务量观测值为 0.4 爱尔兰，则它所表示的含义如表 2-2 所示。

表 2-2　　　　话务量观测值为 0.4 爱尔兰时呼叫强度与占用时间之间关系

话务量	在忙时内用户呼叫的次数（次）	一次呼叫服务用户所占用时间长度（分钟）
0.4 爱尔兰	1	24
	2	12
	3	8
	4	6
	6	4
	8	3
	12	2
	24	1

然而，话路信道全部被占用只是一种理想状态，实际经验表明，当中继线的每信道话务量大于 0.7 Erl 时，接通率就可能会下降。

另外，如果通信线路所占用的时间不是以小时为观测标准，而是以“百秒”为单位来计算的话，话务量单位就表示为“百秒呼（CCS）”，通过换算可以得出，CCS 和 Erl 的关系可以表示为：36 CCS = 1 Erl。

3．忙时话务量

由于各个通信用户的呼叫发起时间和服务时间都是随机量，因此交换设备处于忙状态的概率也是随机的，并且这一随机性与应用场景有一定的相关性。例如，对于写字楼而言，早上 9 点至中午 12 点，呼叫用户很多，交换设备非常繁忙，而到了下午 6 点以后，用户呼叫需求急剧减少，交换设备空闲较多；对于剧场或体育场馆而言，情况则刚好相反，上班时间用户呼叫需求很少，交换设备空闲较多，下班休息时间呼叫用户很多，交换设备非常繁忙。为了满足用户随时随地都能通信的需求，把 1 天中最繁忙的那 1 个或 2 个时间区域（通常是 1 至 2 个小时）为观测区间，因此，把 1 天当中交换设备处理数据量最繁忙的那 1 个小时称为忙时，而 1 天中最繁忙的 1 个小时的话务量即被称为忙时话务量。图 2-1 显示了 1 天内呼叫强度的变化情况。

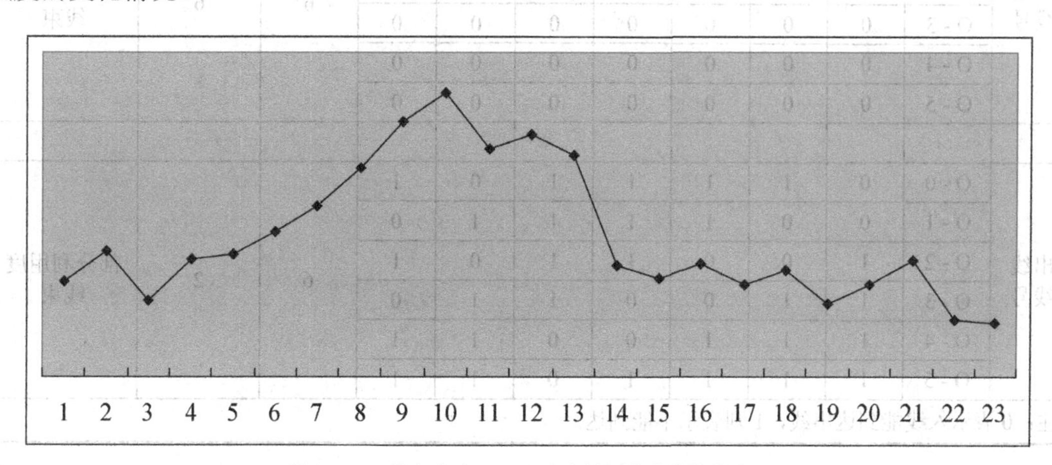

图 2-1　1 天之内（1 至 23 点）忙时的分布情况表示

2.1.2　线束的容量及利用度

话务量、呼损和线束容量这三者之间的关系，是话务理论研究的基本内容，上一节中介绍了话务量的基本概念，本节将介绍话务理论中另 1 个重要的基本概念：线束。线束是一定负载源组提供服务设备的总体，如中继通信线路、交换设备等。

将交换网络内部结构看成是 1 个黑匣子，从外部看则是表现为 *m* 条入线及 *n* 条出线，而入线与出线之间的连接，则是通过交换网络内部的各个交换单元来完成的，*n* 条出线可以组成若干个线束，如图 2-2 所示。

将线束中出线数的大小称之为线束的容量，同时，每条入线能够实现数据交换的出线数量（或到达的出线范围），称为线束的利用度。从线束结构的角度来划分，可以分为全利用度线束及部分利用度线束，全利用度线束和部分利用度线束可以用表 2-3 来表示。

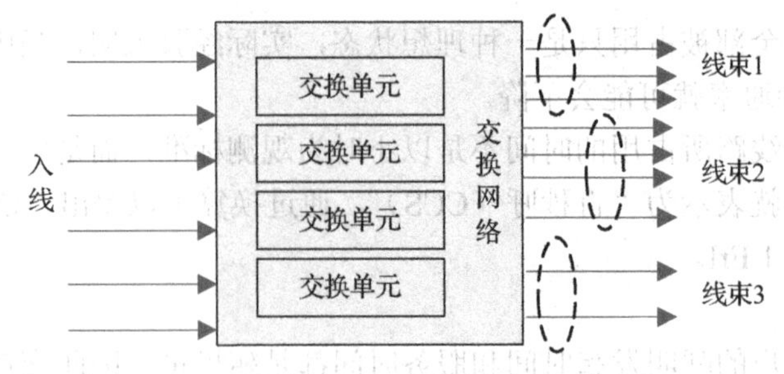

图 2-2　3 个线束的组成示意图

表 2-3　　全利用度线束和部分利用度线束

		入线线号							线束容量	线束利用度	
		I-0	I-1	I-2	I-3	I-4	I-5	I-6			
出线线号	O-0	0	0	0	0	0	0	0	6	6	全利用度线束
	O-1	0	0	0	0	0	0	0			
	O-2	0	0	0	0	0	0	0			
	O-3	0	0	0	0	0	0	0			
	O-4	0	0	0	0	0	0	0			
	O-5	0	0	0	0	0	0	0			
出线线号	O-0	0	1	1	1	1	0	1	6	2	部分利用度线束
	O-1	0	0	1	1	1	1	0			
	O-2	1	0	0	1	1	0	1			
	O-3	1	1	0	0	1	1	0			
	O-4	1	1	1	0	0	1	1			
	O-5	1	1	1	1	0	1	1			

注：0 表示入线能到达出线，1 则表示不能到达。

2.1.3　呼叫处理能力与呼损分析

1. 呼叫处理能力

对于数字程控交换机而言，其呼叫处理能力指的是，忙时所能接受处理的最大呼叫频率，其衡量方法用指标 BHCA 来完成，BHCA 的具体含义是 Busy Hour Call Attempt，即忙时试呼次数。BHCA 是数字程控交换机的一个主要性能指标，也是通信业务工程中用于测量、评估和规划电话网络呼叫处理能力的一个关键性指标。

呼叫处理能力与话务量相关，但并不完全一致。例如，当交换机的话务量增加时，呼叫量也必然增加，而且呼叫量的增长幅度大于话务量的增长幅度，这是因为 BHCA 的取值与 3 个因素有关，即呼叫平均处理时长、通话平均占用时长，以及呼叫失败的概率。

对于实际的交换设备设计，还需要考虑系统容量大小、控制结构的优化、处理机的性能，以及内部软件设计。用户数量越多，由于扫描程序的开销与端口数量相关，时钟级固定开销也就越大，导致单位时间能处理的呼叫数目减少；对于多处理机结构，则存在额外的通信开销；而处理机的性能包括指令功能、工作频率、存储器寻址范围和 I/O 端口数量；软件设计水平是很重要因素之一，包括程序结构、算法、数据结构和采用的编程语言等。例如，某型号处理机，忙时用于呼叫处理的时间开销为 0.79，固有开销为 0.24，处理一次用户呼叫请求平均需要时常 43 ms，则通过计算 0.79 = 0.24 +（43/1 000/3 600）× BHCA，可以很容易求得该型号交换设备的处理能力。提高数字程控交换机的 BHCA，可以从以下几个方面考虑，如表 2-4 所示。

表 2-4　改善数字程控交换机 BHCA 的途径

	项目	需要考虑的具体方面
1	系统结构	多处理机之间的合理分工、负载分担、通信方式
2	处理机效率	处理机主频、固定开销与非固定开销的分配
3	交换系统的编程语言	编程效率、可读性、可移植性、实时性要求
4	数据结构的设计	空间效率与时间效率
5	软件设计能力	软件功能模块化、任务调度和开销
6	操作系统设计	交换设备的实时操作系统设计

2. 呼损的计算

当多信道共用情况下，由于用户数大于信道数，于是会出现一部分用户同时要求通话，而系统分配的信道数不能满足要求的情况，此时只能通过随机接入的方式，让一部分用户接受服务，相应地，使得另一部分用户不能够接受服务，直到有信道出现空闲时，再让发起呼叫请求的用户服务。

因此，被拒绝服务的用户虽然发起了呼叫请求，但因资源限制而未能实现通话，即出现了呼叫失败，称为发生了“呼损”。呼损的计算方法如表 2-5 所示。

表 2-5　计算呼损的 3 种类型

呼损计算方法	具体含义	计算公式
按呼叫计算	表示在所观测的时间范围内，不能得到服务的损失呼叫次数与所发起的总呼叫次数之比，即呼叫损失概率	$B=C$（损）/ C（总）
按时间计算	表示在所观测的时间范围内，能够为负载源服务的交换设备，被阻塞的时间与所观测的总时间长度之比，即线束发生阻塞的概率	$E=T$（阻）/ T（总）
按负载计算	表示在所观测的时间范围内，损失负载量与这段时间范围内的流入负载量之比，即负载所损失的概率	$H=A$（损）/ A（入）

考虑一个信道的情况，当该信道在 1 小时内不间断地被占用，则通过前面对话务量的定义可以知道，它所能实现的总话务量为 1 爱尔兰。由于发起呼叫请求的用户是不能预先判断的，不可能持续占用该信道，因此，在实际场景下，一个信道所能实现的话务量大小必定小于 1 爱尔兰。换句话说，信道的利用率总是小于或接近百分之百。同时，当呼损率越小，与之形成对应关系的成功呼叫的概率就越大，于是用户的体验就越好，对网络服务就越满意。所以，呼损率也被认为是通信网络的服务等级（或业务等级）。但是，对于一个通信网而言，总是希望呼叫损失越小越好，这样用户体验才会越好，因此，只有让流入的话务量减小，即

减少网络中所能够容纳的最大用户，而这又是与网络设计的初衷相违背的。所以，呼损率和流入话务量需要折衷考虑，不能顾此失彼。

3．爱尔兰呼损公式

在全利用度线束情况下，爱尔兰呼损公式描述了以下几个参数之间的关系：即话务量、呼损概率，以及出线数量。

假设通信网络的交换设备负载源线束为 N，线束容量大小为 m，当 m 为有限值时，根据按时间计算呼损的方法，呼损等于线束全忙条件下的概率，即有任意个呼叫同时发生时的概率表示为：

$$P = \frac{A^n / n!}{\sum_{i=0}^{m} A^i / i!}$$

其中，A 表示流入的话务量，单位为爱尔兰，P 为呼损概率，n 为全利用度线束出线数，n 的取值范围为 $n = 0, 1, 2, 3, \cdots, m$。一般情况下也可以用符号表示为：

$$P = E_m(A)$$

E（A）的含义是，在线束容量大小为 m 的全利用度线束中，假设流入的话务量为 A（单位为爱尔兰）时，则按照爱尔兰呼损公式计算得到的呼损值大小为 E（A）。

为了科学计算以及工程应用方便，已经将爱尔兰呼损公式的相应计算数值列成表格，在话务量、呼损概率，以及出线数量 3 个变量中，只要知道任意 2 个，即可以通过查表的方法，快速得到第 3 个量的值。爱尔兰呼损公式计算表见附录所示。

由 A 和 m，求 E（A）。

已知 $m = 11$，$A = 10.1$ Erl，由附录可得 $E(A) = E(10.1) = 0.167\,531$。

已知 $m = 11$，$A = 11.1$ Erl，由附录可得 $E(A) = E(11.1) = 0.210\,326$。

m 取值范围为 11 至 19 时，$E(A)$的数值结果见表 2-6 所示。

表 2-6 已知 A 和 m，$E(A)$的数值结果

A/m	11	12	13	14	15	16	17	18	19
11.0	0.206 085	0.158 894	0.118 515	0.085 186	0.058 797	0.038 852	0.024 523	0.014 765	0.008 476
11.1	0.210 326	0.162 865	0.122 085	0.088 253	0.061 304	0.040 795	0.025 945	0.015 748	0.009 116
11.2	0.214 553	0.166 840	0.125 675	0.091 335	0.063 856	0.042 787	0.027 416	0.016 773	0.009 790
11.3	0.218 765	0.170 815	0.129 282	0.094 489	0.066 452	0.044 828	0.028 935	0.017 841	0.010 499
11.4	0.222 963	0.174 791	0.132 907	0.097 655	0.069 090	0.046 917	0.030 502	0.018 952	0.011 243
11.5	0.227 143	0.178 765	0.136 545	0.100 851	0.071 770	0.049 054	0.032 118	0.020 107	0.012 024
11.6	0.231 306	0.182 737	0.140 197	0.104 074	0.074 489	0.051 237	0.033 781	0.021 306	0.012 841
11.7	0.235 450	0.186 704	0.143 860	0.107 323	0.077 245	0.053 466	0.035 491	0.022 549	0.013 695
11.8	0.239 576	0.190 665	0.147 533	0.110 596	0.080 039	0.055 739	0.037 248	0.023 836	0.014 588
11.9	0.243 681	0.194 620	0.151 213	0.113 893	0.082 867	0.058 055	0.039 051	0.025 167	0.015 518
12.0	0.247 766	0.198 567	0.154 901	0.117 210	0.085 729	0.060 413	0.040 900	0.026 543	0.016 488
12.1	0.251 829	0.202 506	0.158 593	0.120 547	0.088 623	0.062 812	0.042 794	0.027 963	0.017 496

由 $E(A)$和 m，求 A。

已知 $E(A)=0.020$，$m=23$，由附录可查出 $A=15.761$ Erl。

已知 $E(A)=0.020$，$m=33$，由附录可查出 $A=24.626$ Erl。

m 取值范围为 20 至 31 时，A 的数值计算结果见表 2-7 所示。

表 2-7 已知 A 和 m，A 的数值计算结果

m/E	0.001	0.002	0.005	0.010	0.020	0.030	0.070	0.100	0.200
20	9.411	10.068	11.092	12.031	13.182	13.997	15.249	16.271	17.613
21	10.108	10.793	11.860	12.838	14.036	14.884	16.189	17.253	18.651
22	10.812	11.525	12.635	13.651	14.896	15.778	17.132	18.238	19.692
23	11.524	12.265	13.416	14.470	15.761	16.675	18.080	19.227	20.737
24	12.243	13.011	14.204	15.295	16.631	17.577	19.031	20.219	21.784
25	12.969	13.763	14.997	16.125	17.505	18.483	19.985	21.215	22.833
26	13.701	14.522	15.795	16.959	18.383	19.392	20.943	22.212	23.885
27	14.439	15.285	16.598	17.797	19.265	20.305	21.904	23.213	24.930
28	15.182	16.054	17.406	18.640	20.150	21.221	22.867	24.216	25.995
29	15.930	16.828	18.218	19.487	21.039	22.140	23.833	25.221	27.053
30	16.684	17.606	19.034	20.337	21.932	23.062	24.802	26.228	28.113
31	17.442	18.389	19.854	21.191	22.827	23.987	25.773	27.238	29.174

通过爱尔兰公式计算可得，流入话务量、呼损，以及出线数三者可以用函数的形式的表示。具体来说，当话务量一定时，可以得到呼损与出线数的函数变化关系；当呼损一定时，可以得到流入话务量和出线之间的函数变化关系；当出线数量一定时，可以得到流入话务量和损失率之间的函数变化关系，如图 2-3 所示。

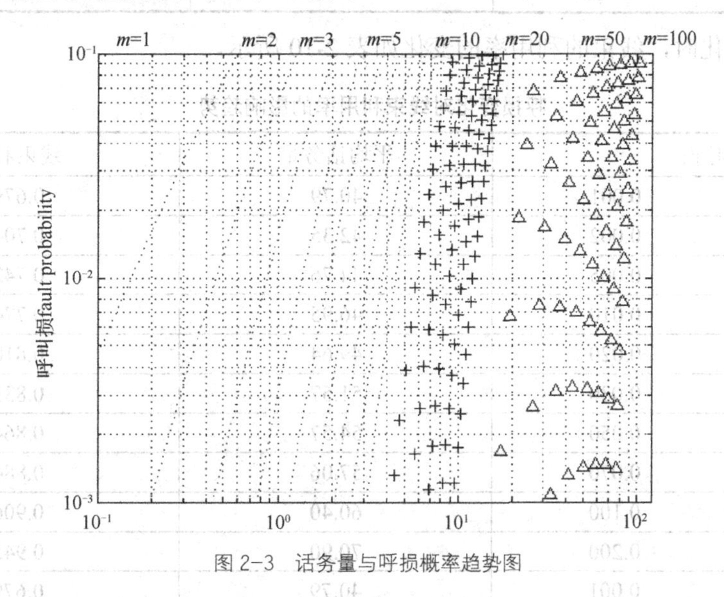

图 2-3 话务量与呼损概率趋势图

该曲线所表示的变化关系，详细描述了流入话务量、呼损，以及出线数之间的变化趋势，如表 2-8 所示。

表 2-8　　呼损计算公式描述的话务量、呼损及出线数间的函数关系

变量名		呼损值	流入话务量	全利用度出线数
呼损值	不变	一定	增大	增加
流入话务量	不变		一定	增加
全利用度出线数	不变	减少	增大	一定

在线束的利用率方面，用线束使用效率的高低表示线束的平均使用效率，因此，可以用每条出线所完成的平均话务量描述线束利用率，当出线数变化时，线束的利用率的变化如表 2-9 所示。

表 2-9　　出线数变化对线束利用率的影响趋势

出线数		平均话务量	线束利用率
呼损值=0.05	10	6.216	0.590 52
	15	10.633	0.673 423
	25	19.985	0.759 43
	35	29.677	0.805 518
	45	39.550	0.834 944
	55	49.540	0.855 690
	65	59.010	0.862 453
	75	69.740	0.883 373
	85	79.910	0.893 111
	95	90.120	0.901 200
	100	95.240	0.904 780

当呼损值变化时，线束的利用率的变化如表 2-10 所示。

表 2-10　　呼损变化对线束利用率的影响趋势

呼损		平均话务量	线束利用率
出线数=60	0.001	40.79	0.679 15
	0.002	42.35	0.704 42
	0.005	44.76	0.742 27
	0.010	46.95	0.774 67
	0.020	49.64	0.810 78
	0.030	51.57	0.833 71
	0.050	54.57	0.864 02
	0.070	57.06	0.884 43
	0.100	60.40	0.906 00
	0.200	70.90	0.945 33
	0.001	40.79	0.679 15

例题：某交换网络配置了 2 套 PCM 系统作为传输线路，若系统要求该传输线的呼损率大小为 0.5%，则该交换网络能够实现的最大的话务量为多少？另外，实测得到用户的双向话

务量为 0.111 9 Erl，则该网络的装机数量又为多少？

解：由公式 $P = E(A)$，2 条 PCM 传输线所能够实现的呼叫话务量为 44.76 Erl，装机数量 = 44.76/0.111 9 = 400（个）。

例题：有 4 个地方（A 地、B 地、C 地、D 地）的交换局需要设立数字中继连接，其话务量的实测统计值与呼损率分别为，A 地至 B 地话务量 = 19.487，呼损率要求 = 0.010，A 地至 C 地话务量 = 22.827，呼损率要求 = 0.020，B 地至 C 地话务量 = 25.844，呼损率要求 = 0.030。A 地至 D 地话务量 = 28.698，呼损率要求 = 0.050，B 地至 D 地话务量= 32.311，呼损率要求 = 0.070，C 地至 D 地话务量 = 291.772，呼损率要求 = 0.001。计算各地之间的中继线路数量。

解：依题意，可得 A 地、B 地、C 地、D 地之间话务量与呼损值间的关系如表 2-11 所示。

表 2-11　　四地间话务连接表

	A 地	B 地	C 地	D 地
A 地	0	0	0	0
B 地	19.487 Erl 0.010	0	0	0
C 地	22.827 Erl 0.020	25.844 Erl 0.030	0	0
D 地	28.698 Erl 0.050	32.311 Erl 0.070	291.772 Erl 0.001	0

由公式 P = E(A)，可得：

A 地至 B 地呼损率为 0.010，中继线路数 = 29；

A 地至 C 地呼损率为 0.020，中继线路数 = 31；

B 地至 C 地呼损率为 0.030，中继线路数 = 33；

A 地至 D 地呼损率为 0.050，中继线路数 = 34；

B 地至 D 地呼损率为 0.070，中继线路数 = 36。

C 地至 D 地话务量为 291.772 Erl，采用近似出线数 = 100，且呼损率 = 0.001，查表取得话务量 = 75.24，相应的线束利用率 = 0.751 6，因此对于话务量 = 291.772 线路，其线路数 = 387.74，取整数得到 388。

呼损率与接通率是 2 个不同的概念，后者指的是在忙时时间内，用户完成呼叫请求的次数与发起总呼叫次数的比，计算方法：

接通率=（1−Σ忙时信令信道溢出总次数/Σ忙时信令信道发起呼叫的总次数）× 100%

2.2　交换系统中的概率理论及随机过程

概率理论和随机事件分析是研究交换网络和通信系统的必备数学工具，在信息产生、传输、接收，以及优化过程中均包含随机事件。生活中看到的天气变化、车流/人流的变化、扔硬币的结果，以及棋牌的博弈等就属于随机事件，另外像看不见的电磁波传输、信道的占用与释放也都是随机事件。

称这些时刻变化的事件为随机现象或不确定性现象，其具有如下共同的特征：在一定的条件下，其结果的可能性有很多种，事前并不能判断将出现哪种结果；对过程中的一次或少数几次试验，结果所得表现出偶然性，以及不确定性；与此同时，在相同条件下，进行大量重复的试验时，其结果却表现出特定的某种规律性——事件发生频率的稳定性，也通常把这种频率的稳定性称为随机现象的统计规律性。其基本的研究方法是通过大量的实验统计出事件变化的规律。本小节将介绍概率理论的相关基础，以及几种典型的概率分布函数。

2.2.1 概率理论基础

通常把根据某一研究目的，在一定条件下对自然现象所进行的观察或试验统称为试验（trial）。而 1 个试验如果满足下述 3 个特性，则称其为随机试验（random trial），简称试验。

（1）试验可以在相同条件下多次重复进行。

（2）每次试验的可能结果不止 1 个，并且事先知道会有哪些可能的结果。

（3）每次试验总是恰好出现这些可能结果中的 1 个，但在 1 次试验之前不能确定这次试验会出现哪一个结果。

随机试验的每一种可能结果，在一定条件下都有可能发生，也有可能不发生，研究随机试验，仅仅知道可能发生哪些随机事件是不够的，还需了解各种随机事件发生的可能性大小，以揭示这些事件内在的统计规律性，从而指导实践分析。这就要求能够有一个描述事件发生可能性大小的数量指标，这种指标应该是事件本身所固有的，且不随人的主观意志改变的，人们称之为概率（probability），事件 A 的概率记为 $P(A)$，下面先介绍概率的统计定义。

在相同条件下进行 n 次重复试验，如果随机事件 A 发生的次数为 m，那么 m/n 称为随机事件 A 的频率（frequency）；当试验重复数 n 逐渐增大时，随机事件 A 的频率越来越稳定地接近某一数值 p，那么就把 p 称为随机事件 A 的概率。这样定义的概率称为统计概率（statistics probability），或者称后验概率（posterior probability）。

例如，为了确定抛掷一枚硬币发生正面朝上这个事件的概率，历史上有人做过成千上万次抛掷硬币的试验。在表 2-12 中列出了试验记录。

表 2-12　抛掷一枚硬币发生正面朝上的试验记录

实验者	投掷次数	发生正面朝上的次数	频率
棣莫佛	2 048	1 061	0.518 1
蒲丰	4 040	2 048	0.506 9
k. 皮尔逊	12 000	6 019	0.501 6
k. 皮尔逊	24 000	12 012	0.500 5

随着实验次数的增多，正面朝上这个事件发生的频率越来越稳定地接近 0.5，就把 0.5 作为这个事件的概率。

在一般情况下，随机事件的概率 p 是不可能准确得到的。通常当试验次数 n 充分大时，随机事件 A 的频率作为该随机事件概率的近似值，即

$$P(A)=p \approx m/n \quad (n\text{充分大})$$

但对于某些随机事件，用不着进行多次重复试验确定其概率，而是根据随机事件本身的特性直接计算其概率。它们具有以下特征：

（1）试验的所有可能结果为有限值，即样本空间中的基本事件只有有限个。

（2）各个试验的结果出现的可能性相等，即所有基本事件的发生是等可能的。

（3）试验的所有可能结果两两互不相容。

具有上述特征的随机试验，称为古典概型（classical model），对于古典概型，概率的定义如下。

设样本空间由 n 个等可能的基本事件所构成，其中事件 A 包含有 m 个基本事件，则事件 A 的概率为 m/n，即

$$P(A) = m/n$$

这样定义的概率被称之为古典概率或者是先验概率（prior probability）。

例题：在端口编号为1、2、3、…、10的交换机中随机选择1个端口，求下列随机事件的概率。

（1）A=“数据的发送选择的端口编号≤4”

（2）B=“数据的发送选择的端口编号是2的倍数”。

因为该试验样本空间由10个等可能的基本事件构成，即 n=10，而事件 A 所包含的基本事件有4个，即选择的编号为1，2，3，4中的任何一个，事件 A 便发生，即 $m_A = 4$，所以

$$P(A) = m_A/n = 4/10 = 0.4$$

同理，事件 B 所包含的基本事件数 $m_B = 5$，即选择的编号为2，4，6，8，10中的任何一个，事件 B 便发生，故 $P(B) = m_B/n = 5/10 = 0.5$。

例题：设有 n 个数据包到达系统，随机地送往 N 个服务器缓存中的任意一个（$N > n$），且设每个服务器缓存容量为无限，试求下列各事件的概率：

（1）A = “某指定的 n 台服务器到达一个数据包”。

（2）B = “恰好有 n 台服务器，其缓存中各有一个数据包”。

n 个数据包到达系统，随机地送往 N 个服务器，每个数据包都有 N 种可能，共有 N^n 种，即为状态空间的事件数。

对于事件 A 而言，在指定的服务器中，第1个到达的数据包有 n 种选择，第2个到达的数据包有 n–1种选择，第3个到达的数据包有 n–2种选择，一直到最后第 n 个到达的数据包只有1种选择，因此，事件 A 包含的基本事件数为 n 的阶乘，可以得到：$P(A) = n!/N^n$

对于事件 B，刚好有 n 个服务器的数量共有 C_N^n 种，因此 B 所包含的基本事件数量为 $C_N^n \times n!$，可得，$P(B) = C_N^n \times n!/N^n$

2.2.2 典型的概率分布

事件的概率表示了一次试验中，某一个结果发生可能性的大小，若要全面了解该试验的本质，则必须知道试验的全部可能结果及各种可能结果发生的概率，即必须知道随机试验的概率分布（probability distribution）。

概率分布用来描述随机变量取值的变化规律，为了使用方便，根据随机变量所属类型的不同，概率分布取不同的表现形式。下面针对交换技术，介绍几种常用的概率分布函数及其特性。

1. 随机变量

做一次试验，其结果有多种可能，每一种可能结果都可用一个数来表示，把这些数作为变量 x 的取值范围，则试验结果可用变量 x 来表示。

例题：对 100 台服务器进行维修，其可能结果是“0 台维修成功”“1 台维修成功”“2 台维修成功”“…”“100 台维修成功”。若用 x 表示维修成功的数目，则 x 的取值为 0、1、2、…、100。

例题：缓存对数据包的处理结果只有 2 种，即“接收数据包”与“数据包丢弃”。如果用变量 x 来表示这 2 种处理结果，则可令 x=0 用来表示“接收数据包”，x=1 表示“数据包丢弃”。

例题：测定信息由源节点到达目的节点经过的跳数，表示测定结果的变量 x 所取的值为一个特定范围（a,b），x 值可以是这个范围内的任何整数。

如果表示试验结果的变量 x，其可能取值至多为可列个，且以各种确定的概率取这些不同的值，则称 x 为离散型随机变量（discrete random variable）；如果表示试验结果的变量 x，其可能取值为某范围内的任何数值，且 x 在其取值范围内的任一区间中取值时，其概率是确定的，则称 x 为连续型随机变量（continuous random variable）。引入随机变量的概念后，对随机试验的概率分布的研究就转为对随机变量概率分布的研究了。

2. 离散型随机变量概率分布

要了解离散型随机变量 x 的统计规律，就必须知道它的一切可能值 X_i 及取每种可能值的概率 P_i。

如果我们将离散型随机变量 x 的一切可能的取值 X_i (i = 1, 2, …)，及其对应的概率 P_i，记作：

$P(x=X_i)=P_i$，其中，$i=1, 2, \cdots$

则称 $P(x=X_i)$为离散型随机变量 x 的概率分布或分布，常用分布列（distribution series）来表示离散型随机变量：

$X_1\ X_2\cdots\ X_n\ \cdots$

$P_1\ P_2\cdots\ P_n\ \cdots$

显然离散型随机变量的概率分布具有 $P_i\geqslant 0$ 和 ΣP_i=1 这 2 个基本性质。

2 点分布：在一次贝努里试验中，ξ 表示 A 发生的次数，p 表示 A 出现的概率，$P\{\xi=k\}$ 表示 A 出现 k 次的概率，当 x_1=0，x_2=1 时 2 点分布叫 0-1 分布，0-1 分布记做 $\xi\sim B(1,p)$, $P\{\xi=k\}=pk(1-p)1-k$,（$0<p<1$，$k=0, 1$），即

ξ	x_1	x_2
p_k	p	1-p

二项分布：在 n 重贝努里试验中，ξ 表示 A 发生的次数，p 表示 A 出现的概率，$P\{\xi=k\}$ 表示 A 出现 k 次的概率，$\xi\sim B(1,p)$, $P\{\xi=k\}=C_n^k p^k(1-p)^{n-k}$, ($0<p<1$, $k=0, 1, 2, 3, \cdots, n$)

泊松分布：在单位时间（空间）中事件的发生数服从 Poisson 分布。ξ 表示事件 A 发生的次数，λ 表示单位时间内 A 出现的平均次数，$P\{\xi=k\}$表示 A 发生 k 次的概率。

3. 连续型随机变量概率分布

连续型随机变量的概率分布不能用分布列表示，因为其可能取的值是不可数的。通常用随机变量 x 在某个区间内取值的概率 $P(a\leqslant x<b)$来表示。

设 $X=X(i)$是随机变量，若存在非负可积函数 $f(x)>0$，对于任意 x，X 的分布函数可以表示为：

$$F(x)=P(X\leqslant x)=\int_{-\infty}^{x}f(t)\,\mathrm{d}t \quad -\infty<x<+\infty$$

则称 X 是连续随机变量，记为 C.R.V.，其中，$f(x)$ 称为 X 的概率密度函数，简称概率密度或密度，$F(x)$ 称为 X 的分布函数。

均匀分布：若随机变量 X 的概率密度为 $f(x)=\begin{cases}\dfrac{1}{b-a} & a<x<b\\ 0 & 其他\end{cases}$，则称 X 在区间（a，b）上服从均匀分布。随机变量 X 落在区间（a，b）内，任意等长度子区间内的概率值相等。

指数分布：其概率密度为 $f(x)=\begin{cases}\lambda \mathrm{e}^{-\lambda x}, & x>0;\\ 0, & x\leqslant 0.\end{cases}$ $(\lambda>0)$，X 的分布函数为 $F(x)=\begin{cases}1-\mathrm{e}^{-\lambda x}, x>0\\ 0, \quad x\leqslant 0\end{cases}$。

正态分布：若随机变量 X 的概率密度为 $f(x)=\dfrac{1}{\sqrt{2\pi}\sigma}\mathrm{e}^{-\frac{(x-\mu)^2}{2\sigma^2}}, -\infty<x<+\infty$，其中 $\mu,\sigma(\sigma>0)$ 为常量，则称 X 服从正态分布。如果随机变量受到大量均匀的独立随机因素的影响，则它通常近似地服从正态分布。比如：测量产生的误差，弹着点的位置，噪声信号，产品的尺寸等均可认为近似地服从正态分布。

2.2.3　随机过程的应用

对于任意一个固定时刻 t，$X(t)$ 为时间函数在 t 时的状态，由于它是一个随机变量，因此可以列出它的样本空间。如果把该状态的样本空间描述为状态函数的形式，则可以得到，依赖于时刻 t 就有一组状态函数，称此组状态函数为随机过程，通信系统和交换网络属于典型的随机服务系统，网络中的通信业务量、服务时间长度、用户呼叫频率、信道占用与释放等重要参数都是随时间变化而变化的，对于这样的随机系统，需要引入以时间 t 为变量的随机过程来分析。

根据 $X(t)$状态及时间的取值是离散型或连续型，可以将随机过程 $X(t)$分为 4 种类型，如表 2-13 所示。

表 2-13　　随机过程的 4 种类型

	状态	时间
类型一	离散	离散
类型二	离散	连续
类型三	连续	离散
类型四	连续	连续

在上述表示的四类随机过程中，将详细介绍状态值离散的泊松过程和生灭过程，以及所具有的特性。

1. 泊松过程

如果用户在时间段$[0,t]$内的呼叫次数为 $N(t)$，其服从的泊松分布表示为：

$$P(N(t)=k)=\left(\frac{\lambda t^{(k)}}{k!}\right)e^{(-\lambda t)}(k=0,1,\cdots)$$

令用户的间隔时间为 $t_i\ (i=1, 2, 3, \cdots)$，在时间$[0, t]$内接受服务的用户数为 $N(t)$，$\sum_{i=1}^{n} t_i$ 为累计时间，用 T 表示，即 $T=\sum_{i=1}^{n} t_i$。对于数据交换网络，其基本队列服务模型可以表示为图 2-4 所示。

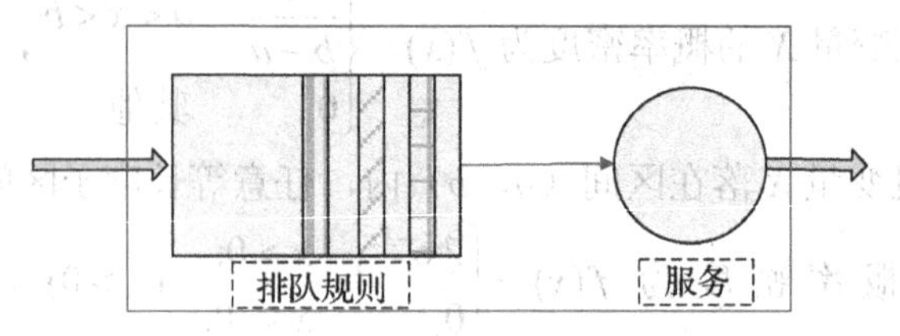

图 2-4 基本队列服务模型

2. 生灭过程

电话交换系统的呼叫频率与时间的变化有关，用户所发起的呼叫过程，随机地到达服务器端，经过一定长度的时间服务后，系统释放连接，因此交换网络是一类典型的随机过程，其状态转移的关系可以用迁移图表示为图 2-5。

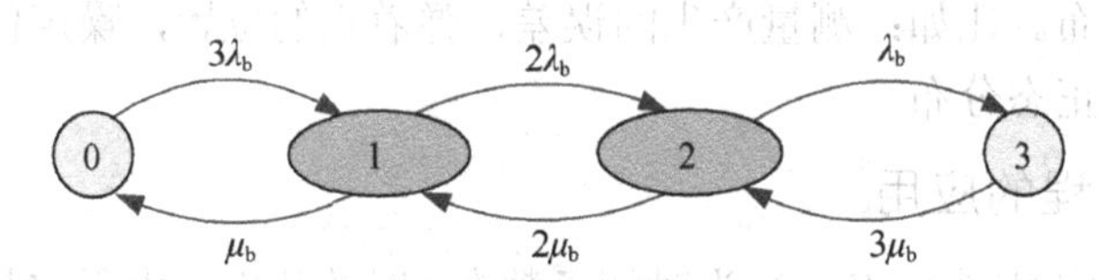

图 2-5 用户呼叫过程中 4 状态转移图

对于相同类型的用户或系统，其到达速率以及服务时间长度相同，各状态的具体含义如表 2-14 所示。

表 2-14 转移模型中各状态描述

状态	状态描述
0	所接入的服务器当前空闲
1	系统中正在接受服务的用户数为 1
2	系统中正在接受服务的用户数为 2
3	系统中正在接受服务的用户数为 3

由模型可知，数据交换过程中的冲突事件发生，出现在用户 A 与用户 B 同时接入服务器时，各种类型用户依据服务器占用情况，将会在不同状态间进行迁移，这里引入生成矩阵来具体刻画多种状态间的转移过程，即：

$$
\begin{vmatrix}
-a & a & 0 & 0 & 0 \\
b & -a-3b & 3b & 0 & 0 \\
0 & c & -c-2b & 2b & 0 \\
0 & 0 & 2c & -2c-b & b \\
0 & 0 & 0 & 3c & -c
\end{vmatrix}
$$

其中，a 为用户 1 的服务时间长度，c 为用户 2 的服务时间长度，b 为到达频率。

3．多维度马尔科夫过程

对于具有缓存和服务等级保证机制的交换系统而言，当优先级较低的用户被高优先级用户呼叫请求所影响时，前者可以寻找暂时空闲的信道，并利用切换机制，切换到空闲的信道上继续通信。从业务服务类型的角度分析，缓存队列模块的引入，可以增加时延非敏感用户接受服务的概率，使得同时存在的多个用户，其相应的服务质量均能有所改善，进而提高网络整体服务的有效利用率，以及网络吞吐量等性能。

对于具有缓存队列模块的服务机制，如果服务器均为忙状态，此时的时延非敏感型的呼叫请求，并不会因为没有可接入的信道而被拒绝服务，而是进入缓存队列，与此同时，继续等待信道的空闲状态并随机接入，这里需要进一步考虑和研究的是缓存队列的容量和交换效率的问题。如果有更多的系统用户等待接入服务，并且信道数不能满足需求，很显然冲突便会加剧，其模型可以表示为图 2-6。

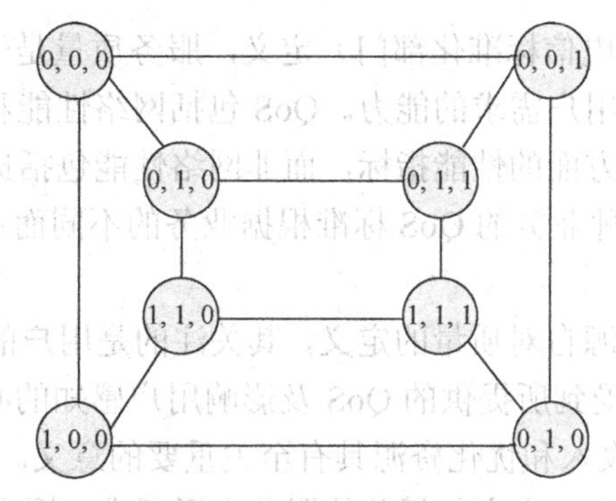

图 2-6 多维度马尔科夫过程状态转移示意图

状态转移示意图中的直线均表示双向性状态跳转，圆圈表示交换系统所处的状态，圆圈中的数字分别对应用户接入服务器 1、服务器 2 和服务器 3 的状态情况，0 表示服务器处于空闲状态，1 表示该服务器处于有用户服务状态，其状态向量所表示的不同服务器的占据状态如表 2-15 所示。

表 2-15 多服务器迁移状态表示图

(i, j, k)	服务器 1	服务器 2	服务器 3
0 0 0	空	空	空
0 0 1	空	空	忙
0 1 0	空	忙	空
0 1 1	空	忙	忙
1 0 0	忙	空	空
1 0 1	忙	空	忙
1 1 0	忙	忙	空
1 1 1	忙	忙	忙

2.3 交换网络的服务质量与话务负载能力

服务质量（quality of service，QoS）是指服务能够满足规定和潜在需求的特征的总和，交换网络的服务质量是指交换单元的数据处理能力，能够满足被通信用户需求的程度，是电信网络为使目标用户满意而提供的最低服务水平，也是电信运维企业保持这一预定服务水平的连贯性程度。

网络服务质量的内容主要包括：用户与网络连接的可靠性；2 个参照点之间发送和接收数据包的时间间隔；接收的一组数据流中数据包之间的时间差异；网络中发送数据包的速率（可用平均速率或峰值速率表示）；在网络中传输数据包时丢弃数据包的最高比率（数据包丢失一般是由网络拥塞引起）。在 QoS 保证的网络中，可以根据具体应用的不同要求，将这些参数组合起来构成不同的服务等级。

2.3.1 服务质量的定义

ITU - T（国际电信联盟电信标准化部门）定义，服务质量是一种电信业务的特性总和，表明其满足明示和暗示业务用户需求的能力。QoS 包括网络性能和非网络性能两大部分，网络性能包括误码率、延迟等方面的性能指标，而非网络性能包括提供时间、修复时间、资费范围及故障解决时间等。一种业务的 QoS 标准根据业务的不同而不同，其相关性对不同类型的用户也是有一定差别的。

QoS 的一般性定义则是源自对质量的定义，其关注的是用户的体验（称为 QoS E 或 QoS P，即感知的 QoS），QoS E 受到所提供的 QoS 及影响用户感知的心理因素的影响。了解 QoS E，对于服务运营单位增加收入和优化资源具有至关重要的意义。

而对于服务质量协议而言，内容包括总体服务水平要求、用户 QoS 参数、与服务相关的网络 QoS 参数、与服务无关的网络 QoS 参数、运营单位间与服务无关的 QoS 参数、运营单位间与服务相关的 QoS 参数等，如图 2-7 所示。

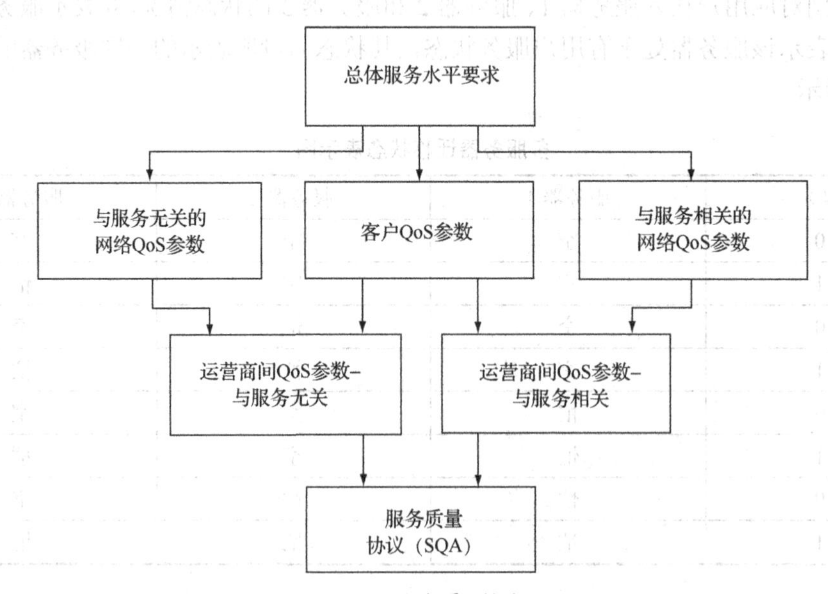

图 2-7 服务质量协议

Cos 与 Tos 都是 QoS 的一种标记机制，QoS 范围较广，涉及入口数据流的标记和分类及速率限制、网络骨干的拥塞避免和拥塞管理、网络出口的队列调度机制等。

Cos 是二层数据帧的优先级标记，分为 3 个 bit，取值范围为 0～7。

Tos 是三层数据包的服务类型标记，也是 3 个 bit，范围 0～7，同样可当作优先级标记，另外 5 个实际指示延时、吞吐量，以及可靠性等特性的比特位一般没有使用。现在为了更好地控制数据流分类，使用 DSCP（differential services code point），扩展了 Tos 的后 3 个 bit，因此，范围为 0 至 63。

需要注意的是，在实施 QoS 策略时，Cos 与 ToS 或 DSCP 之间通常要做映射机制。

2.3.2 交换网络的服务质量处理流程

当交换单元的某个端口关联了一个表示 QoS 策略的映射后，分类就在该端口上生效，分类的过程是根据信任策略，或者根据分析每个报文的内容，确定将这些报文归类到以权值表示的各个数据流中，它对所有从该端口输入的报文起作用。

由于有一类协议会导致业务延迟，因此根据协议对数据包进行识别和优先级处理，可以降低延迟。根据优先级进行处理，是控制或阻止少数设备所使用的该类协议的一种强有力方法。经过分类和策略选择动作处理之后，为了确保被分类报文对应的 DSCP 值，能够传递给网络的下一跳设备，需要通过标记动作为报文写入 QoS 信息，可以使用 QoS ACLs 改变报文的 QoS 信息，也可以使用信任方式直接保留报文中 QoS 信息。

流量约定服务等级协议（service level agreement，SLA）给数据流设定优先级，以此在网络/协议层面上，根据相互商定的尺度，设定有保障的性能、通过量、延迟等界限。一些特定形式的网络数据流需要定义服务质量。比如，多媒体流要求有保障的通过量，IP 网络电话需要严格的抖动和延迟性能限制，性命悠关的应用系统，例如，远程外科手术要求有可靠保证的可用性，也被称作硬性 QoS。

实质上，可以为系统提供 2 种方式的 QoS 保证。第 1 种，就是提供大量的资源，用丰富、安全的余量设备对应预期中可能出现的“流量高峰”需求，这样既简单又比较容易实现。然而有人认为这种方式成本太高，而且不能应对当高峰需求波动超过期望值时的情形，并且部署冗余的资源，其时间的消耗也非常大。

第 2 种是使用户预约带宽，并且仅在能够提供所需的可靠服务的前提下，才能够接受预约。

2.3.3 交换网络服务质量的保障机制与策略

链路层 QoS 技术主要针对异步传输模式（asynchronous transfer mode，ATM）、帧中继、令牌环等链路层协议支持 QoS。作为一种面向连接的技术，ATM 提供对 QoS 保证的支持，而且可以基于每个连接提供特定的 QoS 保证。

帧中继传输网络确保连接的承诺信息速率（committed information rate，CIR）最小，即在网络拥塞时，传输速度不能小于设定的这个数值。令牌环和 IEEE802.1p 标准具有区分服务的保证机制。

对于改善链路传输性能的链路效率机制，可以间接提高网络的服务质量，包括：可以针对特定业务来降低链路发包的时延，以及有效带宽的适配。典型的链路效率机制有分片与报文头压缩。

1. 链路分片与交叉

采用链路分片与交叉（link fragment & interleave）以后，数据报文在发送前被分片，依次发送，如果有高等级数据包到达则被优先发送，因此可以保证语音等实时业务的时延与抖动性能。

2. RTP 报文头压缩

RTP 报文头压缩（RTP header compression），RTP 报文头压缩主要适用于低速链路环境，可将 40 字节的 IP/UDP/RTP 报文头压缩到 2～4 个字节（如果不考虑使用校验和，则可以进一步压缩到 2 个字节），从而有效地提高了链路的利用率，其原理是传输过程只对增量进行处理。

3. ATM 服务质量

ATM 通过使 ATM 端系统显示流量合同来提供 QoS 保证，流量合同描述了期望的通信流大小这一指标。包括 QoS 参数，例如，峰值信元速率（peak cell rate，PCR）、持续信元速率（sustained cell rate，SCR），以及突发量。

4. FR 服务质量

在帧中继网络中，依靠帧中继报头中的 3 个比特位提供了拥塞控制机制，这 3 个提供拥塞控制机制的功能位分别为：向前显式拥塞通知（forward explicit congestion notification，FECN）位、向后显式拥塞通知（backward explicit congestion notification，BECN）位、以及丢弃合格（discard eligible，DE）位。通过交换机将 FECN 位置 1，可以通知包括路由器在内的目标数据终端设备（data terminal equipment，DTE），在帧从源端传输到目的端的链路上发生了拥塞现象，通过交换机将 BECN 位置 1，则可以通知目标路由器，在帧从源端传输到目的端的反方向上发生了拥塞现象。

5. MPLS 服务质量

MPLS 标签交换路由器，利用 MPLS 标签中的 EXP 比特配置 QoS 策略。所以说，在 MPLS 网络中，可以通过 MPLS 标签中的 EXP 比特设置 MPLS 报文的优先级别，从而实现区分服务。在实际的 MPLS 网络中，MPLS QoS 通常使用区分服务（differentiated services，又称为分类服务）结构，区分服务结构是为 IP QoS 而专门设定的，MPLS QoS 结构就是在区分服务结构基础上增加了 MPLS 对区分服务的支持，MPLS 标签如表 2-16 所示。

表 2-16　MPLS 标签结构

0	-	-	-	-	-	-	-	-	-	1	-	-	-	-	-	-	-	-	-	2	-	-	-	-	-	-	-	-	-	3	-
0	1	2	3	4	5	6	7	8	9	0	1	2	3	4	5	6	7	8	9	0	1	2	3	4	5	6	7	8	9	0	1
Label																				EXP			S	TTL							

6. IP 服务质量

在 IP QoS 中，QoS 是由流量标记、拥塞管理、拥塞避免和流量整形构成，可以对 IP 报文实施一系列调度方式，实施加权随机早期检测（WRED）、流量监管，以及流量整形，在为 MPLS 报文实施 QoS 的时候，可以根据 EXP 比特位使用一定的特性。

2.3.4 服务质量分类标准

优先级分类是根据各种网络所关注的业务类型的不同，包括 ATM 层、IP 层，以及区分服务方式确定其优先级分类，其分类的标准不同的，如表 2-17 所示。

表 2-17 服务质量分类表

标准	分类依据	优先级分类
RFC 791	按照各 IP 应用的特点	Network Control、Internetwork Control、CRITIC/ECP、Flash Override、Flash、Immediate、Priority、Routine 共 8 类优先级
RFC 1349	将业务按照 TOS 的定义分类	minimize delay、maximize throughput、minimize monetary cost、maximize reliability
RFC 1490	按照 Frame Relay Discard Eligibility bit 位的定义分类	2 类丢弃优先级
RFC 1483	按照 ATM Cell Loss Priority bit 位的定义分类	2 类丢弃优先级
RFC 2474	每一跳的数据处理行为	EF（Expedited Forwarding）PHB、AF（Assured Forwarding）PHB、CS (class selector) PHB、BE PHB
IEEE 802.5	按照 Access Priority 的定义	0 类至 7 类优先级相应递增，0 类是 BE 业务

2.4 电信网互连基本技术

电信交换，又被称为电话交换或电话转换，在电讯相关行业中，电话交换的目的是让电话终端通过电子系统的连接进行信息的传输。中央处理机房则是安置各种设备（包括数字程控交换机）的场所，一方面用来连接用户电话线路并且传递通话信息，同时负责网络的维护。

经过一个多世纪的发展与演进，通信系统已经基本实现了全数字化，本节介绍数字信号基础，以及电信交换的基本技术。

2.4.1 连续信号离散化

在多媒体通信系统中，当输入信号和输出端的信号均为模拟信号时，由于通信系统的传输和存储均是数字信号，因此，需要将采集得到的模拟信号进行数字化处理，以便传输。

模拟信号是一种连续变化的物理量（例如，时间信息、幅度信息、频率信息、相位信息等）表示的信息。模拟信号在自然界中的分布极其广泛，如气温的变化、湿度的变化，车辆在行驶过程中速度的改变，自然界中声音的变化幅度等。

与模拟信号相对应的数字信号是人为抽象出来的不连续的离散信号，它一般可以由模拟信号经过一系列处理得到。数字信号的取值特点是不连续的、取值的数量也是有限的。比如，存储在电脑磁盘或光盘中的信息，工业控制中的 0/1 信号。那么，如何才能使连续变化的模拟量变为离散的数字量呢？其方法有很多种，这里介绍国际上应用最为广泛的脉冲编码调制技术。

PCM 脉冲编码调制是数字通信的编码方式之一，其主要过程是将话音信号、图像信号等模拟信息，间隔固定的一段时间进行取样，使其取值离散化，同时，将采集到的抽样值按分层单位取整并且量化，然后再将抽样值以合适的位数，按一组二进制代码表示抽样脉冲的幅值大小。

模拟信号的数字化需要经过 3 个过程，即抽样、量化和编码，从而实现话音信号数字化的脉冲编码调制技术。

抽样是把模拟信号以其信号最高频率值大小的 2 倍以上的频率，对原始模拟量进行采样，使其成为在时间轴上离散的抽样信号。一般情况，话音信号的频谱被限制在 3 000～3 400 Hz

范围内，所使用的抽样频率为 8 kHz，每个值对应 1 个 8 位二进制码，因此，话音数字编码信号的速率可以表示为 8 bit × 8 kHz = 64 kbit/s，即可获得能取代原始连续话音信号的抽样信号，如果对一个正弦信号进行抽样，所得到的抽样信号是一个脉冲幅度调制（pulse amplitude modulation，PAM）信号，再对抽样信号进行检波和平滑滤波，即可还原出原来的模拟信号波形。

抽样出来的信号虽然在时间轴上已经是离散的信号，但仍然是模拟信号，因为其样值在一定的取值范围内，允许出现无限多个值。很明显，对这无限个样值，分别定义出数字码组是很难办到的。为了实现以有限位数的码流表示样值，需要采用“四舍五入”的方法，把样值分级“取整”，从而让一定取值范围内的样值，由无限多个取值变为有限个取值，这一过程被称之为量化。

量化后的抽样信号与量化前的抽样信号相比较，不但会出现失真现象，并且不再是模拟信号。这种由量化而出现的失真，在目的端还原原始信号时表现为噪声，并称为量化噪声。量化噪声的大小取决于将原始采样值分级“取整”的方式，分的级数越多，即量化级差或间隔越小，量化噪声也越小。

量化后的信号正、负幅度分布的对称性使正、负样值的个数相等，正、负向的量化级对称分布。将这些量化样值取绝对值，并且从小到大依次排列，并对应地依次赋予十进制数字代码，在码前以“+”“−”号为前缀，用于区分样值的正、负，则量化后的抽样信号就转化为按抽样时序排列的 1 串十进制数字码流，即十进制数字信号。

然后，将十进制数字代码变换成二进制编码。根据十进制数字代码的总个数，可以确定所需二进制编码的位数，即字长，这样即完成了编码过程。对于抽样率为 8 kHz 的信号，每个抽样值编 8 位码，即共有 $2^8 = 256$ 个量化值，因而 E1 标准的速率是 2.048 Mbit/s。

PCM E1 形式有 3 种使用方法，分别是：将整个 2 M 带宽用作 1 条链路，如 DDN 2 M；将 2M 用作若干个 64k 及其多个组合，例如，128 k，256 k 等，这就是 CE1；在用作语音交换机的数字中继时，是把 1 条 E1 作为 32 个 64 k 来使用，但是时隙 0 和时隙 15 是用作传输信令信息的，所以 1 条 E1 可以传输 30 路话音，PRI（primary rate interface）基群速率接口，就是其中最常用的 1 种接入方式。DDN 的 2 M 速率线路是经 HDSL 线路拉至用户侧，E1 可由传输设备输出的光纤拉至用户侧的光端机提供 E1 服务。

PCM 的抽样、量化，以及编码过程如图 2-8 所示。

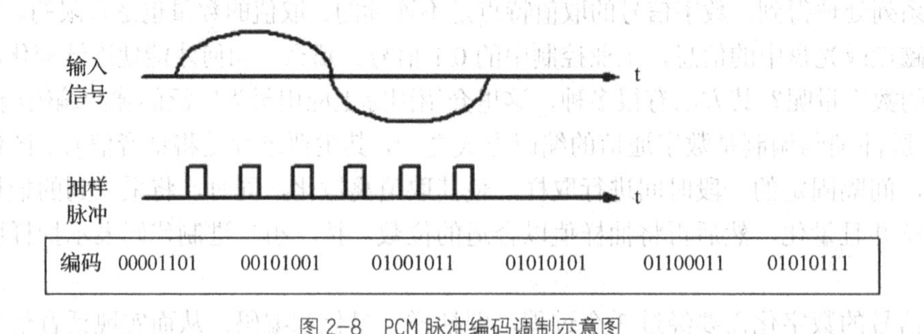

图 2-8 PCM 脉冲编码调制示意图

2.4.2 时分多路复用技术

时分多路复用（TDM）的原理是将传输信号在时间的维度上进行分割，它使不同的数据包在各自的时间段内发送，因此，需要将整个时间轴分为许多个时间间隔（time slot，TS，又称为时隙），每个TS时间片被相应的用户占用。TDM能够实现在时间域内循环地发送每1路信息的1部分，从而完成传送多路信号的可能，线路上的任意时间间隔内只有1路信号占用。

时分复用是以抽样定理为基础的，抽样定理使连续变化（模拟）的基带信号，被在时间上离散出现的抽样脉冲值所代替。所以，对于占用较短时间的抽样脉冲而言，在抽样脉冲信号之间就可能留出时间空隙，系统便是利用这种空隙以实现对其他信号抽样值的传输。从而，完成了若干个基带信号沿1条信道的同时传送。

对于多路复用数字电话通信系统，国际上广泛使用的有2种标准化制式，一种是PCM 30/32路（A律压扩特性）制式，另一种是PCM 24路（μ律压扩特性）制式，并且规定，在国际通信中，以A律压扩特性为准（即以30/32路制式为准），凡是涉及PCM 30/32和PCM 24 2种制式的转换时，其设备接口均由采用μ律特性的国家和地区负责适应。

因此，我国规定采用PCM 30/32路制式，由话路时隙、同步时隙、话路标志时隙组成，其帧和复帧结构如图2-9所示。

<table>
<tr><td colspan="16">1 复帧 = 16 帧 = 2ms</td></tr>
<tr><td>F0</td><td>F1</td><td>F2</td><td>F3</td><td>F4</td><td>F5</td><td>F6</td><td>F7</td><td>F8</td><td>F9</td><td>F10</td><td>F11</td><td>F12</td><td>F13</td><td>F14</td><td>F15</td></tr>
</table>

<table>
<tr><td colspan="32">F0</td></tr>
<tr><td colspan="32">1 帧 = 32 时隙(TS) = 0.125ms</td></tr>
<tr><td>0</td><td>1</td><td>2</td><td>3</td><td>4</td><td>5</td><td>6</td><td>7</td><td>8</td><td>9</td><td>10</td><td>11</td><td>12</td><td>13</td><td>14</td><td>15</td><td>16</td><td>17</td><td>18</td><td>19</td><td>20</td><td>21</td><td>22</td><td>23</td><td>24</td><td>25</td><td>26</td><td>27</td><td>28</td><td>29</td><td>30</td><td>31</td></tr>
</table>

<table>
<tr><td colspan="32">F0</td></tr>
<tr><td colspan="32">1 帧 = 32 时隙(TS) = 0.125ms</td></tr>
<tr><td colspan="8">偶数帧的TS0，
同步时隙</td><td colspan="7">TS1 -TS15 话路</td><td colspan="8">标识信号时隙</td><td colspan="9">TS17 - TS30 话路</td></tr>
<tr><td></td><td colspan="7">帧同步码</td><td>x</td><td>x</td><td>x</td><td>x</td><td>x</td><td>x</td><td>x</td><td colspan="4">复帧定位</td><td colspan="4">复帧对告</td><td>x</td><td>x</td><td>x</td><td>x</td><td>x</td><td>x</td><td>x</td><td>x</td><td>x</td></tr>
<tr><td>1</td><td>0</td><td>0</td><td>1</td><td>1</td><td>0</td><td>1</td><td>1</td><td>x</td><td>x</td><td>x</td><td>x</td><td>x</td><td>x</td><td>x</td><td>0</td><td>0</td><td>0</td><td>0</td><td>1</td><td>x</td><td>1</td><td>1</td><td>x</td><td>x</td><td>x</td><td>x</td><td>x</td><td>x</td><td>x</td><td>x</td><td>x</td></tr>
<tr><td colspan="8">奇帧的TS0，
帧对告码</td><td>x</td><td>x</td><td>x</td><td>x</td><td>x</td><td>x</td><td>x</td><td colspan="4">第1路</td><td colspan="4">第16路</td><td>x</td><td>x</td><td>x</td><td>x</td><td>x</td><td>x</td><td>x</td><td>x</td><td>x</td></tr>
<tr><td>1</td><td>1</td><td>x</td><td>1</td><td>1</td><td>1</td><td>1</td><td>1</td><td>x</td><td>x</td><td>x</td><td>x</td><td>x</td><td>x</td><td>x</td><td>a</td><td>b</td><td>c</td><td>d</td><td>a</td><td>b</td><td>c</td><td>d</td><td>x</td><td>x</td><td>x</td><td>x</td><td>x</td><td>x</td><td>x</td><td>x</td><td>x</td></tr>
<tr><td colspan="8">TS0的第1位保留</td><td>x</td><td>x</td><td>x</td><td>x</td><td>x</td><td>x</td><td>x</td><td colspan="4">第2路</td><td colspan="4">第17路</td><td>x</td><td>x</td><td>x</td><td>x</td><td>x</td><td>x</td><td>x</td><td>x</td><td>x</td></tr>
<tr><td colspan="8">奇帧的TS0
后4位保留</td><td>x</td><td>x</td><td>x</td><td>x</td><td>x</td><td>x</td><td>x</td><td>a</td><td>b</td><td>c</td><td>d</td><td>a</td><td>b</td><td>c</td><td>d</td><td>x</td><td>x</td><td>x</td><td>x</td><td>x</td><td>x</td><td>x</td><td>x</td><td>x</td></tr>
<tr><td colspan="8">前2位为识别码</td><td>x</td><td>x</td><td>x</td><td>x</td><td>x</td><td>x</td><td>x</td><td colspan="4">……
第15路</td><td colspan="4">……
第30路</td><td>x</td><td>x</td><td>x</td><td>x</td><td>x</td><td>x</td><td>x</td><td>x</td><td>x</td></tr>
<tr><td colspan="8">第3位为对告码</td><td>x</td><td>x</td><td>x</td><td>x</td><td>x</td><td>x</td><td>x</td><td>a</td><td>b</td><td>c</td><td>d</td><td>a</td><td>b</td><td>c</td><td>d</td><td>x</td><td>x</td><td>x</td><td>x</td><td>x</td><td>x</td><td>x</td><td>x</td><td>x</td></tr>
</table>

图2-9 PCM 30/32路帧结构示意图

在PCM 30/32路的制式中，每一个复帧由16帧组成，每一帧由32个时隙组成，每一个时隙由8位码组组成。时隙TS 1l～TS 15及TS 17～TS 31共有30个时隙用做话路信息，传送话音信号，第 0 时隙（TS0）是“帧定位码组”，第 16 时隙（TS16）用于传送各话路的标志信号码。

由于抽样重复频率为 8 000 Hz，因此，可得抽样周期为 0.125ms，这也就是 PCM 30/32 的帧周期，1 个复帧由 16 个帧组成，表示为 F0～F15，这样可得复帧周期为 2 ms，一帧内要时分复用 32 个话路，则每路占用的时隙为 0.003 9ms，每时隙包含 8 位码组，因此，每位码元应为 488 ns。

同时，从速率上讲，由于每 1 秒钟可以传送 8 000 帧，而每帧包含 32×8 = 256 bit，因此，总码率为 256 比特/帧× 8000 帧/秒 = 2 048 kbit/s。对于任意一路话路来说，每秒钟要传输的时隙数为 8000 个，每个时隙为 8 bit，因此，可以得到每个话路数字化后的信息传输速率为 8×8 000 = 64 kbit/s。

TS0 时隙比特分配，为了发送端和目的端得同步需要，每帧都应该包含一组特定标志比特位的帧同步码组。PCM 编码中的帧同步码组固定为“1011 1001”，位于偶帧 TS0 的第 2～8 比特位。第 1 比特保留国际通信用，不使用时用比特“1”码填充，在奇数帧中，第 3 位为帧失步告警比特码，同步时将其置“0”码，失步时将其置“1”码。为避免奇数帧中 TS0 的第 2～8 比特位出现假同步现象，第 2 位码规定为监视码，固定将其置为“1”，第 4～8 位码为国内通信用，置为“1”。

TS16 时隙是标志信号码，按复帧间隔 2 ms 传输 1 次，1 个复帧有 16 个帧，即有 16 个“TS 16 时隙”（8 位码组）。除了 F0 之外，Fl～F15 复帧用来传送 30 个话路的标志信号。每帧 8 位比特用于传送 2 个话路的标志信号，每路标志信号占 4 个比特，以 a、b、c、d 表示。TS16 时隙的 F0 为复帧定位，其中第 1 比特位至第 4 比特位是复帧定位码组，编码为“0000”，第 6 位用于复帧失步告警，失步时置为“1”，同步时置为“0”，其余的 3 比特为备用比特，置为“1”。其中的标志信号位 a、b、c、d 不能为全“0”，否则就会和复帧定位码组重复。

以 2 048 kbit/s 传输的 PCM 30/32 基群速率，显然不能满足较高码率应用的要求，在时分多路复用系统中，高次群是由若干个低次群通过复用设备汇总而成的，对于 PCM 30/32 路系统来说，其基群的速率为 2 048 kbit/s。二次群由 4 个基群汇总而成，速率为 8 448 kbit/s，话路数为 4×30 = 120 话路。

2.4.3 接口控制技术

各种交换设备都有用户接口和控制接口，双绞线 RJ45 接口属于双绞线以太网交换机接口类型，光纤接口主要从 1 000 Base 技术正式实施以来才得以全面应用，局域网交换机中尾纤常用的是 SC 类型，控制端口也叫做 Console 端口，主要用于网络管理功能，控制端口可以允许管理员利用串口电缆直接连接到交换机，对交换机进行管理和配置，下面分类别介绍各种交换设备的接口类型。

数字程控交换机：分为模拟用户接口和数字用户接口，以及模拟中继线接口和数字中继线接口。

ISDN 交换机：ISDN 交换所实现的是 ISDN 用户接续与拆接的交换方式，其数字用户-网络接口，包括基本接口和一次群速率接口，基本接口有 2 个 B 信道（64 kbit/s）和 1 个 D 信道（16 kbit/s），一次群速率接口有 3 个 B 信道（64 kbit/s）和 1 个 D 信道（64 kbit/s），B 信道传送用户信息，D 信道传送控制信令。

移动交换机：包括用户侧的空中接口，基站系统与 MSC 间的接口，MSC 与 VLR 之间的接口，HLR 和 VLR 之间的接口。

ATM 交换机：包括 UNI 和 NNI 接口，局域网接口和 ATMP - UNI 接口，用于处理局域网的各层协议以及 ATM 信令。

路由器：包括适配底层通信网络的的网络接口，分为以太网接口、帧中继接口、ATM 接口。

2.4.4　信令技术

用户信息是通过通信网络直接将发信者的信息传输到收信者，与用户信息不同，信令是在通信网络的各个节点（例如，基站、移动台和移动控制交换中心）之间传输，各节点进行分析处理并通过交互作用而形成一系列的操作和控制，从而保证用户信息的有效且可靠的传输，因此，信令是整个通信网络的控制系统，其性能在很大程度上决定了一个通信网络所能提供服务的能力和质量。

对于广泛使用的 7 号信令而言，是以时分方式在数据链路上传送话路信令的方式，处理控制消息的节点称之为信令点，主要包括以下信令点。

业务交换点（service switching point，SSP），是信令消息的产生或终结点，实质上就是本地交换系统（或交换中心 CO），用于发起呼叫或接收呼入。

信令转接点（signal transfer point，STP），完成路由器的功能，查看由 SSP 发来的消息，然后把每一个消息交换到合适的节点，STP 把其他信令点和网络连接在一起组成更大的网络。

业务控制点（service control point，SCP），是典型的访问数据库服务器，SCP 是智能网业务的控制中心，负责接收 SSP 送来的查询信息和查询数据库，验证后向 SSP 发出呼叫处理指令，接收 SSP 产生的话单并进行处理。

2.5　交换单元与交换网络

交换单元是通信过程中维持数据转发的实际电子电路，交换单元是构成交换网络最基本的部件，若干个交换单元按照一定的拓扑结构，在协议的控制下连接起来就可以构成系统所需的交换网络。

本节将对交换单元与交换网络基本模型和分类进行介绍。

2.5.1　交换单元的基本模型

1. 交换单元的组成结构

交换单元从其外部结构来看，主要包括 4 个组成部分，分别是：输入端口、输出端口、控制端与状态端。交换单元的输入端口又称为入线，输出端口称为出线，一个具有 m 条入线，n 条出线的交换单元表示为（$m \times n$）交换单元，入线编号为 0～$m-1$，出线可以用 0～$n-1$ 编号表示。

控制端主要用来控制交换单元的一系列动作，通过控制端的控制过程，将交换单元的某条入线 $m-i$ 与某条出线 $n-i$ 相连接，从而使信息从入线交换到出线，完成交换的功能。状态端所描述的是交换单元的内部状态，不同的交换单元有不同的内部状态集，通过状态端口可以让外部及时了解工作情况。

2. 交换单元的分类方法

从不同角度对交换单元加以分类，交换单元可以具有不同的类型，一般有4种分类方法，如表2-18所示。

表2-18 交换单元的分类

序号	分类关系	类型
1	入线与出线上信息的传送方向	有向交换单元；无向交换单元
2	入线与出线的数量关系	集中型；连接型；扩散型
3	入线与出线是否共享单一通路	时分交换单元；空分交换单元
4	所接收的信号类型	数字交换单元；模拟交换单元

3. 交换单元的性能参数

对于交换单元，主要通过4个方面的参数衡量其性能指标，分别是：容量、接口、功能、质量。

（1）交换单元的容量，包含2个方面的内容，一方面是交换单元的入线与出线数目，另一方面是每条入线上可以送入交换的信息量大小，因此，交换单元的容量就是交换单元所有入线可以同时送入的总的信息量。

（2）在不同的线路上允许传送的信号往往不一样，同样，在不同的交换单元入端上可以接收的信号也往往不同。因此，需要规定交换单元的信号接口标准。

（3）一个交换单元的质量主要体现在2个方面，一方面是完成交换功能的能力，它通常指交换单元完成交换动作的速度，以及是否在任何情况下都能完成指定的连接；另一个方面是信息是否存在损伤，如信息经过交换单元的时延或其他损伤，如误码率增加。

（4）交换单元的基本功能是，在入端和出端之间建立连接并传递信息，但不同的交换单元有不同的功能。有的任何一个入端可以和任何一个出端建立连接，有的入端只能和其中一部分出端之间建立连接，有的具有同发功能或广播功能等。

4. 交换单元的函数表示

对于如何描述交换单元的连接特性的问题，从连接集合和连接函数出发分别讨论。

首先可以把一个交换单元的一组入线和一组出线各看成一个集合，称为入线集合和出线集合，并记为：

（1）入线集合 $\text{IN} = \{0, 1, 2, \cdots, M-1\}$；

（2）出线集合 $\text{OUT} = \{0, 1, 2, \cdots, N-1\}$。

若一个交换单元可以提供点到多点连接，则称其具有同发功能，即从交换单元的一条入线输入的信息可以交换到多条出线上输出；若此时出线子集就是全部出线单元，则称该交换单元具有广播功能，即从交换单元的一条入线输入的信息可以在全部出线上输出。例如，普通电话的通信只需要点到点交换连接，而像电视会议，有线电视等，则需要同发功能和广播功能。

交换中的连接和连接集合应该对应于某一时刻，对于一个正在工作的交换单元，某一时刻处于某种连接集合，不同时刻的连接应该可变，连接集合也可变。若连接和连接集合固定不变，则意味着交换单元的入线和出线总是处于固定连接中，那么能够连接任意入线和出线的交换功能也就无从谈起了。

当然，这种变化需要通过某种控制方式才可进行，一个交换单元可能提供的连接集合的数目越多，它的连接能力就越强。

从应用的角度看，一个交换单元连接集合中的一部分连接是相同的，如果要求交换单元的某条入线任选一条出线输出，并不在乎是哪条出线，则包含该入线和其他任意出线的连接都可以看成是等效的。

每一个交换单元都可用一组连接函数来表示，一个连接函数对应一种连接。连接函数表示相互连接的入线编号和出线编号之间的一一对应关系，即存在连接函数 f，在它的作用下，入线 x 与出线 $f(x)$ 相连接，$0 \leqslant x \leqslant M-1$，$0 \leqslant f(x) \leqslant N-1$。

连接函数实际上也反映了入线编号构成的数组，以及由出线编号构成的数组之间对应的置换关系或排列关系。所以，连接函数也被称为置换函数或排列函数。另外，从集合角度讲，一个连接函数反映了入线集合和出线集合的一种映射关系。

常见的连接函数的表示形式有函数表示形式、排列表达形式、图形表示形式 3 种。

1．函数表示形式

用 x 表示入线编号变量，用 $f(x)$ 表示连接函数。通常，x 用若干位二进制数形式表示，写成 $x_{n-1}x_{n-2}\cdots x_1x_0$，例如，当 $x=6$ 时，可以表示为 $x_2x_1x_0=110$，连接函数表示为 $f(x_{n-1}x_{n-2}\cdots x_1x_0)$。例如，均匀洗牌函数表示为

$$\sigma(x_{n-1}x_{n-2}\cdots x_1x_0)=x_{n-2}\cdots x_1x_0x_{n-1}$$

$\sigma(x_{n-1}x_{n-2}\cdots x_1x_0)$ 表示的函数式，等号左端括号内是入线编号变量的二进制数表达式，等号右端是该函数的具体表达式。

如 $N=8$ 时，有 $(000)=000$，$(001)=010$，$(111)=111$，即入线 0 与出线 0 相连接，入线 1 与出线 2 相连接，入线 2 与出线 4 相连接等。

2．排列表达形式

排列表达形式也称输入/输出对应表达形式。因为交换单元的连接实际上是入线与各出线编号之间的一种对应关系，所以可以将这种对应关系一一罗列出来，表示为

（1）$(i_0, i_1, \cdots, i_{n-1})$

（2）$(o_0, o_1, \cdots, o_{n-1})$

其中，i_i 为入线编号，o_i 为出线编号，$n \leqslant N$。

上述表示形式并不一定要求第一行按大小自左至右排成自然的顺序。若 $i_0, i_1, \cdots, i_{n-1}$ 与 $o_0, o_1, \cdots, o_{n-1}$ 均无重复元素，则该连接必为点到点的连接；若 $i_0, i_1, \cdots, i_{n-1}$ 有重复元素，$o_0, o_1, \cdots, o_{n-1}$ 无重复元素，则该链接必为一点到多点连接；若 $i_0, i_1, \cdots, i_{n-1}$ 无重复元素，$o_0, o_1, \cdots, o_{n-1}$ 重复元素，则意味着有多条入线同时接到同一条出线上，造成出线冲突，这在交换中是应避免的情况。

$N=8$ 的均匀洗牌函数可表示为

（1）（0，1，2，3，4，5，6，7）

（2）（0，2，4，6，1，3，5，7）

这种将入线编号按顺序排列，再对应列出出线编号的表示形式，称为出线排列形式，同理也可用入线排列形式表示为

（1）$(i_0, i_1, \cdots, i_{n-1})$

（2）$(0, 1, \cdots, N-1)$

根据排列表示形式可以推出，对于一个 $N \times N$ 交换单元，假设没有空闲的入线和出线，N 条入线和 N 条出线任意进行点到点连接，则该交换单元的一个连接集合就是 N 个自然数的1种排列，它能提供连接集合的个数就应该是 N 个自然数的全排列，即为 $N!$。

因此，一个 $N \times N$ 交换单元最多可有 $N!$ 个点到点连接的连接集合。

3. 图形表示形式

将以十进制数表示的入线编号与出现编号均按顺序排列，左边为入线编号，右边为出线编号，再用直线连接相应的入线与出线，即为连接函数的图形表达形式。

2.5.2 典型的交换单元

1. 开关阵列单元

交换单元内部的开关阵列，是排成方形或者矩形的阵列结构，即被称之为 $n \times n$ 开关阵列，以及 $m \times n$ 开关阵列。对于一个 $m \times n$ 开关阵列，共有 $m \times n$ 个控制端口及 $m \times n$ 个状态端口。

在 $m \times n$ 个控制信号组成的控制方阵中，位于矩阵第 i 行和第 j 列的二进制值0/1，被用于控制第 i 个入口到第 j 个出口的连接性，因此总共存在 $2^{m \times n}$ 种组合。常用的开关阵列如表2-19所示。

表 2-19　　电子开关阵列

序号	电子开关名称	特点
1	电子继电器	相应动作慢，体积大
2	模拟电子开关	体积小，动作较快，单向传输
3	数字电子开关	动作快，信号无损失
4	交叉单元	集成化
5	多路选择器	点到点连接

2. 总线型交换单元

在共享总线型交换单元的一般结构中，总线型交换单元有 N 条入线与 N 条出线，每条入线都经过各自的入线控制部件连接到总线上去，同时每条出线也都经过各自的出线控制部件连接到总线上去，如图2-10所示。

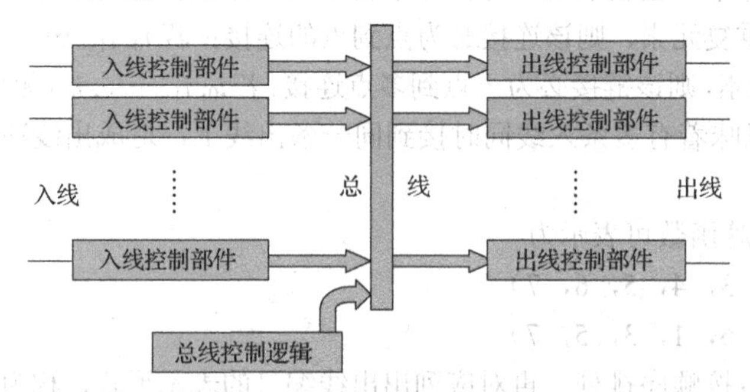

图 2-10　总线型交换单元结构图

入线控制部件的功能是接收入线信号，进行信号的格式变换，放到缓冲存储器中，在相应时隙到来时将输入信号发送到总线上去。

出线控制部件的功能是检测总线上的信号，将属于本端口的信息读出到一个缓冲存储器中，进行格式变换，然后由出线送出。设输出部件每隔 τ 时间获得一组信息量，且该组信息量为常数，输出端输出的信号速率为 V bit/s，则输出部件的缓冲存储器的容量至少应为 $V\tau$bit。

总线主要包括数据总线（传送信号）和控制总线，由于数据线数的多少与交换单元的容量密切相关，因此通常把总线含有的数据线数叫做总线的宽度。

总线上的信号是一个同步时分多路复用信号，并且所有的输入信号将被复合成一个信号。设总线型交换单元有 N 条入线，每条入线上传送的同步时分复用信号的速率为 V，则总线上的信号速率就是 NV，因此当 N 增大时，总线上传送的信息速率会增大，而该速率及入、出线控制电路的工作速率是有极限的，所以，入出线数以及所传送的信号速率不能超过一定的值。

3．空间交换单元

空间接线器，用来完成同步时分复用信号的不同复用线之间的交换功能，而不改变其时隙位置，简称 S 接线器。

空间接线器由电子交叉矩阵和控制存储器（CM）构成，高速总线（high way）用来表示 PCM 总线，对于有向交换单元，称入线为上行 HW 总线，记为 UHW；出线为下行 HW 总线，记为 DHW。从结构上看，它包括一个 $N\times N$ 的电子交叉矩阵和相应的控制存储器。$N\times N$ 的交叉矩阵有 N 条输入复用线和 N 条输出复用线，每条复用线上传送由若干个时隙组成的同步时分复用信号，任一条输入复用线可以选通任一条输出复用线。

各个交叉点在哪些时隙内应闭合，在哪些时隙内应断开，决定于处理机通过控制存储器所完成的选择功能。每条入线有一个控制存储器（CM），用于控制该入线上每个时隙接通哪一条出线。

控制存储器的地址对应时隙号，其内容为该时隙所应接通的出线编号，所以，其容量等于每一条复用线上时隙数。每个存储单元的字长，决定于出线地址编号的二进制码位数。例如，若交叉矩阵是 32×32，每条复用线有 512 个时隙，则应有 32 个控制存储器，每个存储器有 512 个存储单元，每个单元的字长为 5 位，可选择 32 条出线。

每个控制存储器对应一条出线，用于控制该出线在每个时隙内接通哪一条入线。所以，控制存储器的地址仍对应时隙号，其内容为该时隙所应接通的入线编号，字长为入线地址编号的二进制码位数。

由于电子交叉矩阵在不同时隙内闭合和断开，要求其开关速度极快，所以它不是普通的开关，它通常由电子选择器组成。电子选择器也是一种多路选择器，只不过其控制信号来源于控制存储器。

4．时间交换单元

S 接线器只能完成不同总线上相同时隙之间的交换，不能满足任意时隙之间的交换要求。对于同步时分信号来说，每个时隙传输 1 个用户的信息，要实现不同用户之间的信息交换，需要设计 1 种能够在不同时隙之间，完成交换功能的交换单元，因此，设计了时间交换单元。

对于同步时分信号，用户信息固定在某个时隙传送，1 个时隙对应 1 条话路。因此，对于用户信息的交换就是对时隙内容的交换，即时隙交换。可以说，实现同步时分复用信号交换的关键是时隙交换，时间接线器用来实现在 1 条复用线上时隙之间交换的基本功能，也称为T接线器。

时间接线器采用缓冲存储器暂存语音信号，并用控制读出或控制写入的方法实现时隙交换，因此，时间接线器主要由语音存储器（SM）和控制存储器（CM）构成，其中，语音存储器和控制存储器都由随机存取存储器（RAM）构成，语音存储器用来暂存数字编码的语音信号。每个话路时隙有8位编码，故语音存储器的各单元的位宽应至少为8位，语音存储器的容量，也就是所含的单元数，应等于输入复用线上的时隙数。假定输入复用线上有512个时隙，则语音存储器要有512个单元。

1个输入时隙选定1个输出时隙后，由处理机控制写入控制存储器的内容，在整个通话期间保持不变，于是，每1帧都重复以上的读/写过程，输入的语音信号，每1帧都在相应位置中输出，直到通话终止。

显然，控制存储器每个单元的位宽，决定于语音存储器的单元数，也就是决定于复用线上的时隙数。同时，每个输入时隙都对应着语音存储器的1个存储单元，这意味着接线器通过空间位置的划分实现时隙交换，从这个意义上说，T接线器带有空分的性质，其实质是通过空间分割的手段来完成时隙交换。

2.5.3 交换网络级联

交换网络的基本结构，是由如前所述的交换单元按照特定的拓扑结构级联组成的，交换网络从外部看，由1组输入端和1组输出端构成，这些输入端和输出端分别构成了交换网络的入线和交换网络的出线，对于具有 m 条入线和 n 条出线的交换网络，把此种结构的交换网络称之为 $m \times n$ 交换网络。

交换网络有多种分类方法，如表2-20所示。

表2-20　　交换网络分类

分类方式		类型	特点
1	级联类型	单级交换网络	由一个或多个同级交换单元构成
		多级交换网络	多级交换单元构成
2	网络阻塞	有阻塞交换网络	争抢交换单元内部资源
		无阻塞交换网络	不存在内部阻塞
3	通道数量	单通路交换网络	信息只能在唯一的一条通路上传送
		多通路交换网络	任一条入线与出线之间存在多条通路
4	时分/空分结构	时分交换网络	具有时隙交换功能
		空分交换网络	具有空间交换功能

1. TST网络

TST网络是电交换系统中使用最多的1种典型交换网络，它由前面讨论过的共享存储器型交换单元的T接线器，以及开关结构的S接线器连接成。

整个TST网络是1个三级交换网络，它以S接线器为中心，两侧为T接线器，输入侧的T接线器被称之为初级T接线器，输出侧的T接线器称为次级T接线器，两侧T接线器的数量决定于S接线器矩阵的大小。

设接线器为 $n \times n$ 型的矩阵，则对应连接到两侧的T接器各有 n 个T接线器，网络结构如图 2-11 所示。

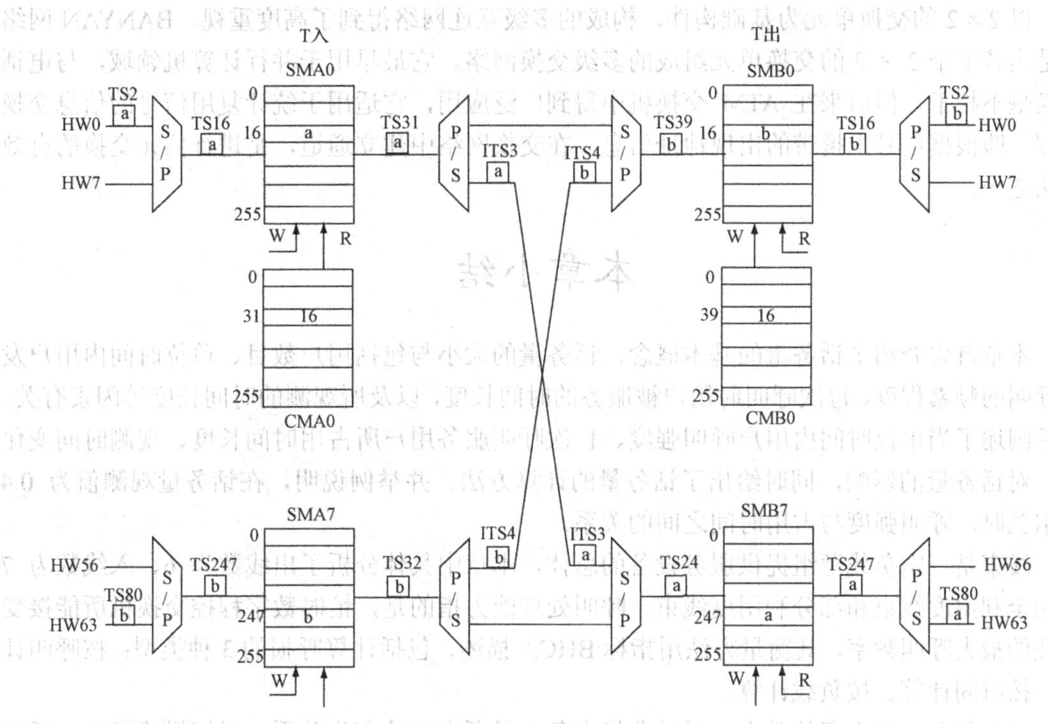

图 2-11　TST 网络结构示意图

输入侧的 T 接线器用 TS0 表示，其中包含语音存储器 SMA0，控制存储器 CMA0，输出侧 T 接线器用 TS0 表示，其中也包含语音存储器 SMB0，控制存储器 CMB0。同时，每个接线器对应 1 条 PCM 总线，即 HW。

2. CLOS 网络

为了降低多级交换网络的成本，人们一直在寻求 1 种交叉点数随入线、出线数增长较慢的交换网络，其基本思想是采用多个较小规模的交换单元，按照某种接线方式连接起来，从而形成多级交换网络。

CLOS 首次构造了一类 $n \times n$ 的无阻塞交换网络，它采用足够多的级数，对于较大的 N，能够设计出一种无阻塞网络，其交叉点数增长的速度小于 N 的指数。也就是说，使用 CLOS 网络既可以减少交叉点数，又可以做到无阻塞。

在 CLOS 网络的结构两边，各有 r 个对称的 $n \times m$ 矩形交换单元，以及 $m \times n$ 的矩形交换单元，中间是 m 个 $r \times r$ 的方形交换单元。并且每 1 个交换单元都与下一级的各个交换单元有连接，且仅有 1 条数据连接，因此，任意 1 条入线与出线之间，均存在 1 条通过中间级交换单元的信息交换路径，其中，r、n、m 是整数，决定了交换单元的容量，称为网络参数，并记为 C($m.n.r$)。

3. BANYAN 网络

一般把最小的交换单元，即 2 × 2 的交换单元称为交叉连接单元，每个交叉连接单元包括 2 条入线和 2 条出线，可以处于平行连接或交叉连接两个状态，分别完成不同编号的入线和出线之间的连接，达到 2 条入线中的任意入线，与 2 条出线中的任意出线之间可进行交换的目的。

以 2 × 2 的交换单元为基础构件，构成的多级互连网络得到了高度重视，BANYAN 网络就是由若干个 2 × 2 的交换单元组成的多级交换网络。它最早用于并行计算机领域，与电话交换毫不相干，但后来在 ATM 交换机中得到广泛应用，它适用于统计复用信号的信息交换过程，即根据信号中携带的出现地址信息，在交换网络中建立通道，是进行信元交换的有效方法之一。

本章小结

本章首先介绍了话务量的基本概念，话务量的大小与包括用户数目、单位时间内用户发起呼叫的频繁程度、每次呼叫时用户被服务的时间长度，以及所观测的时间长度等因素有关。然后阐述了当单位时间内用户呼叫强度、1 次呼叫服务用户所占用时间长度、观测时间变化时，对话务量的影响，同时给出了话务量的计算方法。并举例说明，在话务量观测值为 0.4 爱尔兰时，呼叫强度与占用时间之间的关系。

线束是一定负载源组提供服务设备的总体，本章中具体分析了出线数为 6、入线数为 7 时的全利用度线束和部分利用度线束。呼叫处理能力指的是，忙时数字程控交换机所能接受处理的最大呼叫频率，其衡量方法用指标 BHCA 描述，包括计算呼损的 3 种类型：按呼叫计算、按时间计算、按负载计算。

爱尔兰公式是本章的重点，通过曲线中各参量所表示的变化关系，详细描述了流入话务量、呼损及出线数之间的变化趋势、出线数变化对线束利用率的影响趋势，以及呼损变化对线束利用率的影响趋势。

概率理论和随机事件分析是研究交换网络的必备数学工具，文中介绍了几种典型的概率分布，以及随机过程。在互连技术中描述了 PCM 编码过程与特点、多路复用技术、接口技术以及信令。对于交换网络的基本组成单元，主要包括开关阵列、总线型单元，以及时/空交换单元等。

练习题与思考题

1. 交换网络有哪些基本的交换单元？并描述这些交换单元的工作特点。
2. 交换网络如何通过保障机制与策略实现其 QoS 的？
3. 请描述 TST 网络的工作过程。
4. T 接线器和 S 接线器工作方式和特点各是什么？
5. 什么是无阻塞网络，CLOS 网络的严格无阻塞条件是什么？

第二部分
实践篇

第3章 数字程控交换机的硬件系统

数字程控交换机通常专指用于电话交换网的交换设备，它通过计算机程序控制电话的接续。按照交换机提供服务的范围，数字程控交换机可分为长途数字程控交换机，以及本地数字程控交换机等。另外，根据网络性质，还有专用于信令网和智能网的数字程控交换机。

数字程控交换机能够实现的基本功能包括用户数字线的接入、中继线路接续、用户计费、设备维护管理等，其中通话接续部分是利用交换机中的数字交换网络完成，采用 PCM 编码方式实现交换，这部分在上一章中已经作了相关介绍。

本章主要介绍了数字程控交换机的结构组成，重点讲解程控交换的硬件系统，并举例阐述了其逻辑结构、功能子模块，以及配置方式。对于话音通信而言，数字程控交换依然是市场的主导，其思想将会影响未来交换技术的发展。

3.1 硬件系统概述

数字程控交换机的主要任务是实现用户间通话的接续，主要包括两大部分：话路设备及控制设备。其中，话路设备主要由各类接口电路（例如，用户线接口和中继线接口电路等），以及交换（或接续）网络所组成。另外，在纵横制交换机中，控制设备主要包括标志器与记发器，而在程控交换机中，控制设备则为电子计算机，包括中央处理器（CPU）、存储器和输入/输出设备。

一个典型的交换机组成结构如图 3-1 所示。

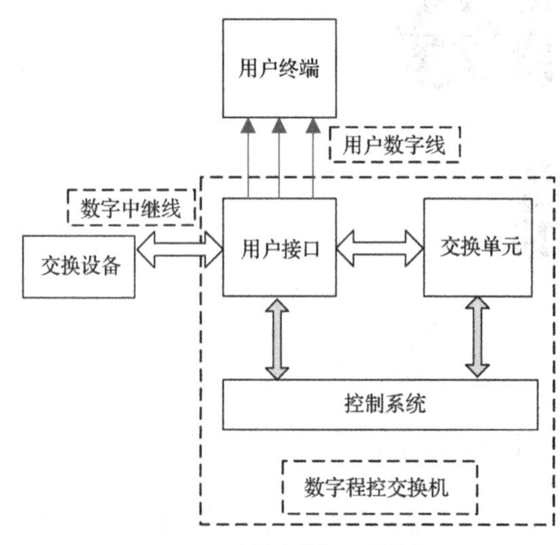

图 3-1　程控交换机组成结构

具体来说，对于程控交换机而言，所具有的功能包括以下几个方面。

（1）多种类型的中继接口和用户数字线接口，E1/T1 接口，155 Mbit/s STM - 1 数字接口。

（2）2B + D、30B + D、V5 接口，B - ISDN 以及 N - ISDN 功能，TCP/IP、X. 25、X. 75 协议功能。

（3）等级限制：限制拨打国际、国内、市话等 7 级分类。

（4）征询转接：外线转接实现征询和音乐等待。

（5）计费方式：一般计费方式及延时计费方式。

（6）语音信箱：查询自身等级、号码、话费、日期、时间。

3.2 数字程控交换机的硬件结构

本节主要针对数字程控交换机说明其硬件结构组成，数字程控交换机由硬件和软件两大部分组成，其控制过程是由电子计算机完成，控制系统连接到数字交换网络，控制其交换过程，交换网络通过数字用户线与用户终端相连接，同时由模拟中继线、数字中继线与远端交换设备连接。

3.2.1 总体结构

如前所述，程控数字交换机可分为话路系统和控制系统两大部分，由于数字交换机的交换网络实现了数字化，采用了大规模集成电路，使得过去在公用设备实现的一些用户功能，将放在用户电路中实现。总体结构如图 3-2 所示。

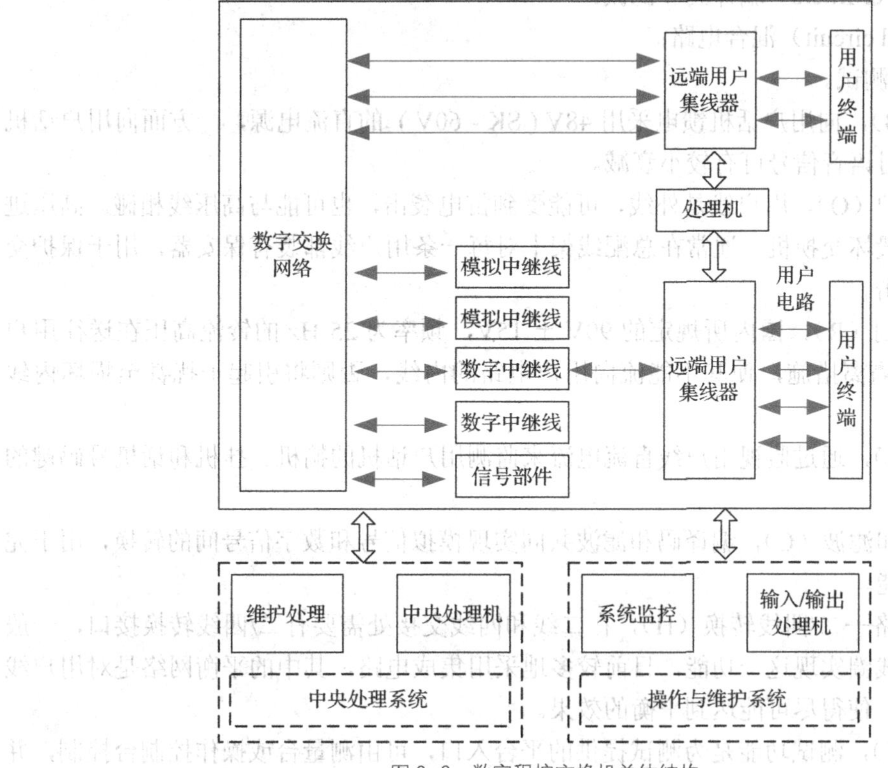

图 3-2 数字程控交换机总体结构

数字程控交换机硬件包括中央处理系统、操作与维护系统，以及话路系统。中央处理系统含有维护处理机及对应的数据存储器、中央处理机等；操作与维护系统则包括用户测试平台、系统维护处理机，以及输入/输出控制处理机；话路系统包括数字交换网络、模拟中继线、数字中继线、用户远端集成模块等。

3.2.2 用户话路和信号部件

1. 用户话路

话路系统由用户级话路、远端用户级、选组级（数字交换网络）、模拟/数字中继接口、信号部件等组成。

用户级是模拟用户终端与数字交换网络之间的接口电路，由用户电路和用户集线器组成，用户级的主要作用是对电话用户线提供接口设备。另外，用户集线器具有话务集中的功能，可将用户线集中后以较少的链路送往数字交换网络，从而提高链路利用率，并且减少接线端子数量。

用户电路是用户线与交换机的接口电路，程控数字交换机中的用户电路功能可以概括为BORSCHT。

- B（battery feed）馈电；
- O（over - voltage protection）过压保护；
- R（ringing control）振铃控制；
- S（supervision）监视；
- C（codec & filters）编译码和滤波；
- H（hybrid circuit）混合电路；
- T（test）测试。

（1）馈电（B），向用户话机馈电采用 48V (SK - 60V) 的直流电源，一方面向用户话机供电，另一方面对语音信号可有较小衰减。

（2）过压保护（O），用户线是外线，可能受到雷电袭击，也可能与高压线相碰。高压进入交换机内部会毁坏交换机。通常在总配线架上对每一条用户线都装有保安器，用于保护交换机免受高压袭击。

（3）振铃控制（R），国内所规定的 90V ± 15V，频率为 25 Hz 的铃流高压在送往用户线时，需要采取隔离措施，使其不能流向用户电路的内线，否则将引起干扰甚至损坏内线电路。

（4）监视（S），通过监视用户线直流电流来监测用户话机的摘机、挂机和话机号码键的拨号脉冲。

（5）编译码和滤波（C），编译码和滤波共同实现模拟信号和数字信号间的转换，用于完成 A/D、D/A 功能。

（6）混合电路—二/四线转换（H），在二线和四线交接处需要有二/四线转换接口，一般而言，采用混合线圈实现这一功能，目前较多地采用集成电路，其中的平衡网络是对用户线的阻抗平衡匹配，使得尽可能达到平衡的效果。

（7）测试（T），测试功能是为测试提供的平台入口，可由测量台或操作控制台控制，并且测试结果可在操作台显示屏上显示出来。

电话机研制参数中对工作电流、内阻、环路电阻等有明确规定，我国用户环线传输时常用的最大传输距离、环路阻抗、线径，以及衰耗如表 3-1 所示。

表 3-1　　常用环线的主要参数指标

最大距离/km	环路阻抗/Ω/km）	线径/mm	衰减/（dB/km）
4.8	270	0.4	1.62
7.5	173	0.5	1.30
10.8	120	0.6	1.08
14.8	88	0.7	0.92

交换网络的资源就是 PCM 总线，E1 PCM 总线常常被称为 30/32 路总线、TS0 用来传输帧同步，TS16 用来传输信令字段，作为特殊时隙看待。

对于 1 个 64 × 64 HW 总线的交换网络，用户电路是其中的 HW 0 ～ HW 59 共 60 条 PCM 总线，由于用户信息需要双向传输，因此上下行 HW 总线都对应地分配给用户，且一般情况下成对使用。同理，将 HW 60 和 HW 63 分配给中继线路，即 2 条上行 HW 总线作为入线中继，2 条下行 HW 总线作为出线中继，具体表示如表 3-2 所示。

表 3-2　　64 × 64 HW 总线的交换网络资源分配表

用户入线	UHW 0	交换网络	DHW 0	用户出线
	UHW 1		DHW 1	
	…		…	
	UHW 58		DHW 58	
	UHW 59		DHW 59	
入中继线	UHW 60		DHW 60	出中继线
	UHW 61		DHW 61	
音信号线	UHW 62		DHW 62	DTMF 收号
	UHW 63		DHW 63	

2．信号部件

信号部件用于接收和发送电话信令，包括产生各种信号音的信号音发生器，如拨号音、忙音、回铃音等；双音多频（DTMF）接收器，用于接收用户话机发送的 DTMF 信号；多频信号发送器和接收器，用于发送和接收局间的多频信号（MFC 信号）。

对于 500 Hz 信号，其周期为 2 ms，2 000/125 = 16，单个周期为 0.125 ms 的整数倍，采样数为 16，需要 16 个存储单元保存期采样后的编码值。对于交换机中的 450 Hz 信号，其周期为 2 222.2μs，不是 125 μs 的整数倍。8000 Hz 的采样频率重复了 160 次，即对 450 Hz 的音频信号进行了 160 次采样。对断续音信号，是 450 Hz 按照 0.35 : 0.35 的断续比实现。当用户摘机，听到拨号音，按 9 号键发出 DTMF 信号，则表示有 2 个频率的信号通过用户线送往用户电路，其频率组成如表 3-3 所示。

表 3-3 DTMF 信号编码表

低群/Hz	高群/Hz			
	1 209	1 336	1 477	1 633
697	1	2	3	A
770	4	5	6	B
852	7	8	9	C
941	*	0	#	D

3.2.3 数字程控交换机的终端接口

为了使数字程控交换机的终端接口类型标准统一，ITU - T 对其接口种类给出了相关建议，并在建议 Q. 511、Q. 512 和 Q. 513 中规定了 3 种接口，分别为：中继侧接口、用户侧接口、管理和维护接口。

中继侧接口包括 A、B、C 3 类，A、B 接口为数字中继接口，C 接口完成 A/D 转换、D/A 转换、2/4 线转换等功能。

数字接口包括 V1～V5 几种，V1 为 ISDN 基本速率（2B + D）接口，V2 是一次群或二次群连接远端网络设备接口，V3 接口通过 30B + D 或 23B + D 连接数字用户设备，V4 接口连接 ISDN 复用的数字链路，V5 接口则是交换机与接入网之间的数字接口，V5 接口又可以分为 V5.1 和 V5.2，V5.1 由 1 个基群接口组成，V5.2 由 1 组基群接口并行构成，基群数量最大可达 16 个。

V5.1 接口和 V5.2 接口，对应的标准为 ITU - T 的 G. 964 建议和 G. 965 建议，V5.1 接口由单个 2 048 kbit/s 链路构成，基于 64 kbit/s 的综合业务数字网（ISDN）基本接口。

3.3 数字程控交换机的话路控制系统

对于程控模拟交换机而言，其控制系统采用单一中央处理器的集中控制方式，程控数字交换机是在程控模拟交换机的基础上发展而成的，并且随着各种微处理器的相继问世，数字交换机引入微处理器的多机控制方式，采用多机控制方式的一种基本方式是设置多级的处理机结构。

程控数字交换机的控制部分由电话外设控制级、呼叫处理控制级，以及维护测试级三级构成。

电话外设控制级是第 1 级，这一级的控制功能主要是完成扫描和驱动，其特点是操作简单，但工作量很大。

呼叫处理控制级是第 2 级，这一级的控制功能具有较强的智能性，所以这一级均为程序控制。

维护测试级是第 3 级，用于操作维护和测试，要求更强的智能性，所以需要的软件数量最多。

3.3.1 处理机的控制结构

处理机的控制方式可以根据各处理机的分布结构方式来划分，包括集中控制方式、分级分散控制，以及分布式分散控制 3 大类。

（1）集中控制方式：集中控制方式只出现在早期的交换机中，现在的大多数交换机都采用分级控制方式。

（2）分级控制方式：分级控制方式将多个处理机配置从而完成整个交换机的控制功能，其中一部分处理机只完成外围模块的控制功能，比如用户级功能的控制，因此，也被称为区域功能处理机；另外一部分处理机用来实现整个系统的控制，例如数字交换网络的控制、系统的维护和管理，这一部分处理机的级别最高，负责全局的整体工作，因此类似于中央处理机的功能。

（3）全分散控制方式：以全分散控制方式工作的交换机不需要功能集中的中央处理机，而是将控制功能分散到各个外围交换模块的控制单元，因此可以进一步增强交换机的可靠性，这与分级控制方式的容灾能力不同，后者的中央处理器如果出现故障，则会影响交换机的整体性能，而全分散控制的交换机将只影响出现故障的模块所管辖的那一部分的功能，所以不会对全局造成影响。

早期全分散控制方式交换机的典型代表是 S 1240，继 S 1240 交换系统之后，出现了几种新型的数字交换机，如美国的 5 ESS，意大利的 UT 系列，我国也推出了以 ZXJ 10 为代表的系列交换系统，其控制结构如图 3-3 所示。

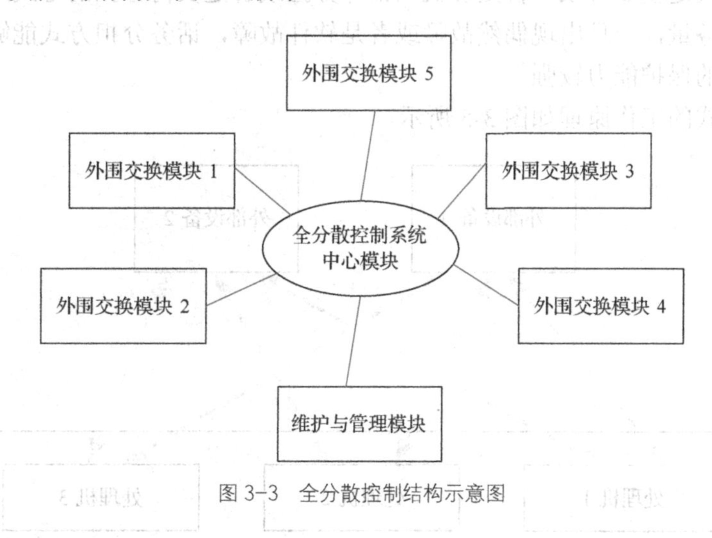

图 3-3　全分散控制结构示意图

3.3.2　处理机的配置方式

在系统运行过程中会有设备老化、损坏、软件系统的潜在问题等，也会有外部的电磁干扰而出现的故障。因此，需要基于一定的技术来避免，比如，容错设计及故障诊断技术，从而需要有效的措施隔离，并将故障排除。

为提高交换机控制系统的可靠性，处理机一般采用冗余配置方式。基于这种方式可以快速识别故障，处理冗余配置的方式包括：同步双工方式、话务分担方式、1 + 1 备用方式，以及 $M+n$ 备用方式。

在同步双工这种方式中，平行的 2 台处理机同时接收信号，然后计算比较结果，但只会有 1 台处理机发出最终的控制命令。一般情况下，2 台处理机发出的指令所执行的结果应该是一致的，只有主处理机向设备发出控制命令。

同步双工方式工作原理如图 3-4 所示。

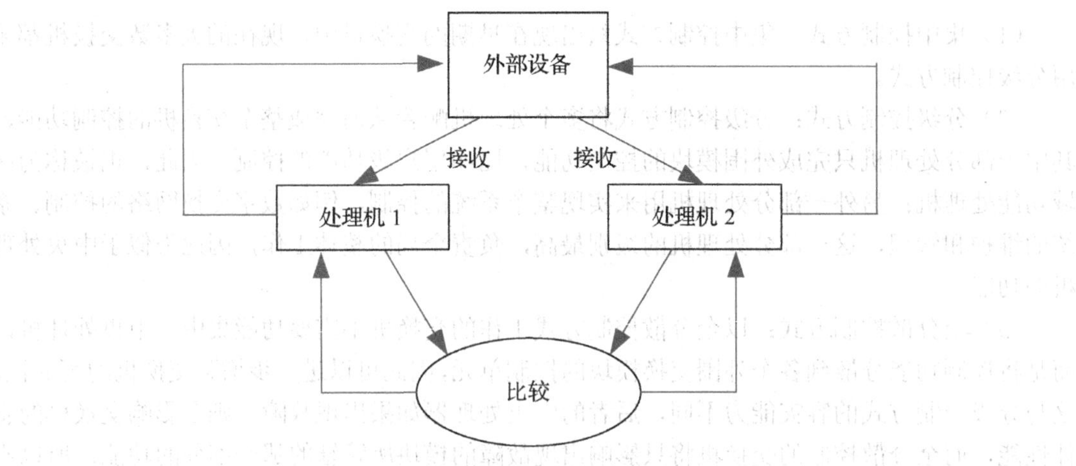

图 3-4 同步双工方式工作原理图

当 2 台处理机运算后结果不一样时，就说明至少有 1 台处理机发生了故障，这时比较器将触发故障中断，同时启动故障检测程序。

话务分担方式是使 2 台或多台处理机以话务分担或者是负荷分担的方式进行工作，各自负责一部分的话务量，一旦出现偶然故障或者是软件故障，话务分担方式能够发挥较好的效果，对软件故障的保护能力较强。

话务分担方式的工作原理如图 3-5 所示。

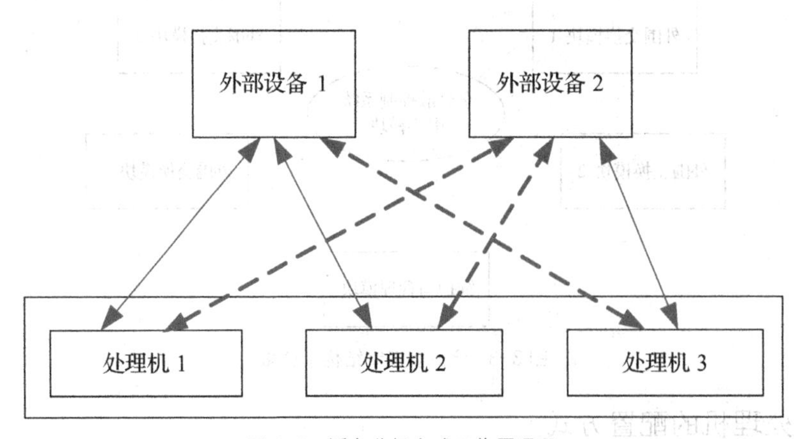

图 3-5 话务分担方式工作原理图

当一台处理机在线运行，而另一台处理机与外部设备分离作为备用，以此种方式工作的处理机就构成了 1 + 1 备用方式。从呼叫处理的数据角度考虑，1 + 1 备用方式又分为冷备用和热备用两种。

其中，对于冷备用方式，备用处理机对于用户数据不保存，在倒换时需要进行数据初始化，因此有可能造成通话中断。采用热备用方式时，备用机中的信息与主用机完全同步，倒换时数据不丢失，处于通话或信令发送/接收状态的用户不中断，只损失正在处理过程中的信息状态。

1 + 1 备用方式如图 3-6 所示。

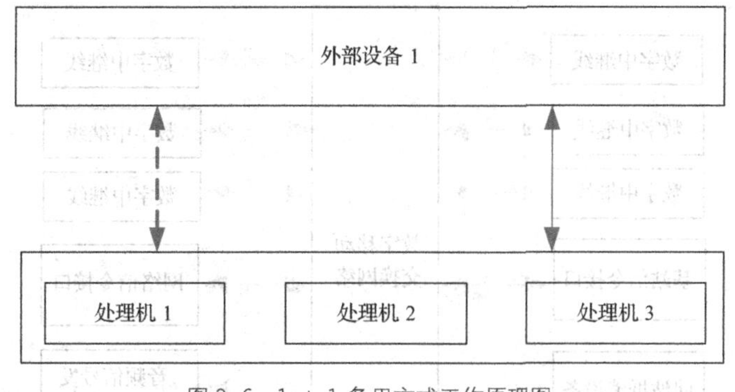

图 3-6 1 + 1 备用方式工作原理图

3.3.3 处理机的通信方式

为了完成呼叫处理、维护和管理的任务，交换机一般采用多处理机的分散控制方式，因此需要多台处理机协同工作，而选择一个合理、交换效率高并且安全可靠性好的多处理机通信方式是设计时需要重点规划的问题。

多处理机的通信结构包括：星状结构、环状结构、总线结构、分布式结构、树状结构、网状结构等。星状结构是指各处理机以星状方式连接，存在主处理机，其他处理机都与中央主处理机直接相连，这种结构以中央主处理机为中心，因此又称为集中式结构。

环状结构中的传输媒体，从 1 个端处理机到另 1 个端处理机，直到将所有的端处理机连成环状，数据在环路中沿着 1 个方向在各个处理机间传输，信息从 1 个处理机传到另 1 个处理机，这种结构显而易见消除了端处理机通信时对中心系统的依赖性。

在总线通信方式中，总线上传输的信息各处理机均具有收、发功能，接收器负责接收总线上的信息，发送器是将广播发送到总线上。

3.4 移动网络中的数字程控交换系统

据统计，2015 年移动电话用户净增 1964.5 万户，总数达到 13.06 亿户，移动电话用户普及率达 95.5 部/百人，移动互联网接入流量消费达 41.87 亿 GB，月户均移动互联网接入流量达到 389.3M，手机上网流量达到 37.59 亿 GB，在移动互联网总流量中的比重达到 89.8 %。从这些数据中可以看到移动业务种类及总量的飞速发展，因此，基于这种需求，本节将对移动程控交换机系统加以介绍。

3.4.1 数字移动交换系统的硬件结构

PLMN 与 PSTN 都是通信网络，移动网络与 PSTN 网络的最大差别在于有线与无线的区别，PSTN 用户由 1 根用户线与网络中的交换机相连，电话终端位置固定不变，而相比之下，PLMN 用户使用的移动终端与基站之间通过无线信号相连，最终通过网络中的交换机实现移动通信。

移动交换机的结构如图 3-7 所示。

移动用户的数据通过移动交换机进行转发，首先通过无线信道，由基站通过数字中继线接入交换机，基站信令接口传送与移动相关的信令及基站控制、维护，以及管理信息，网络信令接口向移动网络的网络部件传送用户的管理、切换等信息。

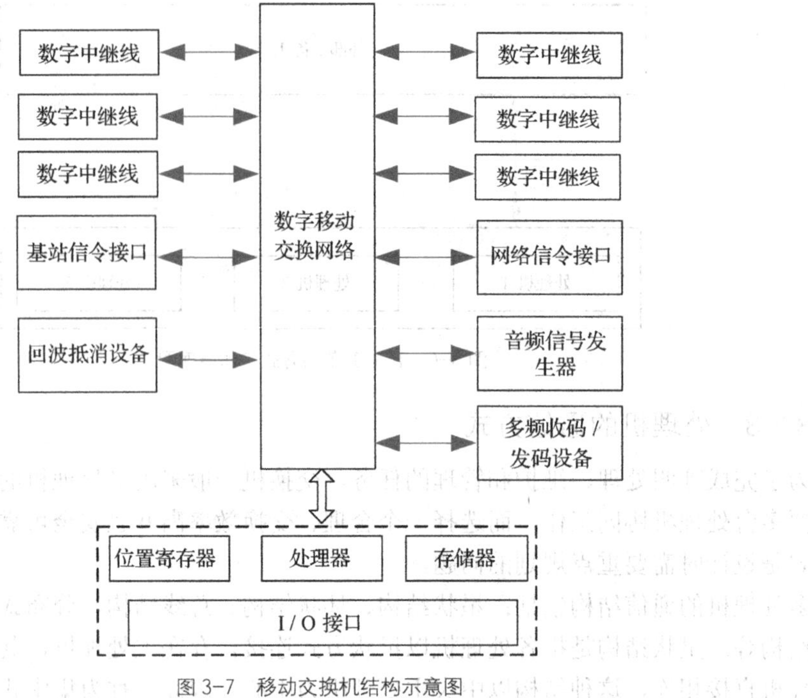

图 3-7 移动交换机结构示意图

由于移动网络的空中接口时延较大，在移动网络连接固网时，回波抵消设备可以消除和移动网络用户通话时所产生的回声感觉。

3.4.2 数字移动交换系统的功能

移动通信系统中的网络功能部件包括：移动台、基站、移动交换中心、归属位置寄存器、访问位置寄存器、设备标识寄存器，以及鉴权中心等。这些功能部件所实现的移动功能包括移动用户接入处理、信道分配、路由选择、漫游与切换、移动计费、呼叫排队，以及呼叫重建等。

（1）移动台，移动网的用户终端设备。

（2）基站，负责射频信号的发送和接收，以及无线信号至 MSC 的接入、信道分配、蜂窝小区管理等控制功能，其功能结构如图 3-8 所示。

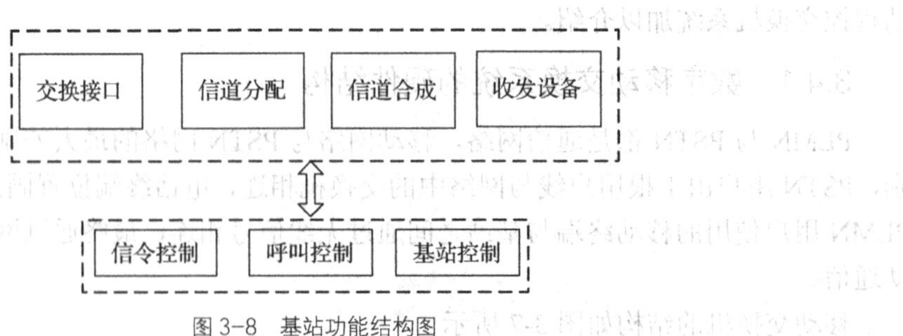

图 3-8 基站功能结构图

（3）移动交换中心，完成移动呼叫接续、越区切换控制、无线信道管理等功能，其功能结构如图 3-9 所示。

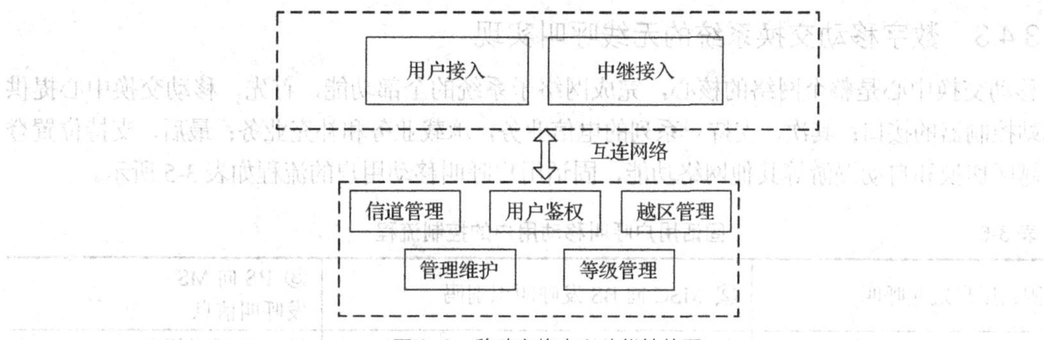

图 3-9　移动交换中心功能结构图

（4）归属位置寄存器，存储在该地区开户的所有移动用户的用户数据，例如用户号码、移动台类型和参数、用户业务权限等。

（5）访问位置寄存器，存储进入本地区的所有外地用户的相关数据。MSC 直接从 VLR 检索数据，不需要再访问归属位置寄存器。

（6）设备标识寄存器，记录移动台设备号及其使用合法性等信息。

（7）鉴权中心，存储移动用户合法性检验的专用数据和算法，该部件只在数字移动通信系统中使用。

移动通信交换功能分类如表 3-4 所示。

表 3-4　　　　移动通信交换功能分类表

<table>
<tr><td rowspan="19">移动通信交换功能</td><td rowspan="7">网关/中继处理功能</td><td rowspan="2">互连互通</td><td>信令方式变换功能</td></tr>
<tr><td>网间计费功能</td></tr>
<tr><td>跟踪接续</td><td>远程接入功能</td></tr>
<tr><td>信号处理功能</td><td>网间/网内信号</td></tr>
<tr><td>迂回接续</td><td>阻碍/障碍</td></tr>
<tr><td>维护实验功能</td><td>网间接续</td></tr>
<tr><td rowspan="3">呼叫控制功能</td><td>发信功能</td></tr>
<tr><td rowspan="12">用户系统处理功能</td><td>寻呼功能</td></tr>
<tr><td>信道切换功能</td></tr>
<tr><td rowspan="4">业务控制功能</td><td>基本电话业务功能</td></tr>
<tr><td>非语音业务功能</td></tr>
<tr><td>附加业务功能</td></tr>
<tr><td>认证业务功能</td></tr>
<tr><td>本地存储器处理功能</td><td>位置登记功能</td></tr>
<tr><td rowspan="2">信号处理功能</td><td>无线信号</td></tr>
<tr><td>网内信号</td></tr>
<tr><td>计费功能</td><td>计费明细</td></tr>
<tr><td>维护实验功能</td><td>无线系统/交换局间接续功能</td></tr>
</table>

3.4.3 数字移动交换系统的无线呼叫实现

移动交换中心是整个网络的核心，完成网络子系统的全部功能，首先，移动交换中心提供与基站控制器的接口；其次，支持一系列的电信业务，承载业务和补充业务；最后，支持位置登记、越区切换和自动漫游等其他网络功能，固话用户呼叫移动用户的流程如表 3-5 所示。

表 3-5 固话用户呼叫移动用户的控制流程

<table>
<tr><td>① 固话用户发起呼叫</td><td>② MSC 向 BS 发呼叫识别码</td><td>③ BS 向 MS
发呼叫信息</td></tr>
<tr><td rowspan="7">⑥ MSC 选择空闲信道</td><td>⑤ MSC 呼叫相应</td><td>④ MS 呼叫相应</td></tr>
<tr><td rowspan="2">⑦ MSC 指定信道</td><td>⑧ BS 发检测测信号</td></tr>
<tr><td>⑨ MS 回环检测</td></tr>
<tr><td colspan="2">⑩ BS 通知振铃</td></tr>
<tr><td>⑫ BS 送回铃音</td><td>⑪ MS 振铃</td></tr>
<tr><td>⑭ 断回铃音</td><td>⑬ MS 应答</td></tr>
</table>

3.4.4 数字交换主流芯片介绍

网络交换设备扮演着高速信息公路节点的角色，通过交换机可以将各种应用流量顺利从始发端送达目的端，这是数据中心信息处理的最重要组成部分之一。目前，主流的芯片厂商有 Cisco、Broadcom、Marvell、Fulcum、富士通半导体、Realtek、英飞凌。除此之外，还有 DAVICOM、VIA、Vitesse、Centec、Ethernity、QLogic、Xelerated 等品牌。

88E6185 芯片集成了 10 个 1000Mbit/s 高速串行收发器接口，交换机芯片 88E6095F 支持二层以太网数据交换、地址学习、VLAN 端口镜像、组播、生成树等功能。RTL 8881AM 为内建 5 端口 10/100 以太网络交换器，并支持 802.11 ac, b/g/n。

本章小结

数字程控交换机的硬件部分包括用户话路、信号部件，以及各类模拟与数字接口。本章从硬件系统的总体结构出发，介绍了数字程控交换机的话路控制系统，包括处理机的控制结构、处理方式及配置方式。

针对目前占业务量较大的移动业务，文中介绍了数字移动程控交换机的硬件结构、网络功能以及呼叫实现过程，并且以两款经典的交换系统为例，介绍了数字程控交换机硬件功能子模块以及系统配置参数。

练习题与思考题

1．数字程控交换机的硬件主要包括哪几个部分？
2．数字程控交换机的馈电电压是什么含义？在用户通话时，其馈电电流为多少？
3．程控交换机处理机的备份方式有哪几种？
4．请阐述回波消除的含义与实现过程。
5．ZXJ10 的硬件功能包括哪些子模块。

第4章 数字程控交换机的软件系统

软件系统一般由主机（前台）软件和终端 OAM（后台）软件两大部分构成，主机软件是运行于交换机主处理机上的软件，它采用自顶而下和分层模块化的程序设计思想，以完成呼叫接续功能。

终端 OAM 软件是运行于 BAM 和工作站上的软件，它与主机软件中的维护管理模块、数据库管理模块等密切配合，用于完成对交换设备的数据维护、设备管理、告警管理、测试管理、话单管理、话务统计、服务观察、环境监控等功能。

4.1 概述

数字程控交换机的软件系统各模块包括：操作系统、通信处理模块、资源管理模块、呼叫处理模块、信令处理模块、数据库管理模块、维护管理模块等七部分组成。其中，操作系统为主机软件的内核，属系统级程序，其他软件模块则为基于操作系统之上的应用级程序，主机软件组成如图 4-1 所示。

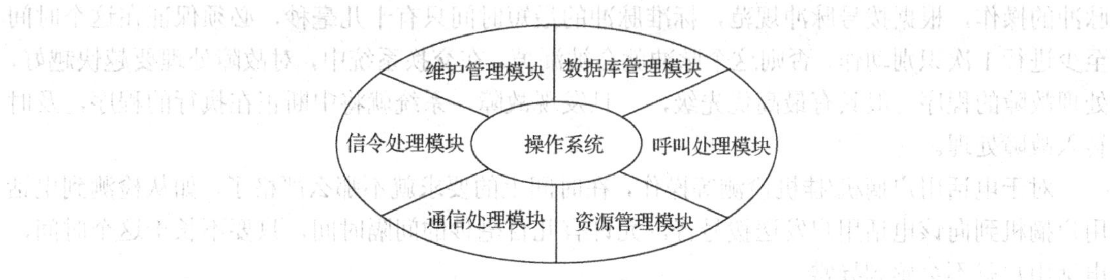

图 4-1 主机软件组成示意图

主机软件分为多个级别，较低级别的软件模块同硬件平台相关联，较高级别的软件模块则独立于具体的硬件环境，各软件模块之间的通信，由操作系统中的消息管理程序负责完成。整个主机软件的层次结构如表 4-1 所示。

表 4-1 主机软件的层次结构

<table>
<tr><td rowspan="6">硬件平台接口</td><td rowspan="4">操作系统</td><td>维护管理</td></tr>
<tr><td>信令管理</td></tr>
<tr><td>呼叫管理</td></tr>
<tr><td>数据库管理</td></tr>
<tr><td colspan="2">通信处理</td></tr>
<tr><td colspan="2">资源管理</td></tr>
</table>

4.2 数字程控交换机软件设计的基本需求

程控即存储程序控制，它是由预先编写好的程序通过处理机的方式，控制交换机系统的硬件交换单元和接口工作，以实现按要求完成呼叫接续功能。由于电话通信的特殊性，程控交换系统软件需要基于一些特定的软件技术，以实现一定服务质量保证的通信需要，从而达到用户满意的通信效果。

程控交换系统的软件需要实现的功能主要包括识别主叫、号码分析、路由选择、故障诊断等，这些也是交换系统关于智能性的相关操作，对于程控交换系统这种实时控制性需求较强的系统，服务的对象是地理位置分布、呼叫不定时、服务时间长度难以预判的随机呼叫，并且是二十四小时不间断提供服务，因此，程控交换系统软件最本质的特点包括：大规模、较强的实时性、并发性处理、高可靠性保证和维护性要求较高等。

4.2.1 实时性需求

程控交换系统是一个实时系统，它需要在规定时间范围内，掌握系统中各个用户的当前运行状态数据，并对这些数据的特征和现象及时加以分析与处理，在较短的时间范围内做出判断和响应，否则，将会使有关信息丢失，从而导致呼叫建立不能完成，浪费系统资源，同时使得用户服务质量下降。

因此，程控交换系统的软件必须具有实时特性，它对呼叫流程中相关任务的完成，必须在一定的时限内实现。例如，在用户拨号时，交换系统接收频率脉冲时，必须在 1 个脉冲到来之时进行识别和计数，否则将造成错号。

根据实时性要求的不同，交换程序可分为不同的等级。一般来说，对时间要求不大严格的是运行管理功能，系统对这些功能的响应时间可以在若干秒甚至更长，对于接收用户拨号脉冲的操作，根据拨号脉冲规范，标准脉冲的最短时间只有十几毫秒，必须保证在这个时间至少进行 1 次识别动作，否则这个脉冲就会被漏掉。在交换系统中，对故障处理要越快越好，处理故障的程序一般具有最高优先级，一旦发现故障，系统就将中断正在执行的程序，及时转入故障处理。

对于电话用户摘机/挂机检测等操作，在时间上的要求就不那么严格了，如从检测到电话用户摘机到向该电话用户发送拨号音，允许有几百毫秒的间隔时间，只要不长于这个时间，电话用户就不会感到异常。

4.2.2 可靠性需求

交换系统的可靠性指标包括可利用度、平均故障间隔时间、平均故障处理时间、年平均中断时间等。

对 1 个交换系统来讲，可靠性指标通常是 99.98%的正确呼叫处理率，以及 40 年内系统中断运行时间不超过 2 小时，并且交换机的系统级中断时间平均每年不超过 10 分钟。即使在硬件或软件系统本身故障的情况下，系统应仍能保持可靠运行，并能在不中断系统运行的前提下，从硬件或软件故障中恢复到能够正常运行的状态，这就需要有许多保证软件可靠性的措施。

保证交换系统软件可靠性的措施可以从防护性能、容错能力，以及故障监视及处理等方面进行研究，如表 4-2 所示。

表 4-2 保证交换系统软件可靠性的措施

	性能阶段	基本内容	
1	防护性能	需求阶段	基于能力成熟度模型开发
		设计阶段	注重设计方法及实现
		测试阶段	测试与研发同步
2	容错能力	关键资源的定时检测	
		任务监控	
		存储保护	
		数据校验	
		操作日志信息保存	
3	故障监视及处理	备份倒换机制	
		隔离	
		重新启动	

提高软件可靠性的关键在于减少软件缺陷，从需求分析开始，软件的开发流程应在能力成熟度模型（capability maturity model for software，CMM）各种规范指导下进行，把错误尽量限制在起始阶段，即对软件内部组织在定义、实施、度量、控制，以及改善其软件过程的实践中，将各个发展阶段的描述形成规范，CMM 将软件过程的成熟度分为 5 个等级，如表 4-3 所示。

表 4-3 CMM 的 5 级结构表示

第 1 级	初始级（initial）	工作无序，项目进行过程中常放弃当初的计划
第 2 级	可重复级（Repeatable）	管理制度化，建立了基本的管理制度和规程
第 3 级	已定义级（Defined）	技术工作和管理工作，均已实现标准化、文档化
第 4 级	已管理级（Managed）	产品和过程已建立了定量的质量目标
第 5 级	优化级（Optimizing）	可取得过程有效性的统计数据，从而得出最佳方法

各种软件的测试，是提高软件可靠性的必备手段，从软件项目立项开始，测试就应全方位地介入软件开发流程中，小到单元测试，大到系统测试，都是严格地跟踪上级流程的需求而做出的计划，计划的完备性保证了软件可靠性的提高。并且，测试计划也在反复的测试中完善，作为软件的一部分，测试计划的可靠性也在不断提高。

在软件的设计阶段，要注重设计方法及实现：软件采用模块化设计，软件各模块的设计基于松散耦合的机制，1 个模块出错时，尽量不影响其他模块；另外，增加查错、隔离错误、恢复错误的措施，防患于未然，是提高系统可靠性的重要措施；而代码走读、检视、各阶段测试是提高软件可靠性的有效手段。

软件系统的可靠性及健壮性，在很大程度上要依靠故障的监视系统及对故障的合理处理来保证，特别是当软件已经产品化以后。在出现严重错误的情况下，系统应能复位，并启动倒换机制，在再次启动后，能输出复位原因的记录，并能打印输出相关资料。在低等级再加载情况下，系统中断时间，以及最高等级再加载时，系统中断的时间均是需要重点考虑的性能可靠性参量。

与此同时，交换系统应具有隔离能力，即当1个模块不能完成某个功能的时候，就把该部分业务转移到其他模块中去运行。实现隔离的前提是检测到某个功能是否可以实现，以及是否有进行业务转移的条件。

对于功能单一的单板，当其不能完成自己的主要功能时，可能会发生故障，应该重新启动。例如，发现某个通道不能进行链路传输时，将复位这个通道，如果所有的链路故障或与主板通信故障，则将复位该功能背板。

4.2.3 可维护性需求

可维护性是指产品在规定的条件下，在规定的时间内，按规定的程序和方法进行维修时，保持或恢复到规定状态的一种能力。平均故障处理时间是衡量交换设备可维护性的一个重要指标，它是确认失效发生所需的时间，以及维护所需要的时间，平均故障处理时间也包含获得配件的时间，服务提供方的响应时间，记录所有任务的时间，还有将设备重新投入使用的时间。

系统修复一次故障所需要的时间。它是衡量一个产品可靠性的指标，它的值越小说明该系统的可靠性越高。通过针对可维护性方面性能进行专门的规划和设计（例如，提高故障检测/隔离率、采用热备份、优化维护通道等），使平均故障处理时间指标达到理想值。

对于程控交换软件系统而言，其维护工作量相当大，一方面是因为软件系统的设计不完善，与实际需求难以匹配，需要加以改进；另一方面，随着科学技术的飞速发展，需要不断提高其新的性能，以及对原有性能进行改进和完善。

同时，由于交换局的业务发展，将会使得用户组成、话务量出现相应的变化。此外，基于通信网络的发展，也将会对本交换局提出新的要求。由于上述因素，程控交换软件系统的维护工作不可小觑。一般而言，在整个软件生存周期内，超过50 %的软件总成本是用在维护上。所以，提高程控软件系统的可维护性，对于提高程控系统的质量，增加用户满意程度、降低成本，起到了十分关键的作用。

4.3 数字程控交换机的软件系统

程控交换机软件系统，由数据部分和程序部分两大模块构成，根据各自的功能，数据部分被划分为静态数据部分和动态数据部分。同时，系统程序由以下几个部分构成，即操作系统、故障监视处理系统和数据库管理系统，应用程序则包括呼叫处理程序和管理、维护程序。

4.3.1 数字程控交换机软件组成

交换机软件的基本运行过程，是以状态和状态间的迁移为基础的，最基本的交换过程可以表述为用户等待状态、等待拨号状态、号码接收状态、振铃状态、通话状态，之后又是用户等待状态，如此往复，交换机对一个呼叫事件的处理过程，与外部事件触发有关，并且与该呼叫相对应。

根据该电话用户当时的忙/闲状态，以及接收到的触发事件类型，按照预先编制的软件流程执行相应的作业，该作业中有对处理机静态数据的处理，也有对硬件接口的驱动，以及向其他处理机发出信号、形成新的事件的作业，用以触发新的状态迁移过程，每次状态的迁移过程都按照触发条件止于一种新的系统状态。

程控交换机软件系统组成结构如表4-4所示。

表4-4　程控交换机软件系统结构关系

<table>
<tr><td rowspan="15">程控交换机软件系统</td><td rowspan="7">数据</td><td rowspan="2">静态数据</td><td>局数据</td></tr>
<tr><td>用户数据</td></tr>
<tr><td rowspan="5">动态数据</td><td>资源状态数据</td></tr>
<tr><td>临时性数据</td></tr>
<tr><td>话务数据</td></tr>
<tr><td>统计数据</td></tr>
<tr><td>告警数据</td></tr>
<tr><td rowspan="8">程序</td><td rowspan="3">系统程序</td><td>故障监视处理系统</td></tr>
<tr><td>数据库管理系统</td></tr>
<tr><td>操作系统</td></tr>
<tr><td rowspan="5">应用程序</td><td>呼叫处理程序</td></tr>
<tr><td>维护程序</td></tr>
<tr><td>执行管理程序</td></tr>
<tr><td>故障处理程序</td></tr>
<tr><td>故障诊断程序</td></tr>
</table>

程控交换机软件系统的数据库管理所涉及的数据种类繁多，数量巨大，但同时数据本身的结构、类型和数据之间的关系相对简单。数据库管理中的局数据，描述的是程控交换机的基本情况，包括如下。

（1）交换机中各种软件表格的配置数量、起始地址。

（2）设备的配置、数量，以及设备之间的半固定连接关系。

（3）交换局的所有被叫号码分析数据、被叫号码翻译规则。

（4）局向数据，以及局向相关的路由、中继群、中继线、中继信令数据。

（5）计费方式、计费控制数据、计费费率。

（6）新业务提供情况。

各个用户都拥有一套自己的属性数据，包括如下。

（1）用户计费类别。

（2）用户使用新业务的情况。

（3）用户服务等级。

（4）设备发号方式。

（5）用户线类别。

（6）用户电话号码、设备码。

4.3.2 数字程控交换机的操作系统及特点

操作系统负责对交换系统（特别是处理机）的硬件和软件资源进行管理和相关调度。操作系统主要负责的功能包括以下 7 种。

（1）任务调度：最核心的任务是处理机资源的管理，负责按交换程序的实时要求和紧急程度的优先等级，对其进行调度。

（2）输入/输出设备的管理和控制：负责对显示器、磁带（磁盘）机、监控台等 I/O 设备进行管理和控制。

（3）处理机间通信的控制和管理：为提高程控交换机的容量及呼叫处理能力，程控交换机通常都采用多处理机控制系统，因此，需要对交换系统中各处理机间的信息交换进行控制和管理。另一方面，一台处理机系统内的各软件模块间也必然需要通信，操作系统通过通信控制模块，负责对通信进行支持和管理。

（4）系统管理：负责对软件系统的统一管理和调度。

（5）内存管理：对于程控交换机系统在运行中所产生的大量动态数据，内存管理模块用于存放临时从外存调入的程序或数据。

（6）监督和恢复：操作系统所具有的故障识别和分析功能，以及硬件设备再配置与管理功能，包括再启动和再装入等功能，能够使系统安全可靠地运行。

（7）时间管理：时间管理模块管理与实现计费和通话时间记录，以及维持日历和软时钟的功能。

4.3.3 数字程控交换机的程序设计语言

程序设计是交换机的灵魂所在，例如，作为国产数字程控交换机的典型代表，C & C08 采用 C 语言和 SDL 设计方法，同时支持人机交互方式，丰富了维护手段。程序设计语言包括 SDL（specification and description language）语言、MML（man - machine language），以及 CHILL（CCITT high level language）语言。

CCITT 建议的高级程序设计语言，简称 CHILL，专门用于程控交换系统的程序设计。CHILL 程序由数据对象描述、动作描述和程序结构描述三部分组成，数据对象由数据语句来描述，数据严格地按照模式来进行分类。CHILL 提供离散模式、幂集模式、引用模式、组合模式、过程模式、实例模式、同步模式、输入/输出模式和计时模式等标准模式。此外，CHILL 还有模式定义语句供用户自定义模式。

动作由动作语句描述，它构成 CHILL 程序的算法部分，包括赋值、过程调用、子程序调用，以及控制程序执行顺序的控制动作（条件、情况、循环、出口、引发和转向等）和控制并发的动作（启动、停止、延迟、继续、发送、延迟情况和接收情况等）。此外，输入输出部分提供 CHILL 程序与外界各种设备通信的手段，异常处理用于处理违反某个动态条件的异常情况，时钟监视提供感知外界时钟的方法。

CHILL 程序结构由程序结构语句描述，如 begin - end，分程序、模块、过程、进程和区域等，这些语句在描述程序结构的同时，定义了数据单元的生存期和名字的可见性。一个完整的 CHILL 程序是一串模块或区域，每个模块（或区域）都可以有数据描述和动作描述，还可以使用可见性语句，以精确控制名字在不同程序部分内的可见性。

CHILL 语言本身是独立于机器的，CHILL 程序的编写方式与机器无关，但是，CHILL

程序需要用一个软件工具，翻译成机器指令程序才能在计算机中执行，这个软件工具被称为CHILL编译器。CHILL编译器与机器类型有关，编译之后的目的程序只能在特定的机型上执行，不可移植。

CHILL广泛地用于程控交换系统的程序设计，例如，法国的E12和E10系统，德国的EWSD和日本的D－70。除此之外，还有多种程控用户交换机都采用CHILL编程。另外，除程控交换系统外，CHILL还适用于一般通信系统的软件设计。

MML语言，即人机交互语言，实现了人机对话。人机对话是处理机的一种工作方式，即机器与用户之间，通过控制系统或终端显示屏幕，以对话方式进行工作。用户可以用命令或命令过程告诉机器将执行某一任务，通过对话，用户对机器的工作给以引导或限定，监督处理机任务的执行。该方式有利于将用户的意图、判断和经验，纳入机器的工作过程中，增强机器应用的灵活性，也便于软件编写。与人机对话相对应的是批处理方式，它利用作业控制卡，顺序完成逐个作业，在作业执行过程中，没有用户的介入和人机对话功能。

SDL语言是一种规格与描述性语言。由ITU－T发展和标准化，定义在Z.100建议中，作为国际标准化的正式语言，它被用来规范描述实时系统。

ITU－T将SDL描述为“实时系统的特性描述语言”。绝大多数SDL有文本和图形两种表述形式，由于缺乏高层结构和类似于C语言的概念，SDL并不能作为编程语言，SDL也不对系统发展进程进行描述，因此，在实际应用中，开发人员先将应用SDL进行图形描述，再由SDL工具将其转化为C语言源代码，或者CHILL源代码，最后嵌入到实际开发环境中。

使用SDL，可以半图形、半文本形式定义特定类型的嵌入式系统的功能描述，由于这种方法具有高度正式性，使得SDL工具有可能生成和测试完整的嵌入式应用。大量软件评论专家认为，SDL的这种正式方法，应该推荐扩展应用到嵌入式系统之外。事实上，类似于SDL的消息顺序图和设计流程图，已经被普通的面向对象技术（如可视化建模工具）在交互式图形方面广泛采用。

4.4 数字程控交换机程序的执行与管理维护

数字程控交换机程序的管理维护模块，负责监视交换设备的运行状况，及时发现系统的异常或故障现象，并产生告警和故障报告，驱动相应的硬件设备以可视信号警示维护人员。在紧急情况下还可自动执行复位、倒换等操作，以保证系统的安全可靠运行。本节将重点介绍程序的运行流程、调度方式，以及诊断过程。

4.4.1 数字程控交换机程序的运行流程

一个完整的程序运行流程涉及多个状态迁移和处理机，而交换的接续过程由若干状态之间的迁移构成，处理机系统对外来的每个呼叫而触发的接续服务，实质上就是通过处理机的扫描，从而完成对各种事件的监测及所完成状态迁移过程中的相关作业。程控交换机软件系统运行模型如图4-2所示。

每个作业的启动都是靠事件触发的，而事件产生的原因也有多种，例如，可以是硬件的动作（如用户摘机、拨号、挂机等），也可能是从相连处理机系统，通过机间通信方式接收到的触发信号（如中断信号等），还可以是作业结果分析后而形成的一个新事件等。

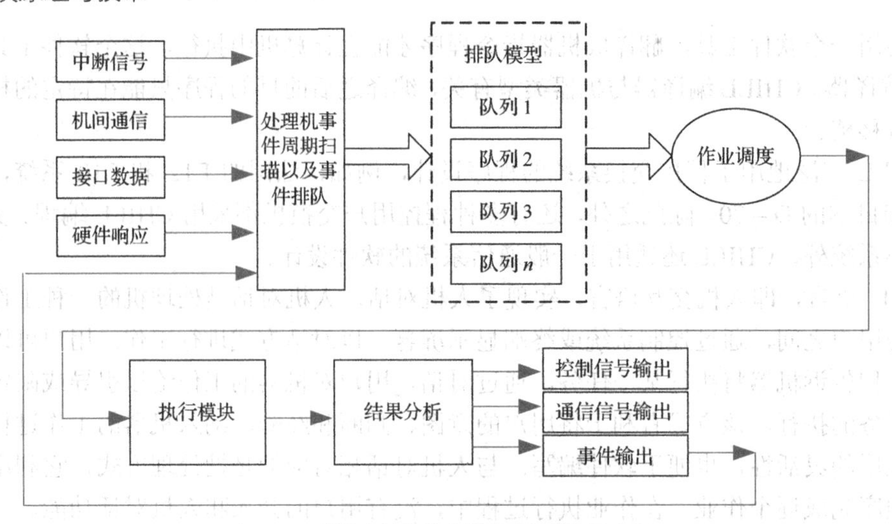

图 4-2 程控交换机软件系统运行模型示意图

软件系统中专门设置有事件登记数据库，处理机系统通过相关的中断启动事件扫描程序，去扫描事件登记数据库，以便及时检索到各种事件的触发可能，对于处理机系统所发现的事件，扫描程序并不处理，而是按照预定的优先级处理规则进行分类，送入相应的队列等待处理。

4.4.2 数字程控交换机的程序调度

在程控交换系统中，各种任务的处理，按照紧急性和实时性要求分为 3 个优先级，分别是故障级、周期级和基本级，其具体级别划分如表 4-5 所示。

表 4-5 程控交换系统软件执行级别划分

等级划分		程序类别
故障级	FH 级	紧急处理程序
	FM 级	处理机故障识别并再启动
	FL 级	话路以及输入/输出系统故障识别
周期级	H 级	执行实时性要求较高的各类程序
	L 级	执行一般实时性要求的各类程序
基本级 B	BQ 1	内部处理程序 1
	BQ 2	内部处理程序 2
	BQ 3	维护及管理程序

故障级程序是实时性要求最高、必须立即执行的程序。故障级程序负责故障事件识别、故障事件紧急处理，其优先级别最高，主要包括硬件故障、电源报警等。故障级程序由故障中断事件启动，又称为中断事件级，它不受任务调度的控制，在发生故障时故障级程序优先执行。

故障事件处理完毕后，设备恢复正常，再由任务调度机制启动周期级和基本级程序。故障级可视故障部位、影响程度等进行细分，分为高（FH）级、中（FM）级、低（FL）级 3

种等级，对应于严重程度不同的故障。

周期级程序主要是各种监测扫描程序，以及必须定时执行的程序，它由时钟定时中断启动，因此又称为时钟级，有些周期级程序，即使在无呼叫时仍然必须执行，如用户线、中继线的监视扫描程序。

多数交换机的时钟中断周期为 4 ms 或 8 ms，对用户线状态扫描需要几百 ms 进行 1 次，用户扫描程序周期一般定为 192 ms，脉冲收号时，根据话机的脉冲速度和断续比，脉冲识别扫描的周期需要小于 10 ms，因此，脉冲识别扫描程序周期一般定为 8 ms，位间隔识别程序周期为 96 ms；对于 DTMF 号码，根据其持续时间，按钮号码识别程序的执行周期一般为 32ms。

在周期级内又分为高（H 级）、低（L 级）两种等级，所对应的时钟有所不同。高级执行的是实时性要求较高的各类程序，相对应的，低级则执行一般实时性要求的各类程序，如输入/输出控制。三类程序的执行时序如表 4-6 所示。

表 4-6　程序执行序列表

① H 级程序 1	② H 级程序 2	③ H 级程序 3	④ L 级程序
⑧ BQ 3 队列	⑦ BQ 2 队列	⑥ BQ 1 队列	⑤ 基本级程序

周期级程序的执行周期各不相同，一般采用时间表调度，利用时间表调度周期级程序的过程如表 4-7 所示。

表 4-7　时间表方式的调度过程

	时间计数器 时基 ＝8ms						
有效指示器	1	0	…	0	0	1	1
时间表	15	…	4	3	2	1	0
T 0	0	1	0	1	1	0	1
T 1	1	0	1	0	1	0	1
T 2	1	0	0	1	0	1	1
T 3	0	1	1	0	1	0	1
T 4	0	1	0	1	1	0	1
T 5	1	0	1	0	0	1	1
T 6	1	0	0	1	1	1	1
…	…	…	…	…	…	…	…
T m	1	…	1	0	1	0	1
	↓	…	↓	↓	↓	↓	↓
功能程序入口转移表	程序 m	…	程序 5	程序 4	程序 3	程序 2	程序 1

时间计数器按照时基操作控制，对应的时钟级程序每隔 8 ms 就会被调度 1 次，即执行时间的计数器时基 = 8 ms，以此类推，第 2 列对应的时钟级程序执行周期 = 16 ms，第 3 列对应的时钟级程序虽然执行周期 = 24 ms，但由于有效指示器的值 = 0，因此无法运行。*m* 为时间

表的行数。

4.4.3　数字程控交换机呼叫处理程序的管理

呼叫处理模块是基于操作系统和数据库管理模块的应用软件系统，它在资源管理模块和信令处理模块的配合下，主要完成号码分析、局内规程控制、被叫信道定位、计费处理等多种功能。

本局电话呼叫接续程序功能包括以下 7 项。

（1）用户线状态识别，程序定时（100 ms 周期）通过硬件对用户线进行扫描，记录用户线处于开断或闭合状态。将本次用户线状态与上一次状态进行比较，如两状态不同，则称为出现一次事件。呼叫处理程序，按事件触发及不同呼叫接续状态做相应处理，如用户线由开断转为闭合，程序即根据扫描位置判定是用户摘机呼叫；相反，如用户线由闭合转为断开，程序即根据扫描位置判定是用户挂机。

（2）接收拨号，与硬件配合将拨号音连接至摘机用户。如用户使用号盘话机，则基于周期判别用户线状态的方法以接收拨号脉冲。此时，对用户线扫描周期应小于 10 ms，用于避免漏收信号脉冲。如为按键话机，则采用硬件多频接收器收号，用户开始拨号后，切断拨号音。

（3）号码分析，对接收号码进行分析以决定本次呼叫的类型，分为本局、出局呼叫，长途、国际呼叫，特种服务，以及用户业务的登记、撤销或执行。程序根据不同类型，调用相应处理程序执行相关任务。

（4）呼叫建立，如被叫用户处于空闲状态，则根据其位置，在交换网络中寻找一条空闲路由，并保留此路由的全部资源（各级接线器的入、出端口及其连接通路）。由被叫用户所在用户单元向被叫振铃，主叫用户模块向主叫送回铃音。当识别出被叫用户摘机时，接通预留路由，开始计费。

（5）通话监视，程序定时（约 100 ms 周期）监听主、被叫用户。发现一方出现挂机操作，释放通话时占用的路由及其资源，并停止计费，向另一方送忙音，直至双方均挂机，通话结束。

（6）出局呼叫，由号码分析判定为出局呼叫时，程序决定其路由。先选择直达路由中继线，由中继器表的忙闲标志位选择空闲中继线。如全忙，依次选择迂回路由，直至选中一条。如所有路由忙，则向主叫送忙音，如为直达路由，通过局间收发号设备向对端局发用户号码，如为迂回路由，则需重发局号加用户号码。

（7）入局呼叫，周期检查入中继线，发现有入局呼叫，通过收号设备接收对端局发来的号码。

用户摘机识别过程如表 4-8 所示。

表 4-8　用户摘机识别分析

用户线状态	挂机							摘机						
周期扫描	↑	↑	↑	↑	↑	↑	↑	↑	↑	↑	↑	↑	↑	↑
本次扫描结果	1	1	1	1	1	1	1	0	0	0	0	0	0	0
前次扫描结果	1	1	1	1	1	1	1	1	0	0	0	0	0	0
处理结果	0	0	0	0	0	0	0	1	0	0	0	0	0	0

当用户线闭合，扫描存储器对应位置置 0，当用户线断开，扫描存储器对应位置置 1，当摘机识别为一组一组进行，即群处理时，摘机识别过程如表 4-9 所示。

表 4-9 群处理时用户摘机识别分析

用户设备号码	0	1	2	3	4	5	6	7
周期扫描	↑	↑	↑	↑	↑	↑	↑	↑
本次扫描结果	1	0	1	1	1	0	0	1
前次扫描结果	1	1	1	1	0	1	0	1
处理结果	0	1	0	0	0	1	0	0

通过对群处理时的用户摘机识别过程分析，摘机用户为用户 1 和用户 5。

4.4.4 数字程控交换机的程序诊断与过程维护

对于交换机设备来说，由于所承载的应用重要性，一旦发生故障，必须能够快速定位及解决问题。但是面对当前异常复杂的组网拓扑以及维护定位手段的不足，如何才能更高效地完成程序诊断与维护呢？

程控交换机系统需要有高可靠性，为达到这个目标，程控交换机对重要的硬件模块和软件模块都加入了运行监测机制，以便及早发现故障。例如，在常规运行中采用双处理机配置，主/备用工作方式或者同步工作方式，相互比较输出结果是否一致，按照备用方式的工作特点与被控设备通信。

而当故障出现时，并不立即启动相应的告警程序流程，而是自动进行尝试或者诊断测试，这样做的好处是能够尽可能地减少偶然因素所引起的误报。故障出现后，进行隔离故障，重组模块，然后进行相应的告警。

为了能够让操作维护人员及时了解程控交换机的实际工作情况，以及支持操作维护人员查询和修改相关数据，维护与管理程序提供了人机通信接口，同时包括记录和统计整个程控交换机的服务数据，再进行分类汇总，最后提供设备运行统计数据，以及话务统计结果，报给操作维护人员和网管系统。

4.4.5 交换机 PRA 数据配置

PRA 基群速率接入，其接口物理层协议是以 PCM 的 ITU－T G. 703 建议为基础，存在 E1 标准和 T1 标准，对应于不同的速率。我国采用 E1 标准，是以 2 Mbit/s 的速率接入网络，通路结构表示为 30B＋D。当存在多个基群接口时，几个基群接口可以共同使用 1 个 D 信道（64 kbit/s）。

B 信道：64 kbit/s 用户信息通路，符合 G. 711 和 G. 722 标准的 64 kbit/s 语音通路和数据通路，实现电路交换，分组交换和半永久连接。

D 信道：16 kbit/s （D16）或 64 kbit/s（D64） 信令信道，传送电路交换信令信息和分组数据信息。

PRA 数据配置包括相关数据的增加、删除与修改等方面。PRA 的逻辑数据涉及的范围非常广泛，包括路由数据、用户数据，以及中继数据等。PRA 各个数据之间有一定的制约与层次关系。在配置上要求按其制约关系，有序地进行配置，以便维护数据库的一致性和安全性，这样配置还可以加强数据的关联性，减少数据的冗余性。PRA 数据之间的制约关系如图 4-3 所示。

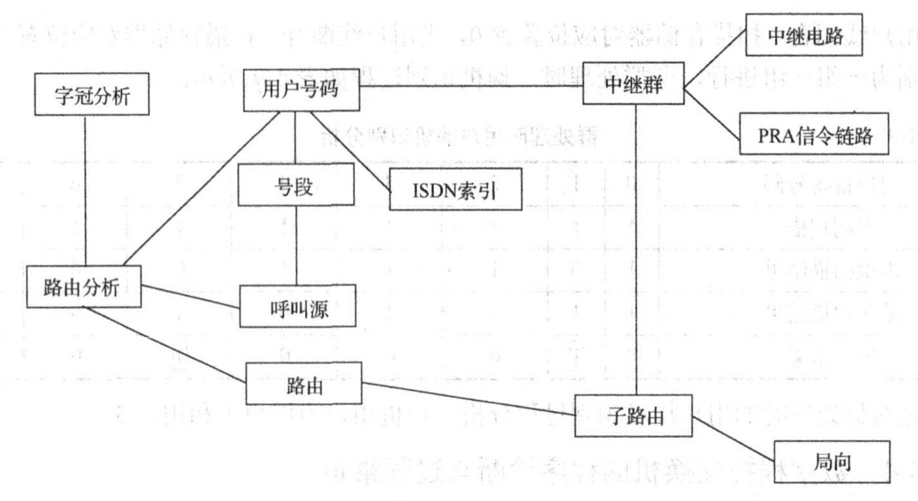

图 4-3 PRA 数据之间的约束关系示意图

连线表示了一种引用关系，处于连线下方的数据被处于连线上方的数据所引用。从上述的关系中可见，增加、修改相关业务时，数据要从最下方开始逐步往上方配置，删除相关业务时，数据要从上方往下方进行。

4.4.6 交换机典型故障处理与分析

交换机的故障发生时，需要迅速地做出响应，判别故障、分析故障、排除故障，具体包括故障的识别、处理恢复、故障告警、测试诊断、故障维修、返回系统等。

1. 交换机前后台通信中断

分析：AM 及 SM 软件版本无法上报，BAM MANAGER 的 EXCHANGE 进程中出现“重启 MCP”。

排除：打开 EXCHANGE 进程窗口，观察前后台的通信状态是否正常，如果不正常，需要检查 MCP 是否正常工作，同时，检查加载电缆的好坏，以及连接方法是否正确。同时检查 AM 及 CM 数据是否正确设置。

解决办法：MCP 故障，更换 MCP，前后台通信恢复正常。

2. 主叫号码显示 CID 异常

分析：CID 业务开通广泛，用户会对 CID 业务的异常提出意见，主要包括不显示主叫号码、主叫号码显示错误。

排除：针对无法实现 CID 业务的用户进行用户内、外线测试，排查结果定位在外线或用户终端。

解决办法：外线和用户话机故障，更换后恢复正常。

本章小结

随着微电子技术及可编程逻辑器件的不断发展与进步，程控电话交换系统的硬件成本正不断下降，而其软件系统却恰恰相反，例如，对于一套大型的汇接局程控交换机软件系统，软件量可以达到数百万条程序语句的级别，与此同时，用户的通信服务质量要逐渐提高，资费要逐渐下降。

对于数字程控交换机的软件而言，实时性要求、可靠性要求，以及可维护性要求是软件设计的基本需求，程控交换机往往会同时面对众多的处理请求，对这些请求必须加以甄别，按照实时性进行分类、区别对待，而不能简单地以时间为序依次处理，否则，实时性就无法体现。

围绕软件设计的基本要求，需要有软件进行管理和调度并提供支撑，包括任务调度、存储器管理、时间管理、通信管理、故障处理、外设接口管理、文件管理等。而在此过程中一般要用的设计语言有：SDL 语言、MML 语言，以及 CHILL 语言。

练习题与思考题

1. 简述数字程控交换机软件的基本组成及各部分功能。
2. 简述数字程控交换机程序调度方式。
3. 简述基于实时性的要求，程控交换机呼叫处理程序分为哪几个级别？
4. 局数据和用户数据各自的含义是什么？
5. 说明单个用户摘机识别方法以及多个用户摘机的群处理识别方法。

第5章 信令系统管理与配置

在通信网络中，传输着各种类型的信号，其中一部分是用户需要的（例如，打电话的语音，上网的数据包等等），而另外一部分是用户看不见的（不同于电话中的语音和上网的数据信息），它被用来专门控制电路，这一类型的信号称为信令，信令的传输需要基于特定的信令网来实现。

No. 7 信令系统是一种国际通用的标准公共信道信令系统，具有传递速度快、信令容量大、功能强、灵活可靠等优点，能充分满足电话网（PSTN）、陆地移动通信网（例如 GSM）、智能网（IN）等对信令的要求。本章将重点围绕 No. 7 信令系统，对电话通信网络的架构、随路信令与共路信令的特点、信令网络的分类与分级方式，以及信令系统的开通配置方法做进一步阐述。

5.1 电话通信网络

电话通信网是进行交互型话音通信、开放电话业务的电信网，它是一种电信业务量最大，服务面积最广的专业网，可兼容其他许多种非话业务网，是电信网的基本形式和基础，包括本地电话网、长途电话网和国际电话网。

电话通信网中的交换设备，普遍采用数字程控交换技术，除了采用电路交换模式，还引入 ATM 交换模式。其传输系统不仅采用数字传输技术，而且逐渐采用现代的传送网技术，传输媒介包括电缆和光缆以及无线通信等多种手段。电话网的交换节点可改造为智能网中的业务交换点（SSP），即具有业务交换功能。电话通信网传输和交换采用同步时分复用方式，因此，利用数字同步网保证电话通信网的时钟同步。

与此同时，现代电话通信网需要现代化的网络管理，保证网络高效、可靠、经济地运行，所以电信管理网要实施对电话网的管理。综上所述，No.7 信令网、数字同步网、电信管理网是现代电话通信网不可缺少的支撑网络。

通信网按照通信范围、业务类型、服务对象、信号类型、传输模式、处理方式等不同角度分类，如表 5-1 所示。

表 5-1 通信网的分类

网络属性	类别
媒介类型	有线网络、无线网络、光网络
通信范围	本地网、长途网、全球网

续表

网络属性	类别
业务类型	固定电话网、移动电话网络、广播电视网络数据网络
服务对象	专用网络、公众网络
信号类型	模拟网络、数字网络
传输模式	同步传输网络、异步传输网络
处理方式	交换网络、广播网络
交换方式	面向连接型网络、无连接型网络

电话网基本结构形式分为多级汇接网和无级网两种。我国电话网的网络等级分为五级，由一、二、三、四级的长途交换中心和五级交换中心组成。现在有了较大变化。

电话网的分级原则是：根据业务流量和行政区划将全国分为几个大区，每一个大区设一个大区中心，即一级交换中心 C1；每个大区包括几个省（区市），每个省（区市）设一个省（区市）中心，即二级中心 C2；每个省（区市）包括若干个地区，每个地区设一个地区中心，即三级交换中心 C3；每个地区包括若干个县，每个县设一个县中心，即四级交换中心 C4。我国的 C1 局分别设在北京、沈阳、上海、南京、广州、武汉、西安和成都；有 3 个国际出口局，分别设在北京、上海和广州。

本地电话网可设置汇接局和端局两个等级的交换中心，也可只设置端局一级交换中心，其中的汇接局主要用来负责当地电话业务，根据需要也可以汇接该汇接区内的长途电话业务。此时，它在等级上相当于第 4 级长途交换中心，根据使用场合不同，汇接局可以分为市话汇接局、市郊汇接局、郊区汇接局和农话汇接局等。

五级交换中心即为本地网端局，用 C5 表示，它是通过用户线与用户直接相连的电话交换局，用于汇集本局用户的去话和分配他局来话业务。

5.1.1　固定电话网络

固定电话通信网是由本地电话网和长途电话网构成的。本地电话网，是由一个长途编号区内的若干市话端局和市话汇接局、局间中继线、长市中继线、用户接入设备和用户终端设备组成的电话网络，主要用于完成本地电话通信。

长途电话网又可分为国际长途电话网和国内长途电话网。国际长途电话网，是由分布在全球不同地理位置的国际交换中心，以及它们之间的国际长途中继线路组成，范围覆盖全球，负责全球的国际通信。国内长途电话网，是由各个国家地理范围内的长途汇接局和长途终端局，以及它们之间的国内长途中继线路、国内长途交换局到国际长途的长途中继线路组成，主要负责国内长途通信。

本地电话网按照所覆盖区域的大小，以及服务区域内人口的多少采用不同的组网方式，主要分为单局制组网方式、多局制组网方式和汇接局制式组网方式。

顾名思义，单局制电话网络就是由一个电话局，即一个交换节点构成的电话网络，单局制拓扑结构为星状网，只有一个中心交换局，其覆盖范围内的所有用户通信终端，通过用户线与中心交换局相连。这种网络组网简单，覆盖范围小，适用于小城镇或县级的电话网。缺点是网络的可靠性较差，一旦中心交换局出现故障，全网瘫痪，网内任何用户无法进行电话通信。

多局制电话网络是由多个电话局，即多个交换节点构成的电话网，其拓扑结构为网状互连结构。多局制电话网络设有多个交换局，交换局之间通过中继线互连，网络所覆盖范围内的用户终端，通过用户线就近与交换局相连。多局制电话网覆盖范围比单局制电话网络大，适用于中等城市的电话网。与单局制电话网相比，多个交换局有效地分散了话务量，因而对各交换局的容量可降低要求，用户线的平均长度缩短，节省了网络投资，网络的可靠性得到提高。

汇接制式电话网，是将本地电话网分为若干个汇接区，每个汇接区设置一个汇接局，该汇接局与该区内所有交换局相连，各个汇接区的汇接局相连，这样，位于不同汇接区的用户间通话，要通过汇接局来完成。

汇接制电话网络的拓扑结构为分层的树状结构，分区汇接方式解决了大城市中分局过多，局间互联导致中继线路剧增的问题，分区汇接的方式适用于较大的本地电话网。

5.1.2 移动电话网络

与固网相比，移动通信网络是指通信双方，或至少有一方处于运动中进行信息传输和交换的通信方式。移动通信系统包括无绳电话、无线寻呼、陆地蜂窝移动通信、卫星移动通信等。移动体之间通信联系的传输手段只能依靠无线电通信，无线通信是移动通信的基础，而无线通信技术的发展将推动移动通信的发展。

移动电话网络是移动体之间、移动体和固定用户之间，以及固定用户与移动体之间，能够建立许多信息传输通道的通信系统。移动通信包括无线传输、有线传输，以及信息的收集、处理和存储等，使用的主要设备包括无线电收发信机、移动交换控制设备和移动终端设备，如图 5-1 所示。

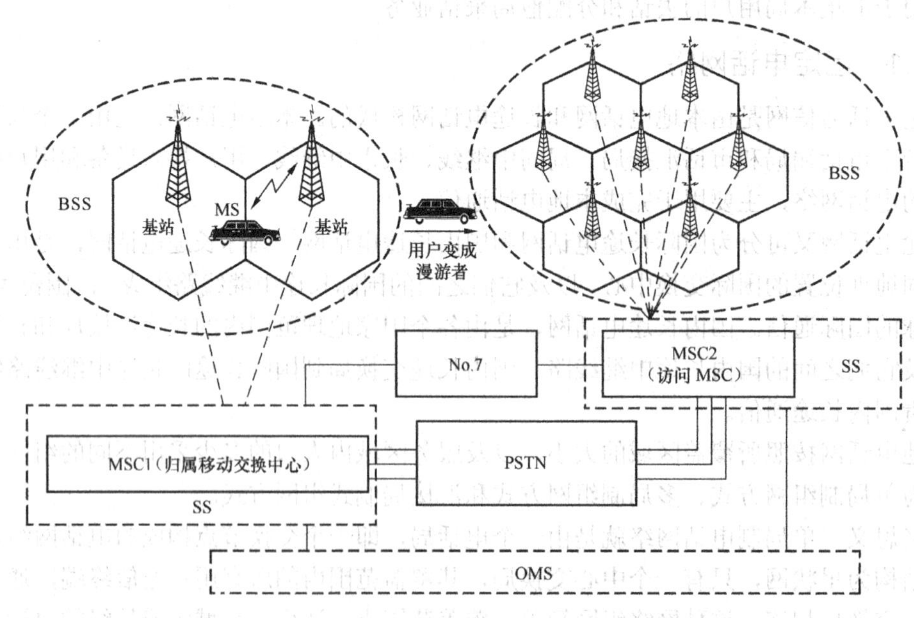

图 5-1　移动电话网络组成结构图

通信质量的好坏不仅取于设备性能，还与外部噪声与干扰有关，因此，要求选择抗干扰性强的调制方式，同时，设备需要具有足够的抗人为噪声能力。

5.1.3　电话网络的编号规则

码号资源范围包括以下4类。

（1）固定电话网码号：（1）长途区号、网号、过网号和国际来话路由码；（2）国际、国内长途字冠；（3）本地网号码中的短号码、接入码、局号等；（4）智能网业务等新业务号码。

（2）移动通信网码号：（1）数字蜂窝移动通信网的网号、归属位置识别码、短号码、接入码等；（2）卫星移动通信网网号、归属位置识别码、短号码；（3）标识不同运营者的代码。

（3）数据通信网码号：（1）数据网网号；（2）网内紧急业务号码、网间互通号码；（3）国际、国内呼叫前缀。

（4）信令点编码：（1）国际No.7信令点编码；（2）国内No.7信令点编码。

每一个用户都被分配一个编号（即电话号码），用来在电话网中识别呼叫终端及选择建立接续路由。用户号码必须唯一，不能重复，因此需要制定整个电话网络的编号计划。PSTN中使用的技术标准ITU - T规定，目前采用E. 164的格式进行编址，传统电信网中用户号码结构如表5-2所示。

表5-2　基于地理区域的公众电信号码组成表

<table>
<tr><td>CC</td><td>NDC</td><td>SN</td></tr>
<tr><td>1－3位</td><td colspan="2">国内号码段</td></tr>
<tr><td colspan="3">15位公众电信号码段</td></tr>
<tr><td colspan="3">CC为地理区域国家码；NDC为可选地址码；</td></tr>
<tr><td colspan="3">SN为用户码</td></tr>
</table>

国家码（或国家编码）是一组用来代表国家和境外领土的地理代码，国家代码是由字母或数字组成的短字串，方便用于数据处理和通信。用户号码的长度最大 ＝15－ 国家码的位数，国家码的长度为1至3位，如中国的国家码“86”，德国“49”，马其顿“389”，意大利“39”，巴西“55”，乌拉圭“598”，阿尔及利亚“213”，加纳“233”，南非“27”。公用交换电话网的号码资源结构如表5-3所示。

表5-3　电话网络号码种类和结构分配表

<table>
<tr><td></td><td>码号种类和结构</td><td>分配权属</td><td>名词含义</td></tr>
<tr><td rowspan="4">公用交换电话网</td><td>1．国际长途号码：国际长途呼叫前缀+国家（地区）码+长途区号+本地用户国内有效号码</td><td rowspan="4">1．国家相关部门分配的码号
2．省、自治区、直辖市通信管理局分配的码号</td><td rowspan="4">国际（国内）长途呼叫前缀：由各国自行确定的用来标识国际（国内）长途呼叫的字冠。我国国际呼叫前缀是“00”；国内呼叫前缀是“0”</td></tr>
<tr><td>2．国内长途号码：国内长途呼叫前缀+长途区号+本地用户号码</td></tr>
<tr><td>3．本地用户号码：局号(PQR(S))+用户号码(ABCD)</td></tr>
<tr><td>4．其他号码：包含业务接入码、短号码、过网号</td></tr>
</table>

国家工信部分配的码号包括：国际（国内）长途呼叫前缀、长途区号、国际来话路由码、跨省使用的短号码、业务接入码、过网号、本地号码，以及各种号码的位长及使用方式。省、自治区、直辖市通信管理局分配的码号包括：行政区域内本地电话网局号，业务接入码、社会信息服务号码等，由工信部授权分配的行政区域内使用的短号码。

国际来话的路由码：国际局间传递的用于标明业务种类等方面的号码。短号码：位长度小于本地网电话用户号码位长的号码。例如，在本地电话号码长度为 8 位的本地网中，长度为 6 位或 6 位以下的号码即为短号码。

业务接入码：用来标识业务种类，用户接入该业务时需拨的号码，如 200、300 等。过网号（又称运营商识别码）：用来标识运营商承载业务载体，用户使用该业务时，对其载体进行选择的号码。

电话网络中提供的新业务，其编号计划如表 5-4 所示。

表 5-4　电话网络新业务编号计划

业务类型	设置	取消设置	验证设置	应用
恶意追踪	登记	--	--	R*33#
遇忙前转	*40*B' #	#40#	*#40*B' #	--
无应答前转	*41*B' #	#41#	*#41*B' #	--
缩位拨号	*51*MN*B#	#51*MN#	--	--
热线服务	*52*B#	#52#	--	--
呼出限制	*54*K XXXX#	#54*K XXXX#	#54#	--
闹钟服务	*55*H1H2 M1M2	#55#	#55*H1H2 M1M2#	--
免打扰服务	*56#	#56#	--	--
直接前转	*57*B' #	#57#	#57*B' #	--
呼叫等待	*58#	#58#	--	--
遇忙回叫	*59#	#59#	--	--

B 为别叫号码；B' 为前转号码；K 为限制范围，K = 1 表示呼出全部限制，K = 2 表示国内长话呼出限制，K = 3 表示国际长话呼出限制；XXXX 为密码；MN 为缩位号码；H1H2 为小时，M1M2 为分钟。

就我国固定电话网的编码而言，号码编制方案中首位号“0”和“1”不能用于市话用户编号，本地电话网（或市话号码）编号的拨号顺序依次为：局号（1～4 位）+ 用户号（4 位），国内长途电话网编号的拨号顺序为：长途字冠（0）+ 长途区号（2～4 位）+ 市话号码（5～8 位），工信部最新版的《电信网编号计划》对特殊号码做了规定，目前已经使用的紧急业务号码包括 110（报警服务台/公众紧急业务呼叫台）、119（火警）、120（急救）、122（交通事故）等号码。

5.1.4　电话通信网中的路由

按照不同分类方式，电话网中的路由可以分为：直达路由方式、迂回路由方式、多级迂回路由方式、低呼损路由方式、高效路由，以及基干路由方式、跨级路由方式、跨区路由方式等。

基干路由的呼损率小于等于1 %，且其话务量不允许溢出至其他路由。高效直达路由是不经过其他交换中心的转接，对呼损率没有要求，且其话务量允许溢出至规定的迂回路由上。低呼损直达路由，是由任意两个等级交换中心之间低呼损电路群所组成的路由，可以旁路或部分地旁路基干路由，在该路由上的话务量不允许溢出至其他路由。

国内长途电话网的路由选择有两种基本类型：静态路由选择和动态路由选择。静态路由选择是指选择路由的方式是固定的，动态路由选择是指选择路由的方式不是固定的，而是随网上话务状况或网络其他因素而变化的，动态路由选择的方式有多种，其中动态自适应选路方式是应用较多的一种。

5.2 随路信令与共路信令

为了实现信息的有效传送，通信节点设备之间必须相互沟通，以协调各自的运行，在通信设备之间相互交换的控制信息称为信令，信令是实现和配合各种信令协议与信令方式而需具有的所有软硬件设施的总称。

按照信令的不同属性将其分类，按信令的工作区域分，可以分为用户信令和局间信令。用户信令是在用户线上传送的信令；局间信令是在交换机之间中继线上传送的信令。按信令的传送方向分为前向信令和后向信令。前向信令是发端局发往收端局；后向信令是收端局发往发端局。按信令的传送方式可以分为随路信令和共路信令。随路信令（channel associated signaling，CAS）；共路信令（common channel signaling，CCS）。

5.2.1 随路信令

随路信令是传统的信令方式，局间各个话路传送各自的信令，即信令和话音在同一信道上传送，或者是在与话路有固定关系的通道上传送。

根据信令的工作区域，随路信令可分为用户信令和局间信令两种，局间信令又可分为线路信令和多频记发器信令。线路信令在网络终端和连接监控部分之间或在所有的业务电路之间传送。多频记发器信令是呼叫建立期间在终端电路的记发器之间传送的信令，它是呼叫接续的控制信号。

记发器信令按照其承载传送方式可分为两类，一类是Dec方式，即采用十进制脉冲编码传送；一类是多频编码方式。我国记发器信令所采用的信令方式即为多频编码方式，对应的随路信令称为中国1号信令系统。

在一个PCM的帧结构中，16个帧构成1个复帧，分别表示为F0～F15，每个帧有32个时隙，可表示为TS0～TS31，每个时隙为8 bit编码。在这32个时隙中，TS0用于帧的同步，TS1～TS15以及TS17～TS31为话路，F0的TS16时隙用于复帧同步，F1～F15的TS16时隙用来传送30个话路的线路信令。每路话路的线路信令占用4 bit，F1～F15复帧的时隙TS16的高4 bit用来传送TS1～TS15话路的线路信令，低4 bit用来传送TS17～TS31话路的线路信令。

每个TS16时隙用于传送2个话路的线路信令，TS16时隙和话路有着固定的一一对应的关系。

随路信令的特征主要表现在以下几个方面。

（1）信令全部或部分地在话音通道中传送。

（2）信令的传送处理与其服务的话路严格对应。

（3）信令在固定分配的通道中传送，不构成集中传送多个话路信令的通道，因此也不构成独立的信令网络。

使用随路信令进行接续时的信令流程如表 5-5 所示。

表 5-5　　用户线信令及传输流程

用户线信令	局间信令	用户线信令
①摘机信令	--	--
②送拨号音信令	--	--
③拨号信令	④占用信令	--
--	⑤选择信令	--
⑥回送铃音信令	--	⑦振铃信令
--	⑧应答信令	
	用户双方通话	
--	--	⑨挂机信令
--	⑩后向挂机信令	--
⑪忙音信令	--	--
⑫挂机信令	⑬前向拆线信令	--
--	⑭拆线证实信令	--

5.2.2　7 号信令概述

共路信令也称为公共信道信令，是 1 种局间接续的信令方式，它将信令信息与与用户语音信息在不同的电路上分开传送，1 个专用信令链路可以集中传送多个用户信令信息，即 1 个信令链路可以同时为许多条话路所公用。

与随路信令不同，公共信道信令的信令通道与用户信息通道之间不具有时间位置的关联性，彼此独立。如 1 条 PCM 上的 30 路话路的控制信令通道，可能根本不在这条 PCM 上。2 个交换系统之间设有专用的信令通道，用户信息及话音是在交换系统之间的话路传送的，信令通道与话路分离。

将组成信令单元的若干个 8bit 位组，依次插入 TS16，TS16 并不知道传送的内容，信令与话路没有固定关系，只是利用 TS16 作为传送信令的载体，是传送信令消息的数据链路，因此，选用哪个时隙用作数据链路均可。

第 1 个公共信道信令系统是 CCITT 组织于 1968 年所提出的 No. 6 信令系统，其速率为 2.4 kbit/s。1972 年，其数字形式的信令速率为 4 kbit/s 或 56 kbit/s。1973 年，并于 1980 年第 1 次提出 No. 7 信令建议，信令速率为 64 kbit/s。

7 号信令应用场合包括以下 6 种

（1）电话网的局间信令。

（2）电路交换数据网的局间信令。

（3）ISDN 的局间信令。

（4）运行、管理和维护中心的信息传递。

（5）移动通信。

（6）PABX 的应用。

其技术具有以下几个特点。

（1）No. 7 信令适合采用速率为 64 kbit/s 的双向数据通道传送。

（2）No.7 信令系统所支撑的业务是电路交换业务，但它基于分组交换，以分组传送和明确标记的寻址方式传输指令。

（3）保证可靠信息传送顺序，防止信号丢失和顺序颠倒，发送端发送的信令消息能够被接收端可靠地接收。

（4）基于模块化结构，可灵活地使用整个系统功能的一部分或几部分，组成需要的信号网络。

（5）具有完善的信号网管理功能。

5.2.3 7 号信令网络的分类与分级方式

No. 7 信令系统的整体结构主要划分为消息传递部分（MTP）、信令连接控制部分（SCCP）、电话用户部分（TUP）、ISDN 用户部分（ISUP）、事务处理能力应用部分（TCAP）等几个部分，共分为 4 个功能级。No. 7 信令系统的结构和功能划分，及其与开放系统互连七层基准模型（OSI）对应关系如表 5-6 所示。

表 5-6 No. 7 信令的体系结构以及与 OSI 七层基准模型对应关系

<table>
<tr><th>OSI</th><th colspan="6"></th><th>No. 7</th></tr>
<tr><td rowspan="2">第 7 层</td><td colspan="3">事务处理能力应用部分（TCAP）</td><td rowspan="4">ISDN 用户部分（ISUP）</td><td rowspan="4">电话用户部分（TUP）</td><td rowspan="4">用户部分（UP）</td><td rowspan="4">第 4 级</td></tr>
<tr><td>OMAP</td><td>INAP</td><td>MAP</td></tr>
<tr><td>第 6 层
第 5 层
第 4 层</td><td colspan="3">事务处理能力（TC）</td></tr>
<tr><td rowspan="2">第 3 层</td><td colspan="3">信令连接控制部分（SCCP）</td></tr>
<tr><td colspan="5">信令网功能级（MTP - 3）</td><td rowspan="3">消息传递部分（MTP）</td><td>第 3 级</td></tr>
<tr><td>第 2 层</td><td colspan="5">信令链路功能级（MTP - 2）</td><td>第 2 级</td></tr>
<tr><td>第 1 层</td><td colspan="5">信令数据链路功能级（MTP - 1）</td><td>第 1 级</td></tr>
</table>

INAP 是智能网应用部分，在智能网各功能实体间传送消息流，以便各功能实体协同完成智能业务。OMAP 是运行维护管理应用部分，传送网络管理系统之间的管理消息和命令。MAP 是移动应用部分，在数字网各功能实体间交换与电路无关的数据和指令，支持用户漫游、频道切换和用户鉴权等功能。

信令数据链路功能级是 No.7 信令系统的第 1 级，对应于 OSI 的物理层功能。信令链路功能级是 No.7 信令系统的第 2 级，对应于 OSI 的数据链路层功能。信令网功能级是 No.7 信令系统的第 3 级，定义了在信令点之间传递信号消息的功能和程序。

用户部分作为一个功能实体，已定义的用户部分包括：电话用户、数据用户、ISDN 用户、信令连接控制部分、事务处理能力应用部分等用户部分。ISDN 用户部分支持 64 kbit/s 和 n × 64 kbit/s 等承载业务。

5.2.4 7号信令信号单元格式

信号单元，由传送用户部分产生的可变长度的信令信息字段，以及消息传送控制所需的若干固定长度字段组成。在链路状态信号单元中，信令信息字段和业务信息的8位位组由信令链路终端产生的状态字段代替。

信号单元包括消息信号单元(MSU)、链路状态信号单元(LSSU)和填充信号单元(FISU)，它们由包含在所有信号单元中的长度表示语区分，MSU出现差错时需要重发。其基本格式如表5-7所示。

表5-7　　7号信令3种信号单元的基本格式

MSU	字段	F	CK	SIF	SIO	- -	LI	FIB	FSN	BIB	BSN	F
	bit	8	16	8n	8	2	6	1	7	1	7	8
LSSU	字段	F	CK	- -	SF	- -	LI	FIB	FSN	BIB	BSN	F
	bit	8	16	0	8/16	2	6	1	7	1	7	8
FISU	字段	F	CK	- -	- -	- -	LI	FIB	FSN	BIB	BSN	F
	bit	8	16	0	0	2	6	1	7	1	7	8

信号单元的定界标志（Flag, F）码型为0111 1110，它既表示每个SU的开始，也表示结束。MSU的LI > 2，LSSU的LI = 1或2，FISU的LI = 0。BIB取值0或1，BIB位对端从BSN + 1号开始重发。

在消息信号单元、链路状态信号单元，以及填充信号单元中，有3个状态字具有特殊功能：①仅LSSU具有的SF，用以表示链路的工作状态；②SIO字段仅用于MSU，用以指示消息的类别及其属性；③SIF仅用于MSU，MSU可传送不同用户部分的消息，或同一部分的不同消息。字段编码及其含义如表5-8所示。

表5-8　　信令消息特殊字段编码与含义说明

<table>
<tr><td rowspan="8">SIF</td><td>MTP-3</td><td>网管信令</td><td>H1</td><td>H0</td><td>SLS</td><td>OPC</td><td>DPC</td></tr>
<tr><td rowspan="2">TUP</td><td rowspan="2">信令信息</td><td rowspan="2">H1</td><td rowspan="2">H0</td><td>CIC</td><td rowspan="2">OPC</td><td rowspan="2">DPC</td></tr>
<tr><td>SLS</td></tr>
<tr><td rowspan="2">ISUP</td><td rowspan="2">信令信息</td><td rowspan="2" colspan="2">消息类型</td><td>CIC</td><td rowspan="2">OPC</td><td rowspan="2">DPC</td></tr>
<tr><td>SLS</td></tr>
<tr><td>SCCP</td><td>EOP</td><td>用户数据</td><td>消息类型</td><td>SLS</td><td>OPC</td><td>DPC</td></tr>
<tr><td rowspan="2">TCAP</td><td colspan="5">成分部分</td><td rowspan="2">事务处理</td></tr>
<tr><td>成分1</td><td>- -</td><td>成分2</td><td>- -</td><td>成分3</td></tr>
<tr><td rowspan="5">SIO</td><td rowspan="5">子业务字段</td><td>DCBA</td><td colspan="5">- -</td></tr>
<tr><td>00xx</td><td colspan="5">国际网络</td></tr>
<tr><td>01xx</td><td colspan="5">国际备用</td></tr>
<tr><td>10xx</td><td colspan="5">国内网络</td></tr>
<tr><td>11xx</td><td colspan="5">国内备用</td></tr>
</table>

续表

SIO	业务表示语	0000	信令网管理消息
		0001	信令网测试与维护消息
		0010	--
		0011	SCCP
		0100	TUP
		0101	ISUP
		0110	DUP 呼叫
		0111	DUP 性能登记
		1000	MTP 测试
		1001 … 1111	--
SF	状态指示语	x000	失去定位（O）
		x001	正常定位（N）
		x010	紧急定位（E）
		x011	故障（OS）
		x100	处理机故障（PO）
		x101	状态忙（B）

比特为 8 的标题码，用于区分不同的消息，其中，后 4 比特的 H0 用于识别消息组，前 4 比特的 H1 用于识别具体消息。8 × n 比特的信息，这部分是承载要传送的可变长信令信息字段。

在信令网中，任意 1 个信令点均有 1 个唯一的可识别编码。为便于信令网的管理，国际和国内信令网的编号彼此独立，即各自采用独立的编号计划。我国信令网编码采用 24 位统一编号计划，国际网的信令点编码由 ITU - T 在 Q. 708 中统一规定采用 14 位编码，编码结构如表 5-9 所示。

表 5-9 信令网节点编码格式

国际编码格式	3 bit	8 bit	3 bit
	大区识别码	区域识别码	信令点识别码
	信令区域网编码		
	国际信令网节点编码		
中国	8 bit	8 bit	8 bit
	主信令区编码	分信令区编码	信令节点编码

主信令区编码以省、自治区、直辖市（港澳台）为单位编排，如表 5-10 所示。

表 5-10　　　　中国主信令区编码（部分）

序号	省、自治区、直辖市(港澳台)	主信令区编码	序号	省、自治区、直辖市(港澳台)	主信令区编码
1	北京	1	2	湖南	18
3	天津	2	4	广东	19
5	河北	3	6	广西	20
7	山西	4	8	海南	21
9	内蒙古	5	10	四川	22
11	辽宁	6	12	贵州	23
13	吉林	7	14	云南	24
15	黑龙江	8	16	西藏	25
17	江苏	9	18	陕西	26
19	山东	10	20	甘肃	27
21	上海	11	22	青海	28
23	安徽	12	24	宁夏	29
25	浙江	13	26	新疆	30
27	福建	14	28	台湾	31
29	江西	15	30	香港	32
31	河南	16	32	澳门	33
33	湖北	17			

需分配给信令点编码的信令点包括以下几类。

（1）国际出口/入口交换系统。

（2）国内长话交换系统（含长/市合一交换系统）。

（3）本地汇接交换系统、终端交换系统。

（4）移动交换系统（TMSC、MSC、HLR、SGSN）。

（5）直拨 PABX。

（6）各种特种服务中心（业务控制点、短信中心等）。

（7）信令转接点。

（8）其他 No.7 信令点（信令网关设备等）。

5.2.5　7 号信令电话用户部分

电话用户部分协议规定了将 No.7 信令系统，用于电话呼叫控制信令时所必需的电话信令功能，可用来控制接续所用的各种电路的交换，满足 ITU - T 确定的自动电话业务特性的所有要求。

TUP 消息为长度可变格式，它以消息信号单元（MSU）的形式在信令链路上传递，其业务字段（SI）为 0100，消息内容位于信令信息字段（SIF）中，所有的 TUP 消息都包含标题，它由标题码 H0 和标题码 H1 两部分组成，其中，H0 用于标识消息群，H1 标识具体的消息类型。

标题码H0和H1所代表的No. 7信令技术规范，其中的电话用户部分消息的类型描述如表5-11所示。

表5-11　标题码对应的消息类型及其分配方式

标题码H0	标题码H1	消息类型	描述
0001	0001	IAM	初始地址消息
0001	0010	IAI	初始地址消息（带附加信息）
0001	0011	SAM	后继地址消息
0001	0100	SAO	后继地址消息（带一个信号）
0010	0001	GSM	一般前向建立消息
0010	0011	COT	导通信号
0010	0100	CCF	导通故障消息
0011	0001	GRQ	一般请求消息
0100	0001	ACM	地址全消息
0100	0010	CHG	计费消息（目前暂未使用）
0101	0001	SEC	交换设备拥塞信号
0101	0010	CGC	电路群拥塞信号
0101	0100	ADI	地址不全消息
0101	0101	CFL	呼叫故障消息
0101	0111	UNN	空号消息
0101	1000	LOS	线路不工作消息
0101	1001	SST	发送专用信息音消息
0101	1010	ACB	接入拒绝消息
0101	1011	DPN	不提供数字通路消息
0110	0001	ANC	应答消息（计费）
0110	0010	ANN	应答消息（免费）
0110	0011	CBK	挂机消息
0110	0100	CLF	拆线消息
0110	0111	CCL	主叫用户挂机消息
0111	0001	RLG	释放监护消息
0111	0010	BLO	闭塞消息
0111	0011	BLA	闭塞证实消息
0111	0100	UBL	解除闭塞消息
0111	0101	UBA	解除闭塞证实消息
0111	0110	CCR	请求导通检验消息
0111	0111	RSC	复位消息
1000	0001	MGB	维护群闭塞消息
1000	0010	MBA	维护群闭塞证实消息

续表

标题码 H0	标题码 H1	消息类型	描述
1000	0011	MGU	维护群解除闭塞消息
1000	0100	MUA	维护群解除闭塞证实消息
1000	0101	HGB	硬件群闭塞消息
1000	0110	HBA	硬件群闭塞证实消息
1000	0111	HGU	硬件群解除闭塞消息
1000	1000	HUA	硬件群解除闭塞证实消息
1000	1001	GRS	群复位消息
1000	1010	GRA	群复位证实消息
1100	0010	MPM	计费脉冲消息
1110	0001	SLB	被叫本地忙消息
1110	0010	STB	被叫长途忙消息

本局呼叫过程一般包含初始地址消息（IAM/IAI）、一般请求消息（GRQ）、一般前向建立信息消息（GSM）、地址全消息（ACM）、应答计费消息（ANC）、前向拆线信号（CLF）和释放监护信号（RLG）等消息类型。

在市话网中，经过汇接局转接的呼叫处理流程如表 5-12 所示。

表 5-12　　正常呼叫处理信令处理流程

发端局	汇接局		收端局
① 主叫用户摘机	② 送拨号音	--	--
③ 主叫用户拨号	④ IAM/SAM	--	--
--	--	⑤ IAM	--
--	⑦ ACM	⑥ ACM	--
--	--	--	⑧ 向被叫用户振铃
--	⑪ ANC	⑩ ANC	⑨ 被叫用户摘机
通话			
① 主叫用户挂机	② CLF	③ CLF	--
--	⑤ RLG	④ RLG	--
--	⑧ CBK	⑦ CBK	⑥ 被叫用户挂机

在呼叫建立时，发端局首先发出 IAM 或 IAI 消息，IAM 包含了全部的被叫用户地址信号、主叫用户类别及路由控制信息。

5.2.6　7 号信令 ISDN 用户部分

ISDN 用户部分的协议定义了包括话音业务和非话音业务（例如，电路交换数据通信）控制所必须的信令消息、功能和过程。ISUP 能完成电话用户部分（TUP）和数据用户部分（DUP）的功能，并且能实现范围广泛的 ISDN 业务，具有非常广阔的应用范围。

ISDN 用户部分除支持基本的承载业务以外，还支持下列补充业务。

（1）主叫线识别与识别限制。

（2）被连接线识别与识别限制。

（3）呼叫转移。

（4）呼叫保持。

（5）呼叫等待。

（6）用户至用户信令。

（7）三方通话。

ISUP 消息为长度可变格式，它以消息信号单元（MSU）的形式在信令链路上传递，其业务字段（SI）为 0101，消息内容位于信令信息字段（SIF）中，我国 No. 7 信令技术 ISUP 消息的类型及其编码分配如表 5-13 所示。

表 5-13 ISDN 用户部分消息的类型及其标题码分配

序号	消息编码 H1	消息编码 H0	消息类型	描述
1	0000	0001	IAM	初始地址
2	0000	0010	SAM	后续地址
3	0000	0011	INR	信息请求
4	0000	0100	INF	信息
5	0000	0101	COT	导通
6	0000	0110	ACM	地址收全
7	0000	0111	CON	连接
8	0000	1000	FOT	前向传递
9	0000	1001	ANM	应答
10	0000	1100	REL	释放
11	0000	1101	SUS	暂停
12	0000	1110	RES	恢复
13	0001	0000	RLC	释放完成
14	0001	0001	CCR	导通检验请求
15	0001	0010	RSC	电路复原
16	0001	0011	BLO	阻断
17	0001	0100	UBL	阻断解除
18	0001	0101	BLA	阻断证实
19	0001	0110	UBA	阻断解除证实
20	0001	0111	GRS	电路群复原
21	0001	1000	CGB	电路群阻断
22	0001	1001	CGU	电路群阻断解除
23	0001	1010	CGBA	电路群阻断证实
24	0001	1011	CGUA	电路群阻断解除证实
25	0001	1100	CMR	呼叫改变请求
26	0001	1101	CMC	呼叫改变完成
27	0001	1110	CMRJ	呼叫改变拒绝
28	0001	1111	FAR	性能请求

续表

序号	消息编码 H1	消息编码 H0	消息类型	描述
29	0010	0000	FAA	性能接收
30	0010	0001	FRJ	性能拒绝
31	0010	0100	LPA	环回证实
32	0010	0111	DRS	延迟释放
33	0010	1000	PAM	传递
34	0010	1001	GRA	电路群复原证实
35	0010	1010	CQM	电路群询问
36	0010	1011	CQR	电路群询问响应
37	0010	1100	CPG	呼叫进展
38	0010	1101	USR	用户至用户信令
39	0010	1110	UCIC	未分配的 CIC
40	0010	1111	CFN	混乱消息
41	0011	0000	OLM	过负荷
42	0011	0001	CRG	计费信息
43	0011	0010	NRM	网络资源管理
44	0011	0011	FAC	性能
45	0011	0100	UPT	用户部分测试
46	0011	0101	UPA	用户部分可用
47	0011	0110	IDR	识别请求
48	0011	0111	IRS	识别响应
49	0011	1000	SGM	分段消息

从 ISUP 消息类型可以看出，主要包括的大类有前向呼叫建立消息、后向呼叫建立消息、呼叫监测消息、消息询问等。在 ISUP 的呼叫过程中，如果呼叫不成功，则回送释放信号消息（带有原因值）；拆线或被叫挂机用释放信号（REL）和释放完成消息（RLC）代替 TUP 的 RLG；用信息请求消息（INR）代替 TUP 的 GRQ 消息，用信息消息（INF）代替 TUP 的 GSM 消息。

下面以 ISUP 呼叫流程为例，说明信令消息的各项控制功能，如表 5-14 所示。

表 5-14　基于 ISUP 的本地网用户呼叫本地网用户流程

	本地网端局 1	汇接局	本地网端局 2	
	① IAM	② IAM	--	
	--	④ ACM	③ ACM	
	--	⑥ ANM	⑤ ANM	
		通话		
主叫先挂机	⑦ REL	⑧ REL	--	
	--	⑩ RCL	⑨ RCL	
	--	⑫ REL	⑪ REL	被叫先挂机
	⑬ RCL	⑭ RCL	--	

被叫用户应答后，本地网端局 2 后向发送 ANM 消息；汇接局转发此 ANM 消息，本地网端局 1 收到 ANM 消息后，通知主叫用户被叫已应答，呼叫成功建立。

5.3　7 号信令系统的开通配置实例

在开通新局向时，要做好数据准备工作，包括物理传输通道、交换机硬件和交换机局数据准备。做数据之前双方需要将用到的 PCM 的顺序一一对应，如果顺序颠倒，将会导致中继线不可用。

保证传输通道质量合格，才能保证信令传送的误码少，从而使得通话质量能够改善。检查交换机上信令板，中继板资源是否充足，如不足则需要尽快补齐。检查交换机关于局向、中继组、信令组的现有数据，为新局向选择合适的编号，使后续的查询工作方便，并且对局数据及时作备份。

与对端局协商确定信令点编码、PCM 系统编号设置、信令功能的选择、信令链路，以及中继电路的分配。在这些编码和链路分配完成的基础上，才能保证局向顺利开通，开通后的呼叫测试，为保证所开的信令和中继可以使用，要进行呼叫试验，呼叫试验要涉及每条信令链路和中继电路。

5.3.1　信令交换局的连接设置

在 ZXJ10 交换机的“数据管理”界面选择“物理配置”，进入“单元配置”界面，子单元修改内容如表 5-15 所示。

表 5-15　物理配置属性表

<table>
<tr><th rowspan="2"></th><th colspan="5">子单元类型</th><th colspan="3">数字中继</th></tr>
<tr><th>ISDN</th><th>V5</th><th>随路信令</th><th>共路信令</th><th>模块间连接</th><th>CRC</th><th>硬件接口</th><th>传输码型</th></tr>
<tr><td>PCM 1</td><td>0</td><td>0</td><td>0</td><td>1</td><td>0</td><td rowspan="4">无</td><td rowspan="4">E1</td><td rowspan="4">HDB 3</td></tr>
<tr><td>PCM 2</td><td>0</td><td>0</td><td>0</td><td>1</td><td>0</td></tr>
<tr><td>PCM 3</td><td>0</td><td>0</td><td>0</td><td>1</td><td>0</td></tr>
<tr><td>PCM 4</td><td>0</td><td>0</td><td>0</td><td>1</td><td>0</td></tr>
<tr><td colspan="9">1 表示选中，0 表示不选。</td></tr>
</table>

5.3.2　信令邻接交换局的设置

在“邻接交换局”界面选择增加“邻接交换局”，进入“增加邻接交换局”界面，配置邻接交换局如表 5-16 所示。

表 5-16　邻接交换局配置表

交换局局向	1
交换局名称	HB - 1
交换局网络类型	公众电信网
7 号协议类型	中国标准
子业务字段	08H（国内）
子协议类型	默认方式

续表

信令点编码类型	24位信令点编码
信令点编码	0 - 1 - 18
交换局编码	- -
长途区域编码	23
长途区内序号	- -
连接方式	直连方式
测试业务号	0X01
交换局类型	市话局
信令点类型	信令端接点

5.3.3 信令数据设置

在数据管理中，选择 7 号信令 MTP 管理，所进入的子界面包括：信令链路组、信令链路、信令路由、信令局向、PCM 系统等。

在信令链路组中选择“增加信令链路组”，完成信令链路组序号、信令链路组名称、链路组属性、高速链路使用等设置。

7 号信令 MTP 管理的各项数据配置如表 5-17 所示。

表 5-17　　数据管理配置

	信令链路	信令路由	信令局向	PCM 系统
信令链路号	1	- -	- -	- -
链路组号	1	- -	- -	- -
链路编码	0	- -	- -	- -
模块号	2	- -	- -	- -
信令路由号	- -	1	- -	- -
信令链路组	- -	1	- -	- -
信令局向	- -	- -	2	2
正常路由	- -	- -	1	- -
迂回路由	- -	- -	无	- -
PCM 系统编号	- -	- -	- -	0

5.4 中继数据配置与故障分析实例

7 号信令的故障包括信令链路不连通，分为物理连接上不通、第 3 级的启动消息发不到信令板上，以及信令数据错误。除此之外，还包括 TUP/ISUP 信令闭塞，又可分为出向闭塞以及入向闭塞。

5.4.1 中继电路配置与出局路由链

在“数据管理”中选择“中继管理”项目，进入“中继电路组”子界面，其设置项目包括：基本属性、标志位、PRA、被叫号码流变换、主叫号码流变换，以及综合关口局配置等子项。

中继组项目重要属性的参数说明如表 5-18 所示。

表 5-18　中继组重要属性参数表

序号	参数	设置项目说明
1	中继组类别	双向中继组
2	中继信道类别	数字中继
3	入局线路信号标识	TUP/ISUP
4	出局线路信号标识	TUP/ISUP
5	邻接交换局局向	邻接交换局配置
6	数据业务号码分析选择	号码分析
7	入向号码分析选择	分析局码
8	主叫号码分析选择	是否分析主叫
9	中继组阈值	（0, 1, 2, …, 100）
10	中继选择方法	按同抢方式、循环选择
11	名称描述	自定
12	区号	长途区号
13	区号长度	自动生成

5.4.2　号码分析与链路状态

在“数据管理”中选择“号码分析”项目，进入“号码分析器”子界面，其设置的分析号码属性项目包括：基本属性、标志位、附加属性、触发准则、智能网络附加属性配置等子项，其配置方式与参数说明如表 5-19 所示。

表 5-19　号码分析属性参数说明

序号	号码分析属性	属性说明
1	被分析号码	选择单个或全部号码
2	呼叫业务类别	本地网出局/市话
3	出局路由链路组	链路组数值
4	目的网类型	公众电信网
5	智能业务方式	智能网方式
6	结束标记	结束后不再继续分析
7	话路复原方式	互不控制复原
8	网络业务类型	无网络缺省
9	号码流最少位长	号码流长度 1
10	号码流最多位长	号码流长度 2

链路状态观测包括动态数据观测和相关指令，在动态数据管理的接口子项中，电路群管理完成对电路群的解闭，7 号信令请求实现对 7 号信令和话路的自环申请。

5.4.3 7 号信令跟踪设置

信令跟踪显示的线路信号和记发器信号，是从中继上或者是记发器中所接收到的，或要发向对端局的线路信号和记发器信号，信令跟踪可以按入中继群号、出中继群内序号、出中继群号、出中继群内序号，以及主叫号码分别进行跟踪。

7 号信令跟踪的设置中，首先需要在业务选项中进入“V5 维护”子项功能，然后选择“信令跟踪”，依据号码实现此项功能，在跟踪项目的类型中，选择“用户跟踪”子项，并且号码类型为主叫用户号码。

设置完号码类型后，在用户号码项填入目标用户号码，由此完成信令跟踪的设置，在信令跟踪设置的验证中，可以发现信令跟踪项出现相关的信令消息，因此，可以依据这些消息项核实信令对接情况。

5.4.4 7 号信令系统配置典型故障分析

1．信令链路激活出现问题

分析：确认 DT 的 2M 工作状态是否正常；确认 DT 的传输码型是否正确。通常 T1 是 B8ZS，E1 是 HDB3，大多数都采用 HDB3 型。

排除：打开后台管理，业务管理→动态数据管理→No. 7 管理接口→查看链路状态，对应的链路始终处于“非服务状态”。

解决办法：连线出现问题，重插后恢复正常。

2．交换局与对端局对接 7 号信令时，出现信令闭塞

分析：信令闭塞造成的原因是已经发送了消息，对方没有回复，此时认为此电路信令配合出现问题，为防止呼叫再次占用此中继，提高接通率，故而将中继置为信令闭塞，并查看安装 TUP/ISUP 协议。

排除：检查双方的数据，双方 CIC 是否配对，所配的 SLS 值是否是该局向实际所走的链路号，信令时隙的配置位置是否正确。

解决办法：重新匹配 CIC 值，设置好后恢复正常。

本章小结

7 号信令系统可以分成包含 3 个功能级消息传递部分（MTP），以及作为第 4 个功能级的业务子系统，消息传递部分负责信令的正常传输，确保传输的信令不出现错误，为业务分系统提供服务。消息传递部分可以细分为 3 个功能级：数据链路功能级（消息传递部分第 1 个功能级，MTP - 1）、链路控制功能级（消息传递部分第 2 个功能级，MTP - 2）和网络功能级（消息传递部分第 3 个功能级，MTP - 3），这 3 个功能级分别对应了开放系统互联参考模型的物理层、链路层和网络层。

7 号信令能满足多种通信业务的要求，主要应用包括有：局与局之间的电话网通信；局与局之间的数据网通信；局与局之间综合业务数字网（例如：ISDN PRI）；可以传送移动通信网中的各种信息；支持各种类型的智能业务；局端到用户端之间的电话网以及数据网的通信等。

练习题与思考题

1．什么是信令？信令在通信网络中起着着什么样的作用？

2．7号信令单元有几种格式，请说明它们的组成。

3．请简述7号信令的功能结构以及各部分的作用。

4．按照区域的方式将信令如何划分，功能特点是什么？

5．比较随路信令和共路信令的异同，它们各自的具体代表信令有哪些，各有什么特点。

第6章 数据分组交换技术及性能分析

分组交换技术（packet switching technology）也称包交换技术，是将用户所传送的数据按照预先定好的规则划分成一定的长度，每个部分叫做一个分组，通过传输分组的方式传输信息的一种技术。

它是通过计算机和终端实现计算机与计算机之间的通信，每个分组的前面有一个分组头，用以指明该分组发往何地址，然后由交换机根据每个分组的地址标志，将其转发至目的地，这一过程称为分组交换。

分组交换实质上是在“存储-转发”基础上发展起来的，它兼有电路交换和报文交换的优点。分组交换在线路上采用动态复用技术，传输按一定长度分割为许多小段的数据。每个分组标识后，在一条物理线路上采用动态复用的技术，同时传送多个数据分组。把来自用户发端的数据暂存在交换机的存储器内，接着在网内转发，到达接收端，再去掉分组头将各数据字段按顺序重新装配成完整的报文，分组交换比电路交换的电路利用率高，比报文交换的传输时延小，交互性好。

分组交换的实现方式，有交换虚电路（SVC）和永久虚电路（PVC）两种，交换虚电路如同电话电路一样，即两个数据终端要通信时先用呼叫程序建立电路（即虚电路），然后发送数据，通信结束后用拆线程序拆除虚电路；永久虚电路如同专线一样，在分组网内两个终端之间在申请合同期间提供永久逻辑连接，无需呼叫建立与拆线程序，在数据传输阶段，与交换虚电路相同。

6.1 分组交换技术的背景

21世纪的重要特征包括数字化、网络化和信息化，它是一个以网络为核心的信息时代。从交换技术的发展历史看，数据交换经历了电路交换、报文交换、分组交换和综合业务数字交换的发展过程。

早期的面向终端的计算机网络是以单个主机为中心的星形网，各终端通过通信线路共享费用昂贵的中心主机的硬件和软件资源。分组交换网则是以网络为中心，用户主机都处在网络的外围，用户通过分组交换网可共享连接在网络上的许多硬件和各种丰富的软件资源，这也使得计算机网络的概念发生了根本变化。

作为当前全球最大的、开放的、由众多网络相互连接而成的特定计算机网络，因特网的发展也经历了几个重要阶段，20世纪60年代初，美国国防部领导的远景研究规划局ARPA（advanced research project agency）提出要研制一种生存性（survivability）很强的网络，因为基于传统电路交换（circuit switching）的电信网有一个缺点：如果正在通信的电路中有一个交换机或有一条链路被中断，则整个通信电路就要中断。其次是从单个网络ARPANET向互联网发展的过程。1983年，TCP/IP协议成为ARPANET上的标准协议，因此也把1983年作为因特网的诞生时间。

就我国来说，1989年11月第1个公用分组交换网CNPAC建成运行，1993年建立的中国公用分组交换网是向全社会开放的网络，能提供多种业务的全国分组交换网。CHINAPAC分为骨干网和省内网2级构成，骨干网以北京为国际出入口局，广州为港澳出入口局，以北京、上海、沈阳、武汉、成都、西安、广州及南京等8个城市为汇接中心，覆盖全国所有省、市、自治区，汇接中心连接方式采用全网状结构，其他节点采用不完全网状结构，网内每个节点都有2个或2个以上不同方向的电路，从而保证网络的可靠性，网内中继电路主要采用数字电路。

各地的本地分组交换网也已延伸到了地、市、县。CHINAPAC以其庞大的网络规模，满足用户的需求，并且与公用数字交换网（PSTN）、中国公众计算机互联网（CHINANET）、中国公用数字数据网（CHINADDN）、帧中继网（CHINAFRN）等网络互连，以达到资源共享的目的。

6.2 分组交换技术的基本原理

采用分组交换技术进行分组转发的每1个数据单元，其首部都含有诸如目的地址和源地址等控制信息，分组交换网中的节点交换机，根据收到的分组首部中的地址信息，将分组转发到下1个节点交换设备。每个分组在网络中独立地选择传输路径，用这样的存储转发方式，分组就能到达最终目的地。在分组交换实现过程中，需要用到时分复用、自适应路由，以及各层的封装结构。

6.2.1 统计时分复用原理

统计时分多路复用（statistical time division multiplexing），又称“异步时分多路复用”，它所利用的是公共信道“时隙（times lot）”的方法，与传统的时分复用方法不同，传统的时分复用接入的每个终端都固定地分配1个公共信道的1个时隙，是对号入座的，因为终端和时隙是“对号入座”的，所以它们是“同步”的。

在时分复用所分成的若干个时隙中，每个时隙对应1个信道，如果该信道被某特定用户固定使用，如传统电路交换网中，也就是说无论有没有信息传送，该信道都不能被其他用户使用，时分复用方式如图6-1所示。

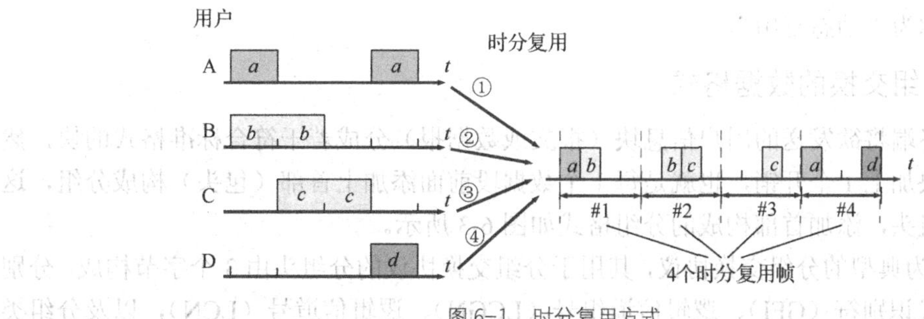

图6-1 时分复用方式

时分复用是将时间划分为1段等长的时分复用帧（TDM帧）。每一个时分复用的用户，在 TDM 帧中占用固定序号的时隙，每 1 个用户所占用的时隙是周期性地出现（其周期就是 TDM 帧的长度），TDM 信号也称为等时信号，时分复用的所有用户是在不同的时间占用同样的频带宽度。

时分复用中的帧的位置安排如表 6-1 所示。

表 6-1　　时分复用中用户的分配方式

频率	A	B	C	D	A	B	C	D	A	B	C	D	用户 A 在 TDM 帧中的位置
	TDM 帧				TDM 帧				TDM 帧				
	A	B	C	D	A	B	C	D	A	B	C	D	用户 B 在 TDM 帧中的位置
	TDM 帧				TDM 帧				TDM 帧				
	A	B	C	D	A	B	C	D	A	B	C	D	用户 C 在 TDM 帧中的位置
	TDM 帧				TDM 帧				TDM 帧				
	时间												

而异步时分复用或统计时分复用是把公共信道的时隙按照“按需分配”原则，即只对那些需要传送信息或正在工作的终端才分配给时隙，这样就使所有的时隙都能充分得到使用，可以使服务的终端数大于时隙的个数，提高了媒质的利用率，从而起到了“复用”的作用，统计时分复用方式如图 6-2 所示。

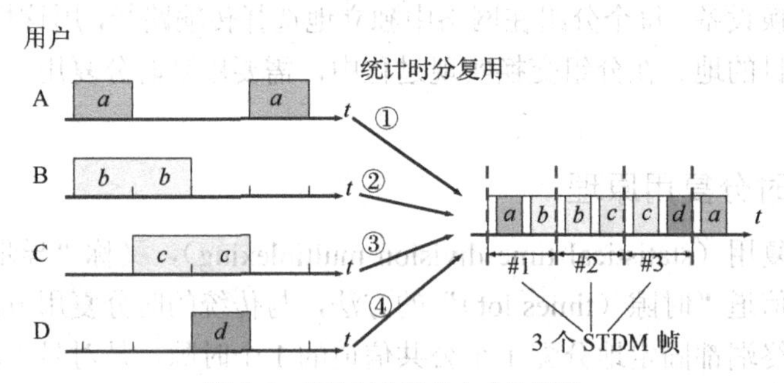

图 6-2　统计时分复用方式示意图

如果该信道能被多用户复用，则为统计时分复用，统计时分复用有两种方式：面向连接的虚电路方式和面向无连接方式。例如，ATM 网络就属于前者，IP 网络就是后者。统计复用比传统的时分复用提高传输效率 2～4 倍，这种复用的主要特点是动态地分配信道时隙，所以统计复用又可称为“动态复用”。

6.2.2　分组交换的数据格式

分组是由终端将欲发送的用户信息块（报文或数据报）分成若干符合标准格式的块，然后给每个数据块加上 1 个开销，也就是每 1 个数据段前面添加上首部（包头）构成分组，这个首部称为分组头，添加首部构成的分组格式如图 6-3 所示。

X. 25 协议为典型的分组交换协议，其用于分组交换协议的分组头由 3 个字节构成，分别包含：通用格式识别符（GFI）、逻辑信道组号（LCGN）、逻辑信道号（LCN），以及分组类型识别符等 3 个部分，X. 25 协议的分组头格式如表 6-2 所示。

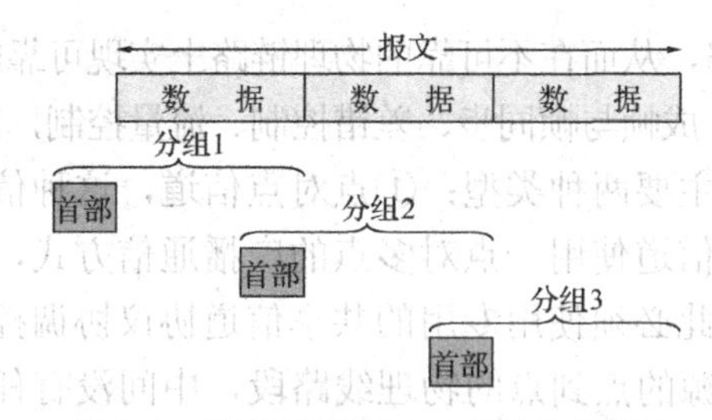

图 6-3 数据段前面添加上包头构成分组

表 6-2 X. 25 协议分组头格式

8	7	6	5	4	3	2	1	Bit 位
GFI				LCGN				分组首部
LCN								
分组类型识别符								
数据部分								

逻辑信道组号与逻辑信道号两者比特位数之和为 12 比特，理论上，可以同时用来支持 $2^{12}=4096$ 个逻辑信道。当然，逻辑信道号在分组头的第 2 字节中，第 1 个字节为通用格式识别符及逻辑信道组号，当编号位数大于 $2^8=256$ 时，可以使用逻辑信道组号，加入逻辑信道组号后的编号位数可达 4096，因此，基于分组类型识别符的 8 比特位，可以用来区别相应的分组，X. 25 协议类型如表 6-3 所示。

表 6-3 基于分组类型识别符的类型表

分组类型		DTE - DCE	DTE - DCE	功能描述
呼叫建立分组		呼叫请求	入呼叫	在两个 DTE 之间建立 SVC
		呼叫接收	呼叫连接	
数据传输分组	数据分组	DTE 数据	DCE 数据	在两个 DTE 之间传送用户数据
	流量控制分组	DTE RR	DCE RR	流量控制
		DTE RNR	DCE RNR	
		DTE REJ		
	中断分组	DTE 中断	DCE 中断	加速传输重要数据
		DTE 中断证实	DCE 中断证实	
	登记分组	登记请求	登记证实	申请或停止可选业务
恢复分组	复位分组	复位请求	复位指示	复位一个 SVC
		DTE 复位证实	DCE 复位证实	
	重启动分组	重启动请求	重启动指示	重启动所有 SVC
		DTE 重启动证实	DCE 重启动证实	
	诊断分组		诊断	诊断
呼叫释放分组		释放请求	释放指示	释放 SVC
		DTE 清除证实	DCE 清除证实	

恢复分组包括复位分组、重启动分组，以及诊断分组，实现功能是复位请求、重启动请求，还包括复位指示，以及重启动指示。

6.2.3 数据链路层的帧结构

数据链路层的目标是，通过制定一些数据链路层协议（即链路控制规程）建立、维护，以及释放网络各模块间的数据链路，从而在不可靠的物理链路上实现可靠的传输。因此，数据链路层的主要功能包括：链路管理、成帧与帧同步、差错控制、流量控制，以及为网络层提供服务等。

数据链路层使用的信道主要两种类型：①点对点信道，这种信道使用一对一的点对点通信方式；②广播信道，这种信道使用一点对多点的广播通信方式，因此过程比较复杂，广播信道上连接的终端较多，因此必须使用专用的共享信道协议协调控制这些终端的数据发送。

链路（Link）是一条无源的点到点的物理线路段，中间没有任何其他的交换结点，一条链路只是一条通路的一个组成部分，除此之外，配合通信协议控制这些数据的传输，将实现这些协议的硬件和软件加到链路上，构成数据链路。

在 2 个对等的数据链路层之间画出一个数字管道，在这条数字管道上传输的数据单位是帧，数据链路层的协议有很多，但是，都有以下 3 个共同的基本特征。

（1）封装成帧。

（2）透明传输。

（3）差错控制。

封装成帧（Framing）就是在一段数据的前部及后部分别添加上需要的首部和尾部构成帧，首部和尾部的一个重要作用就是进行帧定界，帧的数据部分的长度上限，由使用的链路层协议所决定，其结构如表 6-4 所示。

表 6-4　　数据链路层的帧协议

	帧开始	数据分组	帧结束标识
		封装	
开始发送	帧首部	帧的数据部分	帧尾部
		最大传输单元	
	数据链路层的帧长		

使用控制字符进行帧定界的方法，是将 SOH 标识字段放在 1 帧的最前面，用以表示帧的首部开始，实现方法如表 6-5 所示。

表 6-5　　基于 SOH 和 EOT 字段的帧定界格式

完整的 1 帧														
开始	装在帧中的数据部分													帧结束符
SOH														EOT
SOH	--	--	--	EOT	--	--	--	--	--	--	--	--	--	EOT
被接收端误认为是 1 帧					被接收端当作无效帧而丢弃									
SOH	--	--	ESC	EOT	--	--	ESC	EOT	--	ESC	EOT	--	--	EOT
	--	--	填充	--	--	--	填充	--	--	填充	--	--	--	
	经过字节填充后发送的数据													

所传输的数据中的任何 8 bit 的组合，不能与用作帧定界的控制字符的比特编码重复，否则就会出现帧定界符的错误，使得被接收端误认为是 1 帧，而把有效部分当作无效帧而丢弃，为避免此种情况的发生，协议所采取的措施是，发送端的数据链路层在数据中如果出现控制字符“SOH”或“EOT”，在其前方插入 1 个转义字符“ESC”（十六进制是 1B），帧的类型如表 6-6 所示。

表 6-6　　X.25 数据链路层协议的帧类型说明

帧的分类	名称	缩写	功能
信息帧	- -	I 帧	传输用户数据
监控帧	接收准备好	RR 帧	向对方表示已经做好准备接收信息帧
	接收未准备好	RNR 帧	向对方表示“忙”，不能接收信息帧
	拒绝帧	REJ 帧	向对方表示需要重发编号为 NR 开始的信息帧
无编号帧	置异步平衡方式	SABM	在两个方向上建立链路
	断链	DISC	通知对方断开链路连接
	已断链方式	DM	表示链路处于断开状态
	无标号确认	UA	对 SABM 和 DISC 的肯定应答
	帧拒绝	FRMA	报告对方，出现了用重发帧方法不能恢复的差错状态，将触发链路还原

帧尾部的 FCS 校验字段采用循环冗余校验（CRC）方式，用以判断所接收的帧格式是否正确，所使用的 2 种校验多项式分别表示为 CRC - 8 = $x^8+x^6+x^4+x^3+x^2+x^1$，以及 CRC - ITU = $x^{16}+x^{12}+x^5+1$。

CRC 是一种常用的检错方法，数据帧中的 FCS 字段是添加在数据后面的冗余码，FCS 可以用 CRC 这种方法得出，但 CRC 并非获得 FCS 的唯一方法，CRC 标准生成多项式如表 6-7 所示。

表 6-7　　常用的标准 CRC 生成多项式表

名称	生成多项式	简记式	应用举例
CRC - 4	x^4+x+1	3	ITU G. 704
CRC - 8	$x^8+x^5+x^4+1$	0x31	
CRC - 8	$x^8+x^2+x^1+1$	0x07	
CRC - 8	$x^8+x^6+x^4+x^3+x^2+x^1$	0x5E	
CRC - 12	$x^{12}+x^{11}+x^3+x^2+x+1$	80F	
CRC - 16	$x^{16}+x^{15}+x^2+1$	8005	IBM SDLC
CRC 16 - ITU	$x^{16}+x^{12}+x^5+1$	1021	ISO HDLC, ITU x.25, V.34/V.41/V.42, PPP - FCS
CRC - 32	$x^{32}+x^{26}+x^{23}+\ldots+x^2+x+1$	04C11DB7	ZIP, RAR, IEEE 802 LAN/FDDI, IEEE 1394, PPP – FCS
CRC - 32c	$x^{32}+x^{28}+x^{27}+\ldots+x^8+x^6+1$	1EDC6F41	SCTP

生成多项式的最高次项的系数固定为 1，因此在简记式中，将最高的 1 统一去掉了，例如 1EDC 6F41 应该是 1 1EDC 6F41，而 04C1 1DB7 实际上是 1 04C1 1DB7。

6.2.4 分组的存储与转发

分组的存储与转发是指分组数据抵达交换节点后先进行缓存，检查无错后再根据分组中携带的目的地址和资源状况选择路由，并在选择的路由上进行排队，等到有信道空闲时，将分组经出口链路转发至下一个交换节点或用户终端。

存储转发方式是数据交换网络领域使用最为广泛的技术之一，其工作过程具体包括：①以太网交换机的控制器先将输入端口到来的数据包缓存起来，并且检查数据包是否正确；②然后过滤掉错误的包；③确定数据包正确后，取出目的地址，通过查找表找到想要发送的输出端口地址；④然后将该包发送出去。

正因如此，存储转发方式在数据处理时延时大，这是它的不足，但是它可以对进入交换机的数据包进行错误检测，并且能支持不同速度的输入/输出端口间的交换，可以有效改善网络性能。

同时，这种数据交换方式的好处是能够支持不同速度端口间的转换，保持高速端口和低速端口间的协同工作。例如，将 10 Mbit/s 低速率数据包存储起来，再通过 100 Mbit/s 速率转发到端口上，从而现实速率适配。

存储转发方式在传送数据之前不必先独自占用一条端到端的通信资源，把收到的分组先放入缓存（暂时存储），分组在哪段链路上传送才占用这段链路的通信资源；查找转发表，找出到某个目的地址应从哪个端口转发；把分组送到适当的端口转发出去。终端是为用户进行信息处理的，并向网络发送分组，从网络接收分组。而交换设备对分组进行存储转发，最后把分组交付目的终端，通过存储器模式、总线模式，以及网络互连模式的交换方式如图 6-4 所示。

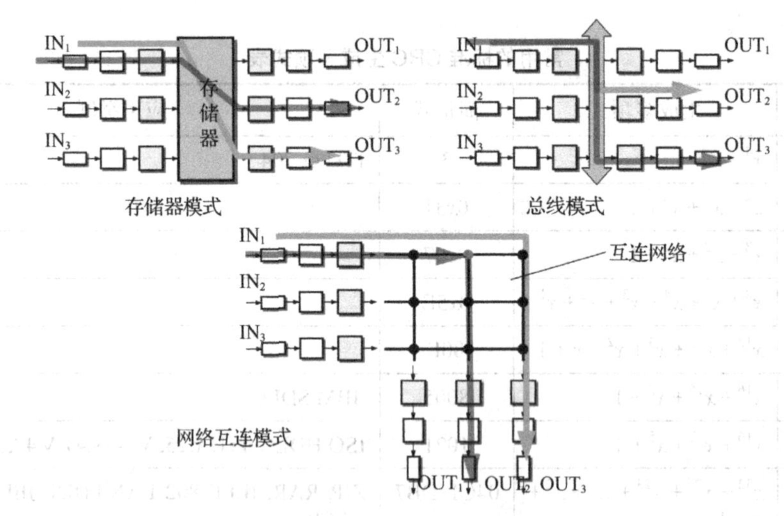

图 6-4 各种互连模式中的转发过程

存储器模式中的输入端 IN_1 将数据流通过存储器转发给输出端 OUT_1 与 OUT_2；在总线模式中，输入端 IN_1 将数据流通过数据总线转发给 2 个输出端 OUT_1 与 OUT_2；在网络互连模式中，输入端 IN_1 将数据流通过交换网络转发给 2 个输出端 OUT_2 与 OUT_3。

6.2.5 虚电路与数据报的交换机制

虚电路是分组交换的 2 种传输方式之一，在通信和数据交换过程中，虚电路方式是 1 种由分组交换所提供的面向连接的通信服务，在 2 个节点或是应用进程之间，建立起 1 个逻辑上的连接或虚电路后，就可以在 2 个节点之间依次发送每 1 个分组。

接收端所收到分组的顺序需要与发送端的发送顺序保持一致，否则将无法解码出原始信息，因此，接收端不用负责在接收分组后重新进行排序，虚电路协议向其高层协议隐藏了将数据分割成数据段、包或成帧的过程，虚电路是建立 1 条逻辑连接，发送方与接收方不需要预先建立连接。

与电路交换类似，虚电路也是面向连接的通信方式，即数据按照预先设定的顺序发送，并且在连接建立阶段需要额外开销保证其顺序的正确性。但是与虚电路相比，电路交换能够提供稳定的数据比特率及服务延迟时间，而虚电路服务的速率和延迟时间由多种因素共同决定。

（1）网络节点上包队列的长度。

（2）应用程序产生数据的比特率。

（3）使用统计多路复用技术时，共享同一网络资源的其他用户的负荷。

（4）许多虚电路协议通过数据重传，包括检错纠错和自动重传请求（ARQ），提供可靠的通信服务。

在建立 1 个新的连接时，须在连接所要经过的每段链路上分配一个 VCI（virtual circuit identifier）值，并确保在一段链路上选定的 VCI 值未被该链路上已经存在的其他链接使用，连接状态的建立有 2 种方法：（1）由网络管理员配置连接状态，这样的虚电路是永久虚电路（PVC），可被看做长期生存的或者可管理配置的 VC，当然，管理员也可以删除 PVC；（2）是终端发送消息给网络用于建立连接，这样建立的虚电路称为交换虚电路（SVC），他可以由终端动态的建立和删除。

对于虚电路的 2 种形式之一，永久性虚电路（permanent virtual circuit，PVC）是一种提前定义好的，不需要任何建立时间的端点，以及站点间的连接，在公共长途电信服务过程中，例如，异步传输模式（ATM）或帧中继，用户需要预先和这些电信局签订关于 PVC 的端点使用合同。

交换虚电路是端点与交换节点之间的一种临时性连接，这些连接只在服务所需的时间期间起作用，并且当会话结束时就取消这种连接，虚电路需要在数据传送之前建立，服务提供方所提供的分组交换服务允许用户根据自己的需求动态定义 SVC。

在建立连接阶段，需要在终端之间的每一个交换机上建立“连接状态”，连接状态由连接经过的每个交换机中的虚拟电路表（VC）记录组成，在交换机上的 VC 表中的一条记录所包括的项目如下。

（1）虚电路标示符 VCI，在这个交换机上唯一标识连接，并且将放在属于这个链接的分组首部内发送。

（2）到达这个 VC 交换机的分组的输入端口号。

（3）从这个 VC 离开交换机的分组的输出端口号。

（4）用于输出分组的 VCI 编号。

交换虚电路的呼叫请求分组与呼叫接收分组的数据分组格式如表 6-8 所示。

表 6-8　　　　交换虚电路工作过程中的分组格式

<table>
<tr><td>比特位</td><td>8</td><td>7</td><td>6</td><td>5</td><td>4</td><td>3</td><td>2</td><td>1</td></tr>
<tr><td rowspan="3">呼叫接收分组</td><td>0</td><td>0</td><td>0</td><td>1</td><td colspan="4">逻辑信道组号</td></tr>
<tr><td colspan="8">逻辑信道号</td></tr>
<tr><td>0</td><td>0</td><td>0</td><td>0</td><td>1</td><td>1</td><td>1</td><td>1</td></tr>
<tr><td rowspan="5">用户数据分组（模 8）</td><td>- -</td><td>- -</td><td>0</td><td>1</td><td colspan="4">逻辑信道组号</td></tr>
<tr><td colspan="8">逻辑信道号</td></tr>
<tr><td colspan="3">PR 期望接收的序号</td><td>后续位 M</td><td colspan="3">PS 发送数据分组的序号</td><td>0</td></tr>
<tr><td colspan="3">号</td><td colspan="2">M</td><td colspan="3">号</td></tr>
<tr><td colspan="8">用户数据</td></tr>
<tr><td rowspan="4">用户数据分组（模 128）</td><td>- -</td><td>- -</td><td>1</td><td>0</td><td colspan="4">逻辑信道组号</td></tr>
<tr><td colspan="8">逻辑信道号</td></tr>
<tr><td colspan="7">PS 发送数据分组的序号</td><td>0</td></tr>
<tr><td colspan="7">PR 期望接收的序号</td><td>后续位 M</td></tr>
</table>

用户数据分组中的 P（S）是发送数据分组的序号，P（R）是期望的接收序号，当采用模 8 方式时，P（R）及 P（S）分别占用 3 bit，第 1 字节中的 S S = 0 1；当采用模 128 方式时，P（R）以及 P（S）分别占用 7 bit，第 1 字节中的 S S = 1 0，同时，P（R）、P（S）是分组层流量控制和重发纠错的基础。

呼叫请求分组与释放分组格式如表 6-9 所示。

表 6-9　　　　呼叫请求分组与释放分组格式

<table>
<tr><td>比特位</td><td>8</td><td>7</td><td>6</td><td>5</td><td>4</td><td>3</td><td>2</td><td>1</td></tr>
<tr><td rowspan="9">呼叫请求分组</td><td>0</td><td>0</td><td>0</td><td>1</td><td colspan="4">逻辑信道组号</td></tr>
<tr><td colspan="8">逻辑信道号</td></tr>
<tr><td>0</td><td>0</td><td>0</td><td>0</td><td>1</td><td>0</td><td>1</td><td>1</td></tr>
<tr><td colspan="4">主叫 DTE 地址</td><td colspan="4">被叫 DTE 地址</td></tr>
<tr><td colspan="8">被叫 DTE 地址</td></tr>
<tr><td colspan="8">主叫 DTE 地址</td></tr>
<tr><td>0</td><td>0</td><td colspan="6">业务字段</td></tr>
<tr><td colspan="8">业务字段</td></tr>
<tr><td colspan="8">呼叫用户数据</td></tr>
<tr><td rowspan="4">释放请求分组</td><td>0</td><td>0</td><td>0</td><td>1</td><td colspan="4">逻辑信道组号</td></tr>
<tr><td colspan="8">逻辑信道号</td></tr>
<tr><td>0</td><td>0</td><td>0</td><td>1</td><td>0</td><td>0</td><td>1</td><td>1</td></tr>
<tr><td colspan="8">释放原因</td></tr>
<tr><td rowspan="4">释放确认分组</td><td>0</td><td>0</td><td>0</td><td>1</td><td colspan="4">逻辑信道组号</td></tr>
<tr><td colspan="8">逻辑信道号</td></tr>
<tr><td colspan="8">用户数据</td></tr>
<tr><td colspan="8">00010011</td></tr>
</table>

数据报是通过交换节点传输数据的基本单元，包含 1 个报头（header）和数据本身，其中报头描述了数据的目的地，以及与其他数据之间的关系，数据报是完备的、独立的数据实体，该实体携带有要从源终端传递到目的终端的信息。

在数据报操作方式中，每个数据报自身携带有足够的开销信息，它的传送是被单独处理的，整个数据报传送过程中，不需要建立虚电路，网络节点为每个数据报作路由选择，各数据报不能保证按顺序到达目的节点，有些还可能会丢失。

在数据报的工作方式下，其工作特点归纳如下。

（1）同一报文的不同分组可以由不同的传输路径通过交换节点。

（2）同一报文的不同分组到达目的节点时可能出现乱序、重复与丢失现象。

（3）每一个分组在传输过程中都必须带有目的地址与源地址信息。

（4）数据报方式的报文传输延迟较大，适用于突发性通信，不适用于长报文、会话式的传输。

因此，可以得到数据报与虚电路在路由选择、分组到达目的端顺序、端到端的差错处理，以及流量控制的异同，如表 6-10 所示。

表 6-10 数据报与虚电路的服务比较

	虚电路	数据报
是否建立连接	建立连接	不建立连接
目的地址信息	仅在连接建立阶段使用，每个分组使用虚电路号	每个分组都需要携带目的地址信息
路由选择	在虚电路连接建立阶段使用，所有分组均按同一路径传输	各个分组独立选择路由
路由故障处理方式	所有通过该故障路由器的虚电路均不能工作	改变路由
分组到达的顺序	按分组的发送顺序到达目的端	可能不按顺序到达目的端

6.3 以太网交换技术

以太网技术指的是由 Xerox 公司创建并由 Xerox，Intel 和 DEC 公司联合开发的基带局域网规范，以太网络使用了 CSMA/CD（载波监听/多路访问及冲突检测技术）技术，并以 10 Mbit/s 的速率运行在多种类型的电缆上，以太网与 IEEE 802. 3 系列标准相类似，并不是一种具体的网络，是一种技术规范。

以太网技术的最初进展来自于施乐帕洛阿尔托研究中心（xerox palo alto research center）的许多先锋技术项目中的一个（其他代表性研发成果还包括：个人电脑、激光打印机、鼠标、以太网、图形用户界面、Smalltalk、页面描述语言 Inter-press、图标和下拉菜单、所见即所得文本编辑器、语音压缩技术等），通常认为以太网发明于 1973 年，出自于鲍勃 • 梅特卡夫（Bob Metcalfe）当年给他 PARC 的老板写了 1 篇有关以太网潜力的备忘录，并且，在 1976 年，梅特卡夫和他的助手 David Boggs 发表了 1 篇名为《以太网：局域计算机网络的分布式包交换技术》的文章。

1979 年开始，梅特卡夫成立了 3Com 公司，3Com 联合 DEC、英特尔和施乐公司，希望一起将以太网标准化、规范化，这个通用的以太网标准于 1980 年 9 月 30 日出台，当时业界有 2 个流行的非公有网络标准令牌环网和 ARCNET，在以太网大潮的冲击下很快萎缩并被取代。

以太网技术发展历程的重要事件及时间节点如表 6-11 所示。

表 6-11　以太网技术的发展历程

<table>
<tr><th>时间</th><th>事件</th><th>速率</th><th>时代</th></tr>
<tr><td>1973 年</td><td>Metcalfe 在施乐实验室发明了以太网，并开始进行以太网拓扑的研究工作</td><td>2.94 Mbit/s</td><td>局域网</td></tr>
<tr><td>1980 年</td><td>DEC、Intel 和施乐联手发布 10 Mbit/s DIX 以太网标准提议</td><td rowspan="4">10 Mbit/s</td><td rowspan="7">城域网</td></tr>
<tr><td>1983 年</td><td>IEEE 802. 3 工作组发布 10 BASE – 5 “粗缆” 以太网标准，这是最早的以太网标准</td></tr>
<tr><td>1986 年</td><td>IEEE 802. 3 工作组发布 10 BASE – 2 “细缆” 以太网标准</td></tr>
<tr><td>1991 年</td><td>加入了无屏蔽双绞线（UTP），称为 10 BASE - T 标准</td></tr>
<tr><td>1995 年</td><td>IEEE 通过 802. 3u 标准</td><td>100 Mbit/s</td></tr>
<tr><td>1998 年</td><td>IEEE 通过 802. 3z 标准（集中制定使用光纤和对称屏蔽铜缆的千兆以太网标准）</td><td rowspan="2">1000 Mbit/s</td></tr>
<tr><td>1999 年</td><td>IEEE 通过 802. 3ab 标准（集中解决用五类线构造千兆以太网的标准）</td></tr>
<tr><td>2002 年</td><td>IEEE 802. 3ae 10G 以太网标准发布</td><td>10 Gbit/s</td><td>广域网</td></tr>
</table>

从网络覆盖范围划分，交换机可以分为广域网交换机和局域网交换机；根据传输介质和传输速度分：可以分为以太网交换机、快速以太网交换机、千兆以太网交换机、10 千兆以太网交换机、ATM 交换机、FDDI 交换机和令牌环交换机；根据交换机应用网络层次划分，包括企业级交换机、校园网交换机、部门级交换机和工作组交换机、桌机型交换机；根据交换机端口结构划分，分为固定端口交换机和模块化交换机；根据工作协议层划分，分为第 2 层交换机、第 3 层交换机和第 4 层交换机；根据是否支持网管功能，可以划分为网管型交换机以及非网管理型交换机。

对于交换机的主要参数，交换机的背板带宽，是交换机接口处理器或接口卡和数据总线间所能吞吐的最大数据量，背板带宽标志了交换机总的数据交换能力，单位为 Gbit/s，也叫交换带宽，一般的交换机的背板带宽从几 Gbit/s 到上百 Gbit/s 不等，一台交换机的背板带宽越高，所能处理数据的能力就越强，但同时设计成本也会越高。

包转发率标志了交换机转发数据包能力的大小，单位为 pps（包每秒），交换机的包转发率在几十 k pps 到几百 M pps 不等，包转发速率是指交换机每秒可以转发多少个数据包，即交换机能同时转发的数据包的数量，包转发率以数据包为单位体现了交换机的交换能力，决定包转发率的重要指标就是交换机的背板带宽。

交换机之所以能够直接对目的节点发送数据包，而不是像集线器一样以广播方式对所有节点发送数据包，关键的技术之一就是可以识别连在网络上的节点网卡的 MAC 地址，并把它们放到 MAC 地址表中，MAC 地址表存放于交换机的缓存中，同时记住这些地址，当需要向目的地址发送数据时，交换机就可在MAC地址表中查找这个MAC地址的节点位置，然后直接向这个位置的节点发送，这里的MAC地址数量是交换机的MAC地址表中可以最多存储的MAC地址数量，存储的MAC地址数量越多，那么数据转发的速度和效率也就就越高。

不同档次的交换机，每个端口所能支持的MAC数量不同，在交换机的每个端口，都需要足够的缓存来记忆这些MAC地址，所以缓存容量的大小就决定了相应交换机所能记忆的MAC地址数多少。

6.3.1 以太网交换原理

以太网（ethernet）是一种计算机局域网组网技术，国际组织IEEE制定的IEEE 802. 3标准给出了以太网的技术标准，它规定了包括物理层的连线、电信号和介质访问层协议的内容，以太网是当前应用最普遍的局域网技术，很大程度上取代了其他局域网标准，如令牌环网（token ring）、FDDI和ARCNET。

以太网的标准拓扑结构为总线型拓扑网络，但目前的快速以太网（其标准为100BASE - T及1000BASE - T）为了最大程度地减少冲突、最大程度地提高网络速度、吞吐量，以及网络使用效率，使用交换机（switch hub）进行网络连接和组织，这样，以太网的拓扑结构就成了星型，但在逻辑上，以太网仍然使用总线型拓扑和带冲突检测的载波监听多路访问（carrier sense multiple access/collision detect，CSMA/CD）的总线争用技术。

以太网是基于网络上无线电系统的多个节点发送信息的想法加以实现，其中每个节点必须取得电缆或者信道资源才能传送信息，有时也称之为以太（ether）。每个节点有全球唯一的48位地址，也就是制造商分配给网卡的MAC地址，以保证以太网上所有系统能互相识别。

带冲突检测的载波侦听多路访问（CSMA/CD）技术规定了多台终端共享1个信道的方法，如果2个终端等待的时间不同，冲突就不会出现，并且，当传输失败超过1次时，将采用退避指数增长时间的方法（退避的时间通过截断二进制指数退避算法，truncated binary exponential back off）来实现。

载波监听（先听后发）使用CSMA/CD协议时，总线上各个节点都在监听总线，即检测总线上是否有别的节点发送数据，如果发现总线始终为空闲的状态，也就是没有检测到总线上有信号正在传送，便可立即发送数据；如果监听到总线为忙状态，即检测到总线上有数据正在传送，这时节点要持续等待保持监测状态，直到监听到总线空闲时才能将数据发送出去，或等待一个随机时间，再重新监听总线，一直到总线空闲再发送数据，载波监听也称作先听后发。

再来分析冲突检测，当2个或2个以上的节点同时监听到总线空闲，开始发送数据时，就会发生碰撞冲突，传输延迟可能会使第1个节点发送的数据还没有到达目标节点时，另一个要发送的数据的节点就已经监听到总线空闲，于是开始发送数据，这也会带来冲突的产生。当2个数据帧发生冲突时，2个传输的数据帧就会被破坏，被损坏的数据帧继续传输就毫无意义了。

由上述可知，此时的信道是无法被其他站点所使用的，对于有限的信道资源来说，这是很大的浪费。如果每个发送节点边发送边监听，并在监听到冲突之后立即停止发送本节点数据，这样就可以提高信道的利用率。

当节点检测到总线上发生冲突时，就立即取消当前正在传输的数据，随后发送1个短的干扰信号，作为较强的冲突信号，通知网络上的所有节点，总线已经发生了冲突，请不要发送数据包。

在阻塞信号发送后，等待一个随机时间，然后再将要发的数据发送一次，如果此时发送的数据仍然有冲突，则进行重复监听、等待和重传操作。CSMA/CD 采用用户访问总线时间不确定的随机竞争方式，其特点是结构简单、轻负载时时延小。

但当网络通信负荷增大时，由于冲突增多，网络吞吐率下降、传输时延增长，网络性能会明显下降。从以上分析可以看出，以太网的工作方式就像跑道上比赛的运动员，所有的运动员都通过各自的赛道进行比赛，每个赛道只能容纳1名运动员，如果2名运动员同时处在1个赛道，那么就发生了冲突。

CSMA/CD 发送数据的工作流程如图6-5所示。

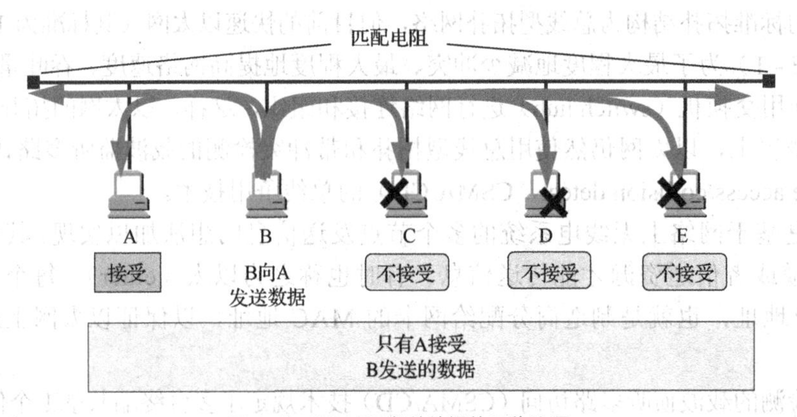

图6-5 CSMA/CD 发送数据的工作流程

利用无屏蔽双绞线的组网方式，每个终端需要用2对双绞线，分别用于发送和接收，由于集线器使用了大规模集成电路芯片，因此这样的硬件设备的可靠性已大大提高了，使用集线器的双绞线以太网如图6-6所示。

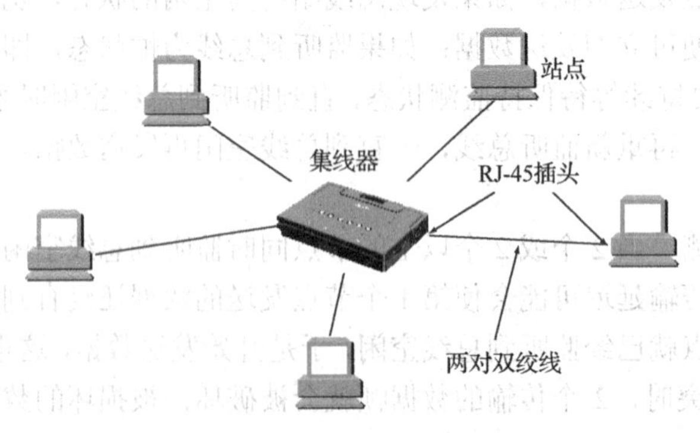

图6-6 典型的星型以太网结构示意图

具有4个接口的集线器所连接的终端节点如图6-7所示。

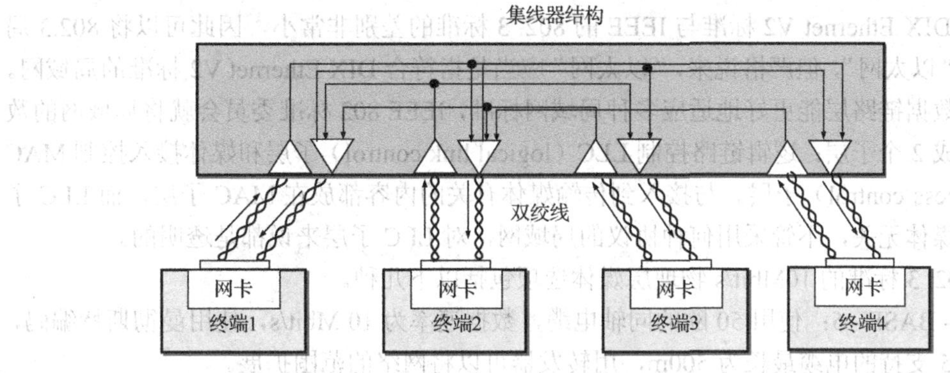

图 6-7 4个接口集线器连接示意图

6.3.2 第2层交换技术

由于集线器是使用电子器件模拟实际电缆线的工作，因此整个系统仍然以传统的以太网方式那样运行，使用集线器的以太网在逻辑上仍被看作是一个总线型网络结构，各终端所使用的还是 CSMA/CD 协议，并共享逻辑上的总线资源，集线器好比一个多接口的转发器，工作在物理层。

数据链路层传送的是帧封装到物理层的数据部分，以数码流的形式在链路上进行传输，如表 6-12 所示。

表 6-12　　数据链路层传送的帧

<table>
<tr><td colspan="3">终端 1</td><td rowspan="3">数据链路层的数据部分，加上帧首部和帧尾部，封装成帧后传输到终端 2</td><td rowspan="4">终端 2</td></tr>
<tr><td></td><td>IP 数据报</td><td></td></tr>
<tr><td>链路层帧首部</td><td>数据</td><td>链路层帧尾部</td></tr>
<tr><td colspan="3">物理层比特流</td><td>链路部分</td></tr>
</table>

PPP（point - to - point protocol）协议有 3 个组成部分，分别为：将 IP 数据报封装到串行链路的方法，链路控制协议（link control protocol，LCP），网络控制协议（network control protocol，NCP），协议格式如表 6-13 所示。

表 6-13　　PPP 协议组成格式

<table>
<tr><td>字节数</td><td>1</td><td>1</td><td>1</td><td>2</td><td>小于 1500 字节</td><td>2</td><td>1</td></tr>
<tr><td>协议组成</td><td>F</td><td>A</td><td>C</td><td>协议</td><td>实际需要传输的信息部分</td><td>FCS</td><td>F</td></tr>
<tr><td></td><td colspan="7">PPP 帧</td></tr>
</table>

协议字段的长度为 2 个字节，当协议字段为 0x 00 21 时，PPP 帧的信息字段就是 IP 数据报，若其字段置为 0x C0 21，则信息字段是 PPP 链路控制数据，若为 0x 80 21，则表示这是网络控制数据。每一个 0x7E 字节转变成为 2 字节序列（0x 7D, 0x 5E），若为 0x 7D 的字节，则将其转变成为 2 个字节序列（0x 7D，0x 5D），若出现 ASCII 码的控制字符（即数值小于 0x 20 的字符），则在字符前面要加入一个 0x 7D 字节。

DIX Ethernet V2 是世界上第 1 个局域网产品（以太网）的规约，另外是 IEEE 的 802. 3

标准，由于 DIX Ethernet V2 标准与 IEEE 的 802. 3 标准的差别非常小，因此可以将 802.3 局域网简称为“以太网”，但严格说来，“以太网”应当是指符合 DIX Ethernet V2 标准的局域网。

为了使数据链路层能更好地适应多种局域网标准，IEEE 802 标准委员会就将局域网的数据链路层分成 2 个子层：逻辑链路控制 LLC（logical link control）子层和媒体接入控制 MAC（medium access control）子层。与接入到传输媒体有关的内容都放在 MAC 子层，而 LLC 子层则与传输媒体无关，不管采用何种协议的局域网，对 LLC 子层来说都是透明的。

IEEE 802. 3 标准的 10Mbit/s 物理层媒体选项包括以下几种。

（1）10 - BASE - 5：使用 50 欧的同轴电缆，数据速率为 10 Mbit/s，使用曼彻斯特编码，10 - BASE - 5 支持的电缆最长为 500m，用转发器可以将网络的范围扩展。

（2）10 - BASE - 2：使用 50 欧的同轴电缆，数据速率是 10 Mbit/s，使用曼彻斯特编码，其接头处采用工业标准规范的 BNC 连接器组成 T 型插座，它使用灵活，可靠性高，10 - BASE - 2 电缆价格低廉，而且安装方便，但是使用范围只有 200m，并且每个网段内使用的终端数有限。

（3）10 - BASE - T：指定了 1 个星形拓扑，所有终端通过 2 对非屏蔽双绞线传输，每条链路的长度限制在 100m 以内，除了非屏蔽双较线外，也可以选用光缆，这时线路长度可达 500m。

（4）10 - BROAD - 36：IEEE 802. 3 系统是唯一基于宽带系统的规范，从头端出发的分段最大长度是 1800m，所以最大的端对端跨度是 3600m。10 – BROAD - 36 的数据速率为 10 Mbit/S，电缆通过差分相移键控（DPSK）来进行信号调制。

（5）10 - BASE - F：利用光纤作为媒介能发挥传输距离和传输损耗的优势，由于光纤的连接器各终止器十分昂贵，所以采用这种方式费用非常高，但是它却有极好的抗干扰性，常用于办公大楼或相距较远的集线器间的连接。

IEEE 802. 3 标准所包含的协议如表 6-14 所示。

表 6-14　IEEE 802. 3 标准协议

1	IEEE 802. 3	CSMA/CD 访问控制方法与物理层规范
2	IEEE 802. 3i	10Base - T 访问控制方法与物理层规范
3	IEEE 802. 3u	100Base - T 访问控制方法与物理层规范
4	IEEE 802. 3ab	1000Base - T 访问控制方法与物理层规范
5	IEEE 802. 3z	1000Base - SX 和 1000Base - LX 访问控制方法与物理层规范

6.3.3　第 3 层交换技术

二层交换技术从网桥技术发展到虚拟局域网，在局域网建设和改造中得到了广泛应用。第 2 层交换技术是工作在 OSI 七层网络模型中的第 2 层，它按照所接收到数据包的目的 MAC 地址来进行转发，对于网络层或者高层协议来说是透明的，它不处理网络层的 IP 地址信息，不处理高层协议中的诸如 TCP、UDP 的端口地址信息，只需要处理数据包的物理地址即 MAC 地址，数据交换是靠硬件实现的，其数据交换速度非常快，这是二层交换的一个显著的优点。然而，它不能处理来自不同 IP 子网段之间的数据信息交换。传统的路由器设备可以处理大量的跨越 IP 子网的数据包信息，但是信息转发效率却比二层要低，因此，要想利用二层转发效率高这一优点，同时又要处理三层 IP 数据包，三层交换技术就诞生了。

三层交换技术就是在二层交换技术加上三层转发技术，它解决了局域网中网段划分之后，网段中的子网必须依赖路由器进行管理的局限，解决了传统路由器低速、复杂所造成的网络瓶颈问题。

三层交换（也可以被称之为多层交换技术，或 IP 交换技术）是相对于传统交换概念而提出的，传统的交换技术是在 OSI 网络标准模型中的第 2 层——即数据链路层进行操作的，而三层交换技术是在网络模型中的第 3 层实现了数据包的高速转发。

1 个具有三层交换功能的设备，是一个带有第 3 层路由功能的第 2 层交换机，但它是二者的有机结合，并不是简单地把路由器设备的硬件及软件叠加在局域网交换机上。三层交换是利用第 3 层网络协议中的 IP 包的报头数据信息，对后续数据业务信息流进行标记，由于具有同一标记的业务信息流的后续报文被交换到第 2 层数据链路层，因此可以打通源 IP 地址和目的 IP 地址之间的一条信息通路，这条通路是经过第 2 层链路层的。有了这条通路，三层交换机就可以不用每次将接收到的数据包信息通过拆包来判断路由，而是可以直接将数据包信息进行转发，实现交换功能。

三层交换机的数据包转发结构如图 6-8 所示。

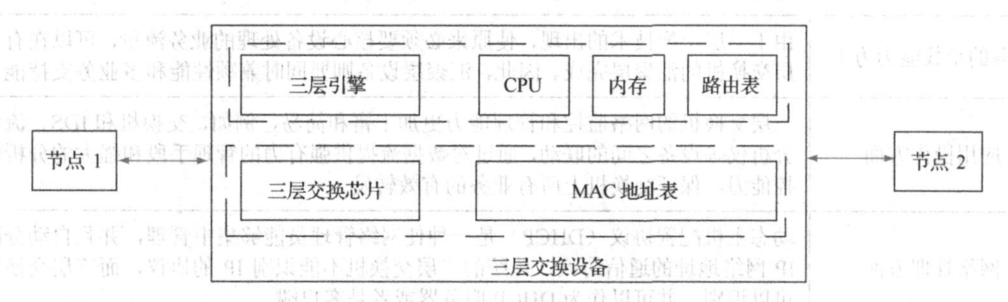

图 6-8 三层交换机数据包转发结构图

基于 IP 协议的节点 1 和节点 2 通过第 3 层交换机进行通信，发送节点 1 在开始发送时，把自己的 IP 地址与节点 2 的 IP 地址比较，判断节点 2 是否与自己在同一子网内，若目的节点 2 与发送节点 1 在同一子网内，则进行二层的转发。

若 2 个节点不在同一子网内，如发送节点 1 要与目的节点 2 通信，发送节点 1 要向“缺省网关”发出 ARP（地址解析）封包，而“缺省网关”的 IP 地址是三层交换机的三层交换模块，当发送节点 1 对“缺省网关”的 IP 地址广播出 1 个 ARP 请求时，三层交换模块在以前的通信过程中已经知道节点 2 的 MAC 地址，则向发送节点 1 回复节点 2 的 MAC 地址，否则三层交换模块根据路由信息向节点 2 广播一个 ARP 请求，节点 2 得到此 ARP 请求后向三层交换模块回复其 MAC 地址。

三层交换模块能够保存此地址并回复给发送节点 1，同时，将节点 2 的 MAC 地址发送到二层交换引擎的 MAC 地址表中。有了这一次操作，节点 1 向节点 2 发送的数据包就能够全部交给二层交换处理，信息能够得以高速交换。由于仅仅在路由过程中才需要三层处理，绝大部分数据都通过二层交换转发，因此三层交换机的速度很快，已经接近二层交换机的速度。

主流第 3 层交换机，包括 Cisco 的 Catalyst 2948G - L3、Extreme 的 Summit 24 和 Allied

Telesyn 的 Rapier 24、北电网络的 Passport/Acceler 系列、Cabletron 的 SSR 系列（在 Cabletron 一分四后，大部分 SSR 三层交换机已并入 Riverstone 公司）、Avaya 的 Cajun M 系列、3Com 的 Superstack3 4005 系列等。

华为 S5120S - 52P - EI、S5120S - 28P - EI、S5700 - 24TP - SI 支持大带宽接入和以太多业务汇聚功能，产品基于高性能硬件芯片和华为公司自主打造的 VRP 软件平台，可以提供万兆上行，背板带宽为 256 Gbit/s，包转发率为 36 Mpps，能够提供高达 16K 的 MAC 地址列表，S5700 - 24TP - SI 交换机配有 28 个网络端口，其中 24 个是 10/100/1000Base - T 端口，另外 4 个为 100/1000Base - X 千兆 Combo 口。

中兴的三层交换设备包括 ZXB10 系列包括 4 个品种，分别是 ZXB10 - BX：宽带核心交换机；ZXB10 - AX：宽带接入交换机；ZXB10 - MX：宽带业务复用器；ZXB10 - SX：宽带业务接入器。

从业务的承载能力以及应用操作方面，三层交换的功能如表 6-15 所示。

表 6-15　　三层交换的功能描述

交换机体系结构方面	基于共享距阵式结构（crossbar）技术，实现了内部交换无阻碍，使交换机的结构更合理，转发速度更快
业务的承载能力方面	由于三层交换技术的出现，使原来必须要核心设备处理的业务流量，可以在有三层交换机的汇聚层完成。因此，汇聚层设备则要同时兼顾性能和多业务支持能力
应用操作方面	三层交换机的网络监控和管理能力更加丰富和简易，例如，交换机和 IDS、流量分析仪等设备之间的联动，通过对数据流提供强有力的管理手段和强大的分析监控能力，保证交换机上所有业务的有效转发
网络管理方面	动态主机配置协议（DHCP）是一种使网络管理员能够集中管理，并且自动分配 IP 网络地址的通信协议，传统的二层交换机不能识别 IP 的协议，而三层交换机可以识别，并可以作为 DHCP 服务器或者是客户端
网络效率方面	第 3 层交换机通过允许在第 2 层 VLAN 进行路由业务，确保将第 2 层广播控制在一个 VLAN 内，从而可以降低业务量负载
网络性能方面	基于先进的 ASIC 技术，第 3 层交换机可提供远远高于基于软件的传统路由器的性能，第 3 层交换机为千兆网络这样的带宽密集型基础架构提供了所需的路由性能

6.3.4　第 4 层交换技术

三层技术的不足在于，虽然第 3 层交换技术使得用户可在工作组之间获得无失真的 100M bit/s、1000M bit/s 的数据交换速率，但需要基于一个先决条件，即只有当用户和服务器本身都能跟上网络中的带宽增长，包的传输可以达到系统的极限，即达到 CPU 能够处理的最大速度，才是真正的标称值。

主要问题在于，如何提高服务器的能力，因为越来越多功能强大的终端连到 Ethernet 的交换网络中，用户本身的能力并没有得到充分的发挥，同时，如果服务器容量能够满足需求，速率也就能够匹配，然而，当一个网络的基础架构是建立在以 G 比特为单元速率的第 2 层或者第 3 层交换上，有高速 WAN 接入，服务器面临的问题就将成为随之而来的瓶颈。也就是说如果服务器速度跟不上，即使是基于快速交换的网络，也不能完全确保预先设定的端到端的性能。

在这种 QoS 使能的网络中，具有高优先权的业务会因服务器的中/低优先权的业务队列而阻塞，在这样的需求背景下，第 4 层交换技术也就孕育而生了，基于服务器设计的第 4 层交换扩展了服务器、第 2 层、第 3 层交换的性能和业务流的管理功能。

1. 第 4 层交换基本特征

第 4 层交换是一种功能，它决定了自身的传输不仅仅依据第 2 层网桥的 MAC 地址，或者是第 3 层路由的源 IP 地址和目标 IP 地址，而是依据 TCP/UDP（第 4 层传输层）应用的端口号。第 4 层交换功能类似于虚 IP，指向物理服务器，它传输的业务服从多种协议类型，典型的有 HTTP、FTP、NFS、Telnet 协议，同时也需要较为复杂的平衡算法对第 4 层交换加以支撑。

在 TCP/UDP 协议栈第 4 层中，TCP 和 UDP 首部包含端口号（port number）字段，可以基于此唯一区分每个数据包所包含的应用协议（例如，HTTP、WEB、MSTP、POP3 等），端系统从而可以利用这种信息区分包中的数据信息，例如，当端口号使一个接收终端能够确定它所收到的 IP 包类型，并把它向上交给合适的高层软件，端口号和设备 IP 地址的组合通常称作“插口（socket）”。

端口是 socket 的 2 个基本属性之一，1 至 255 之间的端口号被保留，也被称之为“熟知”端口号，也就是说，在所有终端 TCP/IP 协议栈的实现过程中，这些端口号是相同的。例如，FTP 服务器的 TCP 端口号都是 21，Telnet 服务器的 TCP 端口号都是 23，每个 TFTP（简单文件传送协议）服务器的 UDP 端口号都是 69，除了“熟知”端口外，标准 UNIX 服务分配在 256 到 1024 端口范围，这些端口号由 Internet 号分配机构（internet assigned numbers authority，IANA）管理，TCP/UDP 端口号提供的信息可以为网络交换机所利用，这也正是第 4 层交换的基础。

熟知端口号及其应用协议如表 6-16 所示。

表 6-16 熟知端口号及其应用协议表

21 端口	TCP	FTP	文件传输协议
22 端口	TCP	SSH	安全登录、文件传送和端口重定向
23 端口	TCP	Telnet	不安全的文本传送
25 端口	TCP	SMTP	Simple Mail Transfer Protocol（E – mail）
69 端口	UDP	TFTP	Trivial File Transfer Protocol
80 端口	TCP	HTTP	超文本传送协议
110 端口	TCP	POP3	Post Office Protocol（E – mail）
443 端口	TCP	HTTPS	used for securely transferring web pages

2. 主要功能与实现

从操作方面来看，第 4 层交换是稳固的，因为它将数据包控制在从源端到宿端的区间中。另一方面，路由器或第 3 层交换，只针对单一的包进行处理，并不知道上一个包从哪里来，也不知道下一个包的情况，它们只是检测包报头中的 TCP 端口数字，根据应用建立优先级队列。路由器根据链路和网络可用的节点决定包的路由，第 4 层则是在可用的服务器和性能基础上确定区间。

依据所希望的容量平衡间隔尺寸，第 4 层交换机将应用分配给服务器，其算法包括检测环路最近的连接、检测环路时延或检测服务器本身的闭环反馈，在所有的预测中，闭环反馈提供反映服务器现有业务量的最精确的检测。

第 4 层交换的设备需要有区分和存贮大量发送表项的能力，第 2/3 层交换机发送表的大小与网络设备的数量成正比，对第 4 层交换机而言，这个数量必须乘以网络中使用的不同应用协议和会话的数量，因而相比于第 2/3 层交换设备，其发送表的大小随端点设备和应用类型数量的增长而迅速增长，第 4 层交换机设计时，需要考虑表的这种增长，大的表容量对制造第 4 层高性能交换机至关重要。

第 4 层交换机实物如图 6-9 所示。

图 6-9　第 4 层交换机实物图

3. 第 4 层交换的优势

第 4 层交换使用第 3 层和第 4 层信息包的报头信息，根据应用区间识别业务流，将整个区间段的业务数据流分配到合适的应用服务器进行处理。

每个开放的区间与特定的服务器相关，为跟踪服务器，第 4 层交换使多个服务器支持的特殊应用，能够随服务器的增加而线性增强整体性能。同时，第 4 层交换通过减少对特定服务器的依赖性而提高应用的可靠性。

第 4 层交换要求端到端 QoS，提高第 2 层和第 3 层交换的 QoS 传输能力。例如，高优先级别用户的业务或重要应用的网络业务流，可以分配给最快的 I/O 和 CPU 系统，而低优先级别的业务就分配给性能一般的机器。

6.3.5　局域网快速交换技术

快速以太网（fast ethernet）也就是常说的百兆以太网，它在保持帧格式、MAC（介质存取控制）机制和 MTU（最大传送单元）质量的前提下，其速率比 10 - Base - T 的以太网增加了 10 倍，二者之间的相似性使得 10 Base - T 以太网现有的应用程序和网络管理工具能够在快速以太网上使用，同时，快速以太网是基于扩充的 IEEE 802. 3 标准。

千兆位以太网是一种新型高速局域网，它可以提供 1 Gbit/s 的通信带宽，由于采用和传统 10 M、100 M 以太网同样的 CSMA/CD 通信协议、帧格式和帧长，因此可以实现在原有低速以太网基础上平滑、连续性的网络过渡，连接介质以光纤为主，最大传输距离达到 80 km，可用于 MAN 的建设。

100 Mbit/s 速率快速以太网标准包括：100 BASE - T4、100 BASE - TX、100 BASE - FX 3 个子类。

（1）100 BASE - T4 是一种可使用 3、4、5 类无屏蔽双绞线或屏蔽双绞线的快速以太网技术，它使用 4 对双绞线，3 对用于传送数据，1 对用于检测冲突信号，在传输中使用 8B/6T 编码方式，信号频率为 25 MHz，并且使用与 10 BASE - T 相同的 RJ45 连接器，最大网段长度为 100 米。

（2）100 BASE - TX 是一种使用 5 类数据级无屏蔽双绞线，或者是屏蔽双绞线的快速以太网技术，在所使用 2 对双绞线中，1 对用于数据发送，1 对用于数据接收，在传输中使用 4B/5B 编码方式，信号频率为 125 MHz。符合 EIA 586 的 5 类布线标准和 IBM 的 SPT 1 类布线标准。100 BASE - TX 使用与 10 BASE - T 相同的 RJ45 连接器，它的最大网段长度为 100 米，同时支持全双工的数据传输。

（3）100 BASE - FX 是 1 种使用光缆的快速以太网技术，可使用单模和多模光纤。在传输中使用 4B/5B 编码方式，信号频率为 125MHz，能够基于 MIC/FDDI 连接器、ST 连接器以及 SC 连接器组网，最大网段长度为 150 m、412 m、2000 m 或更长至 10km，这与所使用的光纤类型和工作模式有关，并且支持全双工的数据传输，100 BASE - FX 特别适用于有电气干扰、较大距离连接或高保密环境等情况下。

6.3.6　电信级交换以太网及发展

在通信业务 IP 化、网络融合与转型的趋势推动分组传送网的产生和发展这一背景下，电信级以太网，通过增强以太网的电信级业务提供能力来实现分组传送业务。

电信级以太网又称为运营商级以太网（carrier ethernet，CE），最早由城域以太网论坛（metro ethernet forum，MEF）在 2005 年初提出，提出的目的是，在保留传统以太网帧结构的基础上，通过引入传送网功能、扩展帧首部或引入二层协议和信令等方式，能够在以太网上实现和电信网类似的可管理性和可靠性。

根据 ITU - T 和 MEF 的定义，电信级以太网应具备高可靠性、端到端的 QoS 保障能力、完善的 OAM 和可管理性、多业务、标准化等特征。随着电信级以太网在扩展性、业务保护、QoS 保障、TDM 支持和业务管理等电信级业务特征的持续改进和互操作性的完善，以太网已经成为电信网的基础元素。

随着电信级以太网标准的成熟，以太网市场将从传统的局域网扩展到更广泛的网络互联领域，特别是在数据中心、城域以太网、移动回传三大领域，以太网作为链路层技术，将成为网络领域的基础和主要的承载技术。电信级以太网的传送层支撑技术包括 SDH/SONET、MPLS/IP、OTN、Ethernet、WDM、ATM。

电信级以太网包括 5 个方面的内容。

（1）标准化的业务（以太网透明专线、虚拟专线、虚拟局域网）。

（2）可扩展性（各种以太网业务、10 万条以上的业务规模、从 1M 到 10GE）。

（3）可靠性（用户无感知的故障恢复、低于 50ms 的保护倒换）。

（4）QoS（端到端有保障的业务性能）。

（5）电信级网络管理（快速业务建立、OAM、用户网络管理）。

6.4 帧中继交换原理

帧中继（frame relay）是从综合业务数字网中发展起来的，由于光纤网的误码率（小于 10^{-9}）比早期的电话网误码率（10^{-4}至 10^{-5}）低得多，因此，可以减少 X. 25 的某些差错控制过程，从而可以减少节点的处理时间，提高网络的吞吐量。

在这种背景下，帧中继提供的是数据链路层和物理层的协议规范，任何高层协议都独立于帧中继协议，因此，大大简化了帧中继的实现，帧中继的主要应用之一是局域网互联，特别是在局域网通过广域网进行互联时，使用帧中继更能体现它的低网络时延、低设备费用、高带宽利用率等优点。

在帧中继环境下，PVC 的连接方式具有特定服务特点，在与服务商建立服务时，就定义完成 PVC 及其列出的服务特点，链路的服务特点包括：承约信息大小（committed burst size）、承约信息率（committed information rate）、过量信息大小（excess burst size）和帧大小（frame size）。

承约信息大小（CBS）是网络提供商同意在时间间隔内的正常网络状态进行传输的最大数据（按位）的数量。承约信息率（CIR）是网络提供商同意的在一个 PVC 的正常网络状态期间传输 CBS 承约数据的传输率。

过量信息大小（EBS）是最大允许的超出 CBS 的未承约数据（按位）的数量，这个网络将试图在一个时间间隔期间传送它们。EBS 数据将在网络拥挤期间被网络按照可抛弃数据对待，帧大小是传送用户数据穿越分组交换网络的帧的体积。

6.4.1 帧中继交换基本特点

帧中继在数据链路层采用统计复用方式，虚电路机制为每一个帧提供地址信息，通过不同编号的数据链路连接识别符（data line connection identifier，DLCI）建立逻辑电路，一般来讲，同一条物理链路层可以承载多条逻辑虚电路，而且网络可以根据实际流量动态调配虚电路的可用带宽，帧中继的每一个帧沿着各自的虚电路在网络内传送，其特点表现在以下几个方面。

（1）由于使用光纤作为传输介质，因此误码率极低，能实现近似无差错传输，减少了进行差错校验的开销，提高了网络的吞吐量，它的数据传输速率和传输时延比 X. 25 网络要分别高或低至少一个数量级。

（2）因为采用了基于变长帧的异步多路复用技术，帧中继主要用于数据传输，而不适用于语音、视频或其他对时延敏感的信息传输。

（3）仅提供面向连接的虚电路服务。

（4）仅能检测到传输错误，不试图纠正错误，而只是简单地将错误帧丢弃。

（5）帧长度可变，允许最大帧长度在 1600 B 以上。

（6）帧中继是一种宽带分组交换，使用复用技术时，其传输速率可高达 44.6 Mbit/s。

帧中继协议的功能特点如表 6-17 所示。

表 6-17 帧中继协议与 X. 25 功能分析

<table>
<tr><td rowspan="2"></td><td>①源节点</td><td colspan="5" rowspan="2">X. 25 的协议处理流程为③→④→⑤→⑥→⑦→⑧</td><td rowspan="2">⑯目的节点</td></tr>
<tr><td>②数据存储</td></tr>
<tr><td>第三层网络层</td><td>③分组封装</td><td>④选路</td><td>- -</td><td>⑨选路</td><td>- -</td><td>⑭选路</td><td>⑮去分组封装</td></tr>
<tr><td rowspan="3">第二层数据链路层</td><td>- -</td><td>⑤帧封装</td><td>⑧去帧封装</td><td>⑩帧封装</td><td>⑬去帧封装</td><td colspan="2" rowspan="3">X. 25 沿着分组传输线路完成差错控制</td></tr>
<tr><td>- -</td><td>- -</td><td>⑦差错控制</td><td>- -</td><td>⑫差错控制</td></tr>
<tr><td>- -</td><td>- -</td><td>⑥数据暂存</td><td>- -</td><td>⑪数据暂存</td></tr>
<tr><td colspan="8">X. 25 功能协议</td></tr>
<tr><td></td><td>①源节点</td><td colspan="5">帧中继的协议处理过程仅为②③</td><td>⑦目的节点</td></tr>
<tr><td>第二层数据链路层</td><td>②分组封装</td><td>③选路</td><td>- -</td><td>④选路</td><td>- -</td><td>⑤选路</td><td>⑥去分组封装</td></tr>
<tr><td></td><td colspan="7">帧中继协议功能</td></tr>
</table>

6.4.2 帧格式与协议栈

作为高级数据链路控制规程（high level data link control，HDLC）的一个子集，X. 25 协议采用的是平衡型链路访问规程（link access procedure balanced，LAPB）协议格式，并且 X. 25 的 LAPB 采用平衡配置方式，用于点到点链路，以异步平衡方式传输数据，LAPB 的帧格式如表 6-18 所示。

表 6-18 LAPB 的帧格式

<table>
<tr><td rowspan="2"></td><td colspan="3">帧头</td><td colspan="3">信息字段</td><td colspan="2">帧尾</td></tr>
<tr><td>F</td><td>A</td><td>C</td><td colspan="3">I</td><td>FCS</td><td>F</td></tr>
<tr><td>比特位</td><td>8</td><td>8</td><td>8</td><td colspan="3">信息帧 I 帧</td><td>16</td><td>8</td></tr>
<tr><td>控制字段位</td><td>8</td><td>7</td><td>6</td><td>5</td><td>4</td><td>3</td><td>2</td><td>1</td></tr>
<tr><td>信息帧 I 帧</td><td colspan="3">NR</td><td>P</td><td colspan="3">NS</td><td>0</td></tr>
<tr><td>监控帧 S 帧</td><td colspan="3">NR</td><td>P/F</td><td>S</td><td>S</td><td>0</td><td>1</td></tr>
<tr><td>无编号帧 U 帧</td><td>M</td><td>M</td><td>M</td><td>P/F</td><td>M</td><td>M</td><td>1</td><td>1</td></tr>
</table>

NS 为所发送的帧的编号，NR 为下一个期望接收帧的编号，P 为探寻位，P/F 为探寻/最终位，SS 用于进一步区分帧的类型，M 用于区分不同的无编号帧。

帧中继在 OSI 架构中的层次模型如表 6-19 所示。

表 6-19　　基于 OSI 的帧中继层次关系

<table>
<tr><td>应用层</td><td rowspan="6"></td><td rowspan="4"></td><td rowspan="5"></td></tr>
<tr><td>表示层</td></tr>
<tr><td>会话层</td></tr>
<tr><td>传输层</td></tr>
<tr><td>网络层</td><td>网络层</td></tr>
<tr><td>数据链路层</td><td>数据链路层</td><td>数据链路层</td></tr>
<tr><td>物理层</td><td>物理层</td><td>物理层</td><td>物理层</td></tr>
<tr><td>OSI 参考模型</td><td>TDM 模型</td><td>X.25 模型</td><td>帧中继模型</td></tr>
</table>

帧中继的帧结构如表 6-20 所示。

表 6-20　　帧中继的帧结构及位长

<table>
<tr><td colspan="2" rowspan="2">帧中继结构</td><td>8 bit</td><td>2B</td><td></td><td>2B</td><td>1B</td></tr>
<tr><td>标志位</td><td>地址位</td><td>信息帧</td><td>校验序列位</td><td>标志位</td></tr>
<tr><td rowspan="9">帧结构中的地址字段</td><td rowspan="2">1</td><td colspan="3">高位 DLCI</td><td>C/R</td><td>EA(0)</td></tr>
<tr><td>低位 DLCI</td><td>FECN</td><td>BECN</td><td>DE</td><td>EA(1)</td></tr>
<tr><td rowspan="3">2</td><td colspan="3">高位 DLCI</td><td>C/R</td><td>EA(0)</td></tr>
<tr><td>DLCI</td><td>FECN</td><td>BECN</td><td>DE</td><td>EA(1)</td></tr>
<tr><td colspan="3">低位 DLCI</td><td>D/C</td><td>EA(1)</td></tr>
<tr><td rowspan="4">3</td><td colspan="3">高位 DLCI</td><td>C/R</td><td>EA(0)</td></tr>
<tr><td>DLCI</td><td>FECN</td><td>BECN</td><td>DE</td><td>EA(0)</td></tr>
<tr><td colspan="4">DLCI</td><td>EA(0)</td></tr>
<tr><td colspan="3">低位 DLCI</td><td>D/C</td><td>EA(1)</td></tr>
</table>

EA 为地址字段扩展位，C/R 为命令响应指示位，DE 为帧丢弃指示位，FECN 为前向显示拥塞通知位，BECN 为后向显示拥塞通知位，DLCI 为数据链路连接指示位，D/C 为控制指示位。

6.4.3　帧中继交换的应用

帧中继技术主要用于传递数据业务，它使用一组规程将数据信息以帧的形式（简称帧中继协议）有效地进行传送，它是广域网通信的一种方式；帧中继所使用的是逻辑连接，而不是物理连接，在一个物理连接上可复用多个逻辑连接（即可建立多条逻辑信道），实现带宽的复用和动态分配。

由于帧中继协议是对 X. 25 协议的简化，因此处理效率很高，网络吞吐量高，通信时延低，帧中继用户的接入速率在 64 kbit /s 至 2 Mbit/s，甚至可达到 34 Mbit/s；帧中继的帧信息长度远比 X. 25 分组长度要长，最大帧长度可达 1600 字节/帧，适合于封装局域网的数据单元，适合传送突发业务（例如，压缩视频业务、WWW 业务等）。

关于帧中继测试技术，当前主要的数据通信技术都基于分组交换技术，如分组交换、帧中继（FR）、交换型多兆比特数据业务（SMDS）、异步转移模式（ATM）。随着时间的推移，帧中继技术显示出它强大的生命力。首先，帧中继技术的接入技术比较成熟，实现较为简单，适于满足 64 kbit/s～2 Mbit/s 速率范围内的数据业务，而相比之下 ATM 的接入技术较为复杂，实现起来比较困难。其次，ATM 设备与帧中继设备相比，价格昂贵，普通用户难以接受，所以，帧中继与 ATM 相辅相成，成为用户接入 ATM 的最佳机制。

帧中继网络是由许多帧中继交换机通过中继电路连接组成。加拿大北电、新桥、美国朗讯、FORE 等公司都能提供各种容量的帧中继交换机，一般来说，FR 路由器（或 FRAD）是放在离局域网相对较近的地方，路由器可以通过专线电路接到电信局的交换机，用户只要购买 1 个带帧中继封装功能的路由器，再申请 1 条接到电信局帧中继交换机的 DDN 专线电路或 HDSL 专线电路，就具备开通长途帧中继电路的条件。

F660 型号帧中继测试仪，可以自动地确定帧中继，并实现在线设置，该帧中继测试仪涵盖了 3 种测试范围：全自动帧中继安装和维护测试、帧中继在线监测、通过/不通过测试结果，可选互联网带宽（吞吐量）测试。

6.5 面向连接的 ATM 交换原理

作为一种新颖的高速通信技术，异步传送模式（ATM）交换技术包含了传输、组网，以及交换等技术内容。ATM 交换支持带宽资源的有效利用，并且有利于多种类型网络间的互连，以及能够提供各种需求的通信业务。

在节点之间的逻辑连接称为虚拟信道（VC，虚信道），虚拟路径（VP，虚通路）是一个或多个 VC 通过一个散列网络到达相同目的地的一条定义好的路径，每个 VC 可以连接到不同的端系统或在这个目的地的应用处理，可以将 VP 认为是包含一束电线的电缆，该电缆将这 2 点，以及此电缆连接端系统内的独立电路相连。它的优点是，共享穿越网络的相同路径的连接被组织编排在一起，并使用相同的管理功能，如果此时已经建立了 VP，就可以通过简单的方式增加新的 VC，因为这时已经完成了定义穿越这个网络路径的工作。与此同时，如果这个网络为了避免拥挤或失效的线路而需要改变一条路径时，所有为这个 VP 建立的 VC 都将会被定向到这个新的路径中。

6.5.1 ATM 交换产生的背景

对于前面内容所介绍的电路交换技术与分组交换技术而言，前者的带宽利用率低，不适合可变速率业务通信，但延时较小；分组交换的特点是：带宽利用率高，适合可变速率业务，但时延大且对信息的传送具有不确定性。因此，需要找出两全的办法，既能达到网络资源的充分利用，又能使各种速率的通信业务获得高质量的传送水平，这也是实现 B - ISDN 的前提条件。

国际标准化组织 ITU - T 为实现 B - ISDN 的目标而推出了一种集交换、传输和复用为一体的交换技术：ATM 通信技术。ATM 技术是一种快速分组交换技术，采用固定长度的分组包形式，称为信元（cell），在预先建立的各种具有服务质量要求的虚通路上高速、高效地传递信息，其特点如下。

（1）采用统计时分复用方式，按需动态分配虚电路的带宽，能够适应各种不同速率的业务。

（2）取消逐段差错控制和流量控制，将其交给终端去完成。

（3）采用面向连接的方式分组沿着同一虚电路传送，而不必再进行路由选择，不需要重新排序。

（4）功能简化的信元头，用于标识虚电路、信头本身的差错检验和标识信元优先级等方面。

ATM 通信技术将现有的基于线路交换的数字通信方式与分组通信方式加以综合。首先，ATM 允许凭借信元标记定义和识别个人通信，因此，ATM 能够适配普通的分组传输方式。其次，ATM 与分组方式通信紧密相连，只有当有业务交互时，才占用带宽资源。第三，与分组交换相类似，在呼叫建立阶段，ATM 支持服务质量（QoS）协商，并通过在多种连接中共享其传输媒体而支持虚电路的应用，但是也有明显差别，具体表现在如下两方面。

（1）分组方式一般利用可变长度的分组，而 ATM 则将固定长度分组的 ATM 信元作为其基本的传输媒介。

（2）普通的分组方式主要为可变比特率（VBR）、非实时数据信号创建的，而 ATM 同样可以管理实时恒定比特率（CBR）信号。

6.5.2 ATM 交换协议模型

ATM 技术基于的工作原理是把这些信号映射成固定长度的 ATM 信元，以异步方式多路复用这些 ATM 信元，从而组成连续传输的数据流，通过网络上的虚拟通信信道，使数据流实现高速交换和传输，因此，能够减少协议开销和增加误差校验，并避免对终端系统高层的重发，可提高传输速度。

1. ATM 信元

ATM 协议结构由固定长度的 53 个字节组成，其中前 5 个字节是信元头，后 48 个字节是与用户数据相关的信息段。信元头各字段的主要功能是：①建立通信信道；②识别属于同一通信信道的信元；③在网络节点之间交换信元；④为信元选择路由；⑤区分信息流的优先等级和控制信息流。ATM 用户-网络接口（UNI）的信元头结构和网络-网络接口（NNI）的信元头接口类型如表 6-21 所示。

表 6-21 ATM 用户-网络接口及网络-网络接口信元头结构表

<table>
<tr><td></td><td>8</td><td>7</td><td>6</td><td>5</td><td>4</td><td>3</td><td>2</td><td>1</td><td>8</td><td>7</td><td>6</td><td>5</td><td>4</td><td>3</td><td>2</td><td>1</td></tr>
<tr><td>字节 1</td><td colspan="4">GFC</td><td colspan="4">VPI</td><td colspan="8">VPI</td></tr>
<tr><td>字节 2</td><td colspan="4">VPI</td><td colspan="4">VCI</td><td colspan="4">VPI</td><td colspan="4">VCI</td></tr>
<tr><td>字节 3</td><td colspan="8">VCI</td><td colspan="8">VCI</td></tr>
<tr><td>字节 4</td><td colspan="4">VCI</td><td colspan="3">PTI</td><td>CLP</td><td colspan="4">VCI</td><td colspan="3">PTI</td><td>CLP</td></tr>
<tr><td>字节 5</td><td colspan="8">HEC</td><td colspan="8">HEC</td></tr>
<tr><td>…</td><td colspan="8" rowspan="2">ATM 信元由承载用户数据的 48 字节净负荷（payload）和 5 字节信元头构成</td><td colspan="8" rowspan="2">标识虚电路、信头本身的差错检验以及信元优先级等，取消了用于流量控制和差错控制而设的序号</td></tr>
<tr><td>字节 53</td></tr>
<tr><td></td><td colspan="8">用户 - 网络接口</td><td colspan="8">网络 - 网络接口</td></tr>
</table>

ATM 交换采用固定长度的信元，信元长度的固定，简化了对缓冲队列的管理，来自不同源端的信元数据以异步时分复用的方式汇集在一起，在网络节点缓冲器内排队，然后按 FIFO

方式或其他调度方式逐个的传送到线路上，各标识位含义及用途如下。

（1）GFC（generic flow control）为一般流量控制，4 位，只用于 UNI 接口。

（2）VPI（virtual path identifier）为虚通道标识，NNI 中为 12 位，UNI 中为 8 位。

（3）VCI（virtual channel identifier）为虚信道标识，16 位，用于标识虚通道 VP 中的虚信道，VPI 和 VCI 一起标识一个虚连接。

（4）PTI（payload type）用来表示净荷类型，长度为 3 位。

（5）CLP（cell loss priority）为信元丢失优先级，1 位，CLP = 1 表示在遇到拥塞时该信元优先丢弃。

（6）HEC（header error control）为信头差错控制，8 位，用于校验信头中前四个字节的差错，可纠 1 位错，同时 HEC 也用于信元定界。

PTI 值及对应的净荷类型如表 6-22 所示。

表 6-22　PTI 取值所对应的净荷类型含义表

PTI 值	净荷类型
0 0 0	无拥塞的用户信元，ATM 层间指示 = 0
0 0 1	无拥塞的用户信元，ATM 层间指示 = 1
0 1 0	有拥塞的用户信元，ATM 层间指示 = 0
0 1 1	有拥塞的用户信元，ATM 层间指示 = 1
1 0 0	VC 的 OAM 信元（用于传输通道）
1 0 1	VC 的 OAM 信元（用于端到端的传输）
1 1 0	资源管理信元（用于改变正在使用的带宽）
1 1 1	备用

ATM 虚拟连接分为 2 类：永久虚拟连接（VPC）和交换虚拟连接（SVC），在 1 个物理通道中可以包含一定数量的虚通路（VP），虚通路的数量由信头中 VPI 字段值决定。而在 1 条虚通路中可以包含一定数量的虚信道（VC），并且虚信道的数目由信头中的 VCI 值决定。虚通路、虚信道与物理通道的关系如表 6-23 所示：

表 6-23　虚通路、虚信道与物理通道间关系

<table>
<tr><td>VCI = 1</td><td rowspan="3">VPI = 1</td><td rowspan="9">物理通道
STM - 1/OC - 3
155 Mbit/s
STM - 4/OC - 12
622 Mbit/s</td><td rowspan="3">VPI = 4</td><td>VCI = 1</td></tr>
<tr><td>VCI = 2</td><td>VCI = 2</td></tr>
<tr><td>VCI = 3</td><td>VCI = 3</td></tr>
<tr><td>VCI = 1</td><td rowspan="3">VPI = 2</td><td rowspan="3">VPI = 5</td><td>VCI = 1</td></tr>
<tr><td>VCI = 2</td><td>VCI = 2</td></tr>
<tr><td>VCI = 3</td><td>VCI = 3</td></tr>
<tr><td>VCI = 1</td><td rowspan="3">VPI = 3</td><td rowspan="3">VPI = 6</td><td>VCI = 1</td></tr>
<tr><td>VCI = 2</td><td>VCI = 2</td></tr>
<tr><td>VCI = 3</td><td>VCI = 3</td></tr>
</table>

在 VP 交换中，交换机将 1 条 VP 上所有的 VC 链路的 ATM 信元全部转送到另 1 条 VP，交换过程中不改变 VCI 值。而在 VC 交换中，交换机在不同的虚通路 VP 和虚信道 VC 之间进行 ATM 信元交换，所有 VPI/VCI 在交换后都改为新值。

2．ATM 协议参考模型

ATM 协议参考模型分为 3 个层面，分别为用户面、控制面，以及管理面。ATM 协议参考模型包括 4 层功能，即物理层（PHY）、ATM 层、ATM 适配层，以及 AAL 高层。参考模型各层关系如图 6-10 所示。

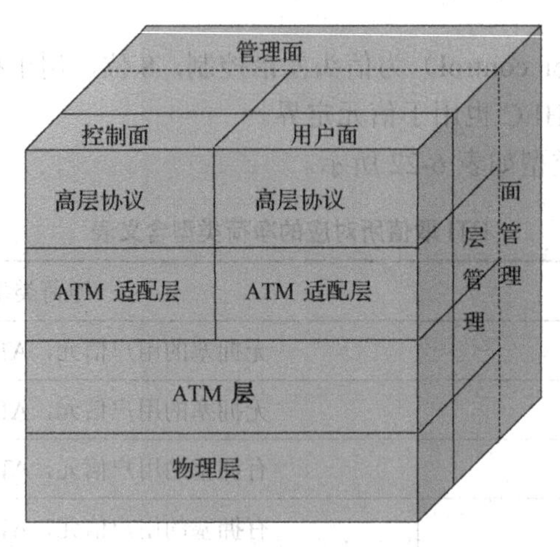

图 6-10 ATM 协议参考模型

由 ITU - T 及 IETF 标准组织制定的 ATM 协议功能如表 6-24 所示。

表 6-24 ATM 各层对应的协议功能

<table>
<tr><td rowspan="2">AAL 适配层（ATM Adaptation Layer）
实现 ATM 网络与非 ATM 网络互连互通</td><td>CS 汇聚子层</td><td>汇聚</td></tr>
<tr><td>SAR 分段重装子层</td><td>分段与重组</td></tr>
<tr><td rowspan="4" colspan="2">ATM 层
利用物理层提供的功能进行以信元为信息单位的通信，为其上层 AAL 层提供服务</td><td>一般流量控制</td></tr>
<tr><td>信头产生/提取</td></tr>
<tr><td>信元 VPI/VCI 翻译</td></tr>
<tr><td>信元复用和分路</td></tr>
<tr><td rowspan="8">PHY 物理层
提供 ATM 信元的底层传输通道</td><td rowspan="5">TC 传输汇聚子层
传输帧的适配</td><td>信元速率适配</td></tr>
<tr><td>HEC 产生/验证</td></tr>
<tr><td>信元定界</td></tr>
<tr><td>传输帧适配</td></tr>
<tr><td>传输帧产生及恢复</td></tr>
<tr><td rowspan="3">PMD 物理媒体子层
提供比特层面的传输能力</td><td>比特时钟定时</td></tr>
<tr><td>物理媒体接口</td></tr>
<tr><td>线路编码功能</td></tr>
</table>

SAR 实现 CS 协议数据单元与信元负载格式之间的适配，CS 则进行端到端的差错控制和流量控制。

I. 432 标准规范定义了 3 类 ATM 物理层接口标准，分别为：PDH、SDH 成帧接口和非帧结构的接口，ATM 物理层 2 个子层之一的物理介质相关子层（physical medium dependent sub layer，PMD），是有关传输介质、信号电平、比特定时等的规定，ATM 物理层接口标准如表 6-25 所示。

表 6-25 ATM 的物理层接口标准

物理接口标准	传输速率（Mbit/s）	信元吞吐量（Mbit/s）	传输体系	传输媒质
DS - 1/T1	1.544	1.536	PDH	同轴电缆
E - 1	2.048	1.92	PDH	同轴电缆
DS - 3/T3	44.736	40.704	PDH	同轴电缆
E - 3	34.368	33.984	PDH	同轴电缆
E - 4	139.264	138.24	PDH	同轴电缆
SDH STM - 1 SONET STS - 3C	155.52	149.76	SDH	单模光纤
SDH STM - 4 SONET STS - 12C	622.08	599.04	SDH	单模光纤
FDDI - PMD	100	100	信息块编码	多模光纤
光纤信道	155.52	149.76	信息块编码	多模光纤
信元	155.52	155.52	信息块编码	单模光纤
信元	622.08	622.08	信息块编码	单模光纤
信元	25.60	25.60	信息块编码	UTP - 3
信元	51.84	49.536	SONET	UTP - 3
STS - 3C	15.52	149.76	SONET	UTP - 3

用于 LAN 的物理层接口包括：25.6Mbit/s 接口、51Mbit/s 接口、100Mbit/s 接口、155.52Mbit/s 接口等。

AAL 是 ATM 层与高层应用（包括用户面、控制面和管理面）之间的适配层，支持高层与 ATM 层之间的适配，使 ATM 信元传送能够适应不同的业务（如话音、视频、数据等），并支持将高层的协议数据单元（PDU）映射到 ATM 信元的信息段。

AAL 适配层的功能和规程与业务类型有关，不同的业务需要不同的 AAL 规程对应，AAL 适配层业务的分类由 3 个参数所决定，分别是：①源点和终点之间的时间关系，信息传送是否要求实时性或时间透明性；②信息传送的比特速率是否恒定；③连接方式是否采用面向连接或无连接。

依据现有业务，ITU - T 定义了 4 类 AAL 业务，如表 6-26 所示。

表 6-26　　AAL 业务与分类说明

<table>
<tr><th></th><th>A 类</th><th>B 类</th><th>C 类</th><th>D 类</th></tr>
<tr><td>源点与终点定时关系</td><td>需要</td><td>需要</td><td>不需要</td><td>不需要</td></tr>
<tr><td>比特率</td><td>固定比特率</td><td>可变比特率</td><td>可变比特率</td><td>可变比特率</td></tr>
<tr><td>连接方式</td><td>面向连接</td><td>面向连接</td><td>面向连接</td><td>无连接</td></tr>
<tr><td rowspan="2">AAL 类型</td><td rowspan="2">AAL 1</td><td rowspan="2">AAL 2</td><td>AAL 3</td><td>AAL 4</td></tr>
<tr><td colspan="2">AAL 5</td></tr>
<tr><td>业务</td><td>电路交换服务</td><td>运动图像与音频/视频服务</td><td>面向连接的数据传输服务</td><td>无连接的数据传输服务</td></tr>
</table>

AAL5 又称为 SEAL（simple and efficient adaptation layer），是简化的 AAL 3/4，A 类 ATM 网络中所传输的是 64kbit/s 话音业务，B 类网络中采用可变比特率的话音/视频业务，C 类采用面向连接的数据传送业务，D 类是无连接的数据传送业务，如 IP 数据包在 ATM 上的传送。

AAL 1 是针对固定速率的、面向连接的业务，在信源和信宿之间需要定时信息的传送，AAL 2 则是针对端到端具有定时关系的、面向连接的可变比特率业务，AAL 3/4 承载远程面向连接的数据业务，AAL 5 支持收、发端之间没有时间同步要求的可变比特率业务，它提供与 AAL 3/4 类似的业务，主要用来传输计算机数据信息、UNI 信令信息和 ATM 上的帧中继。

6.5.3　ATM 交换网络信令技术

1．UNI 信令

UNI 信令运行在信令 ATM 适配层（用于信令传输的信令 AAL 协议，SAAL）顶部的第 3 层协议，SAAL 协议的公共部分由 AAL 5 的公共部分 CPCS，以及业务特定会聚子层 SSCS 组成，其信令结构如表 6-27 所示。

表 6-27　　UNI 接口信令层次表

<table>
<tr><td></td><td>用户网络接口信令</td><td></td></tr>
<tr><td rowspan="4">信令 AAL</td><td>业务特定协调（SSCF）</td><td rowspan="2">SAAL 业务特定的部分</td></tr>
<tr><td>业务特定面向连接的协议（SSCOP）</td></tr>
<tr><td>AAL 5 公共部分会聚子层（CPCS）</td><td rowspan="2">SAAL 业务公共的部分</td></tr>
<tr><td>AAL 5 分段重装子层（SAR）</td></tr>
<tr><td rowspan="2"></td><td>ATM 层</td><td rowspan="2"></td></tr>
<tr><td>物理层</td></tr>
</table>

AAL 信令层使用了 4 种服务原语，用来请求 SAAL 服务，即 REQUEST 请求、INDICATION 指示、RESPONSE 响应，以及 CONFIRM 证实，这 4 种服务原语的功能特点描述如表 6-28 所示。

表 6-28　　AAL 信令层与 SAAL 服务的原语表示

服务原语	服务特点描述
REQUEST	当一个较高层请求相邻较低层服务时的原语
INDICATION	提供服务的层用来通知高层，与服务相关的特定活动
RESPONSE	用于肯定应答从较低层收到的原语
CONFIRM	被服务方确认活动已经完成

类似 AAL 信令层和 SAAL 服务的原语，SAAL - SAP 及 SCCF 与 SSCOP 之间的原语表示也使用上面提到的 4 种服务，其服务特点如表 6-29 所示。

表 6-29　　ATM 适配层的服务原语表示

	服务类型	原语名	服务特点描述
SAAL - SAP 信令 ATM 适配层业务接入点	AAL 建立	REQUEST	在实体之间建立有保证的传输
		INDICATION	
		RESPONSE	
		CONFIRM	
	AAL 释放	REQUEST	终止实体之间所建立的有保证的信息传输
		INDICATION	
		RESPONSE	
		CONFIRM	
	AAL 数据 1	REQUEST	用于进行有保证的数据传输
		INDICATION	
	AAL 数据 2	REQUEST	用于进行非保证的数据信息传输
		INDICATION	
SSCF - SSCOP 业务特定协调功能 业务特定面向连接协议	点到点的信息传输建立	REQUEST	用于建立在对等实体之间的有保证的数据信息传输
		INDICATION	
		RESPONSE	
		CONFIRM	
	点到点释放	REQUEST	用于终止在对等实体之间的有保证的数据信息传输
		INDICATION	
		RESPONSE	
		CONFIRM	
	点到点数据传输	REQUEST	用于有保证的数据信息传输
		INDICATION	
	监测错误指示	INDICATION	指示在有保证的业务数据单元传输期间的错误监测

ATM 承载业务，是需要在源端与目的端之间建立 1 条具有协定服务质量的信元传输通路。为了建立点到多点的连接，首先要建立 1 条点到点的连接，再基于特别的报文加入新的节点，UNI 报文格式如表 6-30 所示。

表 6-30　　UNI 信令报文格式

	8	7	6	5	4	3	2	1
字节 1	协议识别，区别 B - ISDN UNI 信令报文							
字节 2	0	0	0	0	呼叫参考长度			
字节 3	呼叫参考值							
字节 4	呼叫参考值（继续）							
字节 5	呼叫参考值（继续）							
字节 6	报文类型							
字节 7	报文类型（继续）							
字节 8	报文长度							
字节 9	报文长度（继续）							

点到点的呼叫处理过程中，信令报文包括呼叫建立报文、呼叫清除报文、其他报文项，如表 6-31 所示。

表 6-31　　呼叫处理过程的报文类型

报文类型	报文名称	信令描述
呼叫建立报文	建立 SET UP	发起呼叫建立
		从呼叫发起者到网络，再从网络到被叫用户
	呼叫进行 CALL PROCEEDING	呼叫建立后，不会接受更多的呼叫建立请求
	连接 CONNECT	呼叫接受
	连接肯定应答 CONNCET ACKNOWLEDGE	连接的肯定应答
呼叫清除报文	释放 RELEASE	释放虚通道以及呼叫参考
	释放完成 RELEASE COMPLETE	虚通道以及呼叫参考已经被释放，该虚通道可以被使用

2. 专用网络接口信令

专用网络接口信令（P - NNI，private NNI）用来在前置和后续网络间建立连接，P - NNI 位于 2 个 ATM 交换系统之间，其信令结构如表 6-32 所示。

表 6-32　　P - NNI 信令结构

<table>
<tr><td rowspan="2">信令层</td><td>协议控制</td><td rowspan="2">P - NNI 协议</td><td>协议控制</td><td rowspan="2">信令层</td></tr>
<tr><td>呼叫控制</td><td>呼叫控制</td></tr>
<tr><td rowspan="4">信令 ATM 适配层（用于信令传输的信令 AAL 协议，SAAL）</td><td>业务特定协调（SSCF）</td><td rowspan="5"></td><td>业务特定协调（SSCF）</td><td rowspan="4">信令 ATM 适配层（用于信令传输的信令 AAL 协议，SAAL）</td></tr>
<tr><td>业务特定面向连接的协议（SSCOP）</td><td>业务特定面向连接的协议（SSCOP）</td></tr>
<tr><td>AAL 5 公共部分会聚子层（CPCS）</td><td>AAL 5 公共部分会聚子层（CPCS）</td></tr>
<tr><td>AAL 5 分段重装子层（SAR）</td><td>AAL 5 分段重装子层（SAR）</td></tr>
<tr><td colspan="2">ATM 层</td><td colspan="2">ATM 层</td></tr>
<tr><td colspan="2">物理层</td><td>P - NNI 连接</td><td colspan="2">物理层</td></tr>
</table>

P - NNI 的呼叫状态与连接/释放之间的关系如表 6-33 所示。

表 6-33　　P - NNI 呼叫状态

呼叫状态	描述
呼叫开始	网络收到建立指令时的状态
呼叫进展发出	肯定应答，收到建立呼叫
存在呼叫	建立指令已发出，但对端未收到
呼叫进展收到	肯定应答，收到肯定应答
活动事务	ATM 已建立
释放请求	收到连接释放请求
释放指示	收到连接释放请求报文，等待控制响应

6.5.4　ATM 交换网络的流量控制

ATM 采用统计时分复用方式，网络资源的有限性决定了网络所能支持的连接和接受的业务流量是有限的，当网络中的业务流量超过它能支持的最大限度时，网络的服务质量就会急剧下降，如导致时延增加、数据包丢失增加，这是用户所不能接受的。为了保证网络的服务质量，ATM 网必须要有相应的流量控制和拥塞控制机制来应对。

1．基本的流量控制功能

ATM 网络中实现流量管理和控制（service traffic control）的基本方法包括：呼叫接纳控制（connection admission control，CAC）、用法参数控制/网络参数控制（usage parameter control，UPC/NPC）、附加的流量控制。

呼叫接纳控制是在呼叫建立阶段网络所执行的一组操作，用以接受或拒绝一个 ATM 连接。用户在呼叫时，需要把自己的业务流特性和参数，以及它要求的服务质量告知网络，网络根据资源被占用情况和用户提供的信息，在不降低已建立连接服务质量的前提下，决定是否接受这个呼叫。与此相对应的，用法参数控制（UPC）和网络参数控制（NPC）分别在 UNI 和 NNI 上进行，它们是通信过程中网络执行的一系列操作，ATM 网络在接纳呼叫入网后，为这个呼叫分配一定的带宽资源，这个带宽是所有连接共享的，而且各个业务速率变化很大，实际入网的业务流量有可能超过分配的带宽，因此，ATM 网需要对业务流量进行监视和控制，保证业务流特性和网络分配的带宽相一致。

2．拥塞控制（congetion control）

拥塞是一种不正常的网络状态，在这种状态下，用户提供给网络的负载接近或超过了网络的设计承载能力，从而不能保证用户所需的服务质量（QoS），拥塞现象主要由网络资源受限或突然出现故障而导致。造成 ATM 拥塞现象的网络资源（也称为瓶颈或拥塞点）一般包括以下几种。

（1）交换机输入/输出端口。

（2）缓存器。

（3）传输链路。

（4）ATM 适配层处理器。

（5）呼叫接纳控制（CAC）器。

理想的拥塞控制机制是，在不发生拥塞的情况下，使网络负载增加到瓶颈资源的阈值并始终维持这个值不变，从而最大限度地利用网络资源。然而实际上，这种情况下的机制是很难实现的，根据拥塞程度不同，拥塞控制分为以下 3 个层次。

（1）在非拥塞区域，拥塞管理的目的是确保网络负载不进入拥塞区域。这种目的下的控制策略包括资源分配、完全预约或绝对保证的 CAC，以及网络工程。

（2）基于实时的控制机制，拥塞回避可以在网络过载期间避免拥塞和从拥塞中恢复。当节点或链路出现故障时，就需要这种机制。拥塞回避程序通常工作在非拥塞区域和轻度拥塞区域之间，或整个轻度拥塞区域内，拥塞回避机制包括前向拥塞通知（ECN）、UPC、过预约 CAC、阻塞式 CAC、基于窗口速率的流量控制。

（3）拥塞恢复可以避免降低网络已向用户承诺的业务服务质量，当网络因拥塞开始产生严重的数据包丢失或急剧增加时延时，启动该拥塞恢复程序，拥塞恢复包括选择性信元丢弃、UPC 参数的动态设置、严重丢失的反馈或断连等。

3．ATM 服务

ATM 的 5 个服务种类及其属性如表 6-34 所示。

表 6-34 ATM 的 5 个服务种类及其属性

		CBR	rt-VBR	nrt-VBR	UBR	ABR
通信量参数	PCR，CVDT	有	有	有	有	有
	SCR，MBS，CDVT	无	有	有	无	无
	MCR	无	无	无	无	有
服务质量 QoS 参数	CLR	有	有	有	无	有
	maxCTD，峰峰值 CDV	有	有	无	无	无
固有属性	带宽保证	有	有	有	无	--
	适用于实时通信	有	有	无	无	无
	适用于突发性通信	无	无	有	有	有
	用反馈进行流量控制	无	无	无	无	有
	常用的 AAL 类	1	2	3/4, 5	3/4, 5	5

注：峰值信元速率 PCR（peak cell rate），持续信元速率 SCR（sustainable cell Rate），最大突发长度 MBS（maximum burst size），最小信元速率 MCR（minimum cell rate），容许的信元时延偏差 CDVT（cell delay variation tolerance），信元传送时延 CTD（cell transfer delay），信元时延偏差 CDV（cell delay variation），信元丢失率 CLR（cell loss ratio）。

ATM的服务按照比特率的特点划分为恒定比特率、实时可变比特率、非实时可变比特率、不指明比特率、可用比特率。

（1）恒定比特率（constant bit rate，CBR）：用户提出所需的数据率，而吞吐量、时延和时延偏差均能满足要求。CBR还适用于实时的视像传送系统。

（2）实时可变比特率（real-time variable bit rate，rt-VBR）：可变比特率（variable bit rate，VBR）并不是只有1个速率，它定义了1个正常使用的持续数据率和1个在峰值期间偶尔使用的更快的突发数据率。实时可变比特率rt-VBR主要用于实时电视会议。这时，屏幕上的画面时而相对静止时而变化很快。当采用MPEG标准对视频信号进行压缩时，传输的比特率的变化就很大。rt-VBR就是为了这种需要而提出的。这时，信元时延的平均值和最大偏差都必须受到严格的控制。

（3）非实时可变比特率（non-real-time variable bit rate，nrt-VBR）：与rt-VBR相似，但不指明时延偏差上限，同时允许有少量的信元丢失率。属于这类的如多媒体电子邮件和存放在媒体上的视频信息。

（4）不指明比特率（unspecified bit rate，UBR）：用来支持“尽最大努力交付”的非实时应用。用户随时可发送数据，但服务质量QoS不能保证，网络对通信量也没有反馈机制。对于UBR也可指明PCR或CDVT，但这都不是必须的。是否要用UBR对通信量进行调整，这要由网络来决定。网络在发生拥塞时可将UBR信元丢弃。

（5）可用比特率（available bit rate，ABR）：这类服务是对UBR的改进。在传送突发性数据时，ABR不仅将信元丢失率CLR降低到可接受的程度，而且对网络的可用资源也提供更加有效的利用。通常，当使用恒定比特率传送突发性数据时，若按峰值负荷选择线路带宽，则在轻载时线路的容量将会浪费很多。但若按轻载选择线路带宽，则在重载时又可能出现拥塞。ABR的设计目的是使数据业务（不是实时业务）能够充分利用其他高优先级业务（CBR和VBR）剩下的可用带宽，并试图在所有的ABR用户之间以公平合理的方式动态地共享网络的可用带宽。因此，ABR可提高网络的利用率而不会影响CBR和VBR连接的服务质量。当网络处于轻载时，ABR用户可以按照峰值信元速率PCR发送数据，因而提高了网络的效率。ABR服务根据网络的当前负荷情况，依靠反馈控制机制调整源端点的发送速率。ABR用户则按照这种反馈，调整自己的发送速率，因而可获得较小的信元丢失率CLR（这点是ABR和UBR的主要区别）和较公平地共享网络的资源。当网络处于重载时，若ABR用户不能按照反馈机制降低信元的发送速率，则该ABR用户将遭受到明显的信元丢失。ABR用户指明的通信量参数是峰值信元速率PCR、容许的信元时延偏差CDVT和最小信元速率MCR。MCR是ABR服务必须给用户提供的最小带宽。若MCR为零，则对ABR用户就没有保证任何的带宽。但即使是这样，只要信道中还有剩余的带宽，ABR的源端点也还是可发送数据的。

6.6 数据分组交换网络性能分析

分组交换网性能指标（performance data of packet switching network）是关于分组交换网基本特性和网络处理能力的指标，其中包括吞吐量、每秒呼叫处理数、数据分组传递时延、呼叫建立时延、网络可用性、残留差错率、网络服务质量等。

吞吐量用于衡量分组交换机处理能力的指标，用每秒能处理的分组数来表示，一般中小型分组交换机，分组长度为 128 个八位组，吞吐量为几百分组/秒（包括输入和输出），大型分组交换机可达几千分组/秒。

从源点分组交换机收到主叫数据终端设备（DTE）发送的数据分组的最后一个比特，到把同一数据分组送到终点分组交换机的这一段时间，称为数据分组传递时延。数据分组传送时延取决于分组交换机的处理能力、从源点到终点所有途径的分组交换机数目、传输速率，以及数据信道的传输质量等。

呼叫建立时延是呼叫请求分组和呼叫接收分组传输时延之和。呼叫请求分组传输时延是指从源点分组交换机收到主叫 DTE 送来的分组最后 1 个比特，直到终点分组交换机收完该呼叫请求分组，并准备好向被叫 DTE 转送的一段时间。呼叫接收分组传输时延是指，自终点分组交换机收到被叫 DTE 送来的呼叫接收分组的最后 1 个比特，到源点分组交换机收完并准备好向主叫 DTE 转送的一段时间。

网络可用性是在统计时间内网络不中断服务的能力，统计时间可用周、双周或月作单位，此指标适用于虚电路及永久虚电路。

当网络发生拥塞的时候，所有的数据流都有可能被丢弃，为满足用户对不同应用下不同服务质量的要求，就需要网络能够根据用户的要求分配和调度资源，从而对不同的数据流提供不同的服务质量，对实时性强且重要的数据报文优先处理，相比之下，对于实时性不强的普通数据报文，提供较低的处理优先级，当网络拥塞时甚至将其丢弃。在此基础上，QoS 服务应运而生，支持 QoS 功能的设备，能够提供传输服务质量保证，针对某种类别的数据流，可以赋予相应级别的传输优先级，以标识它的重要性，并使用设备所提供的各种优先级转发策略、拥塞避免机制等，为这些数据流提供高质量的传输服务。配置了 QoS 的网络环境，增加了网络性能的可预知性，并能够有效地分配网络带宽资源，更加合理地利用网络资源。

通常 QoS 提供以下 3 种服务模型。

（1）Best - Effort 服务模型是一个单一的服务模型，也是最简单的服务模型。对 Best - Effort 服务模型，网络尽最大可能发送报文，但对时延、可靠性等性能不提供任何保证，Best - Effort 服务模型是网络的缺省服务模型，通过先入先出（first in first out，FIFO）队列实现，它适用于绝大多数网络应用。

（2）Int - Serv 服务模型，Int-Serv 是一个综合服务模型，它可以满足多种 QoS 需求。该模型使用资源预留协议（RSVP），RSVP 运行在从源端到目的端的每个设备上，可以监视每个数据流，以防止其消耗资源过多，这种体系能够明确区分并保证每一个业务流的服务质量，为网络提供最细粒度化的服务质量区分。但是，Inter - Serv 模型对设备的要求很高，当网络中的数据流数量很大时，设备的存储和处理能力会遇到很大的压力，需要一定的扩展性加以支撑。

（3）Diff - Serv 服务模型，Diff - Serv 是一个多服务模型，它可以满足不同的 QoS 需求，与 Int - Serv 服务模型不同，它不需要通知网络为每个业务预留资源，区分服务实现简单，扩展性较好。

本章小结

分组交换网具有如下显著特点：(1) 分组交换具有多逻辑信道的能力，故中继线的电路利用率高；(2) 可实现分组交换网上的不同码型、速率和规程之间的终端互通；(3) 由于分组交换具有差错检测和纠正的能力，故电路传送的误码率极小；(4) 分组交换的网络管理功能较强。

我国公用分组交换网的骨干网及各地的本地网组建至今，网络的规模比原来扩大了几倍至几十倍，并占据了一块稳定的数据通信市场。分组交换技术适用于终端到主机的交互式通信、交易处理，以及需要进行协议转换的场合。

虚电路服务向端系统保证了数据按序到达，免去了端系统在顺序控制上的开销，但是，当端系统不关心数据的顺序时，反而会影响无序数据交换的整体效率。虚电路服务提供了无差错的数据传送，但端系统只要求传输速率，如不在乎个别数据丢失时，其差错控制就并不是很必要了。

同时，虚电路服务所提供的流量控制，在端系统要求数据交换速率尽可能高的情况下，并不很适宜，这是因为，流量控制本身就很可能规定了交换速率的上限，且虚电路服务按照固定路由传输分组，并没有灵活选择路由。虚电路服务提供了可靠的数据传输和方便的进网接口，但是，虚电路服务中电路的建立与拆除在交互式应用中会影响通信效率。

三层交换机可以根据其处理数据方式的不同而分为硬件和软件两大类：(1) 纯硬件的三层技术，相对来说技术复杂，成本高，但是转发速度快，性能好，带负载能力强。其原理是，采用 ASIC 芯片，用硬件的方式进行路由表的查找和刷新。当数据由端口的接口芯片接收进来以后，首先在二层交换芯片中查找相应的目的 MAC 地址，如果查到，就进行二层转发，否则将数据送至三层引擎。在三层引擎中，ASIC 芯片查找相应的路由表信息，以及与数据的目的 IP 地址相比对，然后发送 ARP 数据包到目的主机，得到该主机的 MAC 地址，将 MAC 地址发到二层芯片，由二层芯片转发该数据包。(2) 基于软件的三层交换机技术较简单，但速度较慢，不适合作为主干交换节点使用，它采用 CPU 控制软件的方式查找路由表。当数据由端口的接口芯片接收以后，首先在二层交换芯片中查找相应的目的 MAC 地址，如果查到，就进行二层转发，否则将数据送至 CPU，CPU 查找相应的路由表信息，与数据的目的 IP 地址相比对，然后发送 ARP 数据包到目的主机得到该主机的 MAC 地址，将 MAC 地址发到二层芯片，由二层芯片转发该数据包，如果 CPU 处理信息的速度较慢，会使得这种三层交换处理速度受到影响。

除了采用 ASIC 之外，还可以采用 RISC，或者是采用网络处理器等。当然，采用不同等级的芯片，对数据包的信息转发效率、网络流量的控制，以及三层交换机的整体性能产生影响。主要机型包括有 ATM 网络干线交换机和 ATM/LAN 交换机，如 3COM 的 ATM 网络干线交换机 CELL Plex 7000，ATM/LAN 交换机 Link Switch 2700 系列。

随着交换设备的更新换代，以及更快的交换机处理器的出现，意味着能够在更高速率下实现分组交换的协议转换功能和控制功能等优势，使高速传送数据的新一代分组交换技术在教育、交通、金融、商业、民航、石油各个领域都大有可为，通过挖掘潜力，找准市场切入点，以网络融合的思路更好地发挥分组网络的优势。

随着 Internet 的发展，局域网和广域网技术得到了广泛的推广和应用，数据交换技术从简单的电路交换发展到二层交换，从二层交换又逐渐发展到较成熟的三层交换，以致发展到高层交换。

练习题与思考题

1．什么是物理通道？什么是逻辑通道？什么是虚电路？它们之间有何联系？

2．比较虚电路和数据报的优缺点？

3．请简述 ATM 协议参考模型以及信元结构的特点。

4．请简述 ATM 协议参考模型各子层的功能。

5．比较电路交换与分组交换的异同。

第7章 IP交换技术与路由

上一章对基于分组交换的各类技术做了介绍，本章将介绍IP交换技术与路由算法，包括IP分组格式、TCP与UDP协议、域名服务系统、路由信息协议、高性能路由器体系架构、典型的高性能路由器产品，以及多协议标签交换技术。

7.1 IP技术基础

IP层提供了面向连接的网络服务和无连接的网络服务，面向连接的通信方式通过建立虚电路（virtual circuit），以保证双方通信所需的一切网络资源，如果再使用可靠传输的网络协议，就可使所发送的分组无差错按序到达终点。

虚电路所代表的只是一条逻辑上的连接，分组都沿着这条逻辑连接按照存储转发方式传送，而并不是在源地址端与目的地址端之间真正建立1条物理连接，这一点可以和电路交换的电话通信相类比，后者是先建立了1条实实在在的连接，因此分组交换的虚连接和电路交换的连接并不完全一样。

网络层向上只提供简单灵活的，并且是尽最大努力交付的数据服务，数据报服务方式下，网络在发送分组时不需要先建立连接，每一个分组（即IP数据报）独立发送，与其前后的分组无关（不进行编号），网络层不提供服务质量的承诺，即所传送的分组可能出错、丢失、重复和失序（不按序到达终点），当然也不保证分组传送的时间。

由于在网络的信息传输中不提供端到端的可靠传输服务，因此网络中的路由器结构可以比较简单，如果主机（即端系统）进程之间的通信需要是可靠的，那么就由网络的主机中的高层（运输层）负责（包括差错处理、流量控制等）。采用这种设计思路的好处是：网络的成本大大降低、运行方式灵活、能够适应多种应用。

7.1.1 IP互连与分组协议

网络层IP协议是TCP/IP体系中2个最主要的协议之一，与IP协议配套使用的还包括：地址解析协议ARP（address resolution protocol）、网络控制报文协议ICMP（internet control message protocol）、网络组管理协议IGMP（internet group management protocol），网络层IP协议分层结构如表7-1所示。

表 7-1　　　　网络层 IP 协议分层结构

应用层	各种应用层协议（application layer protocol） SNMP, TELENT, DNS, WEB, HTTP, FTP, SMTP
运输层	TCP, UDP
网络层	ICMP (internet control message protocol), IGMP (internet group management protocol)
	IP
	ARP (address resolution protocol)

数据网络要进行通信，有以下问题需要考虑。

（1）寻址方案。

（2）最大分组长度问题。

（3）网络接入机制问题。

（4）超时如何控制。

（5）差错恢复方法。

（6）网络状态报告方法。

（7）路由选择算法。

（8）用户接入控制机制。

（9）面向连接服务和无连接服务的设计。

（10）网络的管理与控制方式。

网络互连与通信需要考虑各种可能出现的问题，以及解决这些问题所使用的策略。在网络起连接作用的是一些中间设备，这些中间设备又称为中间系统或中继（relay）系统，按照服务的协议对象不同，包括以下系统。

（1）物理层中继系统：转发器（repeater）。

（2）数据链路层中继系统：网桥或桥接器（bridge）。

（3）网络层中继系统：路由器（router）。

（4）网络层以上的中继系统：网关（gateway）。

由于网络的异构性本来是客观存在的，但是需要基于网络协议使其扁平化，因此出现了虚拟互连网络，也就是网络的逻辑互连，利用 IP 协议就可以使这些性能各异的网络从用户侧看起来好像是一个统一的网络。使用 IP 协议的虚拟互连网络可简称为 IP 网。使用虚拟互连网络的好处是：当互联网上的主机进行通信时，就好像在一个网络上通信，而看不见互连的各具体的网络异构细节。例如，从网络层看 IP 数据报的传送，如果只从网络层考虑问题，那么 IP 数据报就可以想象成是在相对应的网络层中传送的。

1．分类的 IP 地址

整个因特网可以看成一个单一的、抽象的网络，IP 地址就是给每个连接在网络上的主机（或路由器）分配一个在全世界范围是唯一的 32 位的标识符，IP 地址的管理工作由因特网名字与号码指派公司 ICANN（internet corporation for assigned names and numbers）来完成。

每一类的 IP 地址都由 2 个固定长度的字段组成，其中 1 个字段是网络号 Net - ID，它标志主机（或路由器）所连接到的网络，而另一个字段则是主机号 Host - ID，它标志该主机（或路由器）本身，两级的 IP 地址可以表示为：IP 地址= { < Net - ID /网络号>, < Host - ID /主机号>}，IP 地址中的网络号字段和主机号字段如表 7-2 所示。

表 7-2　　IP 地址的分类表示

地址类型	8 位长度	8 位长度	8 位长度	8 位长度
A 类地址	Net - ID，网络号第 1 位置 0	主机号 Host - ID		
B 类地址	Net - ID，网络号第 1/2 位置 1 0		主机号 Host - ID	
C 类地址	Net - ID，网络号第 1/2/3 位置 1 1 0			主机号 Host - ID
D 类地址	前 4 位置 1 1 1 0，用于多播地址			
E 类地址	留用			

A 类地址的网络号字段 Net - ID 为 1 个字节，占 8 比特位，B 类地址的网络号字段 Net - ID 为 2 个字节，占 16 比特位，C 类地址的网络号字段 Net - ID 为 3 个字节，占 24 比特位。与此形成对比的是，A 类地址的主机号字段 Host - ID 为 3 个字节，占 24 比特位，B 类地址的主机号字段 Host - ID 为 2 个字节，占 16 比特位，C 类地址的主机号字段 Host - ID 为 1 个字节，占 8 比特位，D 类地址为多播地址。

通过 IP 地址的网络号字段 Net - ID 长度，以及对应地址的主机号字段 Host - ID 的长度，可以计算出各类地址中能够容纳的最大网络数和主机数，如表 7-3 所示。

表 7-3　　IP 地址的使用范围

网络类别	最大网络数	首个可用网络的网络号	最后 1 个可用网络的网络号	单个网络中最大主机数
A	126 (2^7-2)	1	126	16 777 214
B	16 383 ($2^{14}-2$)	128.1	191.255	65 534
C	2 097 151 ($2^{21}-2$)	192.0.1	223.255.255	154

作为一种分等级的地址结构，IP 地址在被分配的时候，IP 地址管理机构只分配网络号，剩下的主机号则由被分配了该网络号的单位自行分配，这样就方便了 IP 地址的管理。与此同时，从网络的设计层面看，路由器仅根据目的主机所连接的网络号转发分组（不考虑目的主机号），这样可以使路由表中的项目数大幅度减少，从而减小了路由表所占的存储空间。

IP 地址标志了 1 个主机（或路由器）和 1 条链路的接口，当 1 个主机同时连接到 2 个网络上时，该主机需要同时具有 2 个相应的 IP 地址，其网络号 Net - ID 必须是不同的。由于 1 个路由器至少应当连接到 2 个网络（这样它才能将 IP 数据报从一个网络转发到另一个网络），因此 1 个路由器需要有 2 个不同的 IP 地址。

用转发器或网桥连接起来的若干个局域网仍为 1 个网络，因此这些局域网都具有同样的网络号 Net - ID，所有分配到网络号 Net - ID 的网络，无论是范围很小的局域网，还是覆盖很大、地理范围的广域网，都是平等的。

2. IP 互连协议

在 IP 层抽象的互联网上只能看到 IP 数据报的流动，即从源地址路由器到目的地址路由器，2 个 IP 地址并不出现在 IP 数据报的首部中，路由器只根据目的站的 IP 地址的网络号进行路由选择，在具体的物理网络链路层，只有 MAC 帧有效，而看不见 IP 数据报，由此可以看出，IP 层抽象的互联网屏蔽了下层很复杂的细节，因此能够使用统一的、抽象的 IP 地址研究实体之间的通信，IP 地址与硬件地址的对应关系如表 7-4 所示。

表 7-4　　　　IP 地址与硬件地址的对应关系

<table>
<tr><td></td><td></td><td>TCP 报文首部及应用层数据</td><td rowspan="2">网络层及以上使用 IP 地址</td></tr>
<tr><td></td><td>IP 地址首部</td><td>TCP 报文</td></tr>
<tr><td>硬件地址首部</td><td colspan="2">IP 数据报</td><td rowspan="2">链路层及以下使用硬件地址</td></tr>
<tr><td colspan="3">MAC 帧</td></tr>
</table>

IP 数据报由首部和数据两部分组成，首部的前一部分是固定长度，共有 20 个字节，是所有 IP 数据报必须具有的，在首部的固定部分的后面是一些可选字段，并且，其长度是可变的，IP 数据报的格式如表 7-5 所示。

表 7-5　　　　IP 数据报的格式

<table>
<tr><td>比特位</td><td>0</td><td>4</td><td>8</td><td>16</td><td>19</td><td>24</td><td>31</td></tr>
<tr><td rowspan="6">IP 首部</td><td>版本</td><td>首部长度</td><td colspan="2">区分服务（Diff - Serv）</td><td colspan="3">数据总长度（首部和数据之和的长度）</td></tr>
<tr><td colspan="4">标识（用来产生数据报标识的计数器）</td><td>标志</td><td colspan="2">片偏移</td></tr>
<tr><td colspan="2">生存时间（time to live）</td><td colspan="2">协议（携带的数据使用何种协议）</td><td colspan="3">首部检验和（只检验数据报的首部）</td></tr>
<tr><td colspan="7">源地址</td></tr>
<tr><td colspan="7">目的地址</td></tr>
<tr><td colspan="6">可选字段（长度可变）</td><td>填充</td></tr>
<tr><td>IP 数据报</td><td colspan="7">数据部分</td></tr>
</table>

IP 首部的可变部分是一个选项字段，用来支持排错、测量，以及安全等措施，该字段的长度可变，从 1 个字节到 40 个字节不等，取决于所选择的项目，增加首部的可变部分是为了增加 IP 数据报的功能，但这同时也使 IP 数据报的首部长度成为可变的，因此增加了每个路由器处理数据报的开销。

在 IP 数据报的首部中，没有指明“下一跳路由器的 IP 地址”，当路由器收到待转发的数据报后，不是将下一跳路由器的 IP 地址填入 IP 数据报，而是送交下层的网络接口软件，网络接口软件使用 ARP 负责将下一跳路由器的 IP 地址转换成硬件地址，并将此硬件地址放在链路层的 MAC 帧的首部，然后根据这个硬件地址找到下一跳路由器。分组转发过程的步骤如表 7-6 所示。

表 7-6　　　　IP 分组转发算法

步骤	算法描述
第 1 步	从数据报的首部提取目的主机的 IP 地址 ID，得出目的网络地址为 NET
第 2 步	若网络 NET 与此路由器直接相连，则把数据报直接交付目的主机 ID；否则执行第 3 步
第 3 步	若路由表中有目的地址为 ID 的指定主机路由，则把数据报传送给路由表中所指明的下一跳路由器；否则，执行第 4 步
第 4 步	若路由表中有到达网络 NET 的路由，则把数据报传送给路由表指明的下一跳路由器；否则，执行第 5 步
第 5 步	若路由表中有默认路由，则把数据报传送给路由表中所指明的默认路由器；否则，执行第 6 步
第 6 步	报告转发分组出错
第 7 步	继续执行下一条

3. 子网的划分与数据转发

有时 IP 地址空间的利用率比较低，给每 1 个物理网络分配 1 个网络号会使路由表变得太大，因而使网络性能变的较差，并且 2 级的 IP 地址不够灵活，于是提出了划分子网（subnetting）的方法，即在 IP 地址中又增加了 1 个“子网号字段”，使 2 级的 IP 地址变成为 3 级的 IP 地址。

被划分了子网的网络，对外仍然表现为 1 个没有划分子网的网络，其方法是从主机号借用若干个位作为子网号 SubNet - ID，而主机号 Host - ID 也就相应减少了若干个位，IP 地址的构造表示为={<网络号 Net - ID>, <子网号 SubNet - ID>, <主机号 Host - ID>}。根据 IP 数据报的目的网络号 Net - ID，先找到所连接的路由器，此路由器在收到 IP 数据报后，再按照目的网络号 Net - ID 和子网号 SubNet - ID 找到目的子网，最后就将 IP 数据报直接交付目的主机，完成转发过程。

划分子网只是把 IP 地址的主机号 Host - ID 这部分进行再划分，而不改变 IP 地址原来的网络号 Net - ID，并且，从 1 个 IP 数据报的首部无法判断源节点或目的节点所连接的网络是否进行了子网划分，需要使用子网掩码（subnet mask）的方法找出 IP 地址中的子网部分，IP 地址的各字段和子网掩码对应关系如表 7-7 所示。

表 7-7　　3 级 IP 地址的子网掩码

<table>
<tr><td rowspan="3">A 类地址</td><td>网络地址</td><td>网络号</td><td>主机号为全 0</td></tr>
<tr><td rowspan="2">默认子网掩码</td><td>11111111</td><td>000000000000000000000000</td></tr>
<tr><td colspan="2">255.0.0.0</td></tr>
<tr><td rowspan="3">B 类地址</td><td>网络地址</td><td>网络号</td><td>主机号为全 0</td></tr>
<tr><td rowspan="2">默认子网掩码</td><td>1111111111111111</td><td>0000000000000000</td></tr>
<tr><td colspan="2">255.255.0.0</td></tr>
<tr><td rowspan="3">C 类地址</td><td>网络地址</td><td>网络号</td><td>主机号为全 0</td></tr>
<tr><td rowspan="2">默认子网掩码</td><td>111111111111111111111111</td><td>00000000</td></tr>
<tr><td colspan="2">255.255.255.0</td></tr>
</table>

路由器在和相邻路由器交换路由信息时，需要将自己所在网络（或子网）的子网掩码告诉相邻路由设备，路由表中的每一个项目，除了要给出目的网络地址外，还需要同时给出该网络的子网掩码，当一个路由器连接 2 个子网时，该设备就拥有 2 个网络地址和 2 个子网掩码。

在划分子网的情况下，从 IP 地址不能唯一地得出网络地址，因为网络地址取决于网络所采用的子网掩码，但 IP 数据报的首部并没有提供子网掩码的信息，因此分组转发的算法需要将子网掩码的计算考虑进来，在使用子网掩码的情况下，路由器转发分组的算法如表 7-8 所示。

表 7-8　　基于子网划分的路由器转发分组算法

步骤	算法描述
第 1 步	从数据报的首部提取目的主机的 IP 地址 ID，得出目的网络地址为 NET
第 2 步	先用各网络的子网掩码和 ID 逐位相“与”，判断是否和相应的网络地址匹配，若匹配，则将分组直接交付，否则就是间接交付，执行第 3 步

续表

步骤	算法描述
第 3 步	若路由表中有目的地址为 ID 的指定主机路由，则把数据报传送给路由表中所指明的下一跳路由器；否则，执行第 4 步
第 4 步	对路由表中的每一行的子网掩码和 ID 逐位相“与”，若其结果与该行的目的网络地址匹配，将分组传送给该行指明的下一跳路由器；否则，执行第 5 步
第 5 步	若路由表中有默认路由，则把数据报传送给路由表中所指明的默认路由器；否则，执行第 6 步
第 6 步	报告转发分组出错
第 7 步	继续执行下一条

7.1.2 IP 编址方案的演进

利用可变长子网掩码 VLSM（variable length subnet mask）可进一步提高 IP 地址资源的效率，在 VLSM 的基础上又进一步研究出无分类的编址方法，它的正式名字是无分类域间路由选择协议 CIDR（classless inter-domain routing）。

CIDR 消除了传统的 A 类、B 类和 C 类地址，及划分子网的概念，因而可以更有效地分配 IPv4 的地址空间，CIDR 使用各种长度的“网络前缀”（network – prefix）代替分类地址中的网络号和子网号，其编址的记法是：IP 地址= {<网络前缀 network - prefix >, <主机号>}，并且，把网络前缀都相同的连续 IP 地址组成称之为“CIDR 地址块”。例如，1 具体的 CIDR 地址如表 7-9 所示。

表 7-9　　128. 128. 64. 0/20 表示的 CIDR 地址块

最小地址项	10000000100000000100	000000000000
CIDR 地址块	10000000100000000100	000000000001
	10000000100000000100	000000000010
	10000000100000000100	000000000011
	10000000100000000100	000000000100
	10000000100000000100	000000000101
	10000000100000000100	000000000110
	10000000100000000100	000000000111
	10000000100000000100	……
	10000000100000000100	111111111010
	10000000100000000100	111111111011
	10000000100000000100	111111111100
	10000000100000000100	111111111101
	10000000100000000100	111111111110
最大地址项	10000000100000000100	111111111111

CIDR 地址块可以容纳较多的地址，这种地址的聚合常称为路由聚合，它使得路由表中的 1 项目可以表示上千个传统分类地址的路由项，对于斜线“/20”地址块写法，它的掩码（注意，不再称之为子网掩码）是 20 个连续的 1，斜线记法中的数字就是掩码中 1 的个数。

前缀长度不超过23位的CIDR地址块都包含了多个C类地址，这些C类地址合起来就构成了超网，网络前缀越短，其地址块所包含的地址数就越多，而在3结构的IP地址中，划分子网是使网络前缀变长。

使用CIDR时，路由表中的每个项目由“网络前缀”和“下一跳地址”组成，在查找路由表时可能会得到不止一个匹配结果，应当从匹配结果中选择具有最长网络前缀的路由：即最长前缀匹配（longest - prefix matching），网络前缀越长，其地址块就越小，因而路由就越具体（more specific），最长前缀匹配又称为最长匹配或最佳匹配。

7.1.3 TCP与UDP协议

从通信和信息交换的角度看，运输层向它上面的应用层提供通信服务，它属于面向通信部分的最高层，同时也是用户功能中的最低层，2个主机间进行通信，实际上就是2个主机中的应用进程互相通信。应用进程之间的通信又称为端到端的通信，应用层将不同进程的报文通过不同的端口向下交到运输层，再向下共用网络层所提供的服务，运输层提供应用进程间的逻辑通信，这里的逻辑通信是指，运输层之间的通信好像是沿水平方向传送数据，但事实上，这2个运输层之间并没有一条水平方向的物理连接。

运输层提供2种不同的运输协议，即面向连接的TCP（transmission control protocol）协议，以及无连接的UDP（user datagram protocol）协议。

1. TCP协议

TCP提供面向连接的服务，TCP不提供广播或多播服务，由于TCP要提供可靠的、面向连接的运输服务，因此需要增加一部分的开销，这不仅使协议数据单元的首部字段数增大，还要占用一部分处理机资源。

TCP报文段是在运输层中抽象出来的端到端的逻辑信道中传送，这种信道是可靠的全双工信道，但这样的信道却不知道究竟经过了哪些路由器，而这些路由器也不知道上面的运输层是否建立了TCP连接。

TCP使用端口号（protocol port number）识别终端节点，简称为端口（port）。虽然通信的终点是应用进程，但可以把端口看成是通信的终点，因为只要把要传送的报文交到目的主机的某一个合适的目的端口，剩下的工作（即最后交付目的进程）就由TCP来完成了。

在协议栈层间的抽象的协议端口是软件端口，与此相对应，路由器或交换机上的端口是硬件端口，硬件端口是不同硬件设备进行交互的接口，而软件端口是应用层的各种协议进程与运输实体进行层间交互的一种地址接口。

TCP协议的端口用1个16位端口号进行标志，端口号只具有本地意义，即端口号只是为了标志本节点应用层中的各进程，在因特网中不同终端的相同端口号是没有联系的，端口号分为3类，如表7-10所示。

表7-10　　3种类型端口号表示

端口类型	端口号描述
熟知端口	数值一般为0～1023
登记端口号	1024～49151，为没有熟知端口号的应用程序使用的
客户端口号	49152～65535，留给客户进程选择暂时使用，通信结束后，这个端口号可供其他客户进程以后使用

基于端口的 TCP 协议具有如下特点。

（1）TCP 是面向连接的运输层协议，每 1 条 TCP 连接只有 2 个端点，每 1 条 TCP 连接只能是点对点的连接。

（2）提供可靠交付的全双工通信服务，并且面向字节流，TCP 连接是 1 条虚连接，而不是真正的物理连接。

（3）TCP 根据对方给出的窗口值和当前网络拥塞的程度，决定 1 个报文段应包含多少个字节，相比之下，UDP 发送的报文长度则是应用进程给出的。

TCP 连接的端点是套接字（Socket，或者被称作插口），端口号拼接到 IP 地址即构成了套接字，套接字可以表示为 Socket = (IP 地址 ：端口号)，同时，对于任意 1 条 TCP 连接，都是唯一的被通信两端的 2 个端点（即 2 个套接字）所确定，基于 Socket 的 TCP 连接可以表示为：TCP = {Socket - 1, Socket - 2} = {(IP - 1 : port - 1), (IP - 2 : port - 2)}。

TCP 连接的每一端都拥有 2 个窗口，即 1 个发送窗口和 1 个接收窗口，TCP 的可靠传输机制是用字节的序号进行控制的，TCP 所有的确认都是基于序号而不是基于报文段，面向连接的 TCP 报文段首部格式如表 7-11 所示。

表 7-11　　TCP 报文段首部格式

<table>
<tr><td></td><td colspan="16">32 比特</td><td></td></tr>
<tr><td></td><td>0</td><td>...</td><td>...</td><td>8</td><td>...</td><td>...</td><td>...</td><td>16</td><td></td><td>...</td><td></td><td>24</td><td></td><td>...</td><td></td><td>31</td><td></td></tr>
<tr><td rowspan="7">TCP首部</td><td colspan="8">源端口</td><td colspan="8">目的端口</td><td rowspan="6">20个字节长度的固定部分</td></tr>
<tr><td colspan="16">端口是运输层与应用层的服务接口，运输层的复用和分用功能都要通过端口才能实现</td></tr>
<tr><td colspan="16">序号（序号字段的值指的是本报文段所发送的数据的第 1 个字节的序号）</td></tr>
<tr><td colspan="16">确认号（是期望收到对方的下一个报文段的数据的第 1 个字节的序号）</td></tr>
<tr><td>数据偏移</td><td>保留</td><td>URG</td><td>ACK</td><td>PSH</td><td>RST</td><td>SYN</td><td>FIN</td><td colspan="8">窗口（让对方设置发送窗口的依据）</td></tr>
<tr><td colspan="8">检验和（检验和字段检验的范围包括首部和数据这两部分）</td><td colspan="8">紧急指针（指出在本报文段中紧急数据共有多少个字节）</td></tr>
<tr><td colspan="12">可选项</td><td colspan="4">填充</td><td></td></tr>
</table>

数据偏移（即首部长度）占 4 比特位，它指示了 TCP 报文段的数据起始处，距 TCP 报文段的起始处有多远，数据偏移的单位是 32 位字，以 4 字节为计算单位。URG 字段中，当 URG = 1 时，表明紧急指针字段有效，系统此报文段中有紧急数据，应尽快传送（相当于高优先级的数据）。只有当字段 ACK = 1 时，确认号字段才有效，当 ACK = 0 时，确认号无效。收到 PSH = 1 的报文段，就尽快地交付接收应用进程，而不再等到整个缓存都填满了后再向上交付。

当字段 RST = 1 时，表明 TCP 连接中出现了严重差错（例如，由于主机崩溃或其他原因），必须释放连接，然后再重新建立运输连接。同步字段 SYN = 1 表示这是一个连接请求或连接接受报文。终止字段 FIN = 1 时，表明此报文段的发送端的数据已发送完毕，并要求释放运输连接。

MSS（maximum segment size）是TCP报文段中的数据字段的最大长度，数据字段长度加上TCP首部即为整个TCP报文段。填充字段的作用是为了使整个首部长度是4字节的整数倍。

2. UDP协议

UDP在传送数据之前不需要建立连接，对方的运输层在收到UDP报文后，不需要给出任何确认，虽然UDP不提供可靠交付，但在某些情况下UDP是一种最有效的工作方式，运输层的UDP用户数据报与网络层IP数据报有所区别，IP数据报需要经过互连网中中间路由设备的存储转发，但对于UDP用户数据报而言，则是在运输层的端到端抽象的逻辑信道中传送的，UDP传输协议特点如下。

（1）传输是无连接的，即发送数据之前不需要建立连接。

（2）使用尽最大努力交付，即不保证可靠交付，同时也不使用拥塞控制机制。

（3）该协议是面向报文的，正是由于UDP没有拥塞控制，因此，很适合多媒体通信的需求。

（4）其通信方式支持1对1、1对多、多对1和多对多的交互通信。

源端UDP对上一层程序交下来的报文，在添加首部后向下交付IP层，UDP对应用层交下来的报文，既不合并，也不拆分，而是保留这些报文的边界，即1次发送1个报文，对于网络层传输过来的UDP用户数据报，目的端UDP在去除首部后就原封不动地交付上层的应用进程，1次交付1个完整的报文，应用程序需要选择合适大小的报文段，UDP用户数据报封装结构如表7-12所示。

表7-12 UDP用户数据报封装结构表

<table>
<tr><td rowspan="2">网络层以上部分</td><td>源端口 目的端口
长度 校验和</td><td>应用层报文</td><td>应用层</td></tr>
<tr><td>UDP报文的首部</td><td>UDP用户数据报的数据部分</td><td>运输层</td></tr>
<tr><td>IP首部</td><td colspan="2">IP数据报的数据部分</td><td>网络层</td></tr>
</table>

用户数据报UDP由2个字段构成：数据字段和首部字段。首部字段包括8个字节，由4个字段组成，并且每个字段都是2个字节，分别是：源端口、目的端口、长度，以及校验和。

对于UDP用户数据报，在计算检验和时，临时把“伪首部”和UDP用户数据报连接在一起，伪首部仅仅是为了计算检验和需要。

7.2 IP路由选择算法

路由选择是指选择通过互连网络从源节点向目的节点传输信息的通道，而且信息至少通过1个中间节点，路由选择工作在TCP/IP参考模型的网络层。路由选择包括2个基本操作，即最佳路径的判定和网间信息包的传送与数据交换，路由设备之间传输多种信息来维护路由选择表，修正路由消息就是最常见的一种，修正路由消息通常是由全部或部分路由选择表组成，路由器通过分析来自所有其他路由器的最新消息，构造一个完整的网络拓扑结构详图，链路状态广播便是一种路由修正信息。

各种路由算法不尽相同，主要是由于：①算法设计者的设计目标会影响路由选择协议的运行结果；②现有的各种路由选择算法对网络和路由器资源的影响不同；③不同的计量标准也会影响最佳路径的计算结果。

数据包的传递包括两大类路由选择协议，即内部网关协议 IGP（interior gateway protocol）与外部网关协议 EGP（external gateway protocol）。内部网关协议指的是在 1 个自治系统内部所使用的路由选择算法协议，目前，这类路由选择协议使用得较多，例如，本节中将要介绍的 RIP 和 OSPF 协议。如果源节点与目的节点处在不同的自治系统中，当数据报传到 1 个自治系统的边界时，就需要使用一种协议将路由选择信息传递到另 1 自治系统中，这样的协议就是外部网关协议。

7.2.1 路由信息协议

路由信息协议 RIP（routing information protocol）是基于距离矢量算法的路由协议，利用跳数作为计量标准，在带宽、配置和管理方面要求较低，主要适合于规模较小的网络。从一个路由器到直接连接的网络的距离被定义为 1，从 1 路由器到非直接连接的网络的距离定义为所经过的路由器个数加 1，RIP 协议中的“距离”参数也称为“跳数”（hop count），因为每经过 1 个路由节点，跳数就会加 1，这里的“距离”实际上指的是“最短距离”。RIP 协议允许 1 条路径最多只能包含 15 个路由器，“距离”的最大值为 16 时，就认为目的端相当于不可达。

由此可见，RIP 只适用于小型互联网，RIP 不能在 2 个网络之间同时使用多条路由，RIP 选择一个具有最少路由器的路由（即最短路由），即使还存在另一条高速（低时延）但路由器较多的路由。

RIP 协议的工作过程包括路由建立、距离矢量的计算、常规路由更新和定时。RIP 初始化时，会从每个参与工作的接口上发送请求数据包，该请求数据包会向所有的 RIP 路由器请求 1 份完整的路由表，该请求通过 LAN 上的广播形式发送 LAN 或者在点到点链路发送到下一跳地址来完成，这是 1 个特殊的请求，向相邻设备请求完整的路由更新。

以后，每 1 个路由器也只和数目非常有限的相邻路由器交换并更新路由信息，经过若干次更新后，所有的路由器最终都会知道到达本自治系统中任何 1 个网络的最短距离和下一跳路由器的地址。

RIP 有 2 种类型的消息，响应和接收消息。请求数据包中的每个路由条目都会被处理，从而为路由建立度量及路径，RIP 采用“跳数”进行度量，值为 1 则意味着 1 个直连的网络，值为 16 的表示网络不可达，路由器会把整个路由表作为接收消息的应答返回。

路由器以 30 秒 1 次的频率，将整个网络中的路由表以应答消息的形式发送到邻居路由器，路由器收到新路由或者现有路由的更新信息时，会设置 1 个 180 秒的超时时间，如果 180 秒没有任何更新信息，路由的跳数设为 16。路由器以度量值 16 确定该路由，直到刷新计时器从路由表中删除该路由，刷新计时器的时间设为 240 秒，或者比过期计时器时间多 60 秒。

RIP 协议的工作特点如下。

（1）仅和相邻的路由器交换信息，如果 2 个路由器之间的通信不经过另外 1 个路由器，那么这 2 个路由器是相邻的，RIP 协议规定，不相邻的路由器之间不交换信息。

（2）路由器交换的信息是当前本路由器所知道的全部信息，即自己的路由表。

（3）按固定时间交换路由信息，例如，每隔 30 秒，然后路由器根据收到的路由信息更新路由表，也可进行相应配置使其触发更新。

（4）当网络出现故障时，RIP 协议要经过比较长的时间才能将此信息传送到所有的路由设备。

（5）RIP 协议最大的优点就是实现简单，并且开销较小。

（6）RIP 协议限制了网络的规模，它能使用的最大距离为 15。

（7）由于路由器之间交换的路由信息是路由器中的完整路由表，因而随着网络规模的扩大，开销也要相应增加。

一个典型的路由信息协议算法如表 7-13 所示。

表 7-13 距离向量算法

<table>
<tr><td colspan="2">收到相邻路由器的一个 RIP 报文（其地址为 x.x.x.x）</td></tr>
<tr><td>（1）</td><td>先修改此 RIP 报文中的所有项目：把“下一跳”字段中的地址都改为 x.x.x.x，并把所有的“距离”字段的值加 1</td></tr>
<tr><td rowspan="2">（2）</td><td>对修改后的 RIP 报文中的每一个项目，重复以下步骤</td></tr>
<tr><td>If （项目中的目的网络不在路由表中，则把该项目加到路由表中）
Else if 下一跳字段给出的路由器地址是同样的，则把收到的项目替换原路由表中的项目
Else if 收到项目中的距离小于路由表中的距离，则进行更新
Else 什么也不做</td></tr>
<tr><td>（3）</td><td>If （3 分钟还没有收到相邻路由器的更新路由表）
则把此相邻路由器记为不可达路由器，即将距离置为 16（距离为 16 表示不可达）</td></tr>
<tr><td>（4）</td><td>Return</td></tr>
</table>

RIP 协议让互联网中的所有路由器都和自己的相邻路由器不断交换路由信息，并不断更新其路由表，使得从每 1 个路由器到每 1 个目的网络的路由都是最短的（即跳数最少），虽然所有的路由器最终都拥有了整个自治系统的全局路由信息，但由于每 1 个路由器的位置不同，它们的路由表也是不同的。

RIP - 2 版本协议的报文格式如表 7-14 所示。

表 7-14 RIP - 2 协议报文格式

<table>
<tr><td colspan="3" rowspan="5">4 个字节</td><td colspan="2">4 个字节</td><td></td></tr>
<tr><td>地址簇标识符</td><td>路由标记</td><td rowspan="5">20 字节的路由信息</td></tr>
<tr><td colspan="2">网络地址</td></tr>
<tr><td colspan="2">子网掩码</td></tr>
<tr><td colspan="2">下一跳路由器地址</td></tr>
<tr><td>命令</td><td>版本</td><td>全 0</td><td colspan="2">距离（1～16）</td></tr>
<tr><td colspan="3">首部</td><td colspan="2">路由部分</td><td rowspan="2"></td></tr>
<tr><td colspan="5">RIP 报文</td></tr>
<tr><td colspan="5">UDP 用户数据报</td><td>IP 首部</td></tr>
</table>

RIP - 2 报文中的路由部分由若干个路由信息组成，每个路由信息需要占用 20 个字节，地址簇标识符（又称为地址类别）字段用来标志所使用的地址协议，路由标记则需要填入自治系统的号码，这是考虑使 RIP 协议有可能收到本自治系统以外的路由选择信息而做的预留，

下面的各个字段指出了网络地址、该网络的子网掩码、下一跳路由器地址，以及到此网络的距离。

7.2.2 开放最短路径优先算法

开放式最短路径优先（open shortest path first，OSPF）是一个内部网关协议，用于在单一自治系统（autonomous system，AS）内决策路由，是对链路状态路由协议的一种实现，隶属内部网关协议，因此工作于自治系统内部，著名的迪克斯加算法（Dijkstra）被用来计算最短路径树。OSPF 协议包括 OSPF v2 和 OSPF v3 2 个版本，其中 OSPF v2 用在 IPv4 网络，OSPF v3 用在 IPv6 网络，OSPF v2 是由 RFC 2328 定义的，OSPF v3 是由 RFC 5340 定义的，与 RIP 协议相比，OSPF 是链路状态协议，而 RIP 是距离矢量协议。

OSPF 使用洪泛的方法向本自治系统中所有路由器发送信息，发送的信息就是与本路由器相邻的所有路由器的链路状态，但这只是路由器所知道的部分信息，“链路状态”用于说明本路由器都和哪些路由器相邻，以及该链路的度量，只有当链路状态发生变化时，路由器才用洪泛法向所有路由器发送此信息。

由于各个路由器之间需要频繁地交换链路状态信息，因此所有的路由器最终都能够建立 1 个链路状态数据库，其实，这个数据库实际上就是全网的拓扑结构图，它在全网范围内是一致的，也被称为链路状态数据库的同步。OSPF 协议的链路状态数据库能较快地进行更新，使各个路由器能及时更新其路由表，OSPF 协议所表现出来的 1 个重要优点是其更新过程收敛较快。

为了使 OSPF 能够用于规模很大的网络，OSPF 将 1 个自治系统再划分为若干个更小的范围，这个范围称为区域，每 1 个区域都有 1 个 32 位的区域标识符（用点分十进制表示），区域也不能太大，在一个区域内的路由器最好不超过 200 个，利用 OSPF 划分的两种不同的区域如图 7-1 所示。

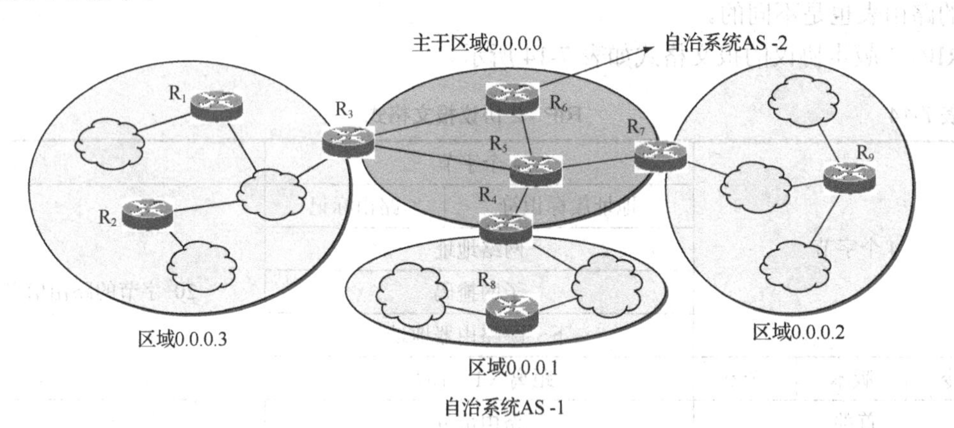

图 7-1 基于 OSPF 的 2 种不同区域示意图

划分区域的好处是，利用洪泛法交换链路状态信息的范围，局限于每 1 个区域而不是整个的自治系统，这就减少了整个网络上的通信量，在一个区域内部的路由器，只知道本区域的完整网络拓扑，而并不知道其他区域的网络拓扑的情况，OSPF 协议使用层次结构的区域划分，在上层的区域叫作主干区域（backbone area），主干区域的标识符规定为 0.0.0.0，主干区域的作用是用来连通位于其下层的区域。

OSPF协议的工作特点如下。

（1）OSPF不用UDP而是直接用IP数据报传送。

（2）由于OSPF构成的数据报很短，因此可减少路由信息的通信量，同时，可以不必将长的数据报分片传送，因为分片传送的数据报只要丢失1个，就无法组装成原来的数据报，而整个数据报就必须重传。

（3）OSPF对不同的链路，可根据IP分组的不同服务类型设置成不同的代价，因此，OSPF对于不同类型的业务可计算出不同的路由。

（4）实现多路径间的负载平衡，如果到同1个目的网络有多条相同代价的路径，那么可以将通信量分配给这几条路径。

（5）所有在OSPF路由器之间交换的分组都具有鉴别功能。

（6）支持可变长度的子网划分和无分类编址CIDR。

OSPF分组结构如表7-15所示。

表7-15 开放最短路径优先协议分组结构表

<table>
<tr><td>0</td><td>8</td><td>16　　　　31</td><td rowspan="6">24个字节的OSPF分组首部</td></tr>
<tr><td>版本</td><td>类型</td><td>分组长度</td></tr>
<tr><td colspan="3">路由器标识符（报文发送方路由器的32位IP地址）</td></tr>
<tr><td colspan="3">区域标识符</td></tr>
<tr><td colspan="2">校验和</td><td>鉴别类型（类型0为无鉴别，类型1为简单口令鉴别，类型2为密码学鉴别）</td></tr>
<tr><td colspan="3">鉴别</td></tr>
<tr><td colspan="4">类型1至类型5的OSPF分组</td></tr>
</table>

OSPF的5种分组类型分别是：类型1为问候（hello）分组；类型2为数据库描述（database description）分组，类型3为链路状态请求（link state request）分组，类型4为链路状态更新（link state update）分组，用洪泛法对全网更新链路状态，以及类型5链路状态确认（link state acknowledgment）分组。

7.2.3 边界网关协议

随着因特网的规模不断扩大，使得自治系统之间路由选择也愈发困难，对于自治系统之间的路由选择，要寻找最佳路由是很不现实的，当1条路径通过几个不同AS时，要想对这样的路径计算出有意义的代价是不太可能的，比较合理的做法是在AS之间交换“可达性”信息，自治系统之间的路由选择必须考虑有关策略，因此，边界网关协议BGP只能是力求寻找一条能够到达目的网络、且比较好的路由方式，而并非要寻找1条最佳路由。

BGP是不同自治系统的路由器之间交换路由信息的协议，BGP - 4提供了一套新的机制以支持无类域间路由，这些机制包括支持网络前缀的通告、取消BGP网络中有关“类”的概念，BGP - 4也引入机制支持路由聚合，包括AS路径的集合，BGP - 4采用了路由向量路由协议，在配置BGP时，每1个自治系统的管理员要选择至少1个路由器作为该自治系统的“BGP发言人”。

1个BGP发言人与其他自治系统中的BGP发言人要交换路由信息，就要先建立TCP连接，然后在此连接上交换 BGP 报文以建立 BGP 会话（session），利用 BGP 会话交换路由信息。使用 TCP 连接能提供可靠的服务，也简化了路由选择协议，使用 TCP 连接交换路由信息的 2 个 BGP 发言人，彼此成为对方的邻站或对等站。

BGP - 4 共使用 4 种报文类型来建立路由信息，分别如下。

（1）Open 消息：Open 消息是 TCP 连接建立后发送的第一个消息，用于建立 BGP 对等体之间的连接关系；

（2）Keepalive 消息：BGP 会周期性地向对等体发出 Keepalive 消息，用来保持连接的有效性；

（3）Update 消息：Update 消息用于在对等体之间交换路由信息，它既可以发布可达路由信息，也可以撤销不可达路由信息；

（4）Notification 消息：当 BGP 检测到错误状态时，就向对等体发出 Notification 消息，之后 BGP 连接会立即中断。

BGP 邻居建立中的状态和过程描述如下。

（1）空闲（Idle）：为初始状态，当协议激活后开始初始化，复位计时器，并发起第 1 个 TCP 连接，开始倾听远程对等体所发起的连接，同时转向 Connect 状态。

（2）连接（Connect）：开始 TCP 连接并等待 TCP 连接成功的消息，如果 TCP 连接成功，则进入 OpenSent 状态；如果 TCP 连接失败，进入 Active 状态。

（3）行动（Active）：BGP 总是试图建立 TCP 连接，若连接计时器超时，则退回到 Connect 状态，TCP 连接成功就转为 Open sent 状态。

（4）OPEN 发送（Open sent）：TCP 连接已建立，自己已发送第一个 OPEN 报文，等待接收对方的 Open 报文，并对报文进行检查，若发现错误则发送 Notification 消息报文并退回到 Idle 状态。若检查无误，则发送 Keepalive 消息报文，Keepalive 计时器开始计时，并转为 Open confirm 状态。

（5）OPEN 证实（Open confirm）：BGP 等待 Keepalive 报文，同时复位保持计时器。如果收到了 Keepalive 报文，就转为 Established 状态，邻居关系协商完成。如果系统收到一条更新或 Keepalive 消息，它将重新启动保持计时器；如果收到 Notification 消息，BGP 就退回到空闲状态。

（6）已建立（Established）：即建立了邻居（对等体）关系，路由器将和邻居交换 Update 报文，同时复位保持计时器。

7.2.4 IP 交换技术与 ATM 技术的融合

IPOA（IP Over ATM）是在 ATM-LAN 上传送 IP 数据包的一种技术，它规定了利用 ATM 网络在 ATM 终端间建立连接，特别是建立交换型虚连接（switched virtual circuit，SVC）进行 IP 数据通信的规范。

类似以太网，IP 数据包在 ATM 网络上的传输也必须进行 IP 地址绑定，ATM 给每 1 个连接的节点分配 1 个 ATM 物理地址，当建立虚连接时，必须使用这个物理地址，但由于 ATM 硬件不支持广播，所以 IP 无法使用传统的 ARP 将其地址绑定到 ATM 地址。在 ATM 网络中，每 1 个 IP 子网中配置至少 1 个 ATM ARP 服务器以完成地址绑定工作。

IPOA 的主要功能有 2 个：地址解析和数据封装。地址解析就是完成地址绑定功能，对于PVC来说，1个终端可能只知道PVC的VPI/VCI标识，而不知道远地主机的IP地址和ATM地址，这就需要IP解析机制能够识别连接在1条PVC上的远程计算机。

对于SVC来说，地址解析较为复杂，需要2级地址解析过程。首先，当需要建立SVC时，必须把目的端的IP地址解析成ATM地址；其次，当在1条已有的SVC上传输数据包时，目的端的IP地址必须映射成SVC的VPI/VCI标识。

此外，对于IP数据包的封装，有2种封装形式可以采用。

（1）VC封装：一条VC用于传输一种特定的协议数据（如IP数据和ARP数据），传输效率很高；

（2）多协议封装：使用同1条VC传输多种协议数据，这样必须给数据加上类型字段。

ATM网络是面向连接的，TCP/IP只是将其作为像以太网一样的另一种物理网络来看待，从TCP/IP的协议体系结构来看，除了要建立虚连接之外，IPOA与网络接口层完成的功能类似，即完成IP地址到硬件地址（ATM地址）的映射过程、封装并发送输出的数据分组、接收输入的数据分组并将其发送到对应的模块。并且，除了以上功能之外，网络接口还负责与硬件通信（设备驱动程序也属于网络接口层）。

7.3 路由与交换

路由器是1种具有多个输入端口和多个输出端口的专用计算机，其任务是转发分组。也就是说，将路由器某个输入端口收到的分组，按照分组要去的目的地（即目的网络），把该分组从路由器的某个合适的输出端口转发给下一跳路由器，下一跳路由器也按照这种方法处理分组，直到该分组到达终点为止。

以太网交换机实际是1个基于网桥技术的多端口第2层网络设备，它为数据帧从1个端口到另1个任意端口的转发提供了低时延、低开销的通路。交换机内部核心处有一个交换矩阵，为任意两端口间的通信提供通路，或是1个快速交换总线，以使由任意端口接收的数据帧从其他端口送出。

7.3.1 集线器、以太网交换机与路由器

“转发”（forwarding）是路由器根据转发表将用户的IP数据报从合适的端口转发出去，而“路由选择”（routing）则是按照分布式算法，根据从各相邻路由器得到的关于网络拓扑的变化情况，动态地改变所选择的路由。

路由器是OSI协议模型的网络层中的分组交换设备（或网络层中继设备），路由器的基本功能是把数据信息（IP报文）传送到正确的网络。在主干网上，路由器的主要作用是路由选择，对于主干网上的路由器，必须知道到达所有下层网络的路径，这需要维护庞大的路由表，并对连接状态的变化做出尽可能迅速的反应，路由器的故障将会导致严重的信息传输问题。

在广域网中，路由器的主要作用是网络连接和路由选择，即连接下层各个基层网络单位——区域网，同时负责下层网络之间的数据转发。

在区域网内部，路由器的主要作用是分隔子网。早期的互连网基层单位是局域网（LAN），其中所有主机处于同一逻辑网络中，随着网络规模的不断扩大，局域网演变成以高速主干和路由器连接的多个子网所组成的园区网，在这之中，数个子网在逻辑上独立，而路由器就是

唯一能够分隔它们的设备，它负责子网间的报文转发和广播隔离，在边界上的路由器则负责与上层网络的连接。

最初的交换机是工作在 OSI / RM 开放体系结构的数据链路层，也就是第 2 层，而路由器一开始就设计工作在 OSI 模型的网络层，由于交换机工作在 OSI 的第 2 层（数据链路层），所以它的工作原理比较简单，而路由器工作在 OSI 的第 3 层（网络层），可以得到更多的协议信息，路由器可以做出更加智能的转发决策。

根据交换机地址学习和站表建立算法，交换机之间不允许存在回路，一旦存在回路，必须启动生成树算法，阻塞掉产生回路的端口，而路由器的路由协议没有这个问题，路由器之间可以有多条通路平衡负载，以提高可靠性。

交换机只能识别 MAC 地址，MAC 地址是物理地址，而且采用平坦的地址结构，因此不能根据 MAC 地址来划分子网，而路由器识别的是 IP 地址，IP 地址由网络管理员分配，是逻辑地址，且 IP 地址具有层次结构，被划分成网络号和主机号，可以方便地用于划分子网，路由器的主要功能就是用于连接不同的网络。

交换机之间只能有 1 条通路，使得信息集中在 1 条通信链路上，不能进行动态分配，以平衡负载。而路由器的路由协议算法可以避免这一点，OSPF 路由协议算法不但能产生多条路由，而且能为不同的网络应用选择各自不同的最佳路由。

交换机只能缩小冲突域，而不能缩小广播域。整个交换式网络就是一个大的广播域，广播报文扩散到整个交换式网络。而路由器可以隔离广播域，广播报文不能通过路由器继续进行广播。

交换机作为桥接设备也能完成不同链路层和物理层之间的转换，但这种转换过程比较复杂，目前交换机主要完成相同或相似物理介质和链路协议的网络互连，而不会用来在物理介质和链路层协议相差甚远的网络之间进行互连。而路由器则不同，它主要用于不同网络之间互连，因此能连接不同物理介质、链路层协议和网络层协议的网络，路由器在功能上虽然占据了优势，但报文转发速度低。

典型的路由器的结构如图 7-2 所示。

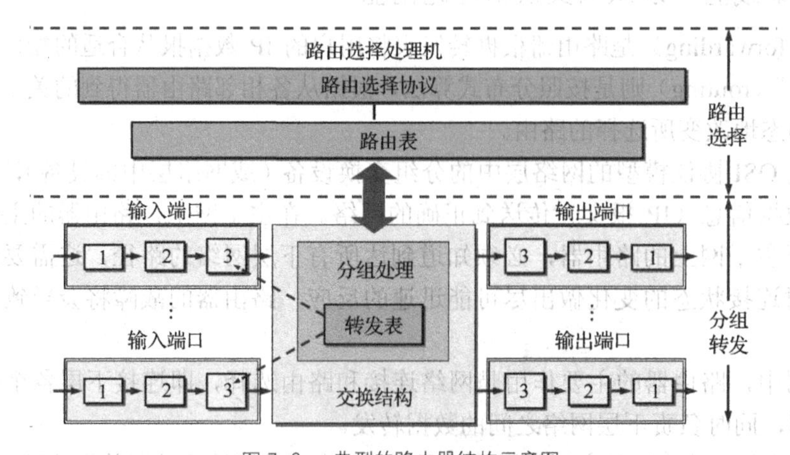

图 7-2　典型的路由器结构示意图

数据链路层剥去帧首部和尾部后，将分组送到网络层的队列中排队等待处理，这会产生一定的时延，对交换结构传送过来的分组先进行缓存，数据链路层处理模块将分组加上链路层的首部和尾部，交给物理层后发送到外部线路。

若路由器处理分组的速率赶不上分组进入队列的速率，则队列的存储空间最终必定减少到零，这就使后面再进入队列的分组由于没有存储空间而只能被丢弃，路由器中的输入或输出队列产生溢出是造成分组丢失的重要原因。

7.3.2 IP网络检测实用工具

提到网络检测实用工具，ping应该是首当其冲，ping是个使用频率极高的实用程序，用于确定本地主机是否能与另一台主机交换（发送与接收）数据报。根据返回的信息，就可以推断TCP/IP参数是否设置得正确，以及运行是否正常。同时，成功地与另1台主机进行1次或2次数据报交换并不表示TCP/IP配置就是正确的，而必须执行大量的本地主机与远程主机的数据报交换，才能确信TCP/IP的正确性。简单地说，ping就是一个测试程序，如果ping运行正确，大体上就可以排除网络访问层、网卡、MODEM的输入输出线路、电缆和路由器等是否存在故障，从而减小了问题的范围。

按照缺省设置，运行ping命令将发送4个icmp（网间控制报文协议）回送请求，每个32字节数据，如果一切正常，可以得到4个回送应答。

ping能够以毫秒为单位显示发送回送请求到返回回送应答之间的时间量，如果应答时间短，表示数据报不必通过太多的路由器或网络连接速度比较快。ping还能显示ttl（time to live存在时间）值，通过ttl值可以推算数据包已经通过了多少个路由器：源地点ttl起始值（比返回ttl略大的一个2的乘方数）-返回时ttl值。例如，返回ttl值为119，那么可以推算数据报离开源地址的ttl起始值为128，而源地点到目标地点要通过9个路由器网段（128～119）；如果返回ttl值为246，ttl起始值就是256，则可以得到源地点到目标地点要通过10个路由器网段。

1. ping指令

利用ping指令对127.0.0.1地址及localhost做网络操作时，localhost是系统的网络保留名，每台计算机都应该能够将该名字转换成对应的地址，显示结果如图7-3所示。

```
命令提示符
C:\Users\dundun>ping 127.0.0.1

正在 Ping 127.0.0.1 具有 32 字节的数据:
来自 127.0.0.1 的回复: 字节=32 时间<1ms TTL=64
来自 127.0.0.1 的回复: 字节=32 时间<1ms TTL=64
来自 127.0.0.1 的回复: 字节=32 时间<1ms TTL=64
来自 127.0.0.1 的回复: 字节=32 时间<1ms TTL=64

127.0.0.1 的 Ping 统计信息:
    数据包: 已发送 = 4，已接收 = 4，丢失 = 0 (0% 丢失)，
往返行程的估计时间(以毫秒为单位):
    最短 = 0ms，最长 = 0ms，平均 = 0ms

C:\Users\dundun>ping localhost

正在 Ping dundun-PC [::1] 具有 32 字节的数据:
来自 ::1 的回复: 时间<1ms
来自 ::1 的回复: 时间<1ms
来自 ::1 的回复: 时间<1ms
来自 ::1 的回复: 时间<1ms

::1 的 Ping 统计信息:
    数据包: 已发送 = 4，已接收 = 4，丢失 = 0 (0% 丢失)，
往返行程的估计时间(以毫秒为单位):
    最短 = 0ms，最长 = 0ms，平均 = 0ms

C:\Users\dundun>
```

图7-3 ping指令对127.0.0.1地址进行操作

对目的域名执行 ping 命令，计算机必须先将域名转换成 IP 地址，通常是通过 dns 服务器，如果这里出现故障，则表示 dns 服务器的 IP 地址配置不正确或 dns 服务器有故障（对于拨号上网用户，某些 isp 已经不需要设置 dns 服务器了）。同时，也可以利用该命令实现域名对 IP 地址的转换功能。

2016 年，美国互联网制图工程师约翰·马瑟利（John Matherly）便利用“ping”这一指令，将全球所有的 IP 都“扫描”了一遍，得到了全球互联网接入设备的具体分布情况，如图 7-4 及图 7-5 所示。

图 7-4　2016 年全球互联网接入设备分布示意图

图 7-5　2014 年全球互联网接入设备分布示意图

ping 指令的参数列表与功能说明如表 7-16 所示。

表 7-16　　ping 指令参数功能表

参数	功能说明
- t	设置 ping 不断向指定的计算机发送报文，按【Ctrl】+【Break】可以查看统计信息或继续运行，直到按【Ctrl】+【c】键中断
- a	用来将 IP 地址解析为计算机名
- f	告诉 ping 不要将报文分段（如果用一 1 设置了一个分段的值，则信息就不发送，并显示关于 DF 标志的信息）
- n	指定 ping 发送请求的测试包的个数，缺省值为 4
- l	发送由 size 指定数据大小的回应网络包
- i	指定有效时间（TTL）（可取的值为 1 到 255）
- v	使用户可以改变 IP 数据报中服务的类型（TOS：type of service）
- r	请求和回答的路由。最小 1 个主机，最多 9 个主机可以被记录
- s	提供转接次数的时间信息，次数由 count 的值决定
- j	以最多 9 个主机名指定非严格的源路由主机（非严格源路由主机是指在主机间可以有中间的路由器），注意 j 和-k 选项是互斥的
- k	以最多 9 个主机名指定严格的源路由主机（严格源路由主机是指在主机间不可以有中间的路由器）
- w	指定回答的超时值，以毫秒为单位

ping 指令的基本语法结构是：ping [- t] [- a] [- n count] [- l length] [- f] [- i ttl] [- v tos] [- r count] [- s count] [- j computer-list] | [- k computer - list] [- w timeout] destination - list，并且，当输入“ping　/?”时，可以得到 ping 指令相关参数的具体的说明，如图 7-6 所示。

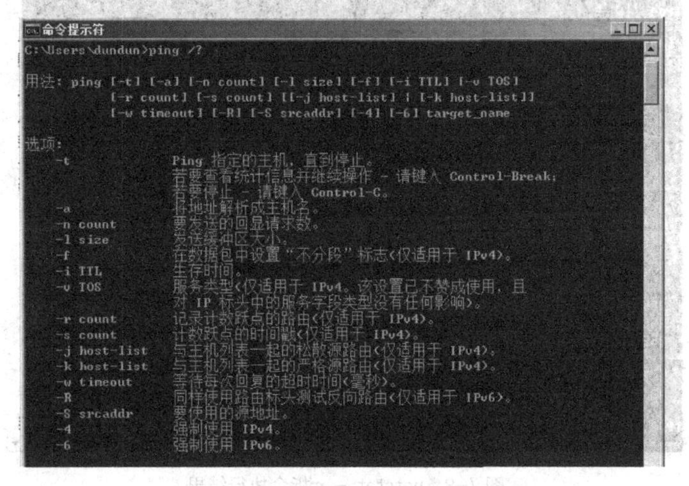

图 7-6　Ping 指令的基本语法结构

2．netstat 指令

netstat 指令用于显示与 ip、tcp、udp 和 icmp 协议相关的统计数据，也包括检验本机各端口的网络连接情况。在命令提示符中输入“netstat - a”命令，可显示所有网络连接和侦听端口，包括已建立的连接（established），也包括监听连接请求（listening）的那些连接，如图7-7所示。

```
命令提示符
C:\Users\dundun>netstat -a

活动连接

  协议  本地地址              外部地址              状态
  TCP    0.0.0.0:135            dundun-PC:0            LISTENING
  TCP    0.0.0.0:445            dundun-PC:0            LISTENING
  TCP    0.0.0.0:19531          dundun-PC:0            LISTENING
  TCP    0.0.0.0:49152          dundun-PC:0            LISTENING
  TCP    0.0.0.0:49153          dundun-PC:0            LISTENING
  TCP    0.0.0.0:49154          dundun-PC:0            LISTENING
  TCP    0.0.0.0:49155          dundun-PC:0            LISTENING
  TCP    0.0.0.0:49156          dundun-PC:0            LISTENING
  TCP    127.0.0.1:4300         dundun-PC:0            LISTENING
  TCP    127.0.0.1:4301         dundun-PC:0            LISTENING
  TCP    127.0.0.1:27018        dundun-PC:0            LISTENING
  TCP    127.0.0.1:49164        dundun-PC:49165        ESTABLISHED
  TCP    127.0.0.1:49165        dundun-PC:49164        ESTABLISHED
  TCP    127.0.0.1:49517        dundun-PC:49518        ESTABLISHED
  TCP    127.0.0.1:49518        dundun-PC:49517        ESTABLISHED
  TCP    172.23.192.2:139       dundun-PC:0            LISTENING
  TCP    172.23.192.2:49199     183.60.49.183:https    ESTABLISHED
  TCP    172.23.192.2:49217     101.199.97.164:http    ESTABLISHED
  TCP    172.23.192.2:49247     111.175.221.58:http    CLOSE_WAIT
```

图7-7 netstat - a指令执行结果

“netstat - r”指令可以显示关于路由表的信息，类似于使用“route print”命令时看到的信息，除了显示有效路由外，还显示当前有效的连接，如图7-8所示。

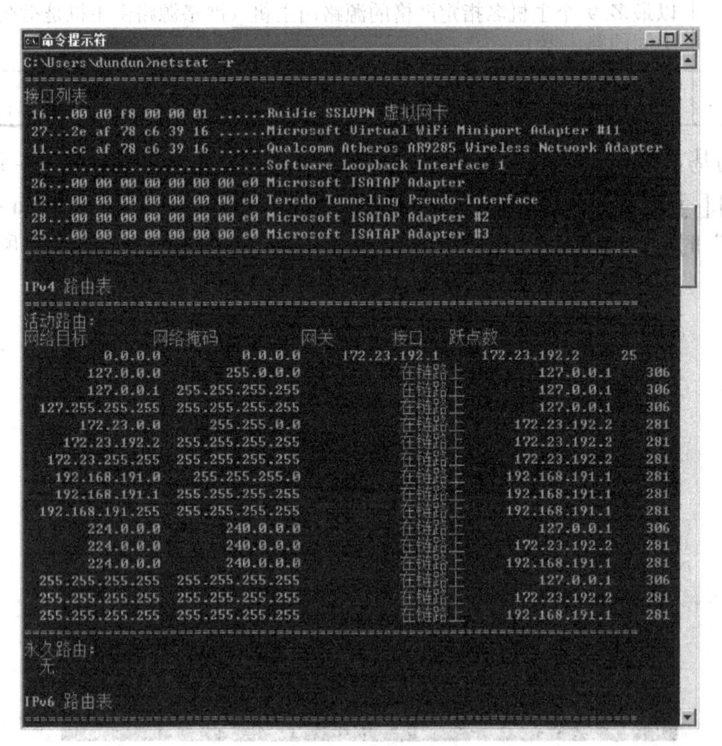

图7-8 netstat - r指令执行结果

“netstat - n”指令执行时，可显示已创建的有效连接，并以数字的形式显示本地地址和端口号，如图7-9所示。

```
命令提示符
C:\Users\dundun>netstat -n

活动连接

  协议  本地地址              外部地址               状态
  TCP    127.0.0.1:49164        127.0.0.1:49165        ESTABLISHED
  TCP    127.0.0.1:49165        127.0.0.1:49164        ESTABLISHED
  TCP    127.0.0.1:49517        127.0.0.1:49518        ESTABLISHED
  TCP    127.0.0.1:49518        127.0.0.1:49517        ESTABLISHED
  TCP    172.23.192.2:49199     183.60.49.183:443      ESTABLISHED
  TCP    172.23.192.2:49247     111.175.221.58:80      CLOSE_WAIT
  TCP    172.23.192.2:49258     183.61.38.181:80       CLOSE_WAIT
  TCP    172.23.192.2:50231     221.233.41.25:80       CLOSE_WAIT
  TCP    172.23.192.2:50232     183.3.235.113:80       CLOSE_WAIT
  TCP    172.23.192.2:50233     180.153.163.178:80     CLOSE_WAIT
  TCP    172.23.192.2:50234     183.61.49.176:80       CLOSE_WAIT
  TCP    172.23.192.2:50327     220.181.163.54:80      CLOSE_WAIT
  TCP    172.23.192.2:50337     106.120.165.224:80     ESTABLISHED
  TCP    172.23.192.2:50343     180.149.131.247:80     FIN_WAIT_1
```

图 7-9 netstat - n 指令执行结果

运行“netstat - s”指令，可显示每个协议的各类统计数据，查看网络存在的连接，显示数据包的接收和发送情况，如图 7-10 所示。

```
命令提示符
C:\Users\dundun>netstat -s

IPv4 统计信息

  接收的数据包                    = 16934
  接收的标头错误                  = 0
  接收的地址错误                  = 0
  转发的数据报                    = 0
  接收的未知协议                  = 0
  丢弃的接收数据包                = 104
  传送的接收数据包                = 17957
  输出请求                        = 38009
  路由丢弃                        = 0
  丢弃的输出数据包                = 82
  输出数据包无路由                = 10
  需要重新组合                    = 0
  重新组合成功                    = 0
  重新组合失败                    = 0
  数据报分段成功                  = 0
  数据报分段失败                  = 0
  分段已创建                      = 0

IPv6 统计信息

  接收的数据包                    = 12
  接收的标头错误                  = 0
  接收的地址错误                  = 0
```

图 7-10 netstat - s 指令执行结果

“netstat - e”指令执行时，可显示关于以太网的统计数据，包括传送的字节数、数据包、错误等，如图 7-11 所示。

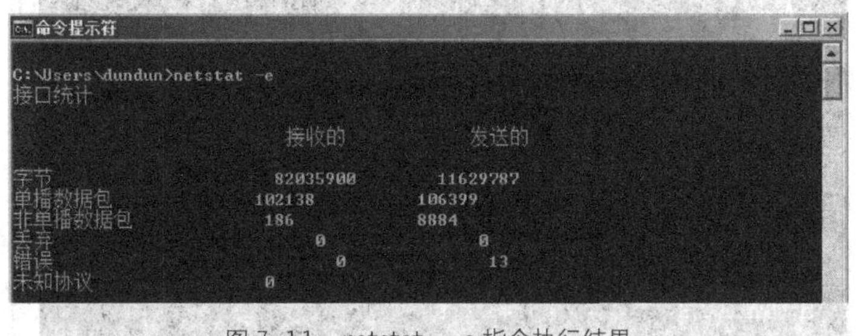

图 7-11 netstat - e 指令执行结果

3. ipconfig 指令

ipconfig 指令可用于显示当前的 tcp/ip 配置的设置值，这些信息一般用来检验人工配置的

tcp/ip 设置是否正确，并且，如果终端和所在的局域网使用了动态主机配置协议（dynamic host configuration protocol，DHCP），ipconfig 可以了解计算机是否成功的分配到一个 IP 地址，如果成功分配，则可以分析出它当前分配到的是什么地址，以及计算机当前的 IP 地址、子网掩码和缺省网关。

当使用 ipconfig 指令，并且不带任何参数选项时，那么它为每个已经配置了的接口显示 IP 地址、子网掩码和缺省网关值，如图 7-12 所示。

```
命令提示符

C:\Users\dundun>ipconfig

Windows IP 配置

以太网适配器 本地连接* 9:

   媒体状态  . . . . . . . . . . . . : 媒体已断开
   连接特定的 DNS 后缀 . . . . . . . :

无线局域网适配器 无线网络连接 12:

   连接特定的 DNS 后缀 . . . . . . . :
   本地链接 IPv6 地址. . . . . . . . : fe80::529:5aed:dde8:152a%27
   IPv4 地址 . . . . . . . . . . . . : 192.168.191.1
   子网掩码  . . . . . . . . . . . . : 255.255.255.0
   默认网关. . . . . . . . . . . . . :

无线局域网适配器 无线网络连接:

   连接特定的 DNS 后缀 . . . . . . . : workgroup
   本地链接 IPv6 地址. . . . . . . . : fe80::b08a:6b65:ffa1:696f%11
   IPv4 地址 . . . . . . . . . . . . : 172.23.192.2
   子网掩码  . . . . . . . . . . . . : 255.255.0.0
   默认网关. . . . . . . . . . . . . : 172.23.192.1

隧道适配器 isatap.{F9D25EE2-3046-4541-A238-9672E3A45923}:

   媒体状态  . . . . . . . . . . . . : 媒体已断开
   连接特定的 DNS 后缀 . . . . . . . :
```

图 7-12　ipconfig 指令执行结果

当使用 all 选项时，即“ipconfig　/all”指令，ipconfig 能为 DNS 和 WINS 服务器显示它已配置且所要使用的附加信息（如 IP 地址等），并且显示内置于本地网卡中的物理地址（MAC）。如果 IP 地址是从 DHCP 服务器租用的，ipconfig 将显示 DHCP 服务器的 IP 地址和租用地址预计失效的日期，如图 7-13 所示。

```
命令提示符

C:\Users\dundun>ipconfig /all

Windows IP 配置

   主机名  . . . . . . . . . . . . . : dundun-PC
   主 DNS 后缀 . . . . . . . . . . . :
   节点类型  . . . . . . . . . . . . : 混合
   IP 路由已启用 . . . . . . . . . . : 否
   WINS 代理已启用 . . . . . . . . . : 否
   DNS 后缀搜索列表  . . . . . . . . : workgroup

以太网适配器 本地连接* 9:

   媒体状态  . . . . . . . . . . . . : 媒体已断开
   连接特定的 DNS 后缀 . . . . . . . :
   描述. . . . . . . . . . . . . . . : RuiJie SSLVPN 虚拟网卡
   物理地址. . . . . . . . . . . . . : 00-D0-F8-00-00-01
   DHCP 已启用 . . . . . . . . . . . : 是
   自动配置已启用. . . . . . . . . . : 是

无线局域网适配器 无线网络连接 12:
```

图 7-13　ipconfig /all 指令执行结果

ipconfig 指令关键参数及其功能说明如表 7-17 所示。

表 7-17 ipconfig 指令关键参数及其功能说明

参数	指令	功能说明
/ all	ipconfig/all	显示本机 TCP/IP 配置的详细信息
/ release	ipconfig/release	DHCP 客户端手工释放 IP 地址
/ renew	ipconfig/renew	DHCP 客户端手工向服务器刷新请求
/ flushdns	ipconfig/flushdns	清除本地 DNS 缓存内容
/ displaydns	ipconfig/displaydns	显示本地 DNS 内容
/ registerdns	ipconfig/registerdns	DNS 客户端手工向服务器进行注册
/ showclassid	ipconfig/showclassid	显示网络适配器的 DHCP 类别信息
/ setclassid	ipconfig/setclassid	设置网络适配器的 DHCP 类别
/ renew	ipconfig/renew " Local Area Connection "	更新 "本地连接" 适配器的由 DHCP 分配 IP 地址的配置
/ showclassid	ipconfig/showclassid Local *	显示名称以 Local 开头的所有适配器的 DHCP 类别 ID
/ setclassid	ipconfig/setclassid " Local Area Connection " TEST	将 "本地连接" 适配器的 DHCP 类别 ID 设置为 TEST

4. arp 指令

作为重要的 tcp/ip 协议之一，arp 协议用于确定对应 ip 地址的网卡物理地址，使用 arp 命令，能够查看本地计算机或另一台计算机的 arp 高速缓存中的当前内容。此外，使用 arp 命令，也可以用人工方式输入静态的网卡物理/ip 地址对，能够使用这种方式为缺省的网关和本地服务器等进行静态地址操作，有助于减少网络上的信息量。

按照缺省设置，arp 高速缓存中的项目是动态的，每当发送一个指定地点的数据报，且高速缓存中不存在当前项目时，arp 便会自动添加该项目。一旦高速缓存的项目被输入，它们就已经开始走向失效状态。例如，在 Windows NT 网络中，如果输入项目后不进一步使用，物理/ip 地址对就会在 2 至 10 分钟内失效。因此，如果 arp 高速缓存中项目很少或根本没有时，也属于正常情况，通过另一台计算机或路由器的 ping 命令即可添加。所以，需要通过 arp 命令查看高速缓存中的内容时，最好能够先 ping 此台计算机（不能是本机发送 ping 命令），基本语法结构为：arp [- a [Inet Addr] [- N Iface Addr]] [- g [Inet Addr] [- N Iface Addr]] [- d Inet Addr [Iface Addr]] [- s Inet Addr Ether Addr [Iface Addr]]。显示所有接口的当前 arp 缓存表执行结果如图 7-14 所示。

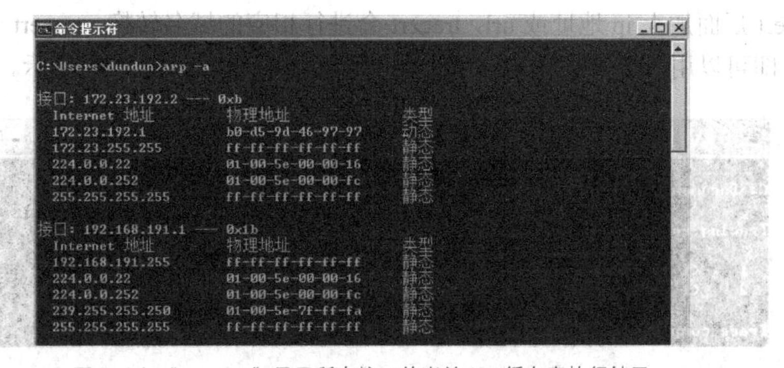

图 7-14 "arp - a" 显示所有接口的当前 ARP 缓存表执行结果

arp 指令关键参数及其功能说明如表 7-18 所示。

表 7-18 arp 指令关键参数及其功能说明

参数	指令	功能说明
- a	arp - a	用于查看高速缓存中的所有项目
- a Ip	arp - a Ip	如果有多个网卡，那么使用 arp - a 加上接口的 Ip 地址，就可以只显示与该接口相关的 ARP 缓存项目
- s Ip	arp - s Ip 物理地址	向 ARP 高速缓存中人工输入一个静态项目，该项目在计算机引导过程中将保持有效状态，或者在出现错误时，人工配置的物理地址将自动更新该项目
- d Ip	arp - d Ip	使用该命令能够人工删除一个静态项目

5. tracert 指令

tracert（跟踪路由）是路由跟踪实用指令，用于确定 IP 数据包访问目标所采取的路径，tracert 命令使用 IP 生存时间（TTL）字段，以及 ICMP 错误消息来确定从一个主机到网络上通信主机的路由，其语法格式为：tracert [- d] [- h maximum_hops] [- j computer - list] [- w timeout] target_name。关键参数及其功能说明如表 7-19 所示。

表 7-19 tracert 指令关键参数及其功能说明

参数	功能说明
- d	指定不将地址解析为计算机名
- h maximum_hops	指定搜索目标的最大值
- j host - list	与主机列表一起的松散源路由（仅适用于 IPv4），指定沿 host - list 的稀疏源路由列表序进行转发。host-list 是以空格隔开的多个路由器 IP 地址，最多 9 个
- w timeout	等待每个回复的超时时间（以 ms 为单位）
- r	跟踪往返行程路径（仅适用于 IPv6）
-S src addr	要使用的源地址（仅适用于 IPv6）

在 tracert 后面加上 ip 地址或 url，tracert 会进行相应的域名转换，tracert 一般用来检测故障的位置，即可以用 tracert ip 确定在哪个环节上出了问题，如图 7-15 所示。

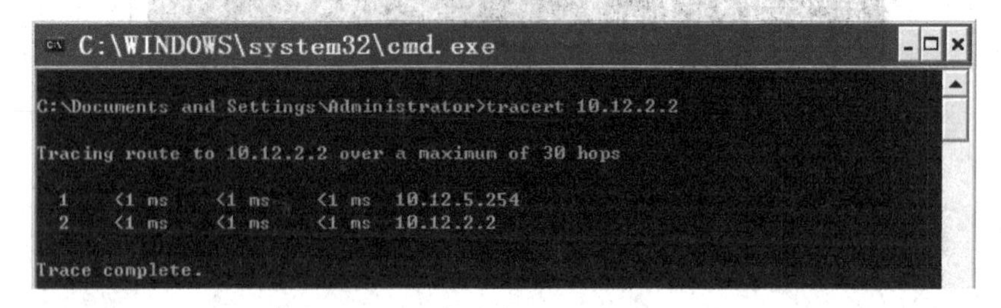

图 7-15 TRACERT 指令运行结果

6. route 指令

主机一般是驻留在只连接一台路由器的网段上，由于只有一台路由器，因此不存在使用哪一台路由器将数据报发表到远程计算机上去的问题，该路由器的 IP 地址可作为该网段上所有计算机的缺省网关来输入。

但是，当网络上拥有 2 个或多个路由器时，需要让某些远程 IP 地址通过特定的路由器来传递，而其他的远程 IP 则通过另一个路由器来传递，在这种情况下，需要相应的路由信息，这些信息储存在路由表中，每个主机和每个路由器都配有自己独一无二的路由表。大多数路由器使用专门的路由协议来交换和动态更新路由器之间的路由表。但在有些情况下，必须人工将项目添加到路由器和主机上的路由表中，route 指令就是用来显示、人工添加和修改路由表项目的。

route 指令的基本语法表示为：route [- f] [- p] [Command] [Destination] [mask Netmask] [Gateway] [metric Metric] [if Interface]，利用 route 指令对网络路由表进行操作，如图 7-16 所示。

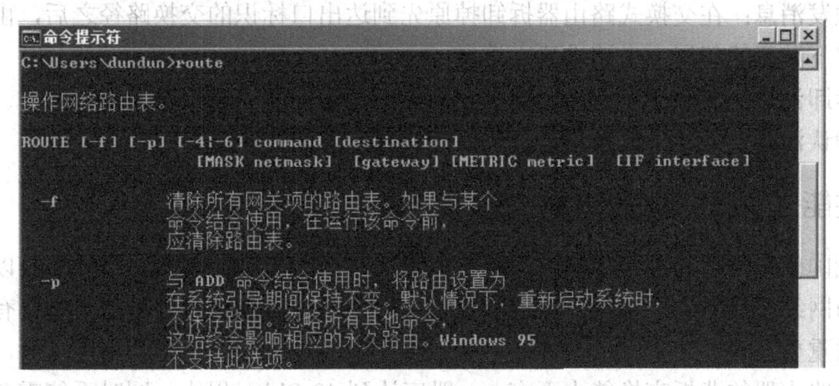

图 7-16 route 指令对网络路由表进行操作

关键参数及其功能说明如表 7-20 所示。

表 7-20 route 指令关键参数及其功能说明

参数	功能说明
- f	清除所有不是主路由（网掩码为 255 . 255 . 255 . 255 的路由）、环回网络路由（目标为 127 . 0 . 0 . 0，网掩码为 255 . 255 . 255 . 0 的路由）或多播路由（目标为 224 . 0 . 0 . 0，网掩码为 240 . 0 . 0 . 0 的路由）的条目的路由表
- p	与 add 命令共同使用时，指定路由被添加到注册表并在启动 TCP/IP 协议的时候初始化 IP 路由表
add	添加路由
delete	删除路由
print	打印路由 Destination

7.3.3 基于 IP 的集群路由

基于 IP 交换的集群路由（aggregate route based ip switching，ARIS）架构，通过以介质

的速率交换数据包来改善 IP 的集群吞吐量，就国内而言，华为在长途骨干网的设计中，通过支持 100 GE 接口的 NE 5000 E 路由器集群系统和 40/80 波×100 G 的 OSN 6800/8800 OTN 系统共同组网，能够实现 100 GE 的长距离传送；在骨干边缘网及城域核心网中，采用 NE 5000E 集群路由器 100 GE 接口直连方案，大规模简化网络架构。

建立和管理交换路径的集群路由消息如下。

（1）初始化：由交换式路由器发给它的邻居的第 1 个消息，用来通报是否存在，并且周期性重发，直到收到信息；

（2）保持活动消息：由交换式路由器发给它的邻居，用来通报它继续存在，仅在给定时间内没有其他集群路由消息发给邻居时，该消息才会发出；

（3）建立消息：由交换式路由器周期性地发出，或作为对触发消息的回应，发给它上游的邻居来建立或刷新交换路径，交换式路由器每接收一个要求出口节点的建立消息，就检查路径是否正确，回路是否空闲，如果不满足，将撤销原先的路径，并使用建立消息建立一个新路径；

（4）触发消息：在交换式路由器拆卸掉原先到达出口标识的交换路径之后，由交换式路由器发给它下游新的邻居一个请求建立消息；

（5）拆卸消息：在交换式路由器释放它同出口标识之间的连接时发出；

（6）确认消息：回应集群路由消息，可能肯定也可能否定。

7.4 高性能交换设备体系架构

随着我国信息网络的进一步建设，网络质量的进一步提高，高速、高性能的以太网交换设备将成为网络产品发展的主流，高速交换设备的系统交换能力与处理能力是其有别于一般交换设备的重要体现。

就高速路由器的背板交换能力而言，一般应达到 40 Gbit/s 以上，同时系统需要提供的接口能力至少为 OC - 192/STM - 64，并且是在无须对现有接口卡和通用部件升级的情况下支持兼容性。在设备处理能力方面，当系统满负荷运行时，所有接口能够以线速处理短包，如 40 字节、64 字节，同时，高速路由器的交换矩阵应该能够无阻塞的以线速处理所有接口的交换，且与流量的类型无关。

自 1966 年高锟博士提出光纤的概念，以及 1970 年美国康宁公司首次研制成功损耗为 20 dB/km 的光纤，到现在的普遍光纤传输速率已到达 10 Gbit/s，乃至 40 Gbit/s 的传输速率通信系统也已进入实用阶段。交换设备的性能成为了整个通信网性能提升的关键所在，因此需要从其体系结构和关键技术上挖掘潜力。本节将对高性能交换设备的关键技术及体系架构加以介绍。

7.4.1 高性能交换设备产生的背景

随着全业务 IP 化的发展，从终端、接入、汇聚到核心乃至整个 IP 网络的流量都出现井喷式的增长，由此要求网络运营商能够提供大容量、高转发性能、安全可靠的下一代高性能交换系统来满足日益增长的用户带宽和性能需求。在软件方面主要有特权级别的内核保护等技术，在硬件方面主要有高速报文转发、大容量分组交换等技术。

最初的路由产品是由软件集中进行 IP 包转发的，所有的 IP 包都要经过中心 CPU 进行转发处理，吞吐率比较低，转发能力约几万包每秒。随着软件的分布式转发技术的出现，每个接口板上都有CPU，主控板生成的路由表被下发到各接口板形成转发表，每块接口板根据转发表独立的进行转发工作，转发能力超过100万包每秒，这一类型产品的关键技术是各接口板转发表的刷新和同步技术。

CPU的处理能力增长是每18个月翻一番，与此同时，因特网的流量却每6个月就翻一番，特别是20世纪90年代后期，IP业务呈爆炸式发展，节点设备在接口速率上超过了一度有望成为数据网络主要技术的ATM，ATM交换机的高速接口达到了2.5 Gbit/s，而高速路由器的最高端口速率已达到10 Gbit/s。同时，由于IP技术自身的QoS技术不断发展，包括MPLS技术的引入，服务质量问题正在IP领域逐步得到解决，高速交换设备将是IP数据网络的核心部件。

高速交换设备的发展趋势如下。

（1）基于硬件的交换及分组转发过程成为主流。

（2）并行处理与计算，即基于多个处理器完成转发与交换功能，从而实现分组的高速转发。

（3）基于线速选路机制，实现T比特的转发速率。

（4）基于无阻塞分布式的交换网络结构，完成系统容量及端口数量配置。为了实现完全分布的交换网络，需要在网络与控制、选路与数据转发、数据协议、网络管理、交换配置等关键技术上完善、优化，从而适应网络的分布式结构。

7.4.2 高性能交换设备的关键技术

交换节点的输入端口对线路上收到的分组的处理，是在数据链路层剥去帧首部和尾部后，将分组送到网络层的队列中排队等待处理，这会产生一定的时延，如图7-17所示。

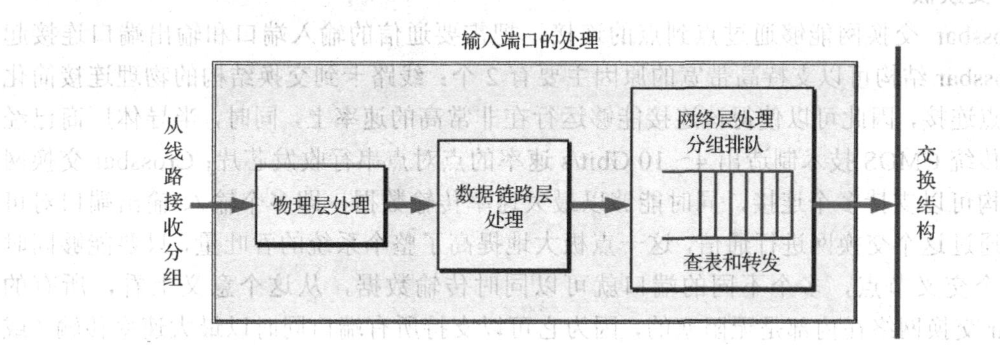

图7-17 输入端口对分组的处理

与此相对应，输出端口将交换结构传送来的分组发送到线路时，对交换结构传送过来的分组先进行缓存，数据链路层处理模块将分组加上链路层的首部和尾部，交给物理层后发送到外部线路，其过程如图7-18所示。

高速交换设备通常由主控板、交换板、线路接口板等核心部件组成，并且它们通过高速背板相连接。由于高速交换设备的整机吞吐量需求非常高，早期网络交换设备的基于背板共享总线传递数据的方式，已不能满足高速数据传递的需要。首先，共享总线不能避免内部冲突；其次，共享总线的负载效应使得高速总线的设计难度很大，在这种背景下，交换结构的引入逐步克服了共享总线的以上缺点。

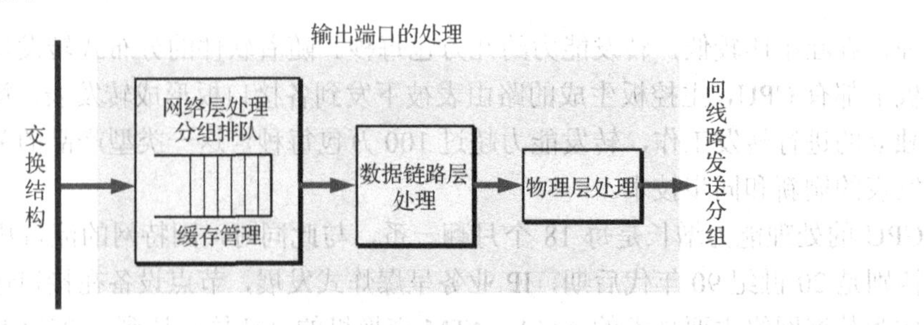

图 7-18 输出端口对分组数据的处理过程

1．主控板

主控板是交换设备的控制中心，中央处理器和存储单元就在主控板中。主控板负责整个交换设备的管理和控制，并且 IP 路由协议在主控板上运行，主控板直接接收来自网络中心的指令，并下发到各接口板执行相应指令，同时各接口板将运行状态和统计数据送回到主控板，由主控板进行必要的处理，需要时发给网管中心。网络中所配置的静态路由及通过运行路由协议生成的动态路由，都将由主控板来进行管理，并下发到各接口板，使各接口板可以独立地进行数据包的转发工作。

主控板的作用在整个交换设备中举足轻重，一旦主控板发生故障，整个交换设备将不能正常工作。对于电信网的核心网络设备来说，要求可用率能够达到 99.999 %，即 1 年的停机时间不能超过 5 分钟，所以，主控板通常配备有 2 块，一般以主备份的方式工作，主备板周期性地交换握手信号，一旦备用板收不到主用板的握手信号，则会启动倒换流程，接替主用板工作。

2．交换板

Crossbar 交换网能够通过点到点的连接，把需要通信的输入端口和输出端口连接起来，Crossbar 结构可以支持高带宽的原因主要有 2 个：线路卡到交换结构的物理连接简化为点到点连接，因此可以使得该连接能够运行在非常高的速率上，同时，半导体厂商已经可以用传统 CMOS 技术制造出 4～10 Gbit/s 速率的点对点串行收发芯片；Crossbar 交换网络的结构可以支持多个连接，同时能够以最大速率传输数据，即多个输入/输出端口对可以同时通过这个交换网进行通信，这一点极大地提高了整个系统的吞吐量，只要能够同时闭合多个交叉节点，多个不同的端口就可以同时传输数据，从这个意义上看，所有的 Crossbar 交换网络在内部是无阻塞的，因为它可以支持所有端口同时以最大速率传输（或称为交换）数据。

数据包通过 Crossbar 交换网络的时候，可以是以定长单元的形式（通过数据包的定长分割），也可以不进行分割直接进行变长交换，一般高性能的 Crossbar 交换结构都采用了定长交换的方式，在数据包进入 Crossbar 交换网络以前，把它分割为固定长度的 cell，这些 cell 通过交换结构以后，被按照原样组织成原来的变长包（packet）。

定长交换方式更有利于交换网的控制，由于其分组长度一致，因此，判定数据包传输和离开的时刻就更加准确，在时隙结束时，调度表检查等待传送的分组，决定下一个时隙哪个输入与相应输出相连，避免输出或输入端的空闲，保持交换机的高效率。而且，从硬件设计的角度看，处理固定长度分组比处理不同长度的分组更简单、快速，同时，定长交换可以避免大长度包业务流的长时间占用交换网资源，影响高优先级业务以及实时业务的交换。由于交换网板的故障也会导致整机的瘫痪，所以与主控板一样，通常也设有主备板，并且，大容量交换网通常是多平面的设计架构，由多块交换网板组成，所以主备用方式通常为 N∶1 模式。

3．线路接口板

线路接口板提供多种线路接口，常见的有 10 Mbit/s、100 Mbit/s、1 000 Mbit/s、10 Gbit/s 以太网口，155 Mbit/s、622 Mbit/s、2.5 Gbit/s、10 Gbit/s 速率的 POS 接口（基于 SDH 的数据包交换），155 Mbit/s、622 Mbit/s、2.5 Gbit/s 速率的 ATM 接口等，线路接口板从不同的物理层和数据层信息中，提取出 IP 数据包提交给专用 ASIC 或网络处理器进行处理，这种处理已不再局限于简单的把 IP 包转发到目的端口。

4．高性能交换设备组网模式

在 Internet 业务供应商（ISP）应用环境中，Cisco 12000 驻留在网络的核心位置，最多可支持 44 条 OC - 3/STM - 1 IPOS 光链路，通过光链路接到汇集业务的边缘路由器 Cisco 7500 系列平台，核心路由器与 Internet 骨干网之间的连接速率可从 OC - 12/STM - 4 扩展到 OC - 48/STM - 16。对已具有 SONET/SDH 基础设施的应用环境而言，由 Cisco 的边缘路由器把业务汇集到核心路由器 Cisco 12000，由于 Internet 骨干网往往离最终用户很远，此时就可以通过运营商现有的 SONET/SDH 基础设施（包括 SONET/SDH 接入环和局间环路），把核心路由器 Cisco 12000 拉到最终用户附近，并且，这种结构的优势是可以在全网提供冗余和保护。

在多业务 IP 网应用环境中，部署 12000 系列平面接口，可以把数字用户线接入的复用业务量选路到 Internet 骨干网，IP 业务量可以直接在 2 个核心路由器之间以 OC - 12/OC - 48 模式的速率传送，数据也可以跨越局间 SONET 环，到达 Internet 骨干网。在 IP 专用网应用环境中，可以利用 POS 技术，使得边缘路由器以 OC - 3/STM - 1 模式的速率把业务汇集到 Cisco 12000 上，Cisco 12000 则以 OC - 12/STM - 4 或更高的速率互连，扩大网络的可用带宽和引入可扩展性。

7.4.3 典型的高性能交换与路由产品

高速交换设备基于硬件进行 IP 包的转发，转发引擎可以是 ASIC（专用集成电路），也可以是专门为 IP 转发而设计的网络处理器。代表性的产品有华为公司的 NetEngine 50 高速路由器和 Cisco 的 12 000 系列路由器等，转发数据包的速率达到了数千万包每秒，能够充分利用传输技术进步提供的大量带宽。

华为 NetEngine 5000E 集群路由器是面向网络骨干节点、数据中心互联节点的核心路由器产品，NetEngine 5000E 为 CLOS 无阻塞交换结构，交换容量支持最大 64 个机框集群，系统最大可达 50.32 Tbit/s 至 3 220 Tbit/s，同时端口容量可达 15 Tbit/s 至 960 Tbit/s，转发性能达到 11 520 Mpps 至 737 280 Mpps，多框互联采用无阻塞的交换网接口，跨框流量不低于单框交换容量，接口类型支持 GE、10GE、155M POS、622M POS、2.5G POS、10G POS、40G POS、40GE、100GE，路由协议包括 OSPF、IS - IS、BGP、MBGP 等路由协议，全面支持 IPv4 和 IPv6 双协议栈，基于硬件方式实现 IPv6 线速转发。在系统可靠性方面，NetEngine 5000E 主控模块配备 1 : 1 备份，交换网为 3+1 备份。

NE20E - X6 华为高端业务路由器具备完善的 QoS 机制和强大的 IPsec 和 NAT 处理能力，

确保网络的安全性与可用性。

（1）支持各种速率的 POS、ATM 接口卡、高密 GE 卡，满足广域汇聚需求。

（2）强大的路由、VPN、组播能力，全面的 NAT 功能。

（3）先进的队列调度算法、拥塞控制算法，H - QoS 五级精确调度，保证语音、视频等实时业务的质量。

（4）端到端 200ms 保护倒换，99. 999 %的电信级可靠性。

NE40E - X16 是华为全业务高端路由器，应用于企业广域网核心节点、大型企业接入节点、园区互联与汇聚节点。该系列高端路由器采用华为自研的 solar 系列芯片，提供最大 480 G/1 Tbit/s 路由线卡，交换容量为 96. 81 Tbit/s，转发性能达到 24 000 Mpps。

Fengine FR 8600 系列高端核心路由器是烽火科技针对大型广域网核心节点、大型园区出口、行业骨干网、城域网核心和 IP 网络边缘等应用场景的高性能路由器。FR 8600 系列高端路由器采用的是，基于分布式的高性能多核处理器和网络处理器硬件转发和无阻塞交换技术，具有良好的线速转发性能，优异的扩展能力，完善的 QoS 机制和强大的业务处理能力，FR 8600 采用平面分离和三引擎转发设计，支持大容量的 GE、10GE、POS、CPOS 承载接口。

Fengine S7800 系列高端万兆路由交换机是烽火科技针对城域网、中小数据中心和园区网的核心及汇聚节点等应用场景的高性能万兆路由交换机。Fengine S7800 采用全模块化设计，具有高密度端口，支持 576 个千兆端口、384 个万兆端口，以及 40G 端口的平滑升级，S7800 具有 19. 2T 的背板带宽，为所有的端口提供无阻塞线速转发性能，S7800 的硬件支持多层线速交换，能够识别并处理四层以上的应用业务流，所有端口都可对数据包过滤、区分不同应用流，并根据不同的流进行不同的管理和控制，并且 S7800 支持 7 种分担模式的负载均衡，可根据源、目的 IP 或 MAC 等模式将流量分散至不同的链路上，以确保出口方向的流量在各物理链路间进行合理的负载分担，从而可以避免链路阻塞。

ZXR10 8900E 系列核心交换机是中兴通信面向城域网、企业园区、数据中心和云计算网络推出的大容量、高性能、高可靠的核心交换机产品，支持二、三层及 MPLS 功能，拥有电信级的可靠性。89E 系列核心交换机提供每槽位支持最大 48 个万兆接口、8 个 40 GE 接口，可向 100 GE 接口平滑升级，整机最大支持 576 个万兆接口，96 个 40GE 接口，全分布式模块化的软件系统架构支持进程级别的智能动态加载和更新，具有二/三层组播功能，可针对组播组和组播用户进行权限管理和灵活的策略定制，增强 IPTV 业务承载层面的可管可控能力。

中兴 ZXR10 T8000 集群路由器聚焦 Internet 核心节点、骨干汇接节点，以及大型城域网核心出口节点的需求，可以构建扁平化网络，实现全业务统一承载，ZXR10 T8000 单机 400G 系统提供 7. 2 Tbit/s 接口容量，单设备支持 72 × 100 GE 高密度高速接口，充分消除网络带宽瓶颈。

7.5 多协议标签交换技术

本章的前几节内容介绍了在 MPLS 技术方案提出之前，为加快数据分组传递速率而采取的各种交换模式，其基本方法都是从 IP 路由器获取控制信息，将其与 ATM 交换机的转发性能和标签交换方式相结合，目的是构建成 1 个高速的多层交换路由系统。

然而，所采取的这种结合策略并不能从本质上解决关键问题，由于各种方案不能互连互通，同时，作为第2层的传输链路，ATM不能工作在其他多种媒体（如帧中继，点对点协议，以太网）中，这与Internet基于分组的发展方向南辕北辙，并且所有的IP交换技术都意识到，将选路和交换两者有机地融合起来无疑具有不可比拟的优势。

为了解决这些关键问题，需要有一种可运行于链路层上，同时基于IP数据包交换且共同遵循的标准。在20世纪80年代，出现了一种思路：用面向连接的方式取代IP的无连接分组交换方式，这样就可以利用更快捷的查找算法，而不必使用最长前缀匹配的方法查找路由表，以便在传统的路由器上也可以实现这种交换。

为了实现这种交换思路，可以基于面向连接的概念，使每个分组携带一个叫做标记（label）的整数，当分组到达交换机时，交换机读取分组的标记，并用标记值检索分组转发表，作为新一代的IP高速骨干网络交换标准，MPLS由IETF（internet engineering task force，因特网工程任务组）所提出，并且由Cisco、ASCEND、3Com等网络设备制造商所主导，MPLS是IP和ATM融合的技术，它在IP中引入了ATM的技术和概念，同时拥有IP和ATM的优点和技术特征。

7.5.1 多协议标签交换概念

MPLS即多协议标记交换，MPLS是一种标记机制的包交换技术，通过简单的二层交换来集成IP Routing的控制，属于第3代网络架构，MPLS是集成式的IP Over ATM技术（IPOA），即在Frame Relay及ATM Switch上结合路由功能，数据包通过虚拟电路来传送，只须在OSI第2层（数据链结层）执行硬件式交换（取代第3层网络层软件式的routing），它整合了IP层的选路与第2层标记交换而成为一个整体系统，因此可以解决Internet路由的问题，使数据包传送的延迟时间减短，增加网络传输的速度，因此，适合多媒体信息流的传送。MPLS最大技术特色是，可以指定数据包传送的先后顺序，MPLS使用标记交换（label switching），网络路由器只需要判别标记后即可进行传送处理，MPLS的主要特点如下。

（1）MPLS网络的数据传输和路由计算分开，支持面向连接的服务质量。

（2）支持流量工程，平衡网络负载。

（3）MPLS支持流量工程QoS，有效地支持虚拟专用网VPN。

（4）充分采用原来的IP路由，在此基础上加以改进；保证了MPLS网络路由具有灵活性的特点。

（5）采用ATM的高效传输交换方式，抛弃了复杂的ATM信令，无缝地将IP技术的优点融合到ATM的高效硬件转发中。

（6）MPLS不但支持多种网络层技术，而且是一种与链路层无关的技术，它同时支持X.25、帧中继、ATM、PPP、SDH、DWDM等，保证了多种网络的互连互通，使得各种不同的网络传输技术统一在同一个MPLS平台上。

（7）MPLS支持大规模层次化的网络拓扑结构，具有良好的网络扩展性。

7.5.2 多协议标签交换基本原理

MPLS为每个IP数据包提供一个标记，并由此决定数据包的传输路径及优先级，与MPLS

兼容的路由器，在将数据包转送到其路径前，仅读取数据包标记，而无需读取每个数据包的IP地址，以及标头（因此网络速度便会加快），然后将所传送的数据包置于Frame Relay或ATM的虚拟电路上，并迅速将数据包传送至终点的路由器，进而减少数据包的延迟，同时由Frame Relay及ATM交换机所提供的QoS，对所传送的数据包加以分级，因而可以大幅提升网络服务质量，同时提供更多样化的服务。

MPLS对打上固定长度“标记”的分组用硬件进行转发，使分组转发过程中省去了每到达一个结点都要查找路由表的过程。采用硬件技术对打上标记的分组进行转发称为标记交换，“交换”也表示在转发分组时，不再上升到第3层用软件分析IP首部和查找转发表，而是根据第2层的标记用硬件进行转发，其基本工作流程如下。

（1）MPLS域中的各LSR使用专门的标记分配协议LDP（label distribution protocol）交换报文，并找出标记交换路径LSP，各LSR根据这些路径构造出分组转发表；

（2）分组进入到MPLS域时，MPLS入口节点把分组打上标记，并按照转发表将分组转发给下一个LSR；

（3）以后的所有LSR都按照标记进行转发，每经过一个LSR，要换一个新的标记；

（4）当分组离开MPLS域时，MPLS出口节点把分组的标记去除，最后就按照一般分组的转发方法进行转发。

标记分配协议LDP的协议数据单元（PDU）的首部与消息格式如表7-21所示。

表7-21　LDP消息格式

<table>
<tr><td rowspan="2">首部</td><td colspan="2">版本号（2个字节）</td><td>PDU长度（2个字节）</td></tr>
<tr><td colspan="3">LDP标识符（4个字节）</td></tr>
<tr><td rowspan="4">LDP消息</td><td>U比特</td><td>消息类型</td><td>消息长度（后续字段累计长度）</td></tr>
<tr><td colspan="3">消息标识符（32bit的ID）</td></tr>
<tr><td colspan="3">必备参数（要按消息规范的顺序出现）</td></tr>
<tr><td colspan="3">可选参数（可变长的可选消息参数）</td></tr>
</table>

LDP标识符用于指明发送PDU的LSR和所使用的标记空间，U比特位用于指明未知的比特位，当收到一条未知消息时，如果此时U = 0，则返回一个通知消息给其发送者，如果此时U = 1，则忽略该消息。

LDP消息的类型字段名称与消息功能如表7-22所示。

表7-22　LDP消息的类型描述

功能分类	消息名称	功能说明
邻居发现消息	Hello消息	在启用LDP协议的接口上周期性发送该消息
会话建立和维护消息	Initialization消息	用来建立和维护LDP会话
	Keep Alive消息	监测TCP连接的完整性

续表

功能分类	消息名称	功能说明
标签分发消息（用来请求、通告及撤销标签绑定）	Address message	告知其接口地址
	Address Withdraw message	取消之前告知的接口地址
	Label request message	申请标记绑定
	Label mapping message	公布有关的标记绑定
	Label withdraw message	解除标记绑定
	Label release message	释放不再需要的标记
	Label abort request message	取消所发出的标记请求
错误通知消息	Notification 消息	提示 LDP 对等体在会话过程中的重要事件

对于消息中所包含的信息，LDP 使用“类型-长度-值”（TYPE - LENGTH - VALUE：TLV）的编码结构进行封装，经过 TLV 封装后的信息将包含 3 个部分：首先是用于指示消息类型的部分；其次，长度字段指示“值”字段所包含的字节数；而“值”字段则没有限制。而且“值”字段本身就可以由多个 TLV 组成。常见的 TLV 包括 FEC TLV、标记 TLV、跳数 TLV、状态 TLV 等。

TLV 编码格式如表 7-23 所示。

表 7-23　TLV 编码格式

<table>
<tr><td rowspan="2">TLV 编码格式</td><td>U 比特</td><td>F 比特</td><td colspan="2">类型（TLV 类型）</td><td>长度（参数值字段的长度）</td></tr>
<tr><td colspan="5">参数值</td></tr>
<tr><td rowspan="2">通用标记</td><td>0</td><td>0</td><td colspan="2">通用标记 02 00 H</td><td>长度</td></tr>
<tr><td colspan="5">标记</td></tr>
<tr><td rowspan="2">ATM 标记</td><td>0</td><td>0</td><td colspan="2">ATM 标记 02 01 H</td><td>长度</td></tr>
<tr><td colspan="2">保留</td><td>V</td><td>VPI</td><td>VCI</td></tr>
</table>

有些 LDP 消息在被 LSR 接收后，需要继续向其他 LSR 传递，对于那些包含未知 TLV，并且其中 U 比特置为 1 的消息，LSR 将依据 F 比特进行转发决策，同时 LDP 中规定，只有当 F 比特置为 1 时，才能执行对此类消息的转发。

7.5.3　多协议标签交换的应用与发展趋势

1．MPLS 演进与发展趋势

IP 交换技术由 Ipsilon 公司在 1996 年推出，使得 IP 交换技术能具有 ATM 交换设备的性能参数，之后，Cisco 公司宣布了其标记交换技术，标签交换技术和 IP 交换，以及信元交换路由器（cell switch router，CSR）相比，在技术上差别很大。例如，在交换机上，MPLS 并不以数据流量来设置前向表，并且不同于 ATM 网络的是，对于很多的连接技术来说，它提供了详尽具体的说明。正是通过 Cisco 的不断努力，最终才有了现在广为人知的多协议标签工作组。

与此同时，IBM 公司起草了一些文档来描述另外一种新的标记交换技术，即集中式基于路由的 IP 交换技术——基于 IP 交换的路由聚合技术（aggregate routed based IP switching，ARIS），与其他几种标记交换技术相比，ARIS 与 Cisco 公司的标签交换技术更为相近，两者都是采用控制流量而不是采用数据流量来设置前向表，许多 ARIS 的思想也进入到了 MPLS 标准之中。

在 Cisco 宣布标签交换技术的同时，也宣称将要使之标准化，在其提出了一系列有关标签交换的 Internet 草案后不久，1996 年 10 月份召开了一个 BOF 会议（IETF 标准出台的过程要经历：提议、建立兴趣小组 BOF-Breath of Feather、成立工作组、工作组讨论并达成共识、IETF 公众讨论并征求意见、确立 RFC、长期试用和公布标准号等几个阶段），与会者包括 Cisco、IBM、Toshiba 等，BOF 会议成了 IETF 历史上一次比较重要的会议，之后，到 1997 年初，终于有了一个能被 IETF 接受的章程，工作组的第 1 次会议在 1997 年 4 月份顺利召开。

MPLS 主要解决的问题如下。

（1）Internet 骨干网的路由器瓶颈，QoS 支持 Traffic Engineering，VPN 等。

（2）MPLS 可以与现有的 ATM、IP 网络兼容，Internet 骨干网将逐步演进到 MPLS 网络。

（3）提高网络使用率：把承载多种不同类型服务的网络集成为一个单一的网络，用 MPLS 统一各种服务不失为一种长远的发展方向。

（4）简化 IPv6 实施：IPv4 的地址非常缺乏，如果先在 IPv4 上实现 MPLS，会减小 IPv6 的实现难度，因为 MPLS 把对数据包的转发完全脱离开来，IPv6 对 IPv4 最主要的能力是地址空间的扩展，因而，在一个把转发和控制分开的平台上，只需改变相应的控制协议，转发方面就不用改变，因为基于固定的包的标记的格式，其转发过程是非常容易在硬件中实现。

多协议标记交换技术作为一种新兴的路由交换技术，越来越受到业界的关注，MPLS 技术是结合二层交换和三层路由的 L2/L3 集成数据传输技术，它不仅支持网络层的多种协议，还可以兼容第 2 层上的多种链路层技术，采用 MPLS 技术的 IP 路由器，以及 ATM、FR 交换机统称为标记交换路由器，使用 LSR 的网络相对简化了网络层复杂度，同时能够兼容现有的主流网络技术，降低了网络升级的成本。此外，业界还普遍看好用 MPLS 来提供 VPN 服务，实现负载均衡的网络流量工程。

2．MPLS 应用：MPLS VPN

MPLS 的 1 个重要应用是 VPN，MPLS VPN 根据扩展方式的不同可以划分为 BGP MPLS VPN 和 LDP 扩展 VPN，根据 PE（Provider Edge，骨干网边缘路由器）设备是否参与 VPN 路由可以划分为二层 VPN 和三层 VPN。

BGP MPLS VPN 主要包含骨干网边缘路由器（PE），用户网边缘路由器（CE）和骨干网核心路由器，PE 上存储有 VPN 的虚拟路由转发表（VRF），用来处理 VPN-IPv4 路由，是三层 MPLS VPN 的主要实现者；CE 上分布用户网络路由，通过一个单独的物理/逻辑端口连接到 PE；骨干网核心路由器是骨干网设备，负责 MPLS 转发，多协议扩展 BGP（MP-BGP）承载携带标记的 IPv4/VPN 路由，有 MP-IBGP 和 MP-EBGP 之分。

3．MPLS应用：GMPLS

随着智能光网络技术以及MPLS技术的发展，希望能将二者结合起来，使IP分组能够通过MPLS的方式直接在光网络上承载，于是出现了新的技术概念多协议波长交换（MPλS）。随着对未来网络发展的的研究，MPLS的外延和内涵不断扩展产生了通用MPLS（GMPLS）技术，其中也包含MPλS相关内容。

GMPLS网络由2个主要元素组成，分别是：标记交换节点和标记交换路径。GMPLS的LSR包括所有类型的节点，这些LSR上的接口可以细分为若干等级。

（1）分组交换能力（PSC）接口。

（2）时分复用能力（TDM）接口。

（3）波长交换能力（LSC）接口。

（4）光纤交换能力（FSC）接口。

而LSP则既可以是一条传递IP包的虚通路，也可以是一条TDM电路，或是一条DWDM的波道，甚至是一根光纤。GMPLS 分别为电路交换和光交换设计了专用的标记格式，以满足不同业务的需求，在非分组交换的网络中，标记仅用于控制平面而不用于用户平面。一条TDM电路（TDM - LSP）的建立过程与一条分组交换的连接（PSC - LSP）的建立过程完全相同，源端发送标记请求消息后，目的端返回标记映射消息，所不同的是，标记映射消息中所分配的标记与时隙或光波一一对应。

4．MPLS标准

IETF MPLS工作组确定了MPLS的工作机制（底层转发、支持多种网络层协议），解决多种交换式路由技术的兼容性问题，比较重要的标准有RFC 3031（MPLS体系结构）、RFC 3032（MPLS标记栈编码）、RFC 3036（LDP规范），以及RFC 3037（LDP可行性）等。

ITU - T将工作重点由ATM MPLS转移到IP MPLS的标准化，MPLS Forum则将工作重点在放在流量工程、服务类型、服务质量以及VPN方面。

本章小结

路由器如何收集网络的结构信息，以及对其进行分析来确定最佳路由的过程中，有2种主要的路由算法：总体式路由算法和分散式路由算法。采用分散式路由算法时，每个路由器只有与它直接相连的路由器的信息，这些算法也被称为距离向量算法。采用总体式路由算法时，每个路由器都拥有网络中所有其他路由器的全部信息及网络的流量状态，这些算法也被称为链路状态算法。

路由器一般选择具有最小度量值的路径，例如，Cisco路由器的IP环境中，如果同时出现了多条度量值最低且相同的路径，那么在这多条路径上将启用负载均衡，Cisco默认支持4条相同度量值的路径，通过使用"maximum - paths"命令可以使Cisco路由器支持最多达6条相同度量值路径。

RIP协议是一种用在小到中型TCP/IP网络中采用的路由选择协议，它采用跳数作为度量值，它的负载均衡功能是缺省启用的，RIP 决定最佳路径时是不考虑带宽的。多数距离矢量型路由选择协议产生的定期的、例行的路由更新只传输到直接相连的路由设备，在纯距离矢量型路由环境中，路由更新包括一个完整的路由表，通过接收相邻设备的全路由表，路由能够核查所有已知路由，然后根据所接收到的更新信息修改本地路由表。

设计路由算法时要考虑的技术要素如下。

（1）选择最短路由还是最佳路由；

（2）通信子网是采用虚电路操作方式还是采用数据报的操作方式；

（3）采用分布式路由算法还是采用集中式路由算法；

（4）考虑关于网络拓扑、流量和延迟等网络信息的来源；

（5）确定采用静态路由还是动态路由。

练习题与思考题

1．请说明多协议标签交换的特点以及工作原理。

2．请分析内部路由协议与边界网关协议的的异同。

3．请说明各层转发设备的特点。

4．请分析 CIDR 编址方案的特点。

5．计算说明 A 类、B 类、C 类地址的网络起止编号，以及各自所能容纳的最大主机数量。

第三部分
未来篇

第8章 智能网络交换技术

智能网（intelligent network，IN）是由程控交换机节点、7号信令网及业务控制计算机所构成的电话网。智能网是在现有电话网的基础上发展而来的，是指带有智能特性的电话网或综合业务数字网，智能网的网络智能配置分布在全网中的若干个业务控制点中的计算机上，而由软件实现网络智能的控制，以提供更为灵活的智能控制功能。智能网在增加新业务时不用改造端局和交换机，而由运营商甚至终端用户自己修改软件，就能达到随时提供新业务的目的。智能网的应用范围较广，包括固定智能网业务，如被叫集中付费业务、自动记账卡业务、大众呼叫业务，以及广告电话业务等；移动智能网业务（主要指GSM与CDMA移动智能网），如预付费业务、移动虚拟专用网业务与分时分区业务等；综合智能网业务，综合智能网系统能同时支持INAP、CAMEL和WIN规范，提供的智能业务可以覆盖固定电话网，GSM网和CDMA网。

本章将重点介绍智能网的概念与基本模型、智能网络中的典型业务、固定智能网络与移动智能网络发展，其中包括智能网络与现有网络的融合等。

8.1 概述

智能网是在通信网上，快速、经济、方便、有效地生成和提供智能业务的网络体系结构，在原有通信网络的基础上，通过设置附加的网络结构，智能网能够为用户提供丰富的新业务，它的最大特点是将网络的交换功能与控制功能分开。由于在原有通信网络中采用智能网技术可向用户提供业务特性强、功能全面、灵活多变的移动新业务，具有很大市场需求，因此，智能网已逐步成为现代通信提供新业务的首选解决方案，智能网的目标是为所有通信网络提供满足用户需要的新业务，包括PSTN、ISDN、PLMN、Internet等，智能化是通信网络的发展方向。

8.1.1 智能网络的背景

智能网是在原有通信网络的基础上设置的一种附加网络，其目的是在多系统环境下快速引入新业务，各种智能业务包括：缩位拨号、热线电话、外出后暂停、免打扰、追查恶意呼叫、呼叫跟踪、语音信箱等。

所提出的这些智能业务也可以由交换中心来实现，但由于大多交换中心原先并未提供智能业务或只提供了一小部分智能业务，而要实现智能业务就要升级交换中心的软件，甚至升级硬件，且对于智能业务而言，主要是网络范围的业务，一般不会局限在1个交换中心或1

个本地网范围之内，这样升级就涉及网内所有的交换中心。可想而知，要升级数量如此之多的交换中心，不可避免地需要一段很长的时间，另外，还包括软/硬件升级所涉及的大量人力和物力。

正是从网络的发展与融合的角度，考虑对新业务的支持，从而产生了智能网。智能网的主要特点就是将交换与业务控制分离，即网络的交换中心只完成基本的接续功能，而在电信网中另设一些新的功能节点，由这些新设定的功能节点协同原来的交换中心共同完成智能业务。

8.1.2 智能网络的通信协议

智能网的通信采用 SS7 信令，SS7 信令系统中的智能网应用部分（INAP）是专门用于智能网通信的，并且，INAP 是建立在 TCAP 和 SCCP 协议层之上的，ITU-T 采用高层通信协议的形式对智能网的信息传输进行了规范。

INAP 定义了业务点之间的接口规范，包括的接口如下。

（1）业务交换点（SSP）和业务控制点（SCP）间的接口。

（2）业务控制点（SCP）和智能外设（IP）间的接口。

（3）业务控制点（SCP）和业务数据点（SDP）间的接口。

（4）业务交换点（SSP）和智能外设（IP）间的接口。

8.1.3 智能网络的基本模型

智能网主要由业务交换点（SSP）、业务控制点（SCP）、信令转换点（STP）、智能外围业务节点（IP）和业务管理系统（SMS）等网络单元组成。

其中，业务交换点完成交换逻辑，是一个本地交换设备，它是用户进入智能网的接入点，业务交换点的功能是接收用户呼叫，向 SCP 传送该请求，并根据 SCP 发来的信息建立和保持呼叫接续。SSP 一般以原有的数字程控交换机为基础，对软件进行升级，增加必要的硬件，以及 NO.7 信令网的接口。目前中国智能网采用的 SSP 一般内置 IP，SSP 通常包括业务交换功能（SSF）和呼叫控制功能（CCF），还可以含有一些可选功能，如专用资源功能（SRF）、业务控制功能（SCF）、业务数据功能（SDF）等。

业务控制点的任务是完成业务逻辑，一般由大、中型计算机和大型数据库组成，是智能网的中心，它不仅支持各种新业务的实现，同时还能简化业务管理，保证网络资源的有效使用，业务控制点的主要功能是接收 SSP 送来的查询信息，向信息库查询，并向相应的 SSP 发送呼叫处理指令，从而实现各种智能呼叫。

信令转换点是 NO.7 信令网的组成部分，其功能是转接 7 号信令，使信令网在 SCP 和 SSP 间提供通信通路，业务管理系统用于非实时的业务管理。例如，用户数据管理、建立新的业务逻辑程序和数据库的管理等，它包含一个数据库，负责处理分析、采集，以及维护管理等多项功能。

智能外设（IP）是协助完成智能业务的特殊资源，通常具有各种语音功能，如语声合成、播放录音通知、进行语音识别等。智能外设可以是 1 个独立的物理设备，也可以是 SSP 的一部分。它接受 SCP 的控制，执行 SCP 业务逻辑所指定的操作，另外，智能外设含有专用资源功能（SRF）。

业务管理系统（SMS）是1种计算机系统，具有业务逻辑管理、业务数据管理、用户数据管理，业务监测和业务量管理等功能，在SCE上创建的新业务逻辑，由业务提供者输入到SMS中，SMS再将其装入SCP，就可在通信网上提供该项新业务，1个智能网一般仅配置1个SMS。

业务生成环境（SCE）的功能是根据客户需求生成新的业务逻辑。

上述每个功能实体完成IN特定部分的功能，同时构成了智能网的总体功能结构，在智能网中，智能业务主要由位于交换中心之外的独立业务点来完成，智能网所表现出来的独特优势如下。

（1）业务请求通过SS7网络被发送到这些业务控制点（SCP）。

（2）业务的创建和管理只由这些业务点完成。

（3）由于只要做一个业务点的开发工作，就可以为全网提供这些业务，所以开发周期比较短。

（4）业务的创建与交换中心系统提供商无关。

ITU - T定义了分层的智能网概念模型，用来设计和描述智能网的体系结构，根据不同的抽象层次，智能网概念模型分为4个平面：业务平面、整体功能平面、分布功能平面、物理平面。

智能网业务利用业务独立构件（service independent building block，SIB）来定义，SIB是用于实现智能业务和业务属性的全网范围内的可再用能力，SIB是与智能业务无关的最小功能块，完成1个独立的功能，可重复使用，如翻译功能、计费功能等。ITU - T建议IN CS - 1定义的SIB如表8-1所示。

表8-1　　IN CS - 1定义的SIB种类

（1）Algorithm 运算SIB	（8）Queue 排队SIB
（2）Charge 计费SIB	（9）Verify 验证SIB
（3）Compare 比较SIB	（10）User Interaction 用户交互SIB
（4）Distribution 分配SIB	（11）Translate 翻译SIB
（5）Limit 限制SIB	（12）Status Notification 状态通知SIB
（6）Log Call Information 呼叫信息记录SIB	（13）Service Data Management 业务数据管理SIB
（7）Screen 筛选SIB	（14）Basic Call Process（BCP）基本呼叫处理SIB

1个智能网业务逻辑由几个SIB来定义，各种不同SIB组合可以组成不同的智能网业务，在业务创建系统中，除使用ITU - T所定义的SIB外，可根据实际情况需要补充一些SIB，SIB在执行时有逻辑顺序，并且把由若干个有序SIB组成的链接称为全局业务逻辑（global service logic，GSL）即SIB图。

全局业务逻辑描述了SIB之间的链接顺序、各个SIB所需的数据、基本呼叫处理（basic call processing，BCP）的启动点（point of interest，POI），以及BCP的返回点（point of return，POR）等。其中，基本呼叫处理（BCP）是1个特殊的SIB，它说明一般的呼叫过程是如何启动智能网业务，以及如何被智能网控制的，POI和POR是交换机（BCP）与SCP之间交互的接口。

分布功能平面描述了每个 SIB 的功能是如何完成的，每个 SIB 包含 3 种元素：功能实体动作（FEA）、功能实体（FE）、功能实体之间的信息流（IF）。其中每个功能实体包含有若干个功能实体动作，各功能实体的描述如表 8-2 所示。

表 8-2　　分布功能平面各功能实体说明

呼叫控制功能（CCF）	处理所有呼叫，包括识别智能业务，通常指程控交换机
呼叫控制接入功能（CCAF）	通常是终端呼叫设备，如话机、PABX 等
业务交换功能（SSF）	处理 CCF 和 SCF 之间的通信，即接收 CCF 发来的智能业务识别，作相应的处理后转发给 SCF，并且执行 SCF 返回的命令
业务控制功能（SCF）	SCF 是智能网的核心，在 SCF 中存有业务逻辑和特殊数据，而且可以通过标准接口与 SSF、SRF、SDF 通信，在 SCF 的控制下实现完整的一次智能业务呼叫
专用资源功能（SRF）	向用户提供网络的专用资源，如话音提示、话音识别和接收 DTMF 二次拨号等
业务数据功能（SDF）	是智能网的数据库，提供用户和网络的数据
业务管理功能（SMF）	完成智能网的全部管理功能，包括对业务的管理、网络的管理和用户的管理
业务管理接入功能（SMAF）	与 SMF 接口的人机界面
业务生成环境功能（SCEF）	完成新的智能业务的生成、验证和测试功能

物理平面是面向实现功能的，它描述了如何将分布功能平面上的各个功能实体映射到实际的物理实体上，也就是各个功能实体在网络上的物理产品中实现，在每个物理实体中可以包括 1 个或多个功能实体，但 1 个物理实体中不可能有多于 1 个的同样的功能实体。物理平面主要的物理实体如下。

（1）业务交换点（SSP）：具有呼叫控制功能（SCF），业务交换功能（SSF）。当 SSP 是一个与用户相连的交换机时，它还具有呼叫控制代理功能（CCAF），专用资源功能（SRF）也可以包含在 SSP 内。

（2）业务控制点（SCP）：具有业务控制功能（SCF），也可以含有业务数据功能（SDF），作为智能网的核心部件，SCP 可以直接经过信令网接入 SDP 中的数据，或者通过信令网连接到 SSP 和 IP。

（3）业务数据点（SDP）：具有业务数据功能（SDF），可以直接由 SCP 或 SMP 接入，或经过信令网接入。

（4）智能外设（IP）：具有 SRF 功能，也可以含有业务交换/呼叫控制功能（SSF/CCF）。IP 连接到一个或多个 SSP，并与信令网以及其他实体通信相连。

（5）附件（AD）：功能与 SCP 相同，但它通过高速接口直接与 SSP 相连。

（6）业务节点（SN）：具有 SCF，SDF，CCF/SSF 和 SRF 功能。业务节点可以控制智能网业务，与用户进行各种类型的信息交互。由于内部的各种功能实体包含在同一物理节点内，所以他们之间的通信可以采用内部协议，SN 直接连到一个或多个 SSP，采用点到点的信令和传输连接。

（7）业务交换和控制点（SSCP）：具有 SCF，SDF 和 CCF/SSF 的功能。

（8）业务管理点（SMP）：具有 SMF 功能，完成业务提供、收集状态等操作维护任务，为了管理目的SMP可以与任何其他物理实体相连。

（9）业务生成环境点（SCEP）：具有SCEF功能。用于定义、开发和测试一项智能业务，并把它输入到SMP，再经SMP加载到SCP，因此SCEP直接与SMP连接。

（10）业务管理接入点（SMAP）：具有SMAF功能。SMAP直接与SMP相连，也可以包含在SMP中。

各物理实体所包含的功能实体如表8-3所示。

表8-3　　功能实体分配表

	SCF	SSF/CCF	SDF	SRF	SMF	SCMF	SMAF
SSP	O	C	O	O	—	—	—
SCP	C	—	O	—	—	—	—
SDP	—	—	C	—	—	—	—
IP	—	O	—	C	—	—	—
AD	C	—	C	—	—	—	—
SN	C	C	C	C	—	—	—
SSCP	C	C	C	O	—	—	—
SMP	—	—	—	—	C	O	O
SCEP	—	—	—	—	—	C	—
SMAP	—	—	—	—	—	—	C

"C"=核心，"O"=任选，"—"=不允许

8.1.4　智能网络的发展与演进

从20世纪70年代开始，电话业务的种类日益丰富起来，新业务的内容也日益复杂，这是由于各类电话用户的需求，同时也是由于存储程序控制（SPC）技术的广泛应用和发展，在这种环境下，有了实现智能化业务的可能。

1965年，基于应用存储程序控制技术的程控电话交换机诞生后，开始有了"等待呼叫"之类的新业务功能，可以认为这是早期智能化业务的雏形，进入20世纪70年代以后，存储程序控制技术提供的智能技术开始在电话网的支撑网中得到应用，主要是在网络管理和维护方面，在电信网中形成了智能化的系统。

随着通信技术的发展，存储程序控制技术同时也为用户需要的业务开放提供智能，从而在电话网中出现了专门控制处理业务的操作系统，从1981年起，美国开发了"呼叫卡业务"和"800号业务"（一种被叫用户付费的业务）等，这也使得复杂多变的业务处理已不可能完全由程控交换机来承担，为此，在电话网中采用了集中化的数据库，设置这些数据库的点叫做"网络控制点（NCP）"，通过公共信道局间信令（CCIS）把网络控制点和程控交换局连接起来，因此，智能网就是这种把复杂多变的业务处理控制功能与程控交换功能分开，同时又

依靠公共信道信令系统把它们密切联系在一起的电信网络形式。

由此可见，智能网是把交换机系统、公共信道信令系统、存储程序控制系统和操作系统的功能综合起来的电信网。

在家庭网络方面，随着家庭业务日益丰富，传统简单的宽带业务模式已经不再适应有线宽带业务的发展方向，中国移动 2015 年实现家庭内部 3 层组网，提供全路由业务入口，并已完成智能网关的系列规范制定，为未来增值业务提供保障，由于智能网关是增值业务中枢，因此它能够起到如下 3 个关键作用。

（1）业务管控核心，提供开放平台可用于插件的动态加载；

（2）智能化管理，智能管理平台提供业务插件；

（3）管理基于插件扩展业务。

8.2 典型的智能网络业务

业务是电信主管部门或业务提供者为满足用户对通信的需求而提供的通信能力。就电话业务而言，电话网向用户提供通话连接，实现用户之间进行通话的能力，给用户提供了通话能力也就是为用户提供了电话业务，然而，这种电话业务的“商品”仅是在用户之间进行通话时才体现出来。

随着社会发展，各个企业、集团为了参与市场竞争，对通信提出了更高的要求，要求不断地更新现有功能，增加新功能，使之更适合用户使用。这就意味着要向用户提供新的电话业务。所谓新的电话业务，就是在基本电话业务的基础上增加一些满足用户个性化要求的性能，或者说是具有一些特色的电话业务，如目前为大众所熟悉的被叫集中付费业务，即当用户拨通一个特定的号码与对方通话时，其通话的费用由对方（被叫）支付，这种业务的特色是通话费用由被叫支付，由于电话业务的特征可以从各个方面来体现，所以会出现很多新的电话业务，然而，这些新的电话业务相对基本电话业务而言，仅是在基本电话业务的基础上增加了一些业务特色或特征，所以新的电话业务是一种电话的补充业务。

智能网所能支持的业务在理论上是无限的，包括话音业务和非话业务，但是真正能开放的业务，取决于用户的需求和潜在的效益，同时也依赖于信令系统、网络节点和相应软件的开发。

8.2.1 智能网业务标准

ITU - T 所建议的智能网能力集（IN CS）是智能业务的国际标准，在 IN CS - 1 中，定义了 25 种智能网业务，14 个 SIB，主要局限于电话网中的业务；IN CS - 2 定义了 16 种智能业务，增加 8 个 SIB，主要是实现智能业务的漫游，即增加了智能网的网间业务，加入了对移动通信网中的业务支持等；IN CS - 3 主要是实现智能网与 Internet 的综合、智能网支持移动通信的第 1 期目标（窄带业务）；IN CS - 4 主要是实现智能网与 B - ISDN 的综合、智能网支持移动通信的第 2 期目标（IMT 2000）。

为了能使网络迅速地开发出新业务适应用户需求和占领业务市场，电信网必须进一步发展，使得实现的业务与网络不直接相关，在现有电话网的基础上引入一组功能模块结构，组成以业务控制点为核心的智能网，根据 ITU - T 的 Q. 1200 系列建议，IN CS - 1 中所定义的 25 种智能网业务如表 8-4 所示。

表 8-4　　IN CS - 1 中所定义的 25 种智能网业务表

• 缩位拨号（ABD）	（Abbreviated Dialling）
• 记账卡呼叫（ACC）	（Account Card Calling）
• 自动更换记账（AAB）	（Automatic AlternativeBilling）
• 呼叫分配（CD）	（Call Distribution）
• 呼叫前转（CF）	（Call Forwarding）
• 重选呼叫路由（CRD）	（Call Rerouting Distribution）
• 遇忙呼叫完成（CCBS）	（Completion of Call to Busy Subscriber）
• 会议呼叫（CON）	（Conference Calling）
• 信用卡呼叫（CCC）	（Credit Card Calling）
• 按目标选择路由（DCR）	（Destination Call Routing）
• 跟我转移（FMD）	（Follow-me Diversion）
• 被叫集中付费（FPH）	（Freephone）
• 恶意呼叫识别（MCI）	（Malicious Call Identification）
• 大众呼叫（MAS）	（Mass Calling）
• 发端去话筛选（OCS）	（Originating Call Screening）
• 附加费率（PRM）	（Premium Rate）
• 安全阻止（SEC）	（Security Screening）
• 遇忙/无应答时呼叫前转（SCF）	（Selective Call Forwarding on Busy/No Reply）
• 分摊计费（SPL）	（Split Charging）
• 电话投票（VOT）	（Televoting）
• 终端来话筛选（TCS）	（Terminating Call Screening）
• 通用接入号码（UAN）	（Universal Access Number）
• 通用个人通信（UPT）	（Universal PersonalTelecommunication）
• 按用户的规定选路（UDR）	（User - Defined Routing）
• 虚拟专用网（VPN）	（Virtual Private Network）

任何 1 种新的电话业务都是 1 种补充业务，都具有它本身的业务特色，它体现在用户使用业务时所感受到的最基本的业务单元，这个基本业务单元称为业务特征（service feature），也表示网络向用户提供业务的能力，所以，1 个业务是由 1 个或多个业务特征组成的。此外，还可以选择所需要的其他业务特征以增强某种业务。

IN CS - 1 中所定义的 38 种智能网业务特征如表 8-5 所示。

表 8-5　　IN CS - 1 中所定义的 38 种智能网业务特征表

• 缩位拨号（ABD）	（Abbreviated Dialling）
• 话务员（ATT）	（Attendant）
• 验证（AUTC）	（Authentication）
• 鉴权码（AUTZ）	（Authentication Code）
• 自动回叫（ACB）	（Automatic Call Back）

续表

• 呼叫分配（CD）	（Call Distribution）
• 呼叫前转（CF）	（Call Forwarding）
• 遇忙/无应答时呼叫前转（CFC）	（Call Forwarding on Busy/No Reply）
• 呼叫间隙（GAP）	（Call Gap）
• 具有通知的呼叫保持（CHA）	（Call Hold with Announcement）
• 呼叫限制（LIM）	（Call Limit）
• 呼叫记录（LOG）	（Call Logging）
• 呼叫排队（QUE）	（Call Queuing）
• 呼叫转移（TRA）	（Call Transfer）
• 呼叫等待（CW）	（Call Waiting）
• 闭合用户群（CUG）	（Closed User Group）
• 协商呼叫（COC）	（Consultation Calling）
• 客户管理（CPM）	（Customer Profile Management）
• 客户规定的记录通知（CRA）	（Customer Recorded Announcement）
• 客户规定的振铃（CRG）	（Customer Ringing）
• 提醒被叫用户（DUP）	（Destination User Prompter）
• 跟我转移（FMD）	（Follow-me Diversion）
• 大众呼叫（MAS）	（Mass Calling）
• 会聚式会议电话（MMC）	（Meet-me Conference）
• 多方呼叫（MWC）	（Multiway Calling）
• 网外接入（OFA）	（Off-net Access）
• 网外呼叫（ONC）	（Off-net Calling）
• 一个号码（ONE）	（One Number）
• 由发端位置选路（ODR）	（Origin Dependent Routing）
• 发端去话筛选（OCS）	（Origination Call Screening）
• 提醒主叫用户（OUP）	（Originating User Prompter）
• 个人号码（PN）	（Personal Numbering）
• 附加费率（PRMC）	（Premium Charging）
• 专用编号计划（PNP）	（Private Numbering Plan）
• 反向计费（REVC）	（Reverse Charging）
• 分摊计费（SPLC）	（Split Charging）
• 终端来话筛选（TCS）	（Terminating Calling Screening）
• 按时间选路（TDR）	（Time Dependent Routing）

从25种目标业务和38种目标业务特征来看，有些IN业务仅需含有一个业务特征，如呼叫前转（CF）、大众呼叫（MAS）等业务，有些可能需要几个业务特征，如被叫集中付费业务必须具有1个号码（ONE）和反向计费（REVC）的业务特征。

电信网络能向用户提供的业务可以分成 2 大类，1 类为基本业务（Basic Service），另 1 类是补充业务（supplementary service）。

（1）基本业务包括承载业务（bearer service）和用户终端业务（teleservice）。

（2）承载业务是用户—网络接口之间的网络所能承载的业务能力。

（3）用户终端业务范围是从 TE（终端设备）至 TE 的范围，如电话、智能用户电报、可视图文等。

（4）补充业务是在基本业务的基础上，增强了某些性能之后向用户所提供的业务，目前电话网上利用数字程控交换机的能力，向用户开放了一些补充业务，如缩位拨号、热线服务等。

由智能网所支持的补充业务，充分利用了网络的智能性，智能网除了在 PSTN 或 ISDN 上能提供的补充业务以外，还可以提供功能更强的补充业务，如 PCS（个人通信业务）、AFPH（先进的被叫付费业务）等。

根据通信发展的实际情况，智能网上开放智能网业务的业务标准中，定义了 7 种智能网业务的含义及业务流程，分别是：记账卡呼叫（ACC）、被叫集中付费（FPH）、虚拟专用网（VPN）、通用个人通信（universal personal telecommunication，UPT）、广域集中用户交换机（WAC）、电话投票（VOT）及大众呼叫（MAS）。此外，在一些经济发达地区，可以根据用户的具体需要，开放一些比较新颖的智能网业务，如广告业务、点击拨号业务、点击传真业务等。

8.2.2 个人通信业务

个人通信业务是一种移动性的服务，用户使用 1 个唯一的个人通信号码（PTN），可以接入任何 1 个网络并能跨越多个网络发出和接受任意类型的呼叫，个人通信号码能按用户的要求，翻译成相应的通信号码并进行路由选择，使得来话业务接到用户所指定的终端，呼叫不受地理位置的影响，但可能会受到终端能力和网络能力的限制。

1. UPT 用户与接收来话功能

个人通信业务功能按照话务的对象可以分为个人通信业务用户与接收来话功能，以及个人通信业务用户的去话管理呼叫功能。其中，用户的来话呼叫可以按用户临时登记的号码或时间表来转移，在来话转接过程中所有的录音通知都用标准普通话、英文，以及设定语言轮流播放，功能描述如表 8-6 所示。

表 8-6　个人通信业务中用户与接收来话有关的功能描述

（基本功能）	临时转移	该功能可使系统根据用户登记的临时转移号码，进行转移来话呼叫
（基本功能）	临时转移号码的遇忙前转	当用户登记的临时转移号码忙的时候，系统可把呼叫转移到用户登记的遇忙前转号码上
（基本功能）	临时转移号码的无应答前转	当用户登记的临时转移号码无人应答时，系统可把呼叫转移到用户登记的无应答前转号码上
（基本功能）	按时间表转移	该功能可使系统按用户的时间表上登记的号码进行呼叫的转移
（基本功能）	黑名单处理	当用户的号码被他人尝试冒打次数过多、被列入黑名单的时候，用户接收来话不受影响

续表

（可选功能）	来话密码	UPT 用户可以通过去话/管理程序设置、修改及激活来话密码。密码长度不定，一般为 4～6 位。当用户激活该功能时，只有通过密码检查的来话呼叫，系统才予以接通
（可选功能）	来话呼叫筛选	用户可通过话务员的帮助来定义、修改来话呼叫地点的筛选（允许呼叫或限制呼叫）
（可选功能）	呼叫限额	呼叫限额可以为日限额或月限额（日限额、月限额可以为费用或次数）

临时转移号码及其遇忙及无应答前转号码，都可以通过 UPT 用户的去话/管理呼叫程序进行修改。当用户修改临时转移号码时，系统自动激活临时转移功能，包括临时转移的遇忙/无应答前转，同时去激活按时间表转移。而当用户激活时间表时，系统自动去激活临时转移功能（即对临时转移号码清零）及相应的前转功能。

UPT 用户最多可以有 10 种日期类型（节假日、工作日等），每天最多可分 4 个时间段，时间可精确到分钟，每个时间段内最多可登记 3 个号码，各号码按优先级的高低次序排列，优先级高的号码忙或无应答时可转移到优先级较低的下一号码，如此类推，直到最后的一个号码，用户可通过系统登记修改时间转移表的内容，包括日期类型，每天时间段的定义和各时间段的转移号码。

UPT 用户可以通过去话管理程序激活或取消该功能，当用户激活来话呼叫筛选功能时，可接收或限制某些区域的来话呼叫，用户最多可以登记 10 个限制（允许）码，限制（允许）码可以是地区号、局号或主叫号码。

用户可以通过系统选择来话限额、来去话呼叫限额或不加限额，以及修改具体的额度。如果用户选择来去话限额，系统应把用户的来话话费和去话话费累加起来，每次呼叫前检查是否达到用户规定的呼叫限额。

2. UPT 用户的去话管理呼叫功能

UPT 去话管理过程中所需要的录音通知，在未选定 UPT 用户前，用普通话、英文和所设定语言轮流播放，例如，空号的录音通知，选定 UPT 用户后，按 UPT 用户特征定义的语言（中文、英文、设定语言）来播放，UPT 用户的去话管理呼叫功能如表 8-7 所示。

表 8-7　UPT 用户的去话管理呼叫功能

（基本功能）	去话/管理密码及修改	每个 UPT 用户拥有一个去话/管理密码，密码不定长，为 4～6 位。
（基本功能）	黑名单处理	用户输入相应密码
（基本功能）	连续呼叫	UPT 用户在通话结束后可以继续进行第二次呼叫，不需要再输入 UPT 号码、（UPT 账号）和密码
（基本功能）	临时转移号码的修改、激活与去激活	用户可随时修改用于接收来话的临时转移号码，并同时激活该功能
（基本功能）	临时转移号码的遇忙前转号码的修改和取消	用户可随时修改临时转移号码的遇忙前转号码。如果用户将转移号码修改为特定码，系统取消遇忙前转功能
（基本功能）	临时转移号码的无应答前转号码的修改和取消	用户可随时修改临时转移号码的无应答前转号码。如果用户将转移号码修改为特定码，系统取消无应答前转功能

续表

（基本功能）	激活时间表转移	用户可以激活时间表转移，此时，系统自动取消临时转移。而当用户选择临时转移时，系统自动取消时间表转移
（基本功能）	系统帮助	用户可在主菜单接入系统帮助项，请求帮助，如修改时间转移表、修改来话的呼叫筛选、呼叫限额、呼出目的地号码的限制等
（可选功能）	UPT 账号计费	UPT 用户可以申请用 UPT 账号计费，账号的格式在 UPT 用户申请业务时声明（1～20 位）。多个 UPT 号码可以使用同一个 UPT 账号
（可选功能）	电话呼出	用户可做一般的电话呼出，被叫可以是本地号码或国内、国际有效号码
（可选功能）	缩位拨号呼出	用户可用缩位拨号方式呼出，也可自己登记、查询或修改缩位拨号的设置。用户最多可定义 10 个缩位拨号
（可选功能）	呼叫限额	呼叫限额可以为日限额或月限额（日限额、月限额可以为费用或次数）
（可选功能）	呼出目的地号码的限制	用户可以定义限制或允许拨叫的目的号码，最多可以登记 10 个限制（允许）号码，限制（允许）号码可以是国家号码、地区号码、局号码或被叫号码
（可选功能）	来话密码的修改、激活与去激活	用户可自行修改来话密码。用户可以激活来话密码，使之起作用；也可去激活来话密码，使之不起作用，这时当作无密码处理
（可选功能）	来话呼叫筛选的激活/去激活	用户可激活或去激活其呼叫筛选功能，使呼叫筛选功能有效或无效

UPT 用户在进行电话呼叫或修改来话参数之前，必须先通过密码检查，用户可通过去话管理程序修改原有的密码。

在黑名单功能中，如用户输入 UPT 号码、（UPT 账号）和去话/管理密码经核实不符，收到重新输入的通知后可重新输入，但重新输入的次数限于 2 次，第 3 次再出错时，则给用户送录音通知。如果累计连续输入错误达 30 次，则将该 UPT 号码列入黑名单。当 UPT 号码被列入黑名单的时候，用户不能使用去话/管理功能，但来话呼叫不受影响

用户选择时间表转移时，自动激活临时转移功能，包括遇忙前转和无应答前转功能，并且只对临时转移号码清零，保留遇忙前转号码和无应答前转号码。

呼叫限额功能中，用户可以通过话务员，选择来去话呼叫限额、去话限额或无限额。如果用户选择了来去话限额或去话限额，UPT 用户每次进行呼出/管理操作前，要检查是否达到了呼叫限额。

8.2.3 专用网业务（VPN）

VPN 业务是利用 PSTN 的资源向某些机关、企业提供一个逻辑上的专用网，以供机关、企业等在该专用网内开放业务。VPN 主要是机关、企业、团体的 PABX 利用公用网资源连成专用网，也可以允许以单个用户方式进入 VPN。

专用网业务具有的特征包括：网内呼叫、网外呼叫、远端接入、记账呼叫、呼叫前转等，如表 8-8 所示。

表 8-8 专用网业务的特征描述

网内呼叫（On - net）	允许 1 个 VPN 用户可以对同 1 个 VPN 内的其他用户发出呼叫
网外呼叫（Off - net）	允许 1 个 VPN 用户对本 VPN 范围以外的用户发出呼叫
远端接入（Remote Access）	允许 1 个 VPN 用户从非本 VPN 的任一话机向 VPN 用户发出呼叫
记账呼叫（Account Code Call）	允许 1 个 VPN 用户把呼叫的费用记在规定的账号上
呼叫前转（Call Forwarding）	允许 1 个 VPN 用户把呼叫前转至另一个 VPN 的号码或至一个 PSTN 的号码
缩位拨号（Abbreviated Dialing）	指 1 个 VPN 用户呼叫网外用户时可以采用缩位拨号，缩位号码为 1 位。具有缩位拨号功能的用户一定是有权进行网外呼叫的 VPN 用户，对网内用户不采用缩位拨号。缩位拨号表可以是整个 VPN 群共用 1 个，也可以是每个 VPN 成员定义 1 个自己的缩位拨号表(最多可对 10 个网外用户采用缩位拨号)，但在后一种情况下，用户只能在自己的话机上使用自己定义的缩位拨号
鉴权码（Authentication Code）	允许 1 个 VPN 用户拨入一个鉴权码之后，可以不受有关话机对呼叫的限制而向网外发出呼叫
闭合用户群（Closed User Group）	指 1 个 VPN 用户仅允许在虚拟专用网的用户群内进行呼叫，即：既不允许该闭合用户群的用户呼叫闭合用户群以外的用户，也不允许闭合用户群以外的用户呼叫闭合用户群的用户
可选的网外呼叫阻截（Selective Barring For Off - net Calling）	在呼叫类别（本地、长途、国际、特殊业务）区分的基础上，允许对某些网外呼叫进行阻截。不允许通过网外呼叫使用 PSTN 上开放的智能网业务及以“1XX”为业务接入码的特服业务、新业务
可选的网内呼叫阻截（Selective Barring For On-net Calling）	在主叫号码识别的基础上，阻止某些网内呼叫
呼叫话务员座席（Attendant）	表示在网内设置话务员座席，以向用户提供有关的业务信息。话务员功能可以指定给 VPN 中的某些用户
话务员登录（Log on）	表示该话务员登录工作并可以参加自动呼叫分配，即系统可按照一定规则把呼叫自动分配给该话务员。对于 1 个 VPN，同时登录的话务员数是有一定限制的，对于不同的 VPN 集团，同时登录的话务员数的最大值可以不同
话务员撤消（Log off）	表示该话务员退出工作，不能再参加自动呼叫分配
呼叫前转修改/撤销（Call Forwarding Update/Cancellation）	用户通过营业窗口（SMP 的终端）登记呼叫前转，登记后用户通过操作可将原已登记的前转号码取消或改成其他的号码
按时间选择目的地（Routing by Time）	指 VPN 用户对它的来话可以按不同的时间，即节假日、星期或小时来选择目的地，最小单位为分钟。当定为四个时间段时，即用户最多可登记四个时间段及与这四个时间段相对应的四个目的号码
语音提示（Voice Prompt）	向使用本业务的呼叫者发出提示，请求用户按照提示进一步操作，或向用户送录音通知，通知某种情况
同时呼叫次数的限制（Simultaneous Call Limit）	当 VPN 集团的某一目的号码的同时呼叫数达到最大值时，不予接续，并向用户送录音通知
借机发话（Override Restriction）	允许 1 个 VPN 用户从本 VPN 中其他用户的话机上发出呼叫，通过输入自己的用户标识和密码，可以享有原有话机上享有的呼叫能力

呼叫前转特征中的每个用户最多可以登记1个遇忙前转号码，以及1个无应答前转号码，无应答监视时间为18s，这两个号码可以不同，也可以相同，当用户为被叫时，若遇忙，则可前转到遇忙前转号码；若无应答，则可前转到无应答前转号码，用户也可以只登记1个遇忙前转号码或者只登记1个无应答前转号码，用户登记的前转号码一定是用户有权呼叫的号码，如果在第1次呼叫前转中，遇前转号码忙或前转号码无应答，则可按照前转号码登记的前转地址继续前转下去，即将主叫接至前转号码登记的前转地址，但在1次呼叫中，最多可进行3次呼叫前转，当前转号码为此VPN集团外的1个PSTN号码时，在呼叫前转过程中如遇前转号码忙或无应答，则不再继续进行前转。

在呼叫前转功能的修改/撤销中，用户可直接通过话机进行不分时间段的呼叫前转取消或更改，但一般情况下的前转修改限于：网内前转新号码仍为网内号码，网外前转新号码仍为网外号码。

8.2.4 被叫集中付费业务

被叫集中付费业务是一种体现在计费性能方面的电话新业务，它的主要特征是对该业务用户的呼叫由被叫支付电话费用，而主叫不付电话费用。例如，当1个商业、企业部门或个人等作为1个业务用户申请开放该业务时，则对该业务用户的呼叫的电话费用由业务用户支付，由于这些呼叫对主叫是免费的，所以通常称为免费电话。

除了具有由业务用户支付话费的特征外，被叫集中付费业务还可具有以下一些特征。

（1）唯一号码（one number）：业务用户在具有多个公用网电话号码的时候，可以只登记一个唯一的被叫集中付费的电话号码，对这一电话号码的呼叫，可根据业务用户的要求接至不同的目的地，例如，可根据呼叫的发话区域将其接至不同的目的地。

（2）遇忙/无应答呼叫前转（call forwarding on busy/no reply）：当遇到呼叫的目的号码忙或无应答时，可把呼叫转至由业务用户事先规定的另外1个或几个号码，比如规定业务用户最多可登记两个前转号码，遇忙和无应答前转共用这两个前转号码，对于每1个业务用户的1次呼叫，前转次数最多限于两次。

（3）呼叫阻截（call barring）：业务用户可以限于某些地区用户对他的呼叫，对来自其他地区的呼叫进行阻止；或者不允许某些地区用户对他的呼叫，只允许来自其他地区的呼叫，业务用户最多可登记10个限制（使用）号码。

（4）语音提示（voice prompt）：向使用本业务的呼叫者发出提示，请求用户按照提示进一步操作，或向用户送录音通知，通知某种情况等。

（5）按时间选择目的地（routing by time）：业务用户对他的来话可以按不同的时间，如节假日、星期或小时来选择目的号码，最小单位为分钟，当定为四个时间段时，用户最多可登记四个时间段及与这4个时间段相对应的4个目的号码。

（6）密码接入（PIN access）：业务用户可要求主叫用户呼叫一个被叫集中付费业务时，必须拨入密码方能接通。

（7）按照发话位置选择目的地（routing by caller location）：对业务用户的呼叫可以依主叫用户所在的地理位置选择路由。

（8）呼叫分配（call distribution）：业务用户可以把对它的呼叫按一定的比例分配至不同的目的号码。

（9）同时呼叫某一目的地次数的限制（simultaneous call limit）：对业务用户的某一目的地同时呼叫数达到一定限制时，不予接续，并向用户送录音通知。

（10）呼叫该 800 号业务用户次数/费用的限制（call limit）：业务用户可以事先规定在一段时间内（如 1 个月内），可以接受的呼叫次数或呼叫费用（二选一）的最大限值，当到达此限值时，则不予接续，并向用户送录音通知。

8.2.5 记账卡呼叫业务

记账卡业务允许用户在任 1 部电话机（DTMF 话机）上进行呼叫，并把费用记在规定的账号上，使用记账卡业务的用户，必须有 1 个唯一的个人卡号（card number），用户使用本项业务时，按规定输入接入码、卡号、密码（personal identification number，PIN），当网络对输入的卡号、密码进行确认且向用户发出确认指示后，持卡用户可像正常通话一样拨被叫号码进行呼叫。

记账卡业务可按卡的特征（付费方式及使用方式）分为 4 类，如表 8-9 所示。

表 8-9　　记账卡业务分类表

A 类用户（按月付费用户）	已安装电话的用户申请记账卡业务，经电信部门信誉审核符合要求，可凭电话缴费单按月交纳话费。
B 类用户（预先付费用户）	用户申请本业务时，须预付一定的电话费，使用时按次扣除通话费用。当通话时，预付金额用完，系统即停止提供业务，用户需再交预付费才能继续使用业务；如 1 个月后用户仍未再交预付费，则该用户卡自动取消。如用户要求取消记账卡，电信部门须将帐内预付费的余额退还用户。
C 类用户（一次付费用户）	用户通过购买有价的记账卡，在规定期限（如 3 个月）内使用业务，使用时按次扣除通话费用，累计达到有价卡面值时，系统即停止提供业务。
D 类用户（无密码的一次付费用户）	用户通过购买有价的记账卡，在规定期限（如 3 个月）内使用业务，使用时按次扣除通话费用，累计达到有价卡面值时，系统即停止提供业务。
D 类用户没有密码，而 A、B、C 类用户均有业务使用密码	

记账卡业务的特征除了把呼叫的费用记在记账卡的账号上之外，还包括依目的号码进行限制、限值指示等，如表 8-10 所示。

表 8-10　　记账卡业务特征表

特征	说明
依目的号码进行限制（destination restricted calling）	即记账卡业务只能对某些范围的目的号码进行呼叫，或不能对某些范围的目的号码进行呼叫，持卡用户最多可登记 10 个限制（使用）号码，限制（使用）号码可为国家号、地区号、局号或被叫号码
限值指示（charge limit）	当通话的费用对 B、C、D 类卡余额达到规定的允许通话 1 分钟最低限额前，给用户发出通知，当到达时限时中断通话
密码设置（PIN set，personal indentification number set）	它表示可由持卡用户自己设定密码的数字，以防止其记账卡被偷盗使用
连续进行呼叫（follow on calling）	指当持记账卡的用户在通话结束后可以继续进行第 2 次呼叫，而无需再输入卡号和密码

续表

卡号和密码输入次数的限制（security）	输入的卡号和密码经核对不符，收到重新输入的通知音后可重新输入，但重新输入的次数限于2次，第3次再错则给用户送录音通知，如果累计连续输入错误达门限次，则本卡将被列入黑名单
修改密码（PIN modification）	即持卡用户可以具有修改密码PIN的能力。只有持卡用户可以修改密码，管理人员不能修改密码，但在某些特定情况下，例如，当持卡用户忘记自己设定的密码时，管理人员可应用户的要求取消该密码
防止欺骗（enhanced security）	对连续呼叫进行检验，当卡号和密码正确后，在1天内连续呼叫超过一定的费用或次数后（费用或次数的多少由用户需要而定），应拒绝接收卡号和密码，中断试呼并向用户送录音通知
语言提示和收集信息（prompt & collection）	向用户发出提示音或提示语言并收集用户发出的信息的能力
查询余额（current credit）	用户拨入相应的号码，按规定进行查询余额的操作后，具有向用户提供查询余额的能力。A类用户不能通过话机进行查询余额的操作，只能到业务管理部门去查询话费总额
缩位拨号（abbreviated dialing）	用户对被叫号码可拨较少的位数，缩位号码的长度为1位，即每个持卡人可对10个用户进行缩位拨号
修改缩位拨号（abbreviated dialing number modification）	持卡用户可以具有修改缩位拨号的能力，即可将原来使用的缩位号码分配给新的被叫号码
按键中断	在输入密码、账号或拨其他号码的过程中，中途放弃或需要重拨时，不需挂机，可按“*”键，则此次输入内容无效，系统将重新提示用户输入，用户可重新输入

8.3 固定智能网络与移动智能网络及其发展

智能网的目标是为所有通信网络提供满足用户需要的新业务，移动智能网是在移动网上快速、经济、方便、有效地生成并提供智能新业务的网络体系结构。移动智能网是在移动网络中引入智能网功能实体，实现对移动呼叫智能控制的一种网络，它是现有的移动网络与智能网的结合，通过在移动网中引入移动业务交换点，使底层移动网与高层智能网相连，将移动交换与业务分离，形成移动智能网，移动智能网作为移动网的高层业务网，使客户对网络有更强的控制功能，能够方便、灵活地获取所需的信息，开放的移动智能网业务类型主要有：预付费业务、亲情号码业务、分区分时计费业务等。

8.3.1 固定智能网络

SS7信令系统中的智能网应用部分（INAP）是专门用于智能网通信的，该ROSE（remote operation service element）规程是包含在TCAP层的子层中传送的，并且作为单位数据在SCCP中传送，智能网应用部分是由TCAP和SCCP支持的，INAP应用规程的体系层次如表8-11所示。

表 8-11　　INAP 应用规程的体系层次

<table>
<tr><td colspan="4">（多个相关体）多个并列的交互作用</td><td colspan="2">（单个相关体）单个交互作用</td></tr>
<tr><td colspan="4">应用进程</td><td colspan="2">应用进程</td></tr>
<tr><td colspan="4">MACF 多相关控制功能</td><td rowspan="3">SACF 单相关控制功能</td><td rowspan="2">ASE 应用服务元素</td></tr>
<tr><td rowspan="2">SACF 单相关控制功能</td><td>ASE 应用服务元素</td><td rowspan="2">SACF 单相关控制功能</td><td>ASE 应用服务元素</td></tr>
<tr><td>TCAP</td><td>TCAP</td><td>TCAP</td></tr>
<tr><td colspan="4">SCCP 信令连接控制部分</td><td colspan="2">SCCP 信令连接控制部分</td></tr>
<tr><td colspan="4">MTP 消息传递部分</td><td colspan="2">MTP 消息传递部分</td></tr>
<tr><td colspan="6">INAP 应用规程体系</td></tr>
</table>

SACF（single association control function）是单相关控制功能，当一个物理实体与其他物理实体单独交互作用时，由 SACF 使用一套 ASE（application service element）来提供一种协调功能，MACF（multiple association control function）是多相关控制功能，当多个物理实体交互作用时，由 MACF 在几套 ASE 之间提供协调功能。

ASE（application service element）是应用服务单元，每一个 ASE 支持一个或多个操作，智能网应用部分是所有智能网应用服务单元所规定的总和，其中，智能网的应用服务单元称为 TC 用户。

SAO（single association object）是单相关体，INAP 使用 SCCP 的 0 类业务，即基本无连接业务，INAP 利用 SCCP 全局码（GT）、MTP 的信令点编码（SPC）和子系统编码（SSN）完成寻址的目的。

为了完成智能业务，智能网的各个功能实体间需要交换信息流，在 INAP 规程中，将有关的信息流都抽象为操作或操作结果，中国国家标准的 INAP 规程中，根据开放业务的需要，定义了 35 种操作，这些操作分为 4 种类别。

（1）类别 1：成功和失败都要报告。

（2）类别 2：仅报告失败。

（3）类别 3：仅报告成功。

（4）类别 4：成功和失败都不报告。

操作所包含的参数中，有些参数是必选参数，有些为可选参数，并且操作的模式采用的是“宏定义”的方式来描述的，例如：

```
ABC OPERATION
ARGUMENT {参数 1，参数 2，参数 3，…}
RESULT {参数 1，参数 2，参数 3，…}
LINKED {操作}
ERRORS {差错 1，差错 2，…}
差错 1 ERROR
PARAMENTER {参数 1，参数 2，参数 3，…}
…
```

在上述宏定义描述中，ABC 是对操作名的定义，ARGUMENT 关键字后面的参数是需要发送的数据，RESULT 关键字后面的参数是对方实体所返回的操作执行结果，LINKED 关键字后面的参数是链接操作名，ERRORS 关键字后面的参数说明了所执行的操作出了何种问题。

在操作定义中同时出现 RESULT 和 ERRORS 的定义时，说明该类操作是第一类操作，只出现 ERRORS 的定义时，说明该类操作是第 2 类操作，只出现 RESULT 的定义时，说明该类操作是第 3 类操作，如果 RESULT 和 ERRORS 定义都没有出现，说明该类操作是第 4 类操作。具体的 4 类操作可以参考 INAP 规程基于 IN CS - 1 定义的 35 种操作，以及基于 IN CS - 2 定义的 48 种操作。IN CS - 1 定义的 35 种操作如下。

```
类别 1 （成功和失败都报告）
        激活业务过滤
        请求报告当前状态
        请求报告每一状态变化
        请求报告第一状态匹配
        提示并收集用户信息
类别 2 （仅报告失败）
        申请计费
        申请计费报告
        辅助请求指令
        呼叫信息请求
        取消
        取消状态报告请求
        收集信息
        连接
        连接到资源
        切断前向连接
        建立临时连接
        提供计费信息
        启动 DP
        启动试呼播送通知
        请求通知计费事件
        请求报告 BCSM 事件
        重设定时器
        选择设备
        发送计费信息
类别 3 （仅报告成功）
        激活测试
类别 4  成功和失败都不报告
        呼叫间隙
        呼叫信息报告
        继续
        计费事件通知
        BCSM 事件报告
        释放呼叫
        业务过滤响应
        状态报告
        专用资源报告
```

8.3.2 移动智能网络

移动智能网即移动网络增强定制应用逻辑，（customized application for mobile network enhanced logic，CAMEL）是智能网在移动方面的扩充和发展，移动智能是一种网络特征，它由模块化的设计思想进行构造，业务处理与呼叫处理相互分开，从而促使新业务的开通投入少、见效快，运营风险大大降低。

移动智能网业务应用如下。

（1）移动预付费业务（mobile pre-paid service）

为有效控制不良用户欠费、恶意透支等行为对网络运营商的利益损害，移动网络中绝大部分为"先缴费，后服务"的预付费用户。当用户签约该业务时，网络运营者分配一个与其用户号码对应的唯一账号，用户所有的通信费用都将从该账号中扣除，一旦账号余额不足或逾期，网络将拒绝为该用户提供通信服务，直至用户向账号进行充值，该业务还可以对用户每日或每月的最高话费设定限制，以保护业务用户的经济利益。

预付费业务利用移动智能网络对通话的实时控制机制和快捷计费功能，有效降低了网络运营商的经营风险，保障正常的经营收益，同时为运营商带来较好的话费沉淀利润。

（2）亲情号码组合（familiar numbers service）

亲情号码组合业务为用户建立最常联络的亲友号码表，当业务用户拨打该号码表中的亲友号码或该亲友号码拨叫业务用户时，网络给予呼叫费率上极大的优惠。一般而言，亲友号码需要是同一城市且同一网络运营商内的用户。

亲情号码组合业务的优势在于用户可以享受费率优惠，降低费用顾虑，从而刺激用户使用业务的频度。

（3）特殊费率业务（specialized charging service）

该业务是利用"智能网多样计费功能"的典型业务代表，它向用户提供特定的费率套餐选择，给予用户约定的优惠政策，其中包括根据呼叫时间段的费率优惠、根据通话时长的费率优惠、根据呼叫始呼地区的费率优惠等各种选择。不同的套餐各有侧重，有的针对更多的上网流量，有的提供更长时间的语音通话，一般都会赠送一定数量的附加套餐，用户可以根据自己的使用习惯，选择签约适合的套餐并享受优惠。

适时地开展各种特殊费率业务，给予用户多样的优惠服务，可以吸引网络用户，提高运营者的市场占有率，从而增加网络运营收益，移动智能网络的应用使用户获得更多服务的同时，也提高了资源利用度。

8.3.3 综合智能网络

综合智能网能够有效地利用原有的智能网资源，同时能更好地为多个网络的用户提供综合、统一的业务，其主要目的在于只用 1 套网络为固定网、移动网（包括 GSM、CDMA、3G、LTE）、IP 网络提供业务逻辑，为这些网络的用户提供 1 个网络内或跨多个网络的智能业务平台。

1. 体系架构

综合智能网是在原有智能网的基础上引入综合业务控制点（ISCP）和综合业务交换点（ISSP）发展起来的，综合智能网的主要特点如下。

（1）支持多协议，支持 GSM 的 CAP、CDMA 的 WIN-MAP、固网的 INAP 和 SIP 协

议等。

（2）支持多信令点编码，具有与原有各通信网的智能网互联的能力。

（3）支持以软交换为核心的下一代网络（NGN）。

（4）提供开放的业务接口（OSA）。

为了兼容原有的智能网系统，综合智能网的体系与传统的用于固定网，以及移动网的智能网体系结构基本上是相同的。综合智能网是以综合业务控制点（ISCP）为核心的智能网，在ISCP的控制下完成一次完整的智能业务呼叫，除ISCP外，综合智能网还包括综合业务交换点（ISSP）、综合业务管理点（ISMP）、智能外设（IP）、综合业务生成环境点（ISCEP）、综合业务管理接入点（ISMAP）、综合充值中心（IVC）、综合业务数据点（ISDP），同时还应包括支持开放接口的应用服务器。

（1）综合业务控制点（ISCP）：综合业务控制点具有业务控制功能（SCF），作为综合智能网的核心设备，它可以直接或通过信令网连接到ISSP，控制ISSP进行呼叫接续。

（2）综合业务交换点（ISSP）：综合业务交换点是连接现有通信网与综合智能网的连接点，提供接入综合智能网功能集的实现，ISSP可检验出综合/传统智能业务的请求，并与ISCP通信，对ISCP的请求做出响应，允许ISCP的业务逻辑影响呼叫处理，在不采用独立的智能外设的情况下，ISSP还应包括部分的专用资源功能（SRF）。

（3）智能外设（IP）：智能外设是协助完成智能业务的特殊资源，通常具有各种语音功能，如语音合成、播放录音通知、接受DTMF拨号、进行语音识别，以及提供多媒体资源和语音文本转换等，智能外设可以以一个独立的物理设备存在，也可以作为SSP的一部分，接受ISCP的控制。

（4）综合业务数据点（ISDP）：ISDP是综合智能网的数据库，提供用户和网络数据。

（5）综合业务管理点（ISMP）：ISMP是一个综合智能业务管理系统，它能配置和管理智能网业务，并支撑正在运营的业务，包括对ISCP中业务逻辑的管理和对业务用户数据的增删、修改等。在综合业务生成环境（ISCE）中创建的新的业务逻辑，由业务提供者输入到业务管理系统中，系统将其转入到ISCP，就可以在综合智能网中提供这项新业务了。另外，完备的ISMP系统还可以接受远端客户发来的业务控制指令，修改业务数据，从而改变业务逻辑的执行过程。

（6）综合业务生成环境点（ISCEP）：由于ISCEP的功能是根据客户的需求生成新的业务逻辑，所以ISCEP具有输出业务逻辑和业务数据模型的能力。

（7）综合业务管理接入点（ISMAP）：ISMAP是一个具有业务管理接入功能的设备，ISMAP为业务管理操作员提供接入到ISMP的能力，并通过ISMP来修改、增删业务用户的数据及业务性能，并提供至ISMF的接口，包括审核访问功能的权限。

（8）综合充值中心（IVC）：IVC是综合智能网系统中的充值中心，用于存放充值卡数据，并在充值呼叫过程中与ISCP通信，接收ISCP发送来的充值卡数据，对充值卡数据鉴权，返回充值结果，配合ISCP完成充值过程。IVC支持固网、CDMA网、GSM网和IP网络用户的充值操作。

2. 综合智能网与PSTN网络、GSM网络和CDMA网络的连接

综合智能网充分利用原有智能网的SSP，用于提供综合智能网的业务，例如，PSTN网的本地端局、汇接局、长途局的SSP，通过No.7信令网的INAP信令与综合智能网的ISCP

连接，触发综合智能网的业务，并与综合智能网的智能外设 IP 通过 No.7 信令网建立信令连接和承载连接。

与 PSTN 网一样，原来设于 GSM 和 CDMA 网中的智能网的 SSP，也可根据综合智能网业务的需要，通过 No.7 信令网与综合智能网的 ISCP 连接，触发综合智能网的业务。

综合智能网的 ISCP 也可以通过 INAP 或 WIN-MAP 协议与各个业务网络的 SCP 相连，ISCP-ISCP 之间是否相连，将取决于所开放的业务和路由组织方式。

3．综合智能网与 IP 数据网络的连接

综合智能网直接和具有 SSF（业务交换功能）的软交换设备相连，利用软交换支持多种网络用户接入的能力，为 IP 网络用户或 PSTN、GSM、CDMA 用户提供综合智能网业务，对综合智能网来说，软交换及它所控制的接入点构成一个虚拟的 SSP，通过 INAP（可采取 INAP/TCAP/SCCP over M3UA：MTP3 User Adaptation 方式或 INAP/TCAP over SCUA 方式）或者 SIP 协议经由信令网关，与综合智能网中 ISCP 互通，共同提供智能网业务。对于智能业务所需要的 IVR 等功能，由软交换控制的媒体服务器和媒体网关实现，通过这种方式，综合智能网能够与 IP 网络实现互连互通，更为重要的是，可以实现与 Internet 相关的综合智能网业务，此外，RADIUS 服务器（认证服务器）通过 RADIUS 协议为 IP 网络用户实现统一计费、认证等功能。

综合智能网本身是一个开放的系统，在业务层上是基于计算机应用编程接口（API）技术的开放式业务体系结构，该体系结构提供标准的全开放应用平台，高度抽象了底层网络的能力，彻底屏蔽了底层网络的复杂性，可以方便地向第三方业务开发商提供开放的 API 编程接口，允许第三方的应用服务器通过综合智能网提供业务。

API 标准之一的 Parlay APIs，是一组与具体的网络技术和协议无关的应用编程接口，Parlay APIs 具有简单、易扩充、可应用于不同类型的网络和业务的特点，Parlay APIs 已经被 3GPP 作为核心技术接受，并得到 ETSI、JAIN、OMG 等国际组织的承认，ITU-T（SG11）也将 Parlay APIs 作为定义开放服务接口（OSA）的一个重要参考。

Parlay APIs 位于现有网络之上，现有的网络通过 Parlay 网关与应用服务器进行交互，从而可以方便地开发综合智能网的第三方业务或综合业务。

8.3.4　智能网络与下一代网络的融合

在下一代网络中，智能网有以下 3 种不同的实现方式。

（1）软交换访问传统智能网的业务控制点（service control point，SCP）。

（2）传统智能网的业务交换点（service switching point，SSP）访问应用服务器。

（3）利用第三方为 SIP 用户、H.323 用户、PSTN 等各种用户提供智能网业务。

在下一代网络中，智能网仍旧需要业务交换功能（SSF）、业务控制功能（SCF）、业务数据功能（SDF）、专用资源功能（SRF）等功能实体，来完成业务触发、业务控制、专用资源的提供，以及智能呼叫的计费。在不同的实现方式下，这些功能实体和物理设备之间将有不同的映射关系，实体之间的交互过程、智能网所服务的用户和计费方式也各不相同。

1．软交换访问传统智能网的业务控制点

软交换设备支持固定智能网的 INAP，因此，软交换可以与传统固定智能网的 SCP 互通，获得原有固定智能网所提供的记账卡、被叫集中付费、虚拟专用网等智能网业务。当

软交换支持 CAMEL 系统的 CAP 协议、WIN 系统的 WINMAP 协议，那么软交换也可以作为 GSM 和 CDMA 网络中的 SSF，访问 GSM 和 CDMA 网络中的 SCP，为移动用户提供各种智能业务。

2．传统智能网的 SSP 访问应用服务器

智能网的 SSP 访问应用服务器，是由应用服务器提供各种智能网业务，传统智能网的 SSP 通过信令网关访问应用服务器，应用服务器根据不同的网络呼叫接入到相应的协议栈，并确定需要调用的业务逻辑，为 PSTN、GSM 和 CDMA 用户提供智能业务。

根据业务逻辑的需要，应用服务器与传统智能网的 SSP/IP/HLR 等互通，完成智能业务的逻辑控制、呼叫接续和专用资源提供等。如果业务需要，应用服务器也可以与业务控制点（SCP）进行互通，完成对业务数据或用户数据的访问。

当 PSTN 用户、GSM 用户或 CDMA 用户使用智能网业务时，SSP 会根据用户所拨的号码或签约信息触发相应的智能业务，然后通过信令网关向应用服务器发送业务请求，由应用服务器控制业务的执行，信令网关完成 N0.7 信令和 IP 协议之间的转换，以承载上层的智能网协议（例如，PSTN 网的 INAP、GSM 网的 CAP、CDMA 的 WINMAP），传统智能网 SSP 访问应用服务器的方式，除了需要信令网关完成信令转换以外，与传统智能网 SSP 访问 SCP 实现智能网的方式相同，在这种情况下，应用服务器的作用与 SCP 一致，即可以完成业务控制功能（SCF）和业务数据功能（SDF）。

3．利用第三方来实现智能业务

具有开放的接口是下一代网络的一大特点，提供各种开放的应用接口，能够为第三方业务功能的开发提供网络平台，在以软交换为基础的下一代网络中，可以通过第三方为 IAD 用户、SIP 用户、H.323 用户、PSTN 用户等各种用户提供智能业务，智能业务是由第三方应用来提供的，软交换收到用户的呼叫以后，根据呼叫信息向应用服务器发送 SIP 消息，应用服务器根据收到的呼叫信息，通过 API 接口调用第三方的应用，由第三方应用来控制智能业务的执行。

在下一代网络中实现智能网的几种方式具有不同的特点，需要不同的网络配置、信令协议，可以为不同的用户服务，因此，在下一代网络中实现智能网所能够采用的方式，需要根据具体的网络配置、业务种类和用户类型来确定。有关下一代网络与软交换的具体内容将在软交换技术一章详细介绍。

本章小结

我国已规范化的几种智能网业务，包括通用个人通信业务、被叫集中付费业务、专用网业务等，其中的业务用户（service subscriber）指的是向业务提供者申请此业务的各类用户，与此对应的业务提供者（service provider）指的是向业务用户提供此业务的部门，如电信运行部门等。

公用电话是公共电话交换网（PSTN）的一部分，是一项重要的公共服务设施，中国公话系统经历了投币电话、磁卡电话、IC 卡电话、智能公用电话等阶段。投币电话、磁卡电话已经淘汰，中国公话系统正在向智能公话系统发展，智能公话系统利用智能网或智能平台来实现公用电话，解决了目前公用电话安全性差、盗打严重、计费纠纷、话费流失等问题，兼有电话卡业务和智能网的计费、路由优势和使用简便的特点，随着国家智能网和各省省内智能网的建成，中国智能话务系统将会得到广泛应用和迅速发展。

ITU-T 对宽带智能网的定义是，基于 B-ISDN 宽带网络平台上的智能网系统，就是在以 ATM 为基础的宽带网络上利用智能网技术提供各种多媒体业务，宽带智能网实现业务的灵活加载、扩展和新业务的增加，与以往的业务提供方式不同，宽带智能网能够在 1 个平台上提供多种业务，宽带智能网能有效地解决当前宽带网络提供多媒体业务的瓶颈问题。

从世界范围内电信业的发展现状来看，全业务经营是必然的趋势，对运营商来说，开展全业务竞争有利于优化资源配置、节约运营成本、分散经营风险，对促进互连互通也具有重要作用，使运营商的网络具有较强的融合优势。另外一方面，对于消费者来说，采取长途、国际、本地、移动等通信领域分割经营的政策，也不符合消费者低成本实现多层次、全方位服务的要求，综合智能网技术为运营商开展全业务经营提供了一个很好的选择，随着新技术不断涌现，智能网的研究和建设也在不断加快，智能网系统将朝着综合化、数据化，开放化的方向发展。

练习题与思考题

1．请说明智能网概念模型中物理平面、分布功能平面、全局功能平面，以及业务平面等 4 个平面的功能含义。

2．请描述下一代网络与智能网络相融合的实现方式。

3．请简述被叫集中付费业务的处理流程。

4．INAP 在 7 号信令系统的分级结构中处于什么位置？与 TCAP 的关系是什么？

5．业务管理系统（SMS）具有哪些功能？业务控制节点的作用是什么？业务交换节点的作用是什么？

第9章 软交换技术原理与网络配置

所谓下一代网络（NGN），是1个定义极其松散的术语，泛指1个不同于目前一代的、以数据为中心的融合网络，NGN的出现与发展不是革命，而是演进。从业务层面上看，NGN应支持话音和视频业务及多媒体业务，具体如下。

（1）针对电话网而言，是指软交换体系。

（2）针对移动网而言，是指3G以及后3G。

（3）针对数据网而言，是指下一代因特网和IPV6。

从网络层面上看，在垂直方向应包括业务层和传送层，在水平方向应覆盖核心网和边缘网；从技术层面上看，NGN融合了传统电话的普遍性和可靠性，融合了因特网的灵活性，融合了以太网的运作简单性，融合了ATM技术的低延时，并且融合了光网络的带宽，融合了蜂窝网的移动性，以及融合了有线电视网的丰富内容。

广义的NGN指下一代融合网，泛指大量采用新技术，以IP为中心，同时支持语音、数据和多媒体业务的融合网络。狭义的NGN指以软交换为控制层核心，兼容语音网、数据网、视频网三网的开放体系架构。

本章将在智能网的基础上，详细介绍作为NGN控制核心的软交换体系架构，包括下一代网络分层模型、IP多媒体子系统。在软交换协议部分，将介绍媒体网关控制协议MGCP、软交换与终端控制协议、软交换与信令网关控制协议等，为了与实际应用相结合，本章还对软交换的相关配置方式做了介绍。

9.1 软交换技术概述

软交换的概念最早起源于美国。当时在企业网络环境下，用户采用基于以太网的电话，通过一套基于PC服务器的呼叫控制软件，实现PBX功能（IP PBX），对于这样一套设备，系统不需单独铺设网络，而只通过与局域网共享就可实现管理与维护的统一，综合成本远低于传统的PBX，由于企业网环境对设备的可靠性、计费和管理要求不高，主要用于满足通信需求，设备门槛低，许多设备商都可提供此类解决方案，因此IP PBX应用获得了巨大成功。受到IP PBX成功的启发，为了提高网络综合运营效益，网络的发展更加趋于合理、开放，更好地服务于用户，业界提出了这样一种思想：将传统的交换设备部件化，分为呼叫控制与媒体处理，二者之间采用标准协议（MGCP、H248）且主要使用纯软件进行处理，于是，Soft Switch（软交换）技术应运而生。

2014年底，随着中国电信上海公司长途网最后一台TDM长途交换机TSH2举行下电仪式，这台交换机见证了整个上海电信长途交换网的发展历史，由此，上海电信结束了传统的长途交换，迈进了长途全面软交换IP化的时代。我国的电信业也朝着节能降耗、简化网络结构、提高维护效率迈出了重要一步。

软交换的基本含义是将呼叫控制功能从媒体网关（传输层）中分离出来，通过软件实现基本呼叫控制功能，包括呼叫选路、管理控制、连接控制（建立/拆除会话）和信令互通，从而实现呼叫传输与呼叫控制的分离，为控制、交换和软件可编程功能建立分离的平面。软交换主要提供连接控制、翻译和选路、网关管理、呼叫控制、带宽管理、信令、安全性和呼叫详细记录等功能。与此同时，软交换还将网络资源、网络能力封装起来，通过标准开放的业务接口和业务应用层相连，从而可方便地在网络上快速提供新业务。

从实体角度来看，软交换是一种功能实体，为下一代网络NGN提供具有实时性要求的业务呼叫控制和连接控制功能，是下一代网络呼叫与控制的核心。简单地看，软交换是实现传统程控交换机的"呼叫控制"功能的实体，但传统的"呼叫控制"功能是和业务结合在一起的，不同的业务所需要的呼叫控制功能不同，而软交换是与业务无关的，因此，这要求软交换提供的呼叫控制功能是各种业务的基本呼叫控制。

国际Soft Switch论坛ISC（international soft switch consortium）对软交换的定义：Soft Switch是基于分组网，利用程控软件提供呼叫控制功能和媒体处理相分离的设备和系统。ITU−T为了满足电路交换网向分组交换网过渡的需要，在ISUP的基础上制订了用于软交换控制设备之间互通的BICC协议，同时完成了软交换控制设备和MG之间控制关系的H.248协议。

与此同时，IETF在描述MGC和MG之间的控制关系的MGCP协议基础上制订Megaco协议。将SS7信令移植到IP网上，为此，制订了SCTP和M3UA，包括用于软交换控制设备和数据终端设备之间的控制协议SIP，以及软交换控制设备之间互通的SIP BCP−T协议。

软交换技术区别于其他技术的最显著特征如下。

（1）生成接口：软交换提供业务的主要方式是通过API与"应用服务器"配合以提供新的综合网络业务，与此同时，为了更好地兼顾现有通信网络，它还能够通过INAP与智能网中已有的SCP配合以提供传统的智能业务。

（2）接入能力：软交换可以支持众多的接入协议，以便对种类繁多的接入设备进行控制，同时，最大限度地保护用户投资并充分发挥现有通信网络的作用。

（3）支持系统：软交换采用了一种与传统OAM系统不同的、基于策略（Policy−based）的实现方式，完成运行支持系统的功能，按照一定的策略对网络特性进行实时、智能、集中式的调整和干预，以保证整个系统的稳定性和可靠性。作为分组交换网络与传统PSTN网络融合的解决方案，软交换将PSTN的可靠性和数据网的灵活性很好地结合起来，是传统话音网络向分组话音演进的较好方式。

9.1.1 软交换体系架构

软交换包含许多关键功能，其基础是一个采用标准化协议和应用编程接口（API）的开放体系结构，这就为第三方开发新应用和新业务提供了基础，软交换体系结构的其他重要特性还包括应用分离（de-coupling of applications）、呼叫控制和承载控制。

软交换控制设备（soft switch control device）是网络中的核心控制设备，它完成呼叫处理控制功能、接入协议适配功能、业务接口提供功能、互连互通功能、应用支持系统功能等。

（1）业务平台：完成新业务生成和提供功能，主要包括 SCP 和应用服务器。

（2）信令网关：七号信令网关设备，传统的七号信令系统是基于电路交换的，所有应用部分都是由 MTP 承载的，在软交换体系中则需要由 IP 来承载。

（3）媒体网关：完成媒体流的转换处理功能，并且，按照其所在位置和所处理媒体流的不同可分为，中继网关（trucking gateway）、接入网关（access gateway）、多媒体网关（multimedia service access gateway）、无线网关（wireless access gateway）等。

（4）IP 终端：主要指 H.323 终端和 SIP 终端两种，如 IP PBX、IP Phone、PC 等。

（5）AAA 服务器（authority authentication and accountin server）、大容量分布式数据库、策略服务器（policy server）。

软交换网络的实体包括接入网关（access gateway，AG）、传送层网元、软交换设备、应用服务器（application server，AS）等。其中，接入实体的功能如下。

（1）接入网关：提供模拟用户线接口，可直接将普通电话用户接入到软交换网中，为用户提供 PSTN 中所有的业务。

（2）中继媒体网关：用于完成软交换网络与 PSTN/PLMN 电话交换机的中继连接，将电话交换机 PCM 中继的 64kbit/s 的语音信号转换为 IP 包。

（3）信令网关（signal gateway，SG）：用于完成软交换网络与 PSTN/PLMN 电话交换机的信令连接，将电话交换机采用的基于 TDM 电路的 No.7 信令信息转换为 IP 包。

（4）综合接入设备（integrated access device，IAD）：一类 IAD 同时提供模拟用户线和以太网接口，分别用于普通电话机的接入和计算机设备的接入。

（5）多媒体业务网关（media servers access gateway，MSAG）：用于完成各种多媒体数据源的信息，将视频与音频混合的多媒体流适配为 IP 包。

（6）无线接入媒体网关（wireless access gateway，WAG）：用于将无线接入用户连至软交换网。

（7）H.323 网关：将基于 H.323 协议的 IP 电话用户连至软交换网。

9.1.2 基于软交换技术的下一代网络分层模型

NGN 网络同 PSTN、PLMN、H.323 VoIP 网络、3G 网络以及其他下一代网络等互通可以为用户提供端到端的业务能力，NGN 网络同 Internet、CATV 网络等互通可以为用户提供丰富的媒体内容。另一方面，通过 NGN 和传统网络互通，使 NGN 网络的逐步实现成为可能，并且使用户既能够获得丰富的 NGN 业务，同时又能够获得传统网络提供的业务。

下一代网络（NGN）是通过高速公共传输链路和路由器等节点，利用 IP 承载话音、数据和视像等所有比特流的多业务网，以保证各种业务服务质量，在与网络传送层及接入层分开的服务平台上提供服务与应用，向用户提供宽带接入，能充分挖掘现有网络设施潜力和保护已有投资，允许平滑演进的网络。

下一代网络核心软交换是 NGN 的控制功能实体，为下一代网络提供具有实时性要求业务的呼叫控制和连接控制功能，是下一代网络呼叫与控制的核心。软交换是网络演进及下一代分组网络的核心设备之一，它独立于传送网络，主要完成呼叫控制、资源分配、协议处理、路由、认证、计费等功能，同时可以向用户提供现有电路交换机所能提供的所有业务，并向第三方提供可编程能力。它是电路交换网与IP网的协调中心，通过各种媒体网关的控制实现不同网络之间的业务层融合。

为了确保提供端到端业务的能力，NGN网络必须与现有的各种电信网络共存，并且必须依赖于这些网络。此外，NGN作为电信运营商电信级业务网络中的一种，尽管IP网络是一种平面模型的网络架构，但是，对于NGN网络，很难采用一种单一的或者纯平面模型的网络架构来构造该网络，在不同的运营商之间，要求将NGN网络划分为不同的控制域和管理域，而且，每一个运营商的网络也需要划分为不同等级的控制域与管理域，因此，在不同类型的网络、不同的运营商及不同的控制域和管理域之间，构造NGN和各种网络之间的互通模型将是十分重要的。

从网络层次上来看，NGN在垂直方向从上往下依次包括业务层、控制层、媒体传输层和接入层，在水平方向应覆盖核心网和接入网乃至用户驻地网，从网络功能层次上看，NGN在垂直方向从上往下依次包括业务层、控制层、媒体传输层和接入层。

（1）业务层：业务层主要为网络提供各种应用和服务，提供面向客户的综合智能业务，提供业务的客户化定制，是用户最能直接感受到的部分。

（2）控制层：控制层负责完成各种呼叫控制和相应业务处理信息的传送。在这一层有一个重要的设备即软交换设备，它能完成呼叫的处理控制、接入协议适配、互连互通等综合控制处理功能，提供全网络应用支持平台。

（3）媒体传输层：媒体传输层主要指由IP路由器等骨干传输设备组成的包交换网络，是软交换网络的承载基础。

（4）接入层：接入层主要指与现有网络相关的各种接入网关和新型接入终端设备，完成与现有各种类型的通信网络的互通并提供各类通信终端（如模拟话机、SIP Phone、PC Phone可视终端、智能终端等）到IP核心层的接入。

从分层结构以及技术特点可以发现NGN有以下优势。

（1）组网优势：NGN的分层组网特点，使得运营商几乎不用考虑到过多的网络规划，仅需根据业务的发展情况，考虑各接入节点的部署。在组网上，无论是容量，维护的方便程度，还是组网效率，NGN同PSTN相比也有明显的优势。

（2）电信级的硬件平台：NGN的业务处理部分工作在通用的电信级的硬件平台上，运营商可以通过采购性能更优越的硬件平台，来获得处理能力的提高。

9.1.3 软交换实现的主要功能

软交换能够在媒体设备和媒体网关的配合下，通过计算机软件编程的方式来实现对各种媒体流进行协议转换，并基于分组网络（IP/ATM）的架构实现IP网、ATM网、PSTN网等网络的互连，以提供和电路交换机具有相同功能并便于业务增值和灵活伸缩的设备。

作为一种分布式的软件系统，软交换可以在基于各种不同技术、协议和设备的网络之间提供无缝的互操作性，其基本设计原理是基于创建一个具有很好的伸缩性、接口标准性、业务开放性等特点的分布式软件系统，它独立于特定的底层硬件/操作系统，并能够很好地处理各种业务所需要的同步通信协议，它基本功能包括：独立于协议和设备的呼叫处理和同步会话管理应用的开发；在软交换网络中能够安全地执行多个第三方应用，而不存在由恶意或错误行为的应用所引起的任何有害影响；第三方硬件能增加支持新设备和协议的能力；业务和应用提供者能增加支持全系统范围的策略能力，而不会危害其性能和安全；有能力进行同步通信控制，以支持包括帐单、网络管理和其他运行支持系统；支持运行时间捆绑和有助于结构改善的同步通信控制网络的动态拓扑；网络可伸缩性和支持彻底的故障恢复能力。具体分为以下功能。

（1）媒体网关接入功能：媒体网关功能是接入到 IP 网络的一个端点/网络中继或几个端点的集合，它是分组网络和外部网络之间的接口设备，提供媒体流映射或代码转换的功能。例如，PSTN/ISDN IP 中继媒体网关、ATM 媒体网关、用户媒体网关和综合接入网关等，支持 MGCP 协议和 H.248/MEGACO 协议来实现资源控制、媒体处理控制、信号与事件处理、连接管理、维护管理、传输和安全等多种复杂的功能。

（2）呼叫控制和处理功能：呼叫控制和处理功能是软交换的重要功能之一，它可以为基本业务以及多媒体业务呼叫的建立、保持和释放过程提供控制功能，包括呼叫处理过程、连接控制过程、智能呼叫触发检测和资源控制等，支持基本的双方呼叫控制功能和多方呼叫控制功能，多方呼叫控制功能包括多方呼叫的特殊逻辑关系、呼叫成员的加入/退出/隔离/旁听等。

（3）业务提供功能：在网络从电路交换向分组交换的演进过程中，软交换必须能够实现 PSTN/ISDN 交换机所提供的全部业务，包括基本业务和补充业务，还应该与现有的智能网配合提供智能网业务，也可以与第三方合作，提供多种增值业务和智能业务。

（4）互连互通功能：下一代网络并不是一个孤立的网络，尤其是在现有网络向下一代网络的发展演进中，不可避免地要实现与现有网络的协同工作、互连互通、网络融合，以及平滑演进。例如，可以通过信令网关实现分组网与现有 7 号信令网的互通；可以通过信令网关与现有智能网互通，为用户提供多种智能业务；可以采用 H.323 协议实现与现有 H.323 体系的 IP 电话网的互通；可以采用 SIP 协议实现与未来 SIP 网络体系的互通；可以采用 SIP 或 BICC 协议与其他软交换设备互联；还可以提供 IP 网内 H.248 终端、SIP 终端和 MGCP 终端之间的互通。

（5）协议功能：软交换是一个开放的、多协议的实体，因此，需要采用各种标准协议与各种媒体网关、应用服务器、终端和网络进行通信，同时，最大限度地保护用户投资并充分发挥现有通信网络的基础作用，这些协议包括 H.323、SIP、H.248、MGCP、SIGTRAN、RTP、INAP 等。

（6）资源管理功能：软交换所提供的资源管理功能，是对系统中的各种资源进行集中管理，如资源的分配、释放、配置和控制，资源状态的检测，资源使用情况统计，设置资源的使用门限等。

（7）计费功能：软交换具有采集详细话单及复式计次功能，并能够按照运营商的需求将话单传送到相应的计费中心。

（8）认证与授权功能：软交换应支持本地认证功能，可以对所管辖区域内的用户、媒体网关进行认证与授权，以防止非法用户/设备的接入。同时，它应能够与认证中心连接，并可以将所管辖区域内的用户、媒体网关信息送往认证中心进行接入认证与授权，以防止非法用户，设备的接入。

（9）地址解析功能：软交换设备能够完成IP地址、别名地址至IP地址的转换功能，同时也可以实现重定向的功能，对于号码分析和存储功能，要求软交换支持存储主叫号码以及被叫号码，而且具有分析10位号码然后选取路由的能力，具有在任意位置增加、删减号码的能力。

（10）话音处理功能：软交换设备应可以控制媒体网关是否采用语音信号压缩，并提供可以选择的话音压缩算法。同时，可以控制媒体网关是否采用回声抵消技术，并可对话音包缓存区的大小进行设置，以减少抖动对话音质量带来的影响。

9.1.4 软交换技术设备功能

1．软交换网络结构

软交换网络结构分为业务管理层、会话控制层、核心传送层，以及外围接入层，就外围接入层的综合接入设备IAD而言，它适用于小企业或家庭用户接入，可提供话音、数据和多媒体业务的综合接入，同时，能够实现用户的数据、语音的综合接入，提供1～48不等数量的用户接入端口，一般放置于楼道或用户家中，通过LAN或ADSL接入网络，其主要功能如下。

（1）呼叫处理能力：DTMF检测、呼叫控制等。

（2）语音处理能力：VoCodec、VAD、CNG、Echo Cancel等。

媒体网关则负责将各种终端和接入网接入到核心分组网，并且主要用于将一种网络中的媒体格式转换成另一种网络所要求的媒体格式，如分组交换网媒体流和电路交换网业务之间的转换。媒体网关分类如下。

（1）中继网关（TG）：实现多个64K电路与分组中继的语音编码格式的相互转换，与分组骨干网相连——汇接/长途局。

（2）接入网关（AG）：提供各类传统用户的接入端口，实现基于分组网承载的传统用户接入，端口数量在100以上，一般放置于局端或小区内，与分组城域网相连——端局。

（3）综合接入设备（IAD）：特殊的媒体网关。通过媒体网关实现宽带网络和传统网络之间媒体的互通。

信令网关负责信令的转换和传递，将PSTN中的七号信令转换为IP网对应的信令协议，如H.323消息。信令网关将转化后的信令消息传递给软交换机，与此相对应，从软交换机接收IP网上的信令消息，转换为七号信令消息后，通过PSTN信令接口传递到PSTN信令网上。通过信令网关实现宽带网络和传统网络之间信令的互通。

应用服务器是一个独立的组件，与控制层的软交换无关，从而实现了业务与呼叫控制的分离，有利于新业务的引入。并且利用软交换的应用编程接口（API），通过提供业务生成环境，完成业务创建和维护功能。另外，媒体服务器（media server）提供专用媒体资源功能，例如，语音通知、数字接收器等，同时为满足电信新业务需求，还可以支持个性化动态语音编程、支持资源的动态加载和修改，因传送服务而对服务器有密集的媒体数据处理要求的地方，就需要用到媒体服务器。

2．典型媒体网关设备

华为通用媒体网关UMG8900系列，提供业务承载转换、互通和业务流格式处理功能，是华为核心网移动软交换解决方案、互连互通解决方案、NGN 固定软交换解决方案，以及 IMS 解决方案中的核心设备，采用窄带交换和宽带交换合一化设计，提供强大的 TDM/IP 双平面交换能力，提高交换效率，提升语音质量，华为通用媒体网关 UMG8900 配套软交换控制器 MSOFTX 3000、CSOFTX 3000 及 FSOFTX 3000。通用媒体网关 UMG8900 主要功能特点如下。

（1）丰富的语音编解码转换

支持移动和固定领域广泛应用的各种编解码，提供完善的编码转换能力，实现 QoS 和容量的平衡，提供丰富强大的语音质量增强功能，确保语音质量。

（2）灵活高效的组网能力

同时支持 TDM/IP 组网，支持 2G/3G 共建，支持 NGN 组网，支持向 IMS 平滑演进，硬件资源全复用，有效保护运营商投资。支持 VoIP 功能，通过先进的带宽压缩技术，显著节省传输资源。

（3）高可靠性和安全性

支持双归属和 Mini Flex 功能，实现网络级可靠性。采用分布式独立时钟系统和软硬件模块化设计，以及完善的实时告警机制，提供完善的设备级可靠保障。通过数据备份、SSH、ACL、IPSec、SSH 等技术确保控制信息和操作维护的安全可靠。

（4）内置 VIG 和 SG

内置视频互通网关和信令网关，简化组网结构，降低运营商投资，从而能够进一步提升系统可靠性。

3．典型固定软交换设备

华为 SoftX3000 软交换设备是融合通信固定解决方案中的核心构件，具备呼叫控制、信令和协议处理以及基本业务和补充业务提供的能力，还可以与应用服务器配合，向最终用户提供多样化的增值服务，SoftX3000 同时兼具 AGCF（接入网关控制器）功能，为客户的网络演进和投资保护提供了便利。设备特性如下。

（1）SoftX3000 采用电信级平台作为硬件平台，软件系统采用 DOPRA 结构，支持热插拔，关键板件支持 1+1/*N*+1 热备份，功能逻辑结构采用模块化设计，分为接口模块、系统支撑模块、信令处理模块、业务处理模块和后台管理模块。

（2）支持 200 万用户或等效 36 万中继，整机处理能力 16M BHCA。

（3）100%继承现有 PSTN 业务，同时还提供新业务，如多媒体业务、话音与 Internet 融合业务、消息类业务、远程工作协同、企业统一通信等业务，吸引商业客户，降低运营和维护成本。支持开放、标准的第三方业务集成能力，以及软交换支持演进为 IMS 组网下的 AGCF 逻辑实体的能力。

（4）完善的汇接局（C4）、长途局及关口局应用支撑，如多信令支持、SSP、大容量黑白名单、鉴权计费、平等接入等。支持与多网互连互通，如 TDM 网络、第三方应用服务（AS）网络、智能网络、H323/SIP 网络、PLMN 网络、IMS 网络、CDMA WLL 无线接入、HFC 接入网络等。

4．典型移动软交换设备

华为移动软交换设备包括 MSOFTX3000 和 CSOFTX3000 2 个系列，其中 MSOFTX3000 服务于 GSM 和 WCDMA 网络的核心网控制层，支持 GSM 和 WCDMA 协议和相关功能，而

CSOFTX3000 服务于 CDMA 网络。设备特性如下。

（1）移动软交换与所有主流厂家的核心网、RAN、BOSS、IN 业务平台等都有成熟对接应用。

（2）在移动通信网络中可同时作为 MSC Server、GMSC Server、TMSC Server、VLR、SSP 等多种功能实体，满足 CS 灵活组网需要。其中 MSOFTX3000 同时支持 CSFB、MGCF、SRVCC-IWF 等功能实体，实现向 VoLTE 的平滑演进。

（3）支持 GSM、WCDMA、CDMA 组网，可实现网络演进中的平滑升级和扩容，并且能够根据具体的应用场景，支持 IP/ATM/TDM 组网。

（4）高可靠性设计：均衡网络负荷，实现异地容灾，提高网络可靠性的同时，也帮助运营商大幅减少成本。

9.2 IP 多媒体子系统

IP 多媒体子系统（IP multimedia subsystem）是由所有能提供多媒体服务的功能实体组成，包括与信令和承载相关的功能实体的集合。IP 多媒体业务是基于 IETF 定义的会话控制能力，利用分组交换域和多媒体承载实现其业务。IP 多媒体子系统使运营商能为其用户提供基于因特网的应用、服务和协议的多媒体业务。

为了实现接入的独立性，以及支持无线终端与 Internet 互操作的平滑性，IP 多媒体子系统采用与 IETF 一致的因特网标准，因此，定义的接口跟 IETF 的因特网标准也是尽可能一致，例如，采用了 IETF 的 SIP 协议。

9.2.1 IMS 标准化

对 IMS 进行标准化的国际标准组织主要有 3GPP，以及欧洲电信标准委员会（european telecommunications standards institute，ETSI）的电信和互联网融合业务及高级网络协议（telecommunications and internet converged services and protocols for advanced networking，TISPAN）。其中，3GPP 侧重于从移动的角度对 IMS 进行研究，3GPP 对 IMS 的标准化是按照 R5 版本、R6 版本、R7 版本…，这个过程来发布的，IMS 首次提出是在 R5 版本中，然后在 R6、R7 版本中进一步完善。

（1）R5 版本主要侧重于对 IMS 基本结构、功能实体及实体间的流程方面的研究，是对 IP 多媒体业务进行控制的网络核心层逻辑功能实体的总称。

（2）R6 版本主要是侧重于 IMS 和外部网络的互通能力，以及 IMS 对各种业务的支持能力，包括 IMS 与其他网络的互通规范和无线局域网（WLAN）接入特性等。

（3）相比较于 R5 版本，R6 版本的网络结构在业务能力上有所增加，在 R5 的基础上增加了部分业务特性，网络互通规范以及无线局域网接入特性。

（4）R7 阶段版本更多的考虑了固定方面的特性要求，例如，支持数字用户线（xDSL）、电缆调制解调器，加强了对固定、移动融合的标准化制订。

在 TISPAN 定义的 NGN 体系架构中，IMS 是业务部件之一，TISPANIMS 是在 3GPP R6 IMS 核心规范的基础上对功能实体和协议进行扩展的，支持固定接入方式，TISPAN 的工作方式和 3GPP 相似，都是分阶段发布不同版本。

而 TISPAN 是国际上成立的专门针对 NGN 进行研究的标准组织，并且对 IMS 的研究直接基于3GPP Release7，统一由3GPP来完善。ETSI的IMS相关标准如下。

（1）ETSI ES 282007：IMS功能架构。

（2）ETSI ES 282006：IP多媒体子系统（IMS）。

（3）ETSI TS 182012：基于IMS的PSTN/ISDN仿真子系统功能架构。

9.2.2 IMS的系统架构

（1）业务层：业务层与控制层完全分离，主要由各种不同的应用服务器组成，除在IMS网络内实现各种基本业务和补充业务（SIP-AS方式）外，还可以将传统的窄带智能网业务接入IMS网络中（IM-SSF方式），并为第三方业务的开发提供标准的开放的应用编程接口（OSA SCS方式），从而使第三方应用提供商可以在不了解具体网络协议的情况下，开发出丰富多彩的个性化业务。

（2）运营支撑：由在线计费系统（OCS）、计费网关（CG）、网元管理系统（EMS）、域名系统（DNS），以及归属用户服务器（HSS/SLF）组成，为IMS网络的正常运行提供支撑，包括IMS用户管理、网间互通、业务触发、在线计费、离线计费、统一网管、DNS查询、用户签约数据存放等功能。

（3）控制层：完成IMS多媒体呼叫会话过程中的信令控制功能，其中包括用户注册、鉴权、会话控制、路由选择、业务触发、承载面服务质量保证、媒体资源控制，以及网络互通等功能。

（4）互通层：完成IMS网络与其他网络的互通功能，包括公共交换电话网（PSTN）、公共陆地移动网（PLMN）、其他IP网络等。

（5）接入和承载控制层：主要由路由设备，以及策略和计费规则功能实体（PCRF）组成，实现IP承载、接入控制、QoS控制、计费控制等功能。

（6）接入网络：提供IP接入承载，可由边界网关（A-SBC）接入多种多样的终端，包括PSTN/ISDN用户、SIP UE、FTTX/LAN以及Wimax/Wifi等。

9.2.3 IMS系统的主要功能实体

1. IMS系统功能实体

IMS系统中涉及的主要功能实体包括：CSCF（呼叫/会话功能实体，Call Session Control Function）、HSS（归属用户服务器Home Subscribe Server）、MGCF（媒体网关控制实体）、以及MGW（媒体网关）。IMS网元及其功能如表9-1所示。

表9-1 IMS网元及其功能

	网元	功能描述
会话控制类网元	代理CSCF（P-CSCF，Proxy-CSCF）	连接IMS终端和IMS网络的入口节点接收SIP请求与响应，并向IMS网络或IMS用户转发
	查询CSCF（I-CSCF，Interrogating-CSCF）	路由外地终端的SIP请求和响应至本地S-CSCF
	服务CSCF（Serving-CSCF，S-CSCF）	为IMS终端执行会话控制服务，并保持会话状态

续表

	网元	功能描述
数据管理类网元	归属用户服务器（HSS）	存储用户相关信息的服务器
	SLF（Subcription Locator Function）	查询 SLF，获得用户签约数据所在的 HSS 的域名
互通类网元	出口网关控制功能	BGCF 是 1 个具有路由功能的 SIP 实体，是 IMS 域与外部网络的分界点
	媒体网关控制功能	负责控制层面信令的互通
	信令网关	SGW 负责底层协议转换
	媒体网关	MGW 完成 IMS 网络与电路交换网之间的媒体转换
	IMS 应用层网关（IMS-ALG）	对 IPv4 和 IPv6 网络之间的协议进行转换，从而实现互通
媒体资源类网元	媒体资源功能（MRF）	在归属网络中提供媒体资源

（1）本地用户服务器 HSS（home subscriber server）：HSS 在 IMS 中作为用户信息存储的数据库，主要存放用户认证信息、签约用户的特定信息、签约用户的动态信息、网络策略规则和设备标识寄存器信息，用于移动性管理和用户业务数据管理。它是一个逻辑实体，物理上可以由多个物理数据库组成。

（2）呼叫会话控制功能 CSCF（call session control function）：CSCF 是 IMS 的核心部分，主要用于基于分组交换的 SIP 会话控制。在 IMS 中，CSCF 负责对用户多媒体会话进行处理，可以看作 IETF 架构中的 SIP 服务器，根据各自不同的主要功能分为代理呼叫会话控制功能 P-CSCF（proxy cSCF）、问询呼叫会话控制功能 I-CSCF（interrogation CSCF）和服务呼叫会话控制功能 S-CSCF（Serving CSCF），同时，3 个功能在物理上可以分开，也可以独立。

（3）多媒体资源功能 MRF（multimedia resource function）：MRF 主要完成多方呼叫与多媒体会议功能，MRF 由多媒体资源功能控制器 MRFC（multimedia resource function controller）和多媒体资源功能处理器 MRFP（multimedia resource function processor）构成，分别完成媒体流的控制和承载功能，MRFC 解释从 S-CSCF 收到的 SIP 信令信息，并且使用媒体网关控制协议指令来控制 MRFP 完成相应的媒体流编码、解码、转换、混合，以及播放功能。

（4）网关功能：主要包括，出口 IMS 网关控制功能 BGCF（breakout gateway control function）、媒体网关控制功能 MGCF（media gateway control function）、IMS 媒体网关 IMS-MGW（IMS media gateway）和信令网关 SGW（signaling gateway）。

2. IMS 接口功能

IMS 接口功能如表 9-2 所示。

表 9-2 IMS 接口功能说明

接口名称	连接的实体	接口功能	协议名称
Gm 接口	UE, P - CSCF	用以在 UE 和 CSCF 间交换信息	SIP
Mw 接口	P - CSCF, I - CSCF, S - CSCF	用以在 CSCF 间交换信息	SIP
ISC 接口	I - CSCF, S - CSCF, AS	用以在 CSCF 和 AS 间交换信息	SIP
Cx 接口	I - CSCF, S - CSCF, HSS	用以在 CSCF 和 HSS 间交换信息	Diameter
Dx 接口	I - CSCF, S - CSCF, SLF	该接口被 I - CSCF 和 S - CSCF 用来在多 HSS 的环境下找到正确的 HSS	Diameter
Sh 接口	SIP AS, OSA SCS, HSS	用以在 SIP AS/OSA SCS 和 HSS 间交换信息	Diameter
Si 接口	IM - SSF, HSS	用以在 IM - SSF 和 HSS 间交换信息	MAP
Dh 接口	SIP AS, OSA SCS, SLF	该接口被 SIP AS/OSA SCS 用来在多 HSS 的环境下找到正确的 HSS	Diameter
Mm 接口	I - CSCF, S - CSCF, external IP network	该接口被用来在 IMS 和其他网络间交换信息	未指定
Mg 接口	MGCF -> I-CSCF	MGCF 将 ISUP 消息转化成 SIP 消息，并通过该接口将其发送给 I - CSCF	SIP
Mi 接口	S-CSCF -> BGCF	该接口被用来在 S - CSCF 和 BGCF 间交换信息	SIP
Mj 接口	BGCF -> MGCF	该接口被用来在 BGCF 和同一个 IMS 网络中的 MGCF 间交换信息	SIP
Mk 接口	BGCF -> BGCF	该接口被用来在 BGCF 和另一个 IMS 网络中的 BGCF 间交换信息	SIP
Mr 接口	S - CSCF, MRFC	该接口被用来在 S - CSCF 和 MRFC 间交换信息	SIP
Mp 接口	MRFC, MRFP	该接口被用来在 MRFC 和 MRFP 间交换信息	H.248
Mn 接口	MGCF, IM - MGW	在与 CS 域互联的时候，用以在 MGCF 和 IM - MGW 间交换信息	H.248
Ut 接口	UE, AS（SIP AS, OSA SCS, IM-SSF）	该接口使 UE 能够管理服务相关信息	HTTP
Go 接口	PDF, GGSN	该接口允许运营商能够在用户层控制 QoS，并能在 IMS 和 GPRS 网络间传递计费关联信息	COPS
Gp 接口	P - CSCF, PDF	该接口被用来在 P - CSCF 和 PDF 间交互策略控制相关的信息	Diameter

Go 接口的设计能够确保服务质量、以及媒体流的源目的地址与信令中协商的一致，这需要 IMS（控制层 control plane）和 GPRS 网络（用户层 user plane）间的交流，接口使用的协议是基于开放策略服务（COPS）协议，因此，Go 接口上的流程可以被分为两大类：媒体授权与计费关联。

3．Sh 接口

HSS 和 AS 间的接口为 Sh 接口，流程被分为两大类：数据处理和订阅/通知。其中，订阅/通知过程允许 AS 在 HSS 中的特定用户数据发生改变时得到通知，AS 发送 1 个 Subscribe - Notification - Request（SNR）命令，用以在当 SNR 中指定的用户数据在 HSS 中发生改变时获得通知。消息内容如下。

（1）用户标识符：标识数据变化需要监视的用户。

（2）请求的数据：指向需要监视的数据。

（3）订阅请求类型：指示 AS 是执行订阅或者取消订阅。

（4）服务指示：运营商网络中标识透明数据的唯一值。

（5）AS 标识符：标识这个发送请求的 AS。这个信息被用来检查 AS 是否被允许从 HSS 获取数据。

（6）AS 名字：与其他值一起使用，来标识正确的 Initial Filter Criteria（初始过滤规则）。

数据处理流程是从 HSS 获取用户数据，使用 User - Data - Request（UDR）命令来请求用户数据，请求消息如下。

（1）用户标识符：获取数据的用户的公共标识符。

（2）AS 标识符：标识这个发送请求的 AS。这个信息被用来检查 AS 是否被允许从 HSS 获取数据。

（3）被请求域：指示为哪个访问域而获取数据，指定了两个值：CS 域和 PS 域。

（4）被请求数据：用来指示要获取哪种数据。定义了以下几种值：Repository Data——为用户存储的透明数据；Public Identifiers——用户的公共标识符列表；IMS User State——用户当前在 IMS 中的状态信息（被定义为：REGISTERED，NOT_REGISTERED，AUTHENTICATION，PENDING 和 REGISTERED_UNREG_SERVICES）；S-CSCF Name——为用户提供服务的 S-CSCF 的名字；Initial Filter Criteria——影响到这个 AS 的服务的相关触发信息；Location Information——用户在被请求域中的位置信息；User State——用户当前在被请求域中的状态信息；Charging Information——计费功能实体的地址。

Sh 接口的命令描述如表 9-3 所示。

表 9-3　Sh 接口命令名称与用途

命令名称	用途	缩写	发送源	目的地
User - Data - Request/Answer	传递特定用户的用户数据	UDR UDA	AS HSS	HSS AS
Profile - Update - Request/Answer	更新 HSS 中的透明数据	PUR PUA	AS HSS	HSS AS
Subscribe - Notification - Request/Answer	订阅数据变化的通知，或者取消订阅	SNR SNA	AS HSS	HSS AS
Push - Notification - Request/Answer	向 AS 发送发生改变的数据	PNR PNA	HSS AS	AS HSS

4. Cx 接口

Cx 接口是 CSCF 和 HSS 间的接口，用于在 I-CSCF 和 S-CSCF 之间的信息调用，Cx 接口上的关键 Diameter 命令如表 9-4 所示。

表 9-4　Cx 接口协议命令

命令名称	用途	缩写	发送源	目的地
User - Authorization - Request/Answer	在注册的过程中，I - CSCF 使用该命令来获取 S - CSCF 的名字或者所需的 S - CSCF 的能力。注销时，I - CSCF 使用该命令来获取 S - CSCF 的名字。	UAR UAA	I - CSCF HSS	HSS I - CSCF
Server - Assignment - Request/Answer	更新 HSS 中的记录，为用户提供服务的 S - CSCF 的名字，把用户的描述下载到 S - CSCF 中。	SAR SAA	S - CSCF HSS	HSS S - CSCF
Location - Info - Request/Answer	在会话建立过程中，I - CSCF 使用命令来获得为用户提供服务的 S - CSCF 名字，或者 S - CSCF 选择所需要的 S - CSCF 能力。	LIR LIA	I - CSCF HSS	HSS I - CSCF
Multimedia - Auth - Request/Answer	在 S - CSCF 和 HSS 间交换用以支持终端用户和网络间认证所需要的数据。	MAR MAA	S - CSCF HSS	HSS S - CSCF
Registration-Termination - Request/Answer	HSS 使用命令来注销用户的一个或者多个公共标识符。	RTR RTA	HSS S - CSCF	S - CSCF HSS
Push - Profile - Request/Answer	当用户数据改变时，HSS 使用命令来同步更新 S - CSCF 中的用户数据。	PPR PPA	HSS S - CSCF	S - CSCF HSS

9.2.4 IMS 功能特点

网络融合的过程就是网络的重新聚合，不同类型网络的聚合为网络在不同层次上的融合创造了条件，利用 IMS 系统能够实现对固定接入和移动接入的统一核心控制，IMS 的功能特点如下。

（1）与接入无关性：虽然 3GPP IMS 是为移动网络设计的，TISPANNGN 是为固定 xDSL 宽带接入设计的，但它们采用的 IMS 网络技术却可以做到与接入无关，因而能确保对 FMC 的支持。从理论上可以实现不论用户使用什么设备、在何地接入 IMS 网络，都可以使用归属地的业务。

（2）统一的业务触发机制：IMS 核心控制部分不实现具体业务，所有的业务（包括传统概念上的补充业务）都由业务应用平台来实现，IMS 核心控制只根据初始过滤规则进行业务触发，这样消除了核心控制相关功能实体和业务之间的绑定关系，无论固定接入还是移动接入，都可以使用 IMS 中定义的业务触发机制实现统一触发。

（3）统一的路由机制：IMS 中仅保留了传统移动网中 HLR 的概念，而摒弃了 VLR 的概念，和用户相关的数据信息只保存在用户的归属地，这样不仅用户的认证需要到归属地认证，所有和用户相关的业务也必须经过用户的归属地。

（4）统一用户数据库：HSS（归属业务服务器）是一个统一的用户数据库系统，既可以存储移动 IMS 用户的数据，也可以存储固定 IMS 用户的数据，数据库本身不再区分固定用户和移动用户，特别是业务触发机制中使用的初始过滤规则，对 IMS 中所定义的数据库来讲完全是透明数据的概念，屏蔽了固定和移动用户在业务属性上的差异。

（5）充分考虑运营商实际运营的需求，在网络框架、QoS、安全、计费，以及和其他网络的互通方面都制定了相关规范。

（6）业务与承载分离：IMS 定义了标准的基于 SIP 的 ISC（IP multimedia service control）接口，实现了业务层与控制层的完全分离，IMS 通过基于 SIP 的 ISC 接口，支持三种业务提供方式：独立的 SIP 应用服务器方式、OSA SCS 方式和 IM-SSF 方式（接入传统智能网，体现业务继承性）。IMS 的核心控制网元呼叫会话控制功能（call session control function，CSCF）不再需要处理业务逻辑，而是通过基于规则的业务触发机制，根据用户的签约数据的初始过滤规则，由 CSCF 分析并触发到规则指定的应用服务器，由应用服务器完成业务逻辑处理。

（7）基于 SIP 的会话机制：IMS 的核心功能实体是呼叫会话控制功能（CSCF）单元，并向上层的服务平台提供标准的接口，使业务独立于呼叫控制，IMS 采用基于 IETF 定义的会话初始协议（SIP）的会话控制能力，并进行了移动特性方面的扩展，实现接入的独立性及 Internet 互操作的平滑性，IMS 网络的终端与网络都支持 SIP，SIP 成为 IMS 域唯一的会话控制协议，这一特点实现了端到端的 SIP 信令互通，网络中不再需要支持多种不同的呼叫信令，使网络的业务提供和发布具有更大的灵活性。

9.2.5 IMS 和软交换的特点比较

（1）在软交换控制与承载分离的基础上，IMS 更进一步的实现了呼叫控制层和业务控制层的分离。

（2）IMS 起源于移动通信网络的应用，因此充分考虑了对移动性的支持，并增加了外置数据库——归属用户服务器（HSS），用于用户鉴权和保护用户业务触发规则。

（3）IMS 全部采用会话初始协议（SIP）作为呼叫控制和业务控制的信令，而在软交换中，SIP 只是可用于呼叫控制的多种协议的一种，更多的是使用媒体网关协议（MGCP）和 H.248 协议。

（4）在网络构架方面，软交换网络体系基于主从控制的特点，使得其与具体的接入手段关系密切，而 IMS 体系由于终端与核心侧采用基于 IP 承载的 SIP 协议，IP 技术与承载媒体无关的特性使得 IMS 体系可以支持各类接入方式，从而使得 IMS 的应用范围从最初始的移动网逐步扩大到固定领域。

（5）由于 IMS 体系架构可以支持移动性管理并且具有一定的服务质量（QoS）保障机制，因此 IMS 技术相比于软交换的优势还体现在宽带用户的漫游管理和 QoS 保障方面。

9.2.6 IMS 典型设备

IMS 是运营商新一代电信核心网络，引入语音、数据、视频、富媒体功能，帮助运营商实现固定移动融合、传统话音到 ICT（information communications technology）融合的转型，实现宽/窄带统一接入、固定/无线统一接入，兼有融合、IP、多媒体三大特征，满足运营商在后话音时代、移动互联网时代 ICT 融合发展的终极需求。

以下为华为 IMS 系统。

（1）华为 CSC 3300：实现用户访问控制、注册、认证、呼叫会话控制、媒体资源控制（MRFC）、业务触发。

（2）华为 HSS 9820：集中存储了所有签约用户信息，能同时实现归属用户服务器（HSS）、位置寄存器（HLR）、签约订阅功能（SLF）。

（3）MRP 6600 实现媒体资源处理器功能（MRFP）。

（4）UGC 3200 实现媒体网关控制（MGCF）功能，用于控制与 PSTN/PLMN 的互通。

（5）UAC 3000 实现控制媒体网关（AGCF）功能，用于 POTS/ISDN/V5 等传统窄带网络接入 IMS 网络。

设备特点有：支持 1000 万用户在线，2000 万 BHCA 的话务量，CSCF 3300 集成了 P-CSCF/I-CSCF/S-CSCF/E-CSCF/BGCF/IBCF/MRFC 于一体，可支持合一部署，也可根据需要灵活分设部署，单一融合的数据库同时集成了 IMS-HSS、SAE-HSS、HLR、AAA 功能，统一数据库，统一数据模型，统一业务发放，极大地降低了网络复杂度。

支持单板级的主备冗余、站点级 1+1/IMS POOL 地理容灾等分层可靠性方案，可靠性高达 5 个 9，分布式数据库架构，系统中任意一个实体故障，其负荷自动均衡到其他实体，保证系统持续提供服务。

多种接入方式：支持固定终端 xDSL、POTS 通过 DSLAM、网关（MSAN）、LAN 等接入；支持企业用户通过 VPN、NAT 接入；支持有线电视用户通过 Cable 接入；支持移动终端 UMTS/GPRS、cdma2000 通过 GGSN、PDSN 等接入；支持移动终端通过 WLAN、LTE、WiMAX 接入；非 IMS 用户支持固网用户通过锚定方式接入。

9.3 软交换技术的典型协议

软交换所使用的主要协议，包括 H.248、SCTP、ISUP、TUP、INAP、H.323、RADIUS、SNMP、SIP、M3UA、MGCP、BICC、PRI、BRI 等。国际上，IETF、ITU-T、Soft Switch Org 等组织对软交换及协议的研究工作一直起着积极的主导作用，许多关键协议都已制定完成，或趋于完成，这些协议将规范整个软交换的研发工作，使产品从使用各厂家私有协议阶段进入使用业界共同标准协议阶段，各厂商之间产品互通成为可能，真正实现软交换产生的初衷——提供一个标准、开放的系统结构，各网络部件可独立发展，在软交换的研究进展方面，我国的“网络与交换标准研究组”在 1999 年下半年就启动了软交换项目的研究，已完成《软交换设备总体技术要求》。软交换网络的协议汇总如表 9-5 所示。

表 9-5　　软交换网络协议表

软交换协议类型	协议标准
媒体网关控制协议	IETF（Internet 工程任务组）的 MGCP、ITU-T 制定的 H.248
呼叫控制协议	SIP（IETF）、BICC、SIP-T（IETF）、SIP-I（ITU-T）
信令传输适配协议	SIGTRAN（Signa1lingTransport）
IAD 控制协议	H.248、H.323
终端间控制协议	H.323、SIP
智能网控制协议	INAP、CAP

9.3.1 媒体网关控制协议

H.248 和 MEGACO 协议均称为媒体网关控制协议，应用在媒体网关和软交换设备之间，H.248 是由 ITU 提出来的，而 MEGACO 是由 IEFT 提出来的，且是双方共同推荐的协议，它们引入了 Termination（终端）和 Context（关联）2 个抽象概念，在 Termination（终端）中，封装了媒体流的参数、MODEM 和承载能力参数，而 Context（关联）则表明了在一些 Termination（终端）之间的相互连接关系，H.248/MEGACO 通过 Add、Modify、Subtract、Move 等 8 个命令完成对 Termination（终端）和 Context（关联）之间的操作，从而完成了呼叫的建立和释放。

H.248 是在早期的媒体网关控制协议（media gateway control protocol，MGCP）协议基础上改进而成，H.248 协议用于连接媒体网关控制器（media gateway controller，MGC）与媒体网关（media gateway，MG）的网关控制协议，应用于媒体网关与软交换之间及软交换与 H.248 终端之间，是软交换应支持的重要协议。

H.248 协议定义的连接模型包含终端（Terminal）和上下文（Context）2 个主要概念。①终端：是 MGW 网元中的逻辑实体，能发送和接收一种或多种媒体资源，任何时候一个终端只能属于一个上下文，可以表示 TDM、模拟线和 RTP 流等，终端类型主要有半永久性终端（TDM 信道或模拟线等）和临时性终端（如 RTP 流，用于承载语音、数据和视频信号或各种混合信号），用属性、事件、信号、统计表示终端特性。为了屏蔽终端的多样性，在协议中引入了包的概念，将终端的可选特性参数组合成 Package；②上下文：上下文是一些终端间的联系，描述了终端之间的拓扑关系及媒体混合/交换的参数，Context 的概念由朗讯公司（Lucent）在 MGCP 协议中首次提出，使协议具有更好的灵活性和可扩展性，H.248 协议延用了这个概念，可通过 Add Termination 命令进行创建，或通过 Subtract、Move 命令进行删除。

H.248 主要应用于移动网络方面，移动网络的 MGC 的功能包括：处理与网间的 H.225 RAS 消息、处理 No.7 信令、处理 H.323 信令；MG 的功能包括：IP 网的终结点接口、电路交换网终结点接口、处理 H.323 信令、处理带有登记、接入许可与状态（registration，admission and status，RAS）功能的电路交换信令、处理媒体流。

H.248 消息通过命令（command）实现对关联和终端属性的控制，包括指定终端报告检测到的事件，通知终端使用什么信号和动作，以及指定关联的拓扑结构等，H.248 协议定义的 8 种命令如表 9-6 所示。

表 9-6　H.248 协议定义的 8 种命令格式

ADD 命令	增加 1 个 Termination 到 1 个 Context 中	当不指定 Context ID 时（或第一次增加 1 个 Termination），将生成一个 Context，然后加入 Termination
MODIFY 命令	修改 1 个 Termination 的属性、事件和信号参数	修改终端的编码类型、通知终端检测摘机/挂机事件、修改终端的拓扑结构（双向/单向/隔离等）
SUBSTRACT 命令	从 1 个 Context 中删除 1 个 Termination，同时返回 Termination 的统计状态	Context 中如果再没有其他的 Termination，将删除此 Context
NOTIFY 命令	允许 MG 将检测到的事件通知给 MGC	MGW 将检测到的摘机事件上报给 MGC
MOVE 命令	将 1 个 Termination 从 1 个 Context 转移到另 1 个 Context 中	--
AUDITVALUE 命令	返回 Termination 的当前的 Properties、Events、Signals、Statistics	--

续表

AUDITCAPABILITIES 命令	返回 MG 中 Termination 特性的能力集	- -
SERVICECHANGE 命令	允许 MG 向 MGC 通知 1 个或者多个终端将要脱离或者加入业务	用来 MG 向 MGC 进行注册、重启通知

在 SERVICE CHANGE 命令中，MGC 可以使用 Serviece Change 对 MG 进行重启，或者是使用 Service Change 通知 MG 注销 1 个或一部分的 Termination。

H.248 与 MGCP 在协议概念和结构上的主要区别如下。

（1）H.248/MeGaCo 协议简单、功能强大，且扩展性很好，允许在呼叫控制层建立多个分区网关；与之相比，MGCP 是 H.248/MeGaCo 之前的版本，它的灵活性和扩展性不如 H.248/MeGaCo。

（2）H.248 支持多媒体，MGCP 不支持多媒体，并且应用于多方会议时，H.248 比 MGCP 容易实现。

（3）MGCP 基于 UDP 传输，H.248 基于 TCP 和 UDP。

（4）H.248 的消息编码基于文本和二进制，MGCP 的消息编码基于文本。消息是协议发送的信息单元，1 个消息包含 1 个消息头和版本号，消息头包含发送者的 ID。消息中的事务彼此无关，可以独立处理。协议消息的编码格式为文本格式和二进制格式。MGC 必须支持这两种格式，MG 可以支持其中任一种格式。

9.3.2 H.323 协议

在传统电话系统中，1 次通话过程中，从建立系统连接到拆除连接，都需要一定的信令来配合完成。同样，在 IP 网络电话中，如何寻找被叫方、如何建立应答、如何按照彼此的数据处理能力发送数据，也需要相应的信令系统。目前在国际上，比较有影响的 IP 电话方面的协议包括 ITU-T 提出的 H.323 协议和 IETF 提出的 SIP 协议，本节主要对 H.323 协议进行介绍。

H.323 协议用于发起会话，能控制多个参与者参加的多媒体会话的建立和终结，并能动态调整和修改会话属性，如会话带宽要求、传输的媒体类型（语音、视频等）、媒体的编解码格式、广播的支持等。H.323 协议采用 Client/Server 模型，主要通过网关与网守（gatekeeper）之间的通信来完成用户呼叫的建立过程。

H.323 协议栈是在应用层实现的，主要描述在不保障服务质量 QoS 的 IP 网上用于多媒体通信的终端、设备和业务，协议包括 G.729、G.723.1、G.711、H.261、H.263、T.120 系列、RTP、RTCP、H.245、H.225.0（包含 Q.931 和 RAS 协议）等协议。

（1）H.245、H.225.0 协议为信令控制协议。

（2）G.711、G.729、G.723.1、G.723.A 是音频编解码协议。

（3）H.261、H.263 是视频编解码协议。

（4）T.120 系列（包括 T.123、T.124、T.125、T.126、T.127、T.324 等协议）是多媒体数据传输协议。

H.323 标准包括的协议如表 9-7 所示。

表 9-7　　H.323 标准协议表

标准名称	主要内容
H.323	基于包交换网络的多媒体通信系统，此协议总体上介绍了基于包交换网络的视频会议系统和终端的要求，解释了呼叫建立的基本过程
H.225	呼叫信令协议以及包交换网络中的媒体打包，此协议规定了如何进行媒体打包
RAS	呼叫接纳状态（registration，admission and status）协议，是 H.225.0 组成部分。为网络管理点（GK）提供确定端点地址和状态、施行呼叫接纳控制等功能
H.245	媒体通信控制协议，此协议规定了具体的通信控制信令，描述了各类通信消息（包括多点控制方面的信令）
H.235	H 系列多媒体终端的通信安全和加密机制，此协议提供安全和通信加/解密的标准规定
H.283	逻辑通道传输的远端控制协议，此协议描述了如何通过逻辑通道进行远端设备的控制
H.248	网关控制协议，此协议描述了网关设备
G.7xx	音频编码规范，包括 G.711 G.729A 和 G.723.1 等常用的音频格式，还包括 G.722、G.728、AAC 等其他编码格式
H.26x	视频编码规范，包括 H.261、H.263、H.264 等 视频编码格式

实时传输协议（real-time transfer protocol，RTP）和它的控制协议实时传输控制协议（real-time transfer control protocol，RTCP）共同确保了语音信息传送的实时性，RTP 的功能通过 RTCP 获得增强，RTCP 的主要作用是提供对数据分发质量的反馈信息，应用系统可利用这些信息来适应不同的网络环境，RTCP 有关传输质量的反馈信息对故障定位和诊断也十分有用。H.323 协议栈如表 9-8 所示。

表 9-8　　H.323 协议栈

<table>
<tr><th colspan="2">数据</th><th>信令</th><th>音频</th><th>视频</th></tr>
<tr><td>T. 126</td><td>T. 127</td><td rowspan="3">H. 245
H. 225. 0
RAS</td><td rowspan="3">G. 711 G. 729
G. 723. 1
G. 723. A</td><td rowspan="3">H. 261
H. 263</td></tr>
<tr><td colspan="2">T. 324</td></tr>
<tr><td colspan="2">T. 124　T. 125</td></tr>
<tr><td colspan="2">T. 123</td><td></td><td colspan="2">RTP　RTCP</td></tr>
<tr><td colspan="3">TCP</td><td colspan="2">UDP</td></tr>
<tr><td colspan="5">网络层</td></tr>
<tr><td colspan="5">数据链路层</td></tr>
<tr><td colspan="5">物理层</td></tr>
</table>

ITU-T RAS 协议遵循 H.323 v2 协议，用于网关与网守之间进行的信息交互，在 RAS 协议中，一般模式都是网关向网守发送一个请求，然后网守返回接受或拒绝消息，H.323 协议栈用于 RAS 通信的缺省端口号为 1719，RAS 消息具体内容如表 9-9 所示。

表 9-9　　RAS 消息内容说明

操作	消息
注册登记消息	RRQ、RCF、RRJ

续表

操作	消息
注销消息	URQ、UCF、URJ
修改消息	MRQ、MCF、MRJ
接入认证授权消息	ARQ、ACF、ARJ
地址解析消息	LRQ、LCF、LRJ
拆线消息	DRQ、DCF、DRJ
状态消息	IRQ、IRR、IACK、INAK
带宽改变消息	BRQ、BCF、BRJ
网关资源可利用性消息	RAI、RAC
RAS 定时器修改消息	RIP

H.323 语音网络一般由语音网关、网守、多点控制单元（multipoint control unit，MCU）、用户终端等设备组成，网守是可选组件，如果 H.323 网络中具有一个网守，那么这个网守所控制的终端、网关，以及多点控制器等就组成了一个域，并且负责用户注册与管理，具有的功能包括：将被叫号码的前几位数字对应网关的 IP 地址、对接入用户的身份认证（即确认）、防止非法用户的接入、做呼叫记录并有详细数据，从而保证收费正确、完成区域管理、多个网关可由一个网守进行管理。根据 ITU-T 规范定义，网守能够对局域网或广域网的 H.323 终端、网关或多点控制单元提供以下功能。

（1）地址翻译。

（2）访问许可。

（3）带宽控制和管理。

（4）区域管理和安全检查。

（5）呼叫控制信令以及呼叫管理。

（6）路由控制和计费功能。

H.323 规定的视频会议系统结构各部件说明如表 9-10 所示。

表 9-10　　H.323 规定的视频会议系统结构

H.323 终端	终端提供了在点对点或者多点会议中音视频、数据和信令的通信能力
H.323 MCU	MCU 可以分解为多点控制器（multipoint controller，MC）和多点处理器（multipoint processor，MP），其中 MC 处理多点的信令，MP 负责多点通信的媒体处理
H.323 网关	H.323 系统中的 1 个可选组件。网关最重要的作用就是协议转换。通过网关，2 个不同协议体系结构的网络就可以得以通信。例如，有了网关，1 个 H.323 终端能够与 PSTN 终端语音通信
H.323 网守	主要负责认证控制、地址解析、带宽管理和路由控制等。当 H.323 网络中不存在网守时，2 个端点是不需要经过认证就能直接通信的。但是这样不利于运营商开展计费服务、扩展新功能等

9.3.3 SIGTRAN 的信令传输层协议

SIGTRAN（signaling transport）是由 IETF 的信令传送工作组建立的一套在 IP 网络上传送 PSTN 的 SS7 信令的传输控制协议。SIGTRAN 定义了 1 个比较完善的 SIGTRAN 协议堆栈，分为 IP 协议层、信令传输层、信令传输适配层和信令应用层。同时，不同的信令应用层需要不同的信令传输适配层，但 IP 协议层和信令传输层是共享的，并且是相同的。SIGTRAN 协议栈如表 9-11 所示。

表 9-11　　SIGTRAN 协议组成

Q931/QSIG	M2UA/M2PA	TUP	ISVP	SCCP、TCAP	TCAP	信令应用层
IUA	MTP3、ISUP	M3UA			SUA	信令适配层
SCTP（stream control transmission protocol，流控制传输协议）						信令传输层
IP 层						IP 传输层

SIGTRAN 有 2 个主要功能：适配和传输。与此对应，SIGTRAN 协议栈包含 2 层协议：传输协议和适配协议。传输协议使用流控制传输协议 SCTP。SCTP 是在 TCP 协议的基础上发展而来，是一种提供了可靠、高效、有序的数据传输协议，与 TCP 协议相比，SCTP 具有的以下特点。

（1）SCTP 具有更高的安全性。

（2）SCTP 支持多宿主，IP 网络的源地址和目的地址都只有 1 个，而 SCTP 在此基础上做了改进，源地址和目的地址都允许多个地址，1 个端点可以由多于 1 个 IP 地址组成，使得网络可靠性增加。

（3）SCTP 支持多流传送消息，与之相比较，TCP 只支持一个流。

SCTP 是一个面向连接的协议，其设计包括拥塞控制、防止泛滥和伪装攻击、实时性能和多归属性支持，SCTP 提供的服务如下。

（1）确认用户数据的无错误和无复制传输。

（2）数据分段以符合发现路径最大传输单元的大小。

（3）在多数据流中，用户信息有序发送，并且带有一个选项，用户信息可以按到达顺序发送。

（4）选择性的将多个用户信息绑定到单个 SCTP 包。

（5）通过关联的一个终端或两个终端多重宿主支持，来为网络故障规定容度。

与 TCP 基于字节流的协议不同，SCTP 是基于消息流，所谓基于消息流，是指发送数据和应答数据的最小单位是消息包，一个 SCTP 连接（association）同时可以支持多个流（stream），每个流包含一系列用户所需的消息数据。

一个数据 SCTP 包首部可跟一个或多个可变长的块，块的结构采用 TLV（type/length/value，类型/长度/值）的格式，源端口、目的端口、校验码的意义同 TCP 中的意义相似，确认标签保存着在 SCTP 握手中第 1 次交换的初始标签的值，在关联中，任何 SCTP 数据包若不包含这样一个标签，当到达时会被接收端丢弃。

在每个块中，TLV 包括块类型、传输处理标记、块长度，不同的块类型可用来传输控制信息或数据，传输顺序号（transmission sequence number，TSN）和流顺序号（stream sequence number，SSN）是 2 种不同的序列号，TSN 保证整个关联的可靠性，而 SSN 保证整个流的有序性，这样，在传输中，将数据的可靠性与有序性独立分开。

在 2 个 SCTP 主机间的正常数据交换过程中，SCTP 主机发送选择性确认（selective acknowledgement，SACK）块，用来确认每一个收到的 SCTP 包，因为 SACK 能完整地描述接收端的状态，因此，依据SACK，发送端能做出重传判决。SCTP支持类似于TCP中的快速重传和time-out重传算法，对于数据包丢失发现，SCTP和TCP采用截然不同的机制，当TCP发现接收序号有缺口时，会等到该缺口被填上后，才发送序列号高于丢失数据包的数据。与TCP机制不同，在SCTP协议中，即使发现接收序号有缺口或顺序错乱，仍会发送后面的数据。

9.3.4 SIGTRAN的信令适配层协议

适配协议包含MTP3用户适配层（MTP3 user adaptation，M3UA）、MTP2用户适配层（MTP2 user adaptation，M2UA）、ISDN Q.921用户适配层（ISDN Q.921 user adaptation，IUA）、MTP第2层的用户对等适配层（MTP2 peer adaptation，M2PA）、SCCP用户适配层（SCCP user adaptation，SUA）等。

M3UA是MTP第3级用户适配层协议，提供信令点编码和IP地址的转换，用于在软交换与信令网关之间实现七号信令协议的传送，支持在IP网上传送MTP第3级的用户消息，包括ISUP、TUP和SCCP消息，TCAP消息作为SCCP的净荷可由M3UA透明传送。

M2UA/M2PA是MTP第2级用户对等层间的适配层协议。

IUA是ISDN Q.931921用户适配层协议。

SUA是SCCP用户适配层协议，SUA与M3UA不同，它直接实现了TCAP over IP功能。

M3UA消息格式中包含1个公共消息头以及消息类型定义的参数，M3UA的消息类型有以下几种。

（1）Management（MGMT）Message，M3UA管理消息类型。

（2）Transfer Messages，M3UA传输消息类型。

（3）SS7 Signaling Network Management（SSNM）Message，M3UA信令网络管理消息类型。

（4）ASP State Maintenance（ASPSM）Messages，M3UA状态维护消息类型。

（5）ASP Traffic Maintenance（ASPTM）Messages，M3UA业务维护消息类型。

M3UA管理消息类型如表9-12所示。

表9-12 M3UA管理消息类型

M3UA管理消息类型（MGMT）	十六进制消息类型编码
差错（ERR）	0x 00H
通知（NTFY）	0x 01H
IETF备用	0x 02H
为IETF定义的MGMT扩展备用	0x 80H

M3UA传输消息类型如表9-13所示。

表9-13 M3UA传输消息类型

M3UA传输消息类型	十六进制消息类型编码
备用	0x 00H
数据（DATA）	0x 01H
IETF备用	0x 02H
为IETF定义的传输扩展备用	0x 80H

M3UA信令网管理消息类型如表9-14所示。

表9-14 M3UA信令网管理消息类型

M3UA信令网管理消息类型（SSNM）	十六进制消息类型编码
目的地不可用（DUNA）	0x 01H
目的地可用（DAVA）	0x 02H
目的状态查询（DAUD）	0x 03H
7号信令网拥塞状态（SCON）	0x 04H
目的地用户部分不可用（DUPU）	0x 05H
目的地受限（DRST）	0x 06H
IETF备用	0x 07H
为IETF定义的SSNM扩展备用	0x 80H

M3UA状态维护消息类型如表9-15所示。

表9-15 M3UA状态维护消息类型

M3UA状态维护消息类型（ASPSM）	十六进制消息类型编码
备用	0x 00H
ASP Up（ASPUP）	0x 01H
ASP Down（ASPDN）	0x 02H
Heart beat（BEAT）	0x 03H
ASP Up ACK（ASPUP ACK）	0x 04H
ASP Down ACK（ASPDN ACK）	0x 05H
Heart beat ACK（BEAT ACK）	0x 06H
IETF备用	0x 07H
为IETF定义的ASPSM扩展备用	0x 80H

M3UA业务维护消息类型如表9-16所示。

表9-16 M3UA业务维护消息类型

M3UA业务维护消息类型（ASPTM）	十六进制消息类型编码
备用	0x 00H
ASP 激活（ASPUP AC）	0x 01H
ASP 去激活（ASPUP IA）	0x 02H
ASP 激活 ACK（ASP AC ACK）	0x 03H
ASP 去激活 ACK（ASP IA ACK）	0x 04H
IETF备用	0x 07H
为IETF定义的ASPTM扩展备用	0x 80H

M3UA是MTP3（MPT-3b）用户适配协议，它使用流控制传输协议（SCTP）通过IP传输MTP3或者MPT-3b层的用户信令消息（即ISUP消息和SCCP消息），支持协议元素实现

MTP3，对等用户在SS7和IP域里的无缝操作。

就协议本身而言，M3UA与M2UA协议主要差别是处在不同的层次，M2UA可以认为处于链路层，M3UA处于网络层。仅仅从协议本身看，M2UA比较简单，互通对接容易，可以迅速地提供服务。M3UA则相对比较复杂，重新实现了一次MTP3，而且IETF对标准的定义没有ITU严谨。

从组网角度看，M2UA和M3UA都是用来接入原有的NO.7网络，和原有的PSTN网络进行信令的互通，1个是链路层的互通，1个是网络层的互通。2个协议用在不同的地方，有各自不同的用途。

M2UA的特点是分散接入，控制集中。分散接入体现在MTP2链路可以分散在各个地方，一般在Mg上提供，控制集中体现在1个Softswitch上的MTP3，可以通过M2UA控制各地的MTP2链路。M3UA的特点是集中接入，多个Softswitch通过1对SG接入原有的NO.7网络。由于接入分散，控制集中，在1个Softswitch控制分布在不同位置，且需要和不同城市的窄带关口局对接的情况下，使用M2UA可以节约信令点码和SG设备。

由于集中接入的缘故，当网络庞大复杂时，使用M3UA或者MTP3/M2PA的SG就具有了STP类似的优点，在SG上可以进行一些数据处理，同时也带来了传统信令网中STP带来的好处：即信令网络结构清晰，直连链路少。

从具体的应用业务看，M2UA适合于电路相关型业务的宽窄带信令互通，特别是不同运营商间的互通。由于目前网络上都采用关口局的方式进行不同运营商间的互通，没有关口局间的信令网，关口局间的信令都是直连方式。集中接入在这里将无法发挥作用，M3UA适合于非电路相关型业务的宽窄带信令互通，这种业务可以利用SG的GT翻译等功能，而且这种业务一般是多个Softswitch集中访问SCP和HLR等。

从设备提供的角度看，使用M3UA时，Softswitch不需要MTP3，有利于没有NO.7信令基础设施的运营商；相比较之下，SG需要MTP3，这时SG是完成网络层转换，相对复杂。如果使用M2UA，Softswitch需要MTP3，需要NO.7信令基础积累；而SG就相对简单，只完成链路层的转换。

从设备的可扩展性看，无论是M3UA协议还是M2UA协议，都不会对设备的扩展性有太大的影响。设备的可扩展性，取决于设备的系统设计，与使用的协议没有关系，对于电路相关型业务，1条64kbit/s的信令链路，如果以0.4erl算可以支持2493条中继电路，因此电路型业务需要的链路数比较少，支持M2UA对SG的处理要求较小。

综合前面所描述的，M3UA的主要功能如下。

（1）信令点码表示：M3UA保留了信令点码的识别方式，可以通过信令点码寻址。

（2）选路上下文和路由关键字：M3UA不仅支持基于点码的寻址方式，还包括与SIO和CIC的组和寻址方式。

（3）NO.7和M3UA互通：M3UA协议支持和NO.7网络的互通，并可以将部分信令管理消息映射成IP网络中的消息送到IP网络节点。

（4）冗余模型：包括SG（信令网关）冗余方案和应用服务器的冗余方案。

（5）拥塞管理：当发生拥塞时，应可以向本地的高层和对等层发出拥塞指示，以便作出相应的处理。

（6）流量控制：M3UA可以控制在新的SCTP偶联上开始的业务量。

（7）SCTP 流映射：M3UA 可以完成上层信令到 SCTP 流的映射，M3UA 可以把信令业务分配到不同的流中，对于有顺序要求的信令应分配到相同的流中。

（8）客户端/服务器模型：SG 和 IP 节点之间采用客户端/服务器模型工作，当采用 M3UA 协议的 IP 节点间直接通信时，也采用这种模型工作。

M2PA 协议的主要功能如下。

（1）支持 MTP3 和 MTP2 之间的原语：对于 MTP3 来说就象底层仍然是 MTP2 一样，其发送的原语没有变换，而 M2PA 向 MTP3 发送的原语，也和 MTP2 向 MTP3 发送的原语相同。

（2）MTP2 的功能：包括数据的恢复，以支持倒换过程，向 MTP3 报告链路状态的改变，处理机故障过程等。

（3）No.7 和 IP 实体的映射：对于每个 M2PA 链路，M2PA 层必须保存 No.7 链路到它的 SCTP 偶联和相应的 IP 目的地的对应表。

（4）SCTP 流管理：M2PA 层应保证每个偶联中的流的合理管理。

（5）支持 IP 节点上保留 No.7 网络中 MTP3 功能：允许 M2PA 的上 MTP3 保留 No.7 网络的消息处理和信令网管功能。

9.3.5 SIP 协议

会话初始协议（SIP）是由 IETF 组织提出，用于在 IP 网上进行多媒体通信的应用层控制协议，以 Internet 协议（HTTP）为基础，遵循 Internet 的设计原则，基于对等工作模式，利用 SIP 可实现会话的连接、建立和释放，并支持单播、组播和可移动性。此外，SIP 如果与 SDP 配合使用，可以动态地调整和修改会话属性，如通话带宽、所传输的媒体类型及编解码格式，文档 IETF RFC 2543 规定了具体标准。

在软交换系统中，SIP 协议主要应用于软交换与 SIP 终端之间，也有将 SIP 协议应用于软交换与应用服务器之间，提供基于 SIP 协议实现的增值业务，总的来说，SIP 协议主要应用于语音和数据相结合的业务，以及多媒体业务之间的呼叫建立与释放。

1. SIP 结构通用资源定位器 URL

SIP URI 用来标识用户，通过 SIP 呼叫他人的 SIP 地址，SIP URL 地址格式类似于电子邮件地址，SIP URI 书写格式与功能如下。

（1）SIP[s] URI : username @ domain : port。

（2）SIP:用户名:口令@主机:端口；传送参数；用户参数；方法参数；生存期参数；服务器地址参数。

（3）用户名 username 的命名应保证在同一个 SIP 监控域内具有唯一性，应采用统一编码。

（4）用户名字段部分是用户名或电话号码，主机名部分可以是 DNS 域名，也可以是 IP 地址。

（5）对于 SIP: 55500200 @ 191 . 169 . 1 . 112 ; 55500200 为用户名，191.169.1.112 为 IP 电话网关的 IP 地址。

（6）对于 SIP: 55500200 @ 127 . 0 . 0 . 1 : 5061; User = phone; 55500200 为用户名，127 . 0 . 0 . 1 为主机的 IP 地址，5061 为主机端口号。用户参数为“电话”，表示用户名字段内容为电话号码。

（7）对于 SIP: DUNDUN @ registrar . com; method = REGISTER; DUNDUN 为用户名，

registrar.com 为主机域名，方法参数为“登记”。

2．SIP 消息格式

SIP 消息有两种类型：从客户机到服务器的请求消息（request）和从服务器到客户机的响应消息（response）。

SIP 消息包括一个起始行（start - line）、一个或多个字段（field）组成的消息头，以及可选的消息体（message body），起始行也分为请求行（request - line）和状态行（status - line）2 种，消息头包括：通用头（general - header）、请求头（request - header）、响应头（response - header）和实体头（entity - header）。

（1）SIP 请求消息

SIP 请求消息的格式为：

start - line:

请求行 request - line

消息为 request 消息时使用 request - line

request - line = method SP request - URI SP SIP - version CRLF

状态行 status - line

消息为响应消息时使用 status - line

status - line = SIP - version SP status - code SP reason - phrase CRLF

请求行 request - line 由消息方法+request - URI+SIP 版本组成，request - URI 用于指示请求的用户或者服务的地址信息，SIP-version 用于请求消息和响应消息都需要包含的 SIP 版本信息。

以下列出了 6 种消息方法，分别如下。

REGISTER：注册联系信息。

INVITE：发起会话请求。

ACK：对 INVITE 请求的响应的确认。

CANCEL：取消请求。

BYE：终结会话。

OPTIONS：查询服务器能力。

（2）SIP 响应消息

响应消息格式如下：

response = status - line

*（general - header response - header entity - header）

CRLF

[message - body]

状态行（Status Line）包括 3 个部分内容：协议版本、状态码（status code）及相关的文本说明，status - line SIP - version SP status - code SP reason - phrase CRLF。SIP 的 3 位整数状态码（Status - code）和原因码（reason - code）表示如下。

status - code =

1 xx（lnformation）

2 xx（success）

3 xx（redirection）

4 xx（client Error）

5 xx（server Error）

6 xx（g1obal failure）

状态码的第 1 个数字定义响应的类别，其含义如表 9-17 所示。

表 9-17 SIP 响应消息的状态码类别

序号	状态码	响应类别
1	1 xx（lnformationnl）通知	请求已经收到，继续处理请求
2	2 xx（success）成功	行动已经成功收到、理解和接收
3	3 xx（redirection）重定向	为完成呼叫请求，还须采取进一步的动作
4	4 xx（client error）错误	请求有语法错误或不能被服务器执行客户机需修改请求，然后再重发请求
5	5 xx（server error）服务器出错	服务器出错，不能执行合法请求
6	6 xx（g1obal failure）错误	任何服务器都不能执行请求

3．SIP 消息头字段

SIP 的消息头的语法规则顺序为，字段名（field name），字段名不分大小写；冒号；字段值。SIP 的主要消息头字段格式如下。

（1）from

字段格式为：

from：显示名<SIP URL>；tag = xxx

“tag”必须是全球唯一的，并且是一个经过加密的至少 32 比特的随机数。

（2）to

字段格式为：

to：显示名<SIP URL>；tag = xxx

指明请求的接收者。

（3）call - ID

字段格式为：

call - ID =（Call - ID）：local - id @ host

“host”是 1 个域名或者是 1 个全球性的 IP 地址，“local - id”是 1 个由 URI 字符组成的标识，此标识在“host”中是唯一的。

（4）Cseq

字段格式为：

Cseq : Cseq 值 Method 方法

对于每一个请求，客户必须使用 Cseq（command sequence）通用头域，此头域包含了请求方式和一个提出请求的客户所选定的十进制序列数。

（5）via

字段格式为：

via：发送协议 发送方；参数

其中的发送协议的格式为：

协议名/协议版本/传送层

发送方为发送方主机和端口号。

防止请求的循环，同时确保响应（回答）沿同样的路径返回。

（6）contact

字段格式为：

contact：地址；参数

其中，contact 字段中给定的地址内容不限于 SIP URL，也可以是电话、传真等 URL 或 mailto : URL。

（7）expires

字段格式为：

expires = expires :（SIP - date | delta - seconds）

expires 头域部分给出了消息内容活动的日期和时间，此头域只用于 INVITE、REGISTER 方式。

4．会话描述协议（SDP）

SDP 文本信息内容包括：会话名称和意图，会话持续时间，构成会话的媒体，有关接收媒体的信息（地址等）。其语法结构如表 9-18 所示。

表 9-18　　会话描述协议（SDP）语法结构

SDP会话描述	1	v =（协议版本）	时间描述	10	z = *（时间区域调整）
	2	o =（所有者/创建者和会话标识符）		11	k = *（加密密钥）
	3	s =（会话名称）		12	a = *（零个或多个会话属性行）
	4	i = *（会话信息）		13	t =（会话活动时间）
	5	u = *（URI 描述）		14	r = *（零或多次重复次数）
	6	e = *（Email 地址）	媒体描述	15	m=（媒体名称和传输地址）
	7	p = *（电话号码）		16	i = *（媒体标题）
	8	c = *（连接信息，如果包含在所有的媒体中，则不需要该字段）		17	b = *（带宽信息）
	9	b = *（带宽信息）		18	k = *（加密密钥）

5．SIP 和 BICC 的比较

由于 BICC 是直接面向电话业务的应用提出的，具有更加严谨的体系架构，因此它能为在软交换中实施现有电路交换电话网络中的业务提供很好的透明性。相比之下，SIP 主要用于支持多媒体和其他新型业务，在基于 IP 网络的多业务应用方面具有更加灵活方便的特性。BICC 是在 ISUP 基础上发展起来的，在语音业务支持方面比较成熟，能够支持以前窄带所有的语音业务、补充业务和数据业务等，但 BICC 软交换协议复杂，可扩展性差，在无线 3G 应用中，BICC 软交换协议处于 3GPP R4 电路域核心网的 Nc 接口，提供了对 MSC Server 之间呼叫接续的支持。

在固定网软交换应用中，BICC 协议处于分层体系结构中的呼叫控制层，提供了不同软

交换之间呼叫接续的支持，采用 BICC 体系架构时，可以使所有现在的功能保持不变，如号码和路由分析等，仍然使用路由概念，这就意味着网络的管理方式和现有的电路交换网极为相似，相对而言，SIP 能支持较强的多媒体业务，扩展性好，根据不同的应用，可以对 SIP 进行相应的扩展。在固定网软交换应用中，SIP 协议处于扁平体系结构中的呼叫控制层，提供了不同软交换之间呼叫接续的支持，采用 SIP 体系架构时，从路由角度看，分别存在 2 种情况。

第 1 种情况，正常的 ISUP 消息添加一些信息后封装在 SIP 消息中进行传送，呼叫服务器、号码、路由分析和信令、以及业务的互通等功能保持不变，路由分析指引到目标 IP 地址的寻址。

第 2 种情况是基于 ENUM（IETF 的电话号码映射工作组）数据库，在这种方式下，呼叫服务器的呼叫控制与现有电路交换网中的呼叫控制不同，呼叫控制中将没有号码和路由分析，但是仍需业务映射和互通，由于不使用电路识别码 CIC、ISUP 管理进程、消息传送软交换协议 MTP，标准的 ISUP 协议要相应修改，网络的管理在某种程度上得到了简化（即无须构建信令网，没有路由定义），另外，和现有网络相比，运营商对网络的控制减少，控制方式也发生了相应的变化。

采用 SIP 软交换协议在某种程度上会丢失一些现有电话网络中的功能，要引入这些功能，则需要对 SIP 软交换协议进行扩展。

6. SIP-T 和 SIP-I 的比较

关于软交换 SIP 域和传统 PSTN 的互通问题目前有 2 个标准体系，即 IETF 的 SIP-T 协议簇和 ITU-T 的 SIP-I 协议簇。

SIP-T（SIP for telephones）由 IETF 工作组的 RFC 3372 所定义，整个协议族包括 RFC 3372、RFC 2976、RFC 3204、RFC 3398 等。它采用端到端的研究方法建立了 SIP 与 ISUP 互通时的 3 种互通模型如下。

（1）呼叫由 PSTN 用户发起经 SIP 网络由 PSTN 用户终结；

（2）呼叫由 SIP 用户发起由 PSTN 用户终结；

（3）呼叫由 PSTN 用户发起由 SIP 用户终结。

SIP - T 为 SIP 与 ISUP 的互通提出了 2 种方法，即封装和映射，分别由 RFC 3204 和 RFC 3398 所定义。但 SIP - T 只关注于基本呼叫的互通，对补充业务则基本上没有涉及。

SIP - I（SIP with encapsulated ISUP）软交换协议簇，包括 ITU - T SG11 工作组的 TR Q. 2815 和 Q. 1912，前者定义了 SIP 与 BICC/ISUP 互通时的技术需求，包括互通接口模型、互通单元 IWU 所应支持的协议能力集、互通接口的安全模型等，后者根据 IWU 在 SIP 侧的 NNI 上所需支持的不同软交换协议能力配置集，详细定义了 3GPP SIP 与 BICC/ISUP 的互通、一般情况下 SIP 与 BICC/ISUP 的互通、SIP 带有 ISUP 消息封装时（SIP - I）与 BICC/ISUP 的互通等，SIP - I 协议簇重用了许多 IETF 的标准和草案，内容不仅涵盖了基本呼叫的互通，还包括了 BICC/ISUP 补充业务的互通。

SIP - I 协议族的内容比 SIP - T 的内容更丰富，SIP - I 协议族不仅包括了基本呼叫的互通，还包括了 CLIP、CLIR 等补充业务的互通；除呼叫信令的互通外，还考虑了资源预留、媒体信息的转换等；既有固网软交换环境下 SIP 与 BICC/ISUP 的互通，也有移动 3GPP SIP 与 BICC/ISUP 的互通。

SIP-I 协议簇具有 ITU-T 标准固有的准确和详细具体，可操作性较强，并且 3GPP 已经采用 Q.1912.5 作为 IMS 与 PSTN/PLMN 互通的最终标准，所以，软交换 SIP 域与 PSTN 的互通应该遵循 ITU-T 的 SIP-I 协议簇，实际上已经有许多电信运营商最终选择了 SIP-I 而放弃了 SIP-T。

在软交换之间，互通软交换协议方面，目前固网中应用较多的是 SIP-T，移动应用的是 BICC，在软交换与媒体网关之间的控制软交换协议方面，MGCP 较成熟，但 H.248 继承了 MGCP 的所有的优点，软交换和 IAD 之间的控制协议方面，MGCP 较成熟，但 H.248 继承了 MGCP 的所有的优点。

本章小结

软交换技术是 NGN 网络的核心技术，为下一代网络（NGN）具有实时性要求的业务提供呼叫控制和连接控制功能，软交换技术独立于传送网络，主要完成呼叫控制、资源分配、协议处理、路由、认证、计费等主要功能，同时可以向用户提供现有电路交换机所能提供的所有业务，并向第三方提供可编程能力。

软交换所使用的主要协议，以及软交换体系所涉及的协议非常多，包括 H.248、SCTP、ISUP、TUP、INAP、H.323、RADIUS、SNMP、SIP、M3UA、MGCP、BICC、PRI、BRI 等，国际上，IETF、ITU－T、Soft Switch Org 等组织对软交换及协议的研究工作起着积极的主导作用。

SCTP 兼有 TCP 及 UDP 两者的特点，SCTP 可以称为是 TCP 的改进协议，但它们之间仍然存在着较大的差别，SCTP 和 TCP 之间的最大区别是，SCTP 的连接可以是多宿主连接，与此相比，TCP 则一般是单地址连接的，在进行 SCTP 建立连接时，可声明若干 IP 地址（IPv4，IPv6 或主机名）通知对方所有的地址。若当前连接失效，则可切换到另一个地址，而不需要重新建立连接。

练习题与思考题

1．请描述 M3UA 与 M2UA 协议的主要差别。
2．请说明软交换的体系架构以及各部分的功能。
3．请说明 IP 多媒体子系统的各功能实体的特点。
4．请说明软交换的媒体网关协议有哪几种，以及各自的特点。
5．SIGTRAN 协议的分层结构有哪些，是如何与 TCP/IP 层次对应的。

第10章 移动交换原理

国家无线电管理“十三五”规划中指出，为第4代公众移动通信（4G）TD-LTE和LTE FDD分配800 MHz、1.4 GHz频段，用于数字集群业务的系统规划、分配频率，其中为公众移动通信系统新增210 MHz带宽的频率资源，与“十一五”期间相比，增长了27.3 %。并且，计划开展公众移动通信频率调整重耕，为IMT-2020（5G）储备不低于500 MHz的频谱资源。

可以看出，从“十三五”开始，将是移动通信的大发展时期，同时作为“移动互联网+”、大数据、云计算、物联网等技术的核心基础，愈发凸显移动交换技术对未来电信网络的重要价值，基于此，本章将对移动通信网络的发展及演进、移动呼叫的流程、漫游与切换、移动交换接口与信令、移动应用部分、移动网络业务与流程、移动软交换及应用，以及全IP核心网的发展演进等内容进行介绍。

10.1 移动通信网络概述

移动通信，是指通信双方或至少有一方处于运动中进行信息传输和交换的通信方式，移动通信系统种类繁多，主要包括无绳电话、无线寻呼、陆地蜂窝移动通信、卫星移动通信等，移动体之间通信联系的传输手段只能依靠无线电通信，因此，无线通信是移动通信的基础，而无线通信技术的发展将推动移动通信的发展。

移动通信系统是一种能够在移动体之间、移动体和固定用户之间，以及固定用户与移动体之间，均可建立许多信息传输通道的现代通信系统。

移动通信既有海上移动通信、空中移动通信，也有陆上移动通信，公用陆上移动通信系统（public land mobile telecommunications system，PLMTS）是本章的研究背景，移动通信是无线电通信，但移动通信不完全是研究点对点无线电通信，而是着重研究多用户多信道共用无线电通信。

移动通信网络按照其属性分类可表示为表10-1。

表10-1　移动通信网络分类

1	使用对象	民用网络、军用网络
2	使用环境	陆地通信、海上通信、空中通信
3	多址方式	频分多址、时分多址、码分多址
4	覆盖范围	广域网、局域网

续表

5	业务类型	电话网、数据网、综合业务网
6	工作方式	同频单工、异频单工、异频双工和半双工
7	服务范围	专用网、公用网
8	信号形式	模拟移动网和数字移动网

移动通信主要使用甚高频（VHF）和特高频（UHF）频段。目前，大容量移动通信系统均使用 800 MHz 频段（如 CDMA 网络）、900 MHz 频段（如 AMPS、TACS、GSM 网络），以及 1 800 MHz 频段（GSM 1800/DCS 1800），该频段用于微蜂窝（Micro - cell）系统，第 3 代移动通信使用 2 GHz 的频段，移动通信的工作频段如表 10-2 所示。

表 10-2　移动通信系统工作频段

频段名称	频率范围	波段名称	波长范围
极低频（ELF）	3～30 Hz	极长波	100～10 Mm（10^8～10^7 m）
超低频（SLF）	30～300 Hz	超长波	10～1 Mm（10^7～10^6 m）
特低频（ULF）	300～3 000 Hz	特长波	1000～100 km（10^6～10^5 m）
甚低频（VLF）	3～30 kHz	甚长波	100～10 km（10^5～10^4 m）
低频（LF）	30～300 kHz	长波	10～1 km（10^4～10^3 m）
中频（MF）	300～3 000 kHz	中波	1 000～100 m（10^3～10^2 m）
高频（HF）	3～30 MHz	短波	100～10 m（10^2～10 m）
甚高频（VHF）	30～300MHz	超短波（米波）	10～1 m
特高频（UHF）	300～3000MHz	分米波	1～0.1 m（1～10^{-1} m）
超高频（SHF）	3～30GHz	厘米波	10～1cm（10^{-1}～10^{-2} m）
极高频（EHF）	30～300GHz	毫米波	10～1 mm（10^{-2}～10^{-3} m）
至高频（THF）	300～3000GHz	亚毫米波	1～0.1 mm（10^{-3}～10^{-4} m）
		光波	3 ×10^{-3}～3× 10^{-5} mm

蜂窝移动通信系统需要在共路信令网中增加至少 3 种节点：MSC、HLR 和 VLR。蜂窝移动通信系统将一个通讯区域分成许多小区（CELL），在每个 CELL 内设立 1 个 MSC（mobile switching center），负责本 CELL 内无线用户的通信。MSC 是 1 个使用七号信令的无线交换机，它包括七号信令中的 MTP、SCCP、TCAP 和 MAP。在蜂窝移动通信系统中，每个无线用户需要在数据库 HLR（home location register），以及 VLR（visitor location register）中登记。

蜂窝移动通信系统的工作机制包括一系列的七号信令过程，其中最重要的2种信令过程是：Registration 和 Inter system Handoff/Inter system，Hand back Register 是移动用户自动在 VLR 注册的过程。当 1 个移动用户跨越 2 个 CELL 的边界时，通信的处理由 1 个 MSC 交付到另一个 MSC，这就是 Inter system Handoff 信令过程，反之为 Inter system Hand back 信令过程。

10.1.1　移动通信系统网络结构

移动通信系统主要包括无线传输、有线传输，信息的收集、处理和存储等，使用的主要设备包括无线收发信机、移动交换控制设备和移动终端设备，移动通信系统的组成如图10-1所示。

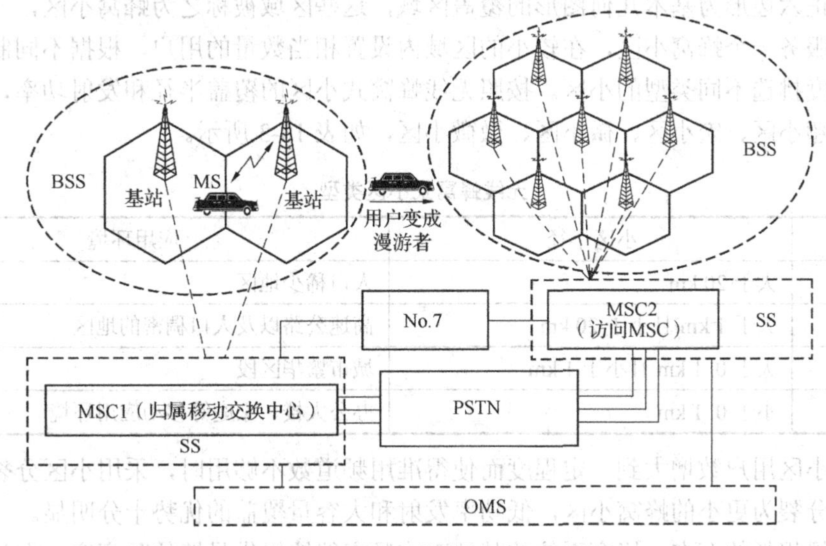

图10-1　移动通信系统组成示意图

移动通信的无线服务区由许多正六边形小区覆盖而成，呈蜂窝状，通过接口与公众通信网（PSTN、ISDN、公众数据网 PDN）互联，移动通信系统的子系统包括移动交换子系统（MSC）、操作维护管理子系统（OMS）、基站子系统（BSS）和移动台（MS），是一个完整的信息传输实体。

移动通信中建立一个呼叫是由BSS和SS（MSC）共同完成的，BSS提供并管理MS和SS之间的无线传输通道，SS负责呼叫控制功能，所有的呼叫都是经由SS建立连接的，OMS负责管理控制整个移动网。

移动通信的特点如下。

（1）移动通信网络通道容量有限。

（2）移动通信系统中对移动台的要求较高。

（3）移动通信必须利用无线电波进行信息传输。

（4）移动通信是在复杂的干扰环境中运行。

（5）随着用户对移动通信业务量的需求与日俱增，移动通信可以利用的频谱资源非常有限。

（6）移动通信的传输方式分为广播式的单向传输和应答式的双向传输。

信息的单向传输只用于无线电寻呼系统，双向传输分为：单工、双工和半双工三种工作方式，单工通信方式是指通信双方电台交替的进行收信和发信，根据收、发频率的异同，可以分为同频单工和异频单工。在半双工通信方式中，移动终端采用类似于单工的“按讲”方式，即按下按讲开关键，发射机才工作，而接收机总是工作的，基站工作情况与双工方式完全相同。

蜂窝式组网的目的是解决常规移动通信系统的频谱匮乏、容量小、服务质量差，以及频谱利用率低等问题，蜂窝式的组网理论为移动通信技术发展和新一代多功能设备的产生奠定了基础。

在蜂窝式的组网方式中，放弃了点对点传输和广播覆盖模式，将一个移动通信服务区划分成许多以正六边形为基本几何图形的覆盖区域，这些区域被称之为蜂窝小区，一个较低功率的发射机服务一个蜂窝小区，在较小的区域内设置相当数量的用户，根据不同制式系统和不同用户密度挑选不同类型的小区。按照无线蜂窝式小区的覆盖半径和发射功率，小区类型可以划分为超小区、宏小区、微小区、微微小区，如表 10-3 所示。

表 10-3　　无线蜂窝式小区类型

小区类型	小区半径	应用环境
超小区	大于 20 km	人口稀少地区
宏小区	大于 1 km 且小于 20 km	高速公路以及人口稠密的地区
微小区	大于 0.1 km 且小于 1 km	城市繁华区段
微微小区	小于 0.1 km	办公大楼、家庭等移动应用环境

当蜂窝小区用户数增大到一定程度而使得准用频道数不够用时，采用小区分裂的方法将原蜂窝小区分裂为更小的蜂窝小区，低功率发射和大容量覆盖的优势十分明显。

由于传播损耗的存在，蜂窝系统的基站工作频率能够提供足够的隔离度，在相隔一定距离的另一个基站可以重复使用同一组工作频率，称为频率复用。采用频率复用技术后，大大缓解了频率资源紧缺的矛盾，增加了用户数目及系统容量。与此同时，频率复用所带来的问题是同频干扰，同频干扰的影响并不与蜂窝之间的绝对距离有关，而是与蜂窝间距离与小区半径比值有关。

基于多信道共用原理，由若干无线信道组成的移动通信系统，为大量的用户共同使用，仍能满足服务质量，为了保证通话的连续性，当正在通话的移动台进入相邻无线小区时，移动通信系统必须具备业务信道自动切换到相邻小区基站的越区切换功能，即切换到新的信道上，从而不中断通信过程。

移动用户信息通过基站和移动业务交换中心，进入公众电信网或其他移动网络，实现移动用户与市话用户、移动用户与移动用户，以及移动用户与长途用户之间的通信。互联使移动无线网适应公众网的质量标准，突破业务区域限制，也使公众网的服务范围得到扩大和延伸。

10.1.2　编号规则

在移动通信系统中，由于用户的移动性的存在，出于对用户识别的目的，定义了一系列的编号，其中包括：永久性编码、临时性编码、识别 NSS 网络组件的编码、识别位置区的编码、识别 BSS 网络组件的编码、识别移动设备的编码，以及识别移动用户漫游区的编码，如表 10-4 所示。

表 10-4　　移动通信系统编号规则

编号类型	编号规则
永久性编码	IMSI（国际移动用户识别码）、MSISDN（移动台国际 ISDN 号码）
临时性编码	TMSI（临时移动用户识别码）、MSRN（移动用户漫游号码）、HON（切换号码）

续表

编号类型	编号规则
识别 NSS 网络组件的编码	MSC Number、VLR Number、HLR Number
识别位置区的编码	LAI（位置区识别码）
识别 BSS 网络组件的编码	CGI（全球小区识别码）、BSIC（基站识别码）
识别移动设备的编码	IMEI（国际设备识别码）
识别移动用户漫游区的编码	RSZI（漫游区域识别码）

1．移动用户 ISDN 标识——MSISDN 编号规则

移动用户的 ISDN 号码 MSISDN（mobile subscriber international ISDN/PSTN number），主叫用户为呼叫 GSM 用户所需的拨叫号码，是在公共电话网交换网络编号计划中，唯一能识别移动用户的号码。号码结构为：国家码 CC（因为陆地移动网络遍布全球各地，需要对不同国家的移动用户进行区分，中国的国家码为 86），国内有效 ISDN 号（国内目的地码，national destination code）：即，移动业务接入号 NDC（N1 N2 N3）：为保障消费者的利益并允许合理的市场竞争，每个主权国家都可以授权一个或多个网络运营商组建并经营移动网络，例如，中国三大移动运营商之中国移动网络的接入号为 134～139、150～152、188 等，中国联通为 130~132、185～186 等，中国电信为 133、153、180、189 等，即 13X（X = 9～4 属于中国移动；X = 0～3 属于中国联通），HLR 识别号编码：H0 H1 H2 H3，移动用户号编码：A B C D，MSISDN 编号规则如表 10-5 所示。

表 10-5　　MSISDN 编号规则

国家码 CC（Country Code）	国内目的地码 NDC	用户号码 SN
	国内有效 ISDN 编号	
国际移动用户 ISDN 编号		

例如，MSISDN（移动用户号码）：

CC + NDC + SN 为 86 + 133 + XXXX

CC = 86（中国为 86）

NDC = 133

SN = XXXX

若在以上号码中将国家码 CC 去除，就成了移动台的国内身份号码，也就是通常所说的“手机号码”。目前，我国 GSM 的国内身份号码为 11 位，每个 GSM 的网络均分配 1 个国内目的码（NDC），也可以要求分配 2 个以上的 NDC 号，MSISDN 的号长是可变的（取决于网络结构与编号计划），不包括字冠，最长可以达到 15 位，国内目的码（NDC）包括接入号 N1 N2 N3 和 HLR 的识别号 H1 H2 H3 H4，接入编号用于识别网络，所采用的编码为：139、138……HLR 识别号表示用户归属的 HLR，也表示移动业务本地网号。

2．国际移动用户识别码——IMSI 编号规则

（international mobile subscriber identification number，IMSI），是区别移动用户的标志，储存在 SIM 卡中，用于区别移动用户的有效信息，其总长度不超过 15 位，使用 0～9 的数字表示，其中 MCC（mobile country code）是移动用户所属国家代号，占 3 位数字，中国的 MCC

规定为460；MNC（mobile network code）是移动网号码，由两位或者三位数字组成，中国移动的移动网络编码（MNC）为00；用于识别移动用户所归属的移动通信网；MSIN（mobile subscriber identification number）是移动用户识别码，用以识别某一移动通信网中的移动用户；NMSI（national mobile subscriber identification）国内移动用户识别码，在某一国家内MS唯一的识别码。

在同一个国家内，如果有多个公共陆地移动网（public land mobile network，PLMN，一般某个国家的1个运营商对应1个PLMN），可以通过MNC进行区别，即每一个PLMN都要分配唯一的MNC。中国移动系统使用00、02、04、07，中国联通GSM系统使用01、06、09，中国电信CDMA系统使用03、05、电信4G使用11。

例如，MSIN共有10位，其结构如下：

EF + M0 M1 M2 M3 + A B C D

其中，EF由运营商分配；M0 M1 M2 M3和移动用户号码簿号码（mobile directory number，MDN）中的H0 H1 H2 H3可存在对应关系；A B C D：4位，自由分配。

IMSI和MSISDN都是用户标识，在不同的接口、不同的流程中需要使用不同的标识。在通信系统中MSISDN又称为手机号码。

IMSI编号特点如下。

（1）IMSI是GSM系统分配给移动用户（MS）的唯一的识别号。

（2）采取E.212编码方式。

（3）存储在SIM卡、HLR和VLR中，在无线接口及MAP接口上传送。

（4）最多包含15个数字（0～9）。

（5）MCC在世界范围内统一分配，而NMSI的分配则是各国运营商内部完成。

（6）如果在一个国家中，存在不止一个GSM PLMN，则每一个PLMN都要分配唯一的MNC。

（7）IMSI分配时，要遵循在国外PLMN最多分析MCC+MNC就可寻址的原则。

OpenBTS是基于软件的GSM接入口，使用的是国际移动用户识别码（IMSI），它提供标准的GSM兼容的移动手机，不需使用现成的电话提供商的接口，拨打现有电话系统的接口。OpenBTS是以第1个基于开源软件的工业标准的GSM协议栈而闻名，OpenBTS和OpenBSC提供了在1个较低的层次上了解更多关于GSM网络的技术的开源平台。

3. 移动设备国际识别码——IMEI编号规则

移动设备国际识别码（international mobile equipment identity，IMEI）又称为国际移动设备标识，是手机的唯一识别号码，手机在生产时，就被赋予一个IMEI，从这个缩写的全称中来分析它的含义。

（1）“mobile equipment”表示的是手机，不包括便携式电脑。

（2）“international”表明了它可辨识的范围是全球，即全球范围内IMEI不会重复。

（3）“identity”表明了它的作用，是辨识不同的手机，一机一号，同时说明它是一串编号，常称为手机的“串号”“电子串号”。

IMEI是区别移动设备的标识，储存在移动设备中，可用于监控被窃或无效的移动设备，并且读写存储在手机内存中。手机的IMEI应做到3个一致：即手机机身上的IMEI、包装盒上的IMEI，以及用手机键盘输入*#06#后，屏幕上显示的IMEI完全一致。所输入的编号可能会因为不同厂商的手机类型，所需输入的内容不同，且同一厂商不同的手机所需输入的内容也可能不同。

IMEI 码由 GSM 统一分配，授权英国通信认证管理委员会（british approvals board of telecommunications，BABT）审核。

IMEI 由 15 位数字组成，每位数字仅使用 0～9 的数字，其组成如下。

（1）前 6 位数（type approval code，TAC）是“型号核准号码”，代表机型。

（2）接着的 2 位数（final assembly code，FAC）是“最后装配号”，代表产地。

（3）FAC 之后的 6 位数出厂序号（serial number，SNR）是“串号”，用于表示生产顺序号。

（4）最后 1 位数（SP）通常是“0”，为检验码，备用。

TAC 由欧洲型号认证中心分配，TAC 码前 3 位在不同的时期会发生变化，而且，即使同一部手机，在不同的时期也会有不同的 TAC 码。

FAC 由厂家编码，通常表示生产厂家及其装配地，FAC 码也不是始终不变的，即使是同一产地的产品。尤其重要的是欧洲型号认证中心重新分配了 IMEI，FAC 被和 TAC 合并在一起，FAC 码的数字统一从 00 开始，因此无论什么型号什么品牌，其 IMEI 的第七、八位均是 00、01、02 或 03 这样向后编排。

SNR（serial number）码即序号码，也由厂家分配。识别每个 TAC 和 FAC 中的某个设备的，每一部手机的 SNR 都不会一样. 该号码可以说明手机出产日期的先后，通常数值越大说明该机型出厂时间越晚。

IMSI 不同于手机设备的标识 IMEI，IMEI 是与手机绑定的，IMSI 是与用户识别模块（subscriber identity module，SIM）或者全球用户身份模块（Universal Subscriber Identity Module，USIM）相关的。

4．临时移动用户标识——TMSI 编号规则

无线网络覆盖的范围很大，为防止 IMSI 在网络中传递时被非法获取，需要采用另外一种号码来临时代替 IMSI 在网络中进行传递，这就是临时移动用户标识（temporary mobile subscriber identity，TMSI）。采用 TMSI 来临时代替 IMSI 的目的是为了加强系统的保密性，防止非法个人或团体通过监听无线路径上的信令，来窃取 IMSI 或跟踪用户的位置。

TMSI 是为了加强系统的保密性而在 VLR 内分配的临时用户识别，且在某一 VLR 区域内与 IMSI 唯一对应。

TMSI 分配原则如下。

（1）TMSI 码包含 4 个字节，可以由 8 个十六进制数组成，其结构可由各运营部门根据当地情况而定。

（2）TMSI 的 32 比特不能全部为 1，因为在 SIM 卡中比特全为 1 的 TMSI 表示无效的 TMSI。

（3）避免在 VLR 重新启动后 TMSI 重复分配，可以采取 TMSI 的某一部分表示时间或在 VLR 重起后某一特定位改变的方法。

TMSI 由 MSC/VLR 进行分配，并不断地进行更换，更换的频次越快，起到的保密性越好，当手机用户使用 IMSI 向系统请求位置更新、呼叫尝试或业务激活时，MSC/VLR 判断该用户是合法用户，允许该用户接入网络后，就会分配一个新的 TMSI 给手机，并且将 TMSI

码写入手机的 SIM 卡中，此后，MSC/VLR 和手机之间的的通信，就可以使用 TMSI 来进行信息交互了。

TMSI 只在 1 个位置区的某一段时间内有效，在某一 VLR 区域内 TMSI 与 IMSI 是唯一对应的，当用户离开这个 VLR 后，TMSI 号码被释放，用户信息也被删除。

SIM 卡中存有 TMSI 信息，一般情况下，手机都以 TMSI 标识自己，当用户漫游至其他 VLR 时，首先会以 TMSI 标识自己，由于当前 VLR 不认识该用户的 TMSI，因此，会根据用户提供的 PLAI 找到 PVLR，并向 PVLR 查询用户的 IMSI，如果查询成功，则当前 VLR 根据用户的 IMSI 向 HLR 进行位置更新流程；如果查询失败，当前 VLR 会向该用户获取 IMSI，获取到 IMSI 之后再继续位置更新流程，在用户通过鉴权后，当前 VLR 会给用户分配 1 个新的 TMSI。

5．移动用户漫游号码——MSRN 编号规则

移动通信区别于固定通信的主要特征在于手机用户是可以不断进行移动的，当拨打 1 个正在漫游的手机用户时网络设备就需要用到 MSRN（mobile station roaming number），即移动台漫游号码进行通信。

MSRN 是针对手机的移动特性所使用的网络号码，它是由 VLR 分配的。在移动通信网络中，MSC Number 用于唯一标识一个 MSC，MSRN 号码通常是在 MSC Number 的后面增加几个字节来表示，例如：8613900ABCDEF。MSRN 虽然看起来类似于一个手机号码，但实际上这个号码只在网络中使用，对用户而言是不可见的，用户也不会感觉到这个号码的存在，如果直接用手机拨打 MSRN 号码，会听到“空号”的提示音。

MSC 是通过 MSRN 寻找到被叫用户并建立通话的，其过程是，当每次呼叫发生时，主叫侧 MSC 会向被叫归属的归属位置寄存器（home location register，HLR）请求路由信息，HLR 知道被叫用户处在哪一个 MSC/VLR 服务区内，为了向主叫侧的 MSC 提供本次路由的信息，HLR 请求被叫用户当前所处的 MSC/VLR 分配 1 个 MSRN 给被叫用户，并将此号码传递给 HLR，HLR 再将此号码转发给主叫侧 MSC，此时主叫侧 MSC 就能根据 MSRN 将主叫用户的呼叫接续至被叫用户所在的 MSC/VLR 了，由此，MSC 通过 MSRN 寻找到被叫用户并建立了呼叫。

6．位置区识别——LAI 编号规则

在移动通信系统中，位置区码（location area code，LAC）是为寻呼而设置的一个区域，覆盖一片地理区域，可以按行政区域划分（1 个县或 1 个区），也可以按寻呼量划分。当 1 个 LAC 下的寻呼量达到 1 个预警门限，就必须拆分。为了确定移动台的位置，每个 GSM PLMN 的覆盖区都被划分成许多位置区，位置区码（LAC）则用于标识不同的位置区，1 个位置区可以包含 1 个或多个小区。

LAI 的号码结构表示为：

MCC＋MNC＋LAC。

其中：MCC 和 MNC 与 IMSI 的 MCC 和 MNC 相同，例如，MCC 表示为 mobile country code 移动国家码，用 3 个数字表示，中国为 460；MNC 表示为 mobile network code 移动网号，用 2 个数字表示；LAC：location area code，是 2 个字节长的十六进制 BCD 码，其中 0 0 0 0 与 F F F F 不能使用。

作为位置区域码，LAC 用于唯一地识别我国数字 PLMN 中每个位置区，为 1 个 2 字节

16进制的BCD码，表示为L1 L2 L3 L4（可定义65536个不同的位置区）。

LAC在每个小区广播信道上的系统消息中发送，移动台在开机、插入SIM卡或发现当前小区的LAC与其原来储存的内容不同时，通过IMSI结合（IMSI attach）或位置更新过程，向网络通告其当前所在的位置区，网络储存每个移动台的位置区，并作为将来寻呼该移动台的位置信息。

每个国家对LAC的编码方式都有相应的规定，中国电信对其拥有的GSM网上LAC的编码方式也有明确的规定，一般在建网初期都已确定了LAC的分配和编码，在运行过程中较少改动，位置区（LAC）的大小（即1个位置区码所覆盖的范围大小）在系统中是1个相当关键的因素，例如，如果LAC覆盖范围过小，则移动台发生的位置更新过程将增多，从而增加了系统中的信令流量；反之，若位置区覆盖范围过大，则网络寻呼移动台时，同一寻呼消息会在许多小区中发送，这样会导致PCH信道的负荷过重，同时也增加了Abis接口上的信令流量。

由于移动通信中流动性和突发性都相当普遍，位置区大小的调整没有统一的标准，运营部门可以根据现在运行的网络，长期统计各个地区的PCH负荷情况，以及信令链路负荷情况用于确定是否调整位置区的大小，若前者现象严重可适当将位置区调小，反之可适当调大位置区。

7．全球小区识别码——GCI编号规则

全球小区识别码（global cell identifier，GCI）是用来识别1个小区（基站/1个扇形小区）所覆盖的区域，GCI是在LAI的基础上再加小区识别码（CID）构成的。

作为全球性的蜂窝移动通信系统，GSM对每个国家的每个GSM网络，乃至每个网络中的每一个位置区、每个基站和每个小区都进行了严格的编号，以保证全球范围内的每个小区都有唯一的号码与之对应，采用这种编号方式可以实现如下功能。

（1）使移动台可以正确地识别出当前网络的身份，以便移动台在任何环境下都能正确地选择用户（和运营者）希望进入的网络。

（2）使网络能够实时地知道移动台的确切地理位置，以便网络正常地接续以该移动台为终点的各种业务请求。

（3）使移动台在通话过程中向网络报告正确的相邻小区情况，以便网络在必要的时候采用切换的方式保持移动用户的通话过程。

小区全球识别是主要的网络识别参数之一，GCI由位置区识别和小区识别组成，其中LAI又包含移动国家号（MCC）、移动网号（MNC）和位置区码（LAC），GCI的信息在每个小区广播的系统信息中发送，移动台接收到系统信息后，将解出其中的GCI信息，根据GCI指示的移动国家号（MCC）和移动网号（MNC）确定是否可以驻留于（campon）该小区。同时判断当前的位置区是否发生了变化，以确定是否需要作位置更新过程，在位置更新过程时，移动台将LAI信息通报给网络，使网络可以确切地知道移动台当前所处的小区。其结构是：

MCC + MNC + LAC + CID

在LTE网络中表示为：

MCC+MNC+TAC+CID

MCC：移动国家码，3个十进制数组成，取值范围为十进制的000～999。

MNC：移动网络码，2个十进制数，取值范围为十进制的00～99。

LAC：位置区号码，范围为1～65535。

CID：小区标识码，范围为0～65535。

TAC：区域跟踪码。

其中，MCC/MNC/LAC为位置区标识（LAI），CID为两字节的BCD码，由各MSC自定。

8．基站小区识别码——BSIC编号规则

基站识别码（base station identity code，BSIC）包括PLMN色码和基站色码，用于区分不同运营者或同一运营者广播控制信道频率相同的不同小区，BSIC用于移动台识别相同载频的不同基站，特别用于区别在不同国家的边界地区采用相同载频且相邻的基站，BSIC表示为1个6bit编码：

BSIC＝NCC（3bit）＋BCC（3bit）。

其中，NCC为PLMN色码，用来识别相邻的PLMN网络，BCC是BTS色码，用来识别相同载频的不同的基站。由于BSIC码是由NCC和BCC两部分组成，NCC由3bit组成，BCC也由3bit组成，所以，BSIC码的取值范围为八进制的00～77，转换成十进制取值范围则为0～63。

移动台收到SCH后，即认为已同步于该小区，但为了正确地译出下行公共信令信道上的信息，移动台还必须知道公共信令信道所采用的训练序列码（TSC）。按照GSM规范的规定，训练序列码有八种固定的格式，分别用序号0～7表示，每个小区的公共信令信道所采用的TSC序列号由该小区的BCC决定，因此BSIC的作用之一是通知移动台本小区公共信令信道所采用的训练序列号。

同时，由于BSIC参与了随机接入信道（RACH）的译码过程，因此它可以用来避免基站将移动台发往相邻小区的RACH误译为本小区的接入信道。

当移动台在连接模式下（通话过程中），必须根据BCCH上有关邻区表的规定，对邻区BCCH载频的电平进行测量并报告给基站，同时在上行的测量报告中对每一个频率点，移动台必须给出它所测量到的该载频的BSIC。

当在某种特定的环境下，例如，在某小区的邻近小区中，包含2个或2个以上的小区采用相同的BCCH载频时，基站可以依靠BSIC来区分这些小区，从而避免错误的切换，甚至切换失败。

移动台在连接模式下（通话过程中），需要测量邻区的信号，并将测量结果报告给网络。由于在移动台每次发送的测量报告中只能包含6个邻区的内容，因此必须控制移动台仅报告与当前小区确实有切换关系的小区情况。BSIC中的高3位（即NCC）用于实现上述目的，网络运营者可以通过广播参数"允许的NCC"控制移动台只报告NCC在允许范围内的邻区情况。

9．短消息中心的号码——SMSC编号规则

SMSC（short message service center）短信服务中心，负责在基站和移动台（ME）间中继、储存或转发短消息；ME到SMSC的协议能传输来自移动台或朝向移动台的短消息，协议名遵从GMS 03.40协议。在No.7信令消息中使用的、代表短消息中心的号码，结构表示为：13 SH 00 X1 X2 X3 500。其中，X1 X2 X3与当地的长途区号相同，2位长途区号的地区X3设为0。

10．MSC/VLR号码编号规则

在No.7信令消息中使用的、代表MSC的号码。

11. HLR号码编号规则

在No.7信令消息中使用的、代表HLR的号码。

12. 切换号码——HON编号规则

目标MSC（即切换到的MSC）临时分配给移动用户的1个号码，用于路由选择。

10.1.3 移动通信网络的发展及演进

20世纪20年代开始，移动通信技术在军事及某些特殊领域使用（例如，美国警察的车载无线电系统），20世纪40年代逐步向民用扩展（美国所建第1个公用汽车电话网），移动通信经历了由模拟通信向数字化通信的发展过程。

1. GSM系统

目前，比较成熟的以话音业务为主的数字移动通信制式主要有泛欧的GSM系统、美国的ADC系统和日本的JDC（现改称PDC）系统。其中，1982年，欧洲邮电行政大会CEPT设立了“移动通信特别小组”即GSM，用于开发第2代移动通信系统，1986年，在巴黎，对欧洲各国经大量研究和实验后所提出的8个建议系统进行了现场试验，1987年，GSM成员国经现场测试和论证比较，就数字系统采用窄带时分多址TDMA，规则脉冲激励长期预测（RPE-LTP）话音编码和高斯滤波最小频移键控（GMSK）调制方式达成一致意见。

GSM系统发展的重要事件节点如下。

（1）1988年，18个欧洲国家达成GSM谅解备忘录（MOU）。

（2）1989年，GSM标准生效。

（3）1991年，GSM系统正式在欧洲问世，网络开通运行，移动通信跨入第2代数字通信时代。

（4）1992年，系统正式命名为：Global System for Mobile（全球通）组织机构：Special Mobile Group。

（5）1993年，Phase II规范颁布。

（6）1994年，全世界范围运行。

（7）1995年，DCS 1800商业运行。

（8）1996年，引入微蜂窝的技术，GSM 900/1800双网运行。

特别地，我国的GSM系统发展，从1993年首先在浙江嘉兴建立了GSM实验网，到2015年底，中国移动的用户总数达到8.26亿，中国联通用户总数接近3亿，中国电信用户总数接近2亿。

2. GPRS系统

GPRS（general packet radio service）是GSM网络过渡到3G（第3代移动通信）的第1步，能够将数据传送速率由2G通信网络的9.6kbit/s逐步提升到每秒115kbit/s的速度，但它还不是真正的第3代移动通信系统，GPRS系统的特点如下。

（1）GPRS向用户提供从9.6kbit/s到高于115kbit/s的接入速率。

（2）GPRS支持多用户共享1个物理信道的机制（每个物理信道允许最多8个用户共享），提高了无线信道的利用率。

（3）在技术上提供了按数据量计费的可能。

（4）GPRS支持1个用户占用多个信道：提供较高的接入速率。

（5）GPRS 是移动网和 IP 网的结合：可提供固定 IP 网支持的所有业务。

（6）覆盖广泛：依靠 GSM 广泛的覆盖，GPRS 向用户提供无处不在的业务服务。

（7）GPRS 网络对于运营商可提供更多更优质的增值业务，并且可提高无线资源的利用率。

作为 GSM 演进版本之一，EDGE（enhanced data rates for GSM evolution）增强型数据速率是一种从 GSM 到 3G 的过渡技术，可以使网络容量及数据传送比 GPRS 更快，达到 283kbit/s，网络运营商只需在软硬件上作出少许相应改动，便可继续沿用已有的 GSM 系统，去支持移动多媒体服务，完全符合低成本高效益的理念，能够与后期 WCDMA 的 3G 网络制式共存。

3．WCDMA 系统

WCDMA（wideband code division multiple access），由 GSM 网络核心繁衍而来的 WCDMA 网络标准，数据传送可达到每秒 2Mbit（室内）及 384kbit/s（移动空间）的速率，采用 5MHz（区别于窄带 200kHz）的宽频网络。

WCDMA 起源于欧洲和日本的早期第 3 代无线研究，欧洲于 1988 年开展 RACE Ⅰ（欧洲先进通信技术的研究）程序，并一直延续到 1992 年 6 月，它代表了第三代无线研究活动的开始。

1992 至 1995 年之间欧洲开始了 RACE Ⅱ 程序，ACTS（先进通信技术和业务）建立于 1995 年底，为 UMTS（通用移动通信系统）建议了 FRAMES（未来无线宽带多址接入系统）方案。在这些早期研究中，对各种不同的接入技术包括 TDMA、CDMA、OFDM 等进行了实验和评估，为 WCDMA 奠定了技术基础。

3GPP 将 WCDMA 标准分成了 2 个大的阶段，第 1 个阶段是 Release 99（R99）版本：1999 年 12 月起，每 3 个月更新 1 次，2000 年 6 月版本基本稳定，可供开发。9 月、12 月和 2001 年 3 月版本更加完善，无线接入网络的主要接口 Iu、Iub、Iur 接口均采用 ATM 和 IP 方式，网络是基于 ATM 的网络，核心网基于演进的 GSM MSC 和 GPRS GSN，电路与分组交换节点逻辑上分离。

第 2 个阶段是 Release 2000（R00）版本（已改为 Release4、5……）：主要是引入“全 IP 网络”，初步提出了基于 IP 的核心网结构，在网络结构上将实现传输、控制和业务分离，同时 IP 化也将从核心网（CN）逐步延伸到无线接入网（RAN）和终端（UE）。

R99 版本主要标准于 2000 年出版，能够提供实现网络和终端的全部基础，包括通用移动通信网络的全部功能基础，提供了商用版本的必要保证，Release 4 和 Release 5 在这些功能基础上增加了新的功能，保证了标准的延续性。可以看出，在实际的 R99 全网的框架中，初期的 WCDMA 网络是可以和 GSM 网络并存的，由 GSM 实现广域的全覆盖，而 WCDMA 实现部分业务密集和高质量业务区的覆盖，这样主要是能够保证了第 2 代运营商的网络投资和技术的平滑过渡。

Release 99 版本的 WCDMA 提供了全新的无线接入网络 UTRAN，提高了频谱利用率，以及数据传送能力，数据速率在广域为 384kbit/s，小范围慢速移动时为 2Mbit/s，支持 AMR 语音编解码技术，可提高话音质量和系统容量，Iub、Iur 和 Iu 接口基于 ATM 技术，提供开放的 Iub 接口。

Release 99 版本的 WCDMA 核心网络分为 CS 域和 PS 域，其分别基于演进的 MSC/GMSC 和 SGSN/GGSN，CS 域主要负责与电路型业务相关的呼叫控制和移动性管理等功能，在呼叫控制方面：采用TUP、ISUP等标准ISDN信令，移动性管理上采用了进一步演进的MAP协议，物理实体与GSM类似，包括了MSC、GMSC、VLR。

PS域主要负责与分组型业务相关的会话控制和移动性管理等功能，在原有的GPRS系统基础上对一些接口协议、工作流和业务功能作部分改动，语音编解码器在核心网实现，支持系统间切换（GSM/UMTS），增强了安全性能。

WCDMA能够提供的主要业务平台包括：基本定位业务，号码可携性业务，智能业务的增强，GSM和UMTS间的切换，可支持所有GSM及其补充业务，例如：无应答的呼叫前转，提供新USIM卡协议，可提高用户的参与性和操作，支持业务的应用编程接口API（开放业务结构），支持多播业务，64kbit/s电路数据承载业务和多媒体业务。

WCDMA-FDD的优势在于，码片速率高，有效地利用了频率选择性分集和空间的接收和发射分集，可以解决多径问题和衰落问题，采用Turbo信道编解码，提供较高的数据传输速率，FDD制式能够提供广域的全覆盖，下行基站区分采用独有的小区搜索方法，无需基站间严格同步。采用连续导频技术，能够支持高速移动终端，相比第2代的移动通信制式，WCDMA具有的优势包括：更大的系统容量、更优质的话音质量、更高效的频谱效率、更快的数据传输速率、更强的抗衰落能力、更好的抗多径性能、能够应用于高达500km/h的移动终端等技术优势。

4．cdma2000系统

CDMA 2000也称为CDMA Multi-Carrier，由美国高通北美公司为主导提出，这套系统是从窄频CDMA One数字标准衍生出来的，可以从原有的CDMA One结构直接升级到3G，cdma2000有多个不同的版本，其演进路线如下。

（1）cdma2000 1X

cdma2000 1X就是众所周知的3G 1X或者1xRTT，它是3G cdma2000技术的核心，标志1X习惯上指使用1对1.25MHz无线电信道的cdma2000无线技术，日本运行商KDDI的cdma2000 1x EV-DO网络使用商标“CDMA 1X WIN”。

（2）cdma2000 1xRTT

cdma2000 1xRTT（RTT：无线电传输技术）是cdma2000一个基础层，理论上支持最高达144kbit/s数据传输速率，尽管获得3G技术的官方资格，但是通常被认为是2.5G或者2.75G技术，因为它的速率只是其他3G技术几分之一。

（3）cdma2000 1xEV

cdma2000 1xEV（evolution：发展），是cdma2000 1x附加了高数据速率（HDR）能力，1xEV一般分成2个阶段：cdma2000 1xEV第1阶段，cdma2000 1xEV-DO（evolution-data only）在1个无线信道传送高速数据报文数据的情况下，理论上支持下行（向前链路）数据速率最高3.1Mbit/s，上行（反向链路）速率最高到1.8 Mbit/s。cdma2000 1xEV第2阶段，cdma2000 1xEV-DV（evolution-data and voice），理论上支持下行的向前链路数据速率最高可到3.1 Mbit/s，同时，上行（反相链路）速率最高为1.8 Mbit/s。1xEV-DV还能支持1x语音用户，1xRTT数据用户和高速1xEV-DV数据用户使用同一无线信道并行操作。

5．TD-SCDMA系统

TD-SCDMA标准是由中国第1次提出，并在此无线传输技术（RTT）的基础上与国际合作，完成了TD-SCDMA标准，成为CDMA TDD标准的一员。

2008年4月1日，中国移动通信开始对TD-SCDMA进行试商用，试商用包括了北京、上海、天津、沈阳、广州、深圳、厦门和秦皇岛8个城市，基本囊括了参与举办2008年北京奥运会奥运赛事的城市。试商用的3G标准TD-SCDMA（简称TD）是我国自主创新、拥有自有知识产权的国际3G标准，也是国际电信联盟认可的3G标准之一。

6．LTE与4G

第4代移动电话行动通信标准，指的是第4代移动通信技术，即4G。该技术包括TD-LTE和FDD-LTE两种制式，4G是集3G与WLAN于一体，并能够快速传输高质量的数据、音频、视频和图像等。

4G能够以100Mbit/s以上的速度下载，比目前的家用宽带ADSL（4兆）快25倍，并能够满足几乎所有用户对于无线服务的要求，此外，4G可以在DSL和有线电视调制解调器没有覆盖的地方部署，然后再扩展到整个地区。

第4代移动网络的发展演进阶段概括如下。

（1）2001年12月～2003年12月，开展Beyond 3G/4G蜂窝通信空中接口技术研究，完成Beyond 3G/4G系统无线传输系统的核心硬、软件研制工作，开展相关传输实验，向ITU提交有关建议。

（2）2004年1月～2005年12月，使Beyond 3G/4G空中接口技术研究达到相对成熟的水平，进行与之相关的系统总体技术研究（包括与无线自组织网络、无线接入网络的互连互通技术研究等），完成联网试验和演示业务的开发，建成具有Beyond 3G/4G技术特征的演示系统，向ITU提交初步的新一代无线通信体制标准。

（3）2006年1月～2010年12月，设立有关重大专项，完成通用无线环境的体制标准研究及其系统实用化研究，开展较大规模的现场试验。

（4）2010年是海外主流运营商规模建设4G的元年，海外4G投资时间会持续到2013年左右。

（5）2012年国家工业和信息化部表示：4G的脚步越来越近，4G牌照在一年左右时间中下发。

（6）2013年，“谷歌光纤概念”开始在全球发酵，在美国国内成功推行的同时，谷歌光纤开始向非洲、东南亚等地推广，给全球4G网络建设再次添柴加火。同年8月，国务院总理主持召开国务院常务会议，要求提升3G网络覆盖和服务质量，推动年内发放4G牌照。12月4日正式向三大运营商发布4G牌照，中国移动、中国电信以及中国联通均获得了TD-LTE牌照。

（7）2013年12月18日，中国移动在广州宣布，将建成全球最大4G网络，2013年年底，北京、上海、广州、深圳等16个城市可享受4G服务；2014年年底，4G网络将覆盖超过340个城市。

（8）2014年1月，京津城际高铁作为全国首条实现移动4G网络全覆盖的铁路，实现了300公里时速高铁场景下的数据业务高速下载，一部2G大小的电影只需要几分钟，原有的3G信号也得到增强。

（9）2014年1月20日，中国联通已在珠江三角洲及深圳等十余个城市和地区开通42M，实现全网升级，升级后的3G网络均可以达到42M标准，同时将完成全国360多个城市和大部分地区3G网络的42M升级。

7. 第 5 代移动通信系统

第 5 代移动电话通信标准，也称第 5 代移动通信技术，是 4G 之后的延伸，2013 年 2 月，欧盟宣布，将加快 5G 移动技术的发展，计划到 2020 年推出成熟的标准。2013 年 5 月 13 日，韩国三星电子有限公司宣布，已成功开发第 5 代移动通信（5G）的核心技术，这一技术预计将于 2020 年开始推向商业化。该技术可在 28GHz 超高频段以每秒 1Gbit/s 以上的速度传送数据，且最长传送距离可达 2 公里。相比之下，当前的第四代长期演进（4G LTE）服务的传输速率仅为 75Mbit/s。

2014 年 5 月 8 日，日本电信营运商 NTT DoCoMo 正式宣布将与 Ericsson、Nokia、Samsung 等六家厂商共同合作，开始测试基于现有 4G 网络 1000 倍网络承载能力的高速 5G 网络，传输速度可望提升至 10Gbit/s。

2015 年 3 月 1 日，英国《每日邮报》报道，英国研制的 5G 网络，100 米内的传送数据测试显示，每秒数据传输可达 125GB，是 4G 网络的 6.5 万倍。2015 年 3 月 3 日，欧盟数字经济和社会委员古泽·奥廷格正式公布了欧盟的 5G 公司合作愿景，5G 公司合作愿景不仅涉及光纤、无线甚至卫星通信网络相互整合，还将利用软件定义网络（SDN）、网络功能虚拟化（NFV）、移动边缘计算（MEC）和雾计算（Fog Computing）等技术。在频谱领域，欧盟的 5G 公司合作愿景还将划定数百兆赫兹的频带用于提升网络性能，60 GHz 及更高频率的频段也将被纳入考虑。

我国 5G 技术研发试验将在 2016-2018 年进行，分为 5G 关键技术试验、5G 技术方案验证和 5G 系统验证 3 个阶段实施。从用户体验看，5G 具有更高的速率、更宽的带宽，预计 5G 网速将比 4G 提高 10 倍左右，从发展态势看，5G 目前还处于技术标准的研究阶段，今后几年 4G 还将保持主导地位、实现持续高速发展。

到 2015 年底，中国移动的 4G 网络用户增加到 3.13 亿，3G 网络用户为 1.69 亿，中国联通的 3G/4G 用户数增加到 1.84 亿，中国电信 3G/4G 用户数接近 1.5 亿，增幅明显。

预计到 2020 年，全球的移动终端数量将超过 100 亿，其中中国的贡献量将超过五分之一，到 2030 年，全球的移动终端数量将接近 180 亿；在移动数据流量方面，预计从 2010 年到 2020 年，全球的移动数据流量增长率将超过 200 倍，到 2030 年，这个数量将接近 2 万倍，与此同时，中国的移动数据流量增长率将会明显高于全球平均水平，从 2010 年到 2020 年，中国的移动数据流量增长将超过 300 倍，到 2030 年，中国的移动数据流量增长将超过 4 万倍。

10.2 移动交换技术

移动交换技术用于实现无线用户之间，以及无线用户与市话用户之间建立通话时的接续和交换，实现移动交换功能的设备多为程控电话交换机，并且包含有一些特殊功能。因为移动用户可在一定区域内任意移动，完成移动用户间或移动用户与固定用户间的一个接续，须经固定的地面网和不固定的无线信道的链接，而且移动台位置的变动使整个服务区内话务分布状态随时发生剧烈的变化。

本节将就 GSM 系统中的相关控制和管理过程，例如，移动呼叫流程、漫游过程与切换过程、移动交换接口信令、移动应用部分等，进行详细阐述。

10.2.1 移动呼叫的流程

1．移动用户主叫接续过程

在移动用户主叫过程中，移动台作为起始呼叫者，在与网络端接触以前拨被叫号码，然后发送，网络端会向主叫用户作出应答表明呼叫的结果。

当移动用户拨被呼用户的号码，再按“发送”键，系统鉴权后若允许该主呼用户接入网络，则 MSC/VLR 发证实接入请求消息，主呼用户发起呼叫，被呼用户的链路准备好后，网络便向主呼用户发出呼叫建立证实，并分配专用业务信道 TCH，主呼用户等候被呼用户响应的证实信号，即完成移动用户的主呼过程。

移动用户主叫的接续流程如表 10-6 所示。

表 10-6　　移动用户主叫的接续流程

MS		BS	MSC	VLR
MS与MSC之间建立连接	①信道请求			
	②立即分配指令←			
	③业务请求	④业务请求	⑤开始接入请求应答	
	⑧鉴权请求←	⑦鉴权请求←	⑥鉴权←	
	⑨鉴权响应	⑩鉴权响应	⑪鉴权确认	
	⑭置密模式指令←	⑬置密模式指令←	⑫置密模式←	
	⑮置密模式完成	⑯置密模式完成	⑰开始接入请求应答←	
	⑳TMSI 指令←	⑲TMSI 指令←	⑱分配新的 TMSI ←	
呼叫建立阶段	①建立呼叫请求	②建立呼叫请求	③传输呼叫请求信息	
	⑥呼叫开始指令←	⑤呼叫开始指令←	④传输呼叫请求信息←	
	⑧信道指配指令←	⑦信道指配指令←		
	⑨信道指配完成	⑩信道指配完成	⑪与被叫用户接续	
	⑬回铃音←	⑫回铃音←		
	⑮连接指令←	⑭连接指令←		
	⑯连接确认	⑰连接确认		

在接入阶段中，移动终端与 BTS（BSC）之间建立了暂时固定的关系，鉴权加密阶段主要包括：鉴权请求，鉴权响应，加密模式命令，加密模式完成，呼叫建立等，经过这个阶段，主叫用户的身份已经确认，网络认为主叫用户是一个合法用户。

在 TCH 指配阶段中，主要包括：指配命令，指配完成。经过这个阶段，主叫用户的话音信道已经确定，如果在后面被叫接续的过程中不能接通，主叫用户可以通过话音信道听到 MSC 的语音提示。

2．移动用户被叫接续过程

在移动用户被叫接续过程中，被呼的移动用户的路由到达该移动用户所登记的 MSC/VLR 后，由该 MSC/VLR 向移动用户发寻呼消息，位置区内所有的基站都向移动用户发寻呼消息，进行同时呼叫，在位置区内收听的被叫用户收到寻呼消息并立即响应，即完成移动用户的被呼过程。

移动用户被叫的接续流程如表 10-7 所示。

表 10-7　　移动用户被叫的接续流程

VLR		VMSC	BS	MS
通过 7 号信令，GMSC 接收来自主叫的呼叫	①主叫用户拨号信息			
	②询问呼叫参数←			
	③呼叫参数	④呼叫请求	⑤寻呼请求	
			⑥信道请求←	
			⑦立即指配指令	
	⑩开始接入请求	⑨寻呼响应	⑧寻呼响应	
呼叫建立	①鉴权	②鉴权请求	③鉴权请求	
	⑥鉴权确认←	⑤鉴权响应←	④鉴权响应←	
	⑦置密模式	⑧置密指令	⑨置密指令	
	⑫开始接入应答←	⑪置密完成←	⑩置密完成←	
	⑬请求完成呼叫	⑭呼叫建立	⑮呼叫建立	
		⑰呼叫证实←	⑯呼叫证实←	
		⑱信道指配	⑲信道指配	
		㉑指配完成←	⑳指配完成←	
		连接完成		
		拨号应答		
		连接确认		

移动台作被叫时，其 MSC 通过与外界的接口收到初始化地址消息（IAI），从这条消息的内容及 MSC 已经存在 VLR 中的记录，MSC 可以提取到如 IMSI、请求业务类别等完成接续所需要的全部数据。然后，MSC 对移动台发起寻呼，移动台接受呼叫并返回呼叫核准消息，此时移动台振铃。

MSC 在收到被叫移动台的呼叫校准消息后，会向主叫网方向发出地址完成（ADDRESS COMPLETE）消息（ACM）。

10.2.2　漫游与切换

1．漫游

漫游（roaming）指移动台离开自己注册登记的服务区域，移动到另一服务区后，移动通信系统仍可向其提供服务的功能。

漫游的方式包括自动和人工 2 种。

（1）自动漫游

移动通信网自动跟踪移动台，向处在任何位置的移动台提供服务，它的主要功能包括位置登记以及呼叫转移。

位置登记的功能是跟踪移动台，记录来访移动台的位置信息，以作为呼叫接续的依据。为了跟踪移动台，通常将 1 个移动通信网的服务区分成若干个位置区，1 个位置区可包括若干个基站区，每个位置区具有唯一的识别码，也称区域识别码，在位置区各基站的控制信道上不断发送。

移动台在1个位置区中可自由移动而不需进行位置登记，当移动台发现所接收的区域识别码发生变化时，表明它已进入1个新的位置区，则自动打开发射机，发出位置更新信息，移动电话局将收到的信息送到控制此位置区的访问者位置寄存器，通过位置寄存器间的信令系统，告诉原籍位置寄存器目前这个移动台所处的位置，原籍位置寄存器更新此移动台的位置信息，并回发移动台类别、服务项目等信息，访问者位置寄存器根据收到的用户信息，向移动台发位置登记确认消息，移动台不需更改原有的电话号码，就可在新的位置区得到它所登记的通信服务。

原籍位置寄存器还要向移动台原来所处位置区的访问者位置寄存器发消息，删除此移动台的有关信息。

呼叫转移功能可实现对处在任何一个移动电话局控制区域中的移动台的呼叫，当呼叫移动台时，有2种转移方式，分别阐述如下。

转移方式一：将呼叫先接至1个就近的移动电话局，也称接入移动电话局，此移动电话局通过信令系统向原籍位置寄存器询问移动台目前的位置信息，原籍位置寄存器向移动台目前所在位置的访问者寄存器请求1个临时的漫游号码，回发给接入移动电话局。依据漫游号码，呼叫接至移动台实际所处的移动电话局，在相应的位置区所有基站的下行控制信道上，发送包含用户识别码的寻呼消息，找到移动台。

转移方式二：将呼叫先接到移动台原籍的移动电话局，原籍局通过信令系统请求访问者位置寄存器分配1个临时的漫游号码，原籍局依据漫游号码建立至被访局的路由，从而找到移动台。

（2）人工漫游

人工漫游，即用人工登记方式，给漫游移动台分配被访移动电话局的漫游号码，使移动台能在多个地区得到通信服务。

移动用户向原籍局申请办理登记手续，原籍局在被访局预先确定的人工漫游号码区中，选1个号码分配给该用户的移动台，并通知被访局，被访局将其作为短期用户，建立相应的用户数据单元，当移动台漫游到被访局后，可得到服务。若主叫用户知道移动台行踪，拨打被访局分配的慢游号码，经自动电话网，接至被访局，也可呼叫漫游移动台。

2．切换

切换是指MS从1个小区或信道，变更到另外1个小区或信道时，能够继续进行通信，切换过程由MS、BTS、BSC、MSC共同完成。

移动通信中的切换是移动台在与基站之间进行信息传输时，由于各种原因，需要从原来所用信道上转移到1个更适合的信道上进行信息传输的过程。需要切换的原因主要有2种：1种是移动台在与基站之间进行信息传输时，移动台从1个无线覆盖小区移动到另1个无线覆盖小区，由于原来所用的信道传输质量太差而需要切换，在这种情况下，判断信道质量好坏的依据可以是接收信号功率、接收信噪比或误帧率。除此之外，另一种是移动台在与基站之间进行信息传输时，处于2个无线覆盖区之中，系统为了平衡业务而需要对当前所用的信道进行切换。

切换的依据是MS对周邻的BTS信号强度的测量报告，以及BTS对MS发射信号及通话质量，BSS统一评价后决定是否进行切换。切换的决定主要由BSS作出，当BSS对当前

BSS 与移动用户的无线连接质量不满意，BSS 根据现场情况发起不同的切换要求，也可由 NSS 根据话务信息要求 MS 开始切换流程。

在一个典型的切换过程中，移动通信系统各部分完成的工作如下。

（1）MS 负责测量下行链路性能和从周围小区中接收的信号强度。

（2）BTS 负责监测每个 MS 的上行接收电平的质量。

（3）BSC 完成切换的最初判决。

（4）从其他 BSS 和 MSC 发来的信息，测量的结果由 NSC 来完成。

切换的触发事件包括以下事件。

（1）基于功率预算的切换。

（2）基于接收电平的切换（电平切换）。

（3）基于接收质量的切换（质量切换）。

（4）基于距离的切换。

（5）基于话务量的切换。

只有切换满足切换参数才能进行切换操作，该参数为 BSC 在切换中的控制参数，当相邻小区的电平高于服务区电平（切换门限）后即可触发切换。

切换分为软切换、硬切换 2 种方式。

（1）软切换（soft hand - off）是指在导频信道的载波频率相同时小区之间的信道切换。在切换过程中，移动用户与原基站和新基站都保持通信链路，只有当移动台在目标基站的小区建立稳定通信后，才断开与原基站的联系。

（2）CDMA 到 CDMA 的硬切换：当各基站使用不同频率时，基站引导移动通信台进行的一种切换方式。

按照通信系统制式划分，切换可以分为第 1 代蜂窝系统中的切换技术、第 2 代蜂窝系统中的切换技术（GSM 系统中的切换技术）、第 2 代蜂窝系统中的切换技术（CDMA IS-95 系统中的切换技术）、第 3 代通信系统中的切换技术。

其中，第 2 代蜂窝移动通信较典型的系统有 GSM、D-AMPS（ADC 或 IS-136）、PDC（JDC）和 CDMA（IS-95）。除 CDMA（IS-95）系统是采用 CDMA 技术来区分不同的物理信道外，其他系统都是采用 TDMA 技术来区分不同的物理信道的，并且 GSM 系统是采用 TDMA 技术的第 2 代蜂窝系统中较典型的 1 种，因此，在第 2 代蜂窝系统中的切换技术中，主要介绍 GSM 系统和 IS-95 系统的切换技术。

（1）第 1 代蜂窝系统中的切换技术

在第 1 代模拟蜂窝系统中，由于采用的是 FDMA 技术，切换是在各频率信道间进行的。为了避免同信道干扰，某一无线小区使用的频率，其他的邻近无线小区不能再使用。所以，进行信道切换时一定要变换所用的频率信道，也即切换时要中断一定时间的语音通信，第 1 代蜂窝移动通信系统的制式较多，我国用的是 TACS 制式。

在 TACS 蜂窝移动通信系统中，一旦移动台和基站之间建立语音通信链路，基站就在下行话音通信链路上发语音频带以外的监测音（如 5970Hz 或 6000Hz 或 6030Hz），移动台接收到监测音后转发回基站。监测音的发送、接收和转发在整个通话过程中是一直在进行的，基站依据接收到的移动台转发的监测音的相位延迟和强弱，来判断移动台离开基站的距离和信道质量的好坏，以决定是否需要切换。如果需要切换，正在与移动台进行通信的基站就会通知邻近合适的基站准备 1 个无线信道，并连接好相应的其他链路，然后就在原来所用的语音信道上中断话音的传输，发 1 条约 200ms 左右的信道切换指令，移动台收到该指令并发应答信令后，就转移到所分配的另 1 个基站的新的语音信道上继续通话，与此同时，原基站释放原无线信道。

（2）GSM 系统中的切换技术

GSM 系统是频率与时间分隔的蜂窝系统。在该系统中，频率信道的划分是 FDMA 方式的，每个频率信道又以时间划分为 8 个时隙，构成 8 个物理信道，是 TDMA 方式的，显然，某一无线小区使用的频率，其他邻近无线小区也不能再使用，所以在 GSM 系统中进行信道切换时，一般情况下，不但要在不同时隙之间进行切换，还要切换频率信道，切换时也要中断业务信号的传输。将切换时需要中断业务信号传输（因为 1 个时刻只有 1 个业务信道可用）的切换方式称为硬切换，与此相对应，将切换时不需要中断业务信号传输的切换方式称为软切换或更软切换。

在 GSM 系统中，有的地理区域由于存在微区、宏区和双频网的三重覆盖，基站在判断是否需要切换和如何切换问题上就需要考虑更多的因素。

微区适用于人口密集、业务量大的区域，且移动台往往处于慢速移动状态；宏区适用于快速移动的移动台；而双频网则是为了缓和高话务密集区无线信道日趋紧张的状况。例如，我国就是采用以 GSM900（用 900MHz 频率段的无线信道）网络为依托，GSM1800（1800MHz 频率段的无线信道）网络为补充的组网方式。

移动台与基站之间进行业务信息传输时，BTS 对上行链路的质量进行测量，并定期报告给 BSC，MS 对下行链路的质量进行测量，同时对其周围其他 BTS 的广播控制信道上的接收信号电平进行测量，移动台将测量结果通过慢速随路控制信道（SACCH）经 BTS 送到 BSC，BSC 根据对测量结果的计算，决定是否切换。当 BSC 认为某移动台当前正在使用的信道需要切换后，就要提出切换请求。

如果需要进行的切换是发生在原 BSC 控制的 2 个 BTS 的信道之间，则 BSC 向目标 BTS 提出切换请求，让目标 BTS 准备 1 个业务信道（TCH），并连通与目标 BTS 之间的链路，BSC 在快速随路控制信道（FACCH）上发送切换指令，FACCH 是向原业务信道（TCH）借用的，MS 收到切换指令后，就转移到目标 BTS 的新的信道上继续进行业务信息传输，并且，原 BTS 释放原 TCH 信道。

如果需要进行的切换不是发生在原 BSC 控制的两个 BTS 的信道之间，即目标 BTS 从属于另一个 BSC（同属于一个移动交换中心 MSC），则 BSC 要向 MSC 提出切换请求，MSC 通过新的 BSC，要求目标 BTS 准备 1 个 TCH，并连通与目标 BTS 之间的链路，MSC 通过原 BSC、BTS 在 FACCH 上发 1 个切换信令，MS 收到信令后转移到新的信道上继续进行业务信息的传输。

如果需要进行的切换是发生在分属于 2 个不同 MSC 的 BTS 的信道之间，则切换时原 MSC 要连通与新的 MSC、BSC、BTS 之间的链路。

当 MSC 检测到某 MS 在进行业务传输的较短的时间内，在多个 BTS 的信道之间进行了切换，就认为该 MS 处于高速移动状态，为了避免对 MSC 造成过重的交换负担，如果在同一地理区域还有宏区覆盖，MSC 就可将该 MS 的业务切换到宏区（或称伞形区）所属的 TCH 信道上去传输。

相同 BSC 控制的小区间切换流程如图 10-2 所示。

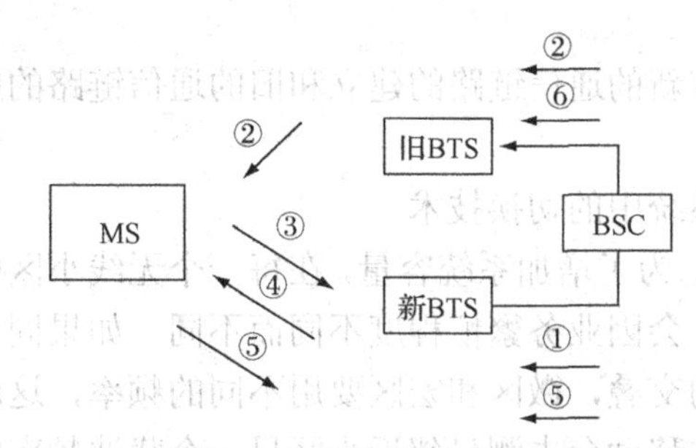

图 10-2 相同 BSC 控制的小区间切换示意图

在基于相同 BSC 控制的小区间切换过程中，BSC 预订新的 BTS 激活 1 个 TCH，BSC 通过原 BTS 发送 1 个参数信息至 MS，其中，发送的参数包括频率参数信息、时隙参数信息，以及发射功率参数信息，此信息在 FACCH 上传送。MS 在规定的新频率上，发送 1 个切换接入突发脉冲（通过 FACCH 发送）。新 BTS 收到此突发脉冲后，将时间提前量信息通过 FACCH 回送 MS。MS 通过新 BTS 向 BSC 发送切换成功信息，之后 BSC 要求原 BTS 释放 TCH 信道。

当同一地理位置有双频网覆盖时，为了平衡业务量大小或选择更好质量的信道，即使移动用户没有越区，只要使用的是双频手机，也可以在 GSM900 网和 GSM1800 网的信道之间进行切换。

（3）CDMA（IS-95）系统中的切换技术

CDMA 系统的特点是可以使频率复用系数为 1，即相邻小区可以使用相同的频率。又由于 CDMA 系统中的接收机采用了 Rake 接收技术，移动台能同时接收两个或两个以上基站的信息，所以，在 CDMA 系统中移动台在需要信道切换时，多个相邻的基站可以同时接收在上行链路中同一移动台发出的相同的信号；移动台也可以利用 Rake 接收技术，将来自多个基站的信号作为不同路径的信号进行处理，并对它们进行合并，也即移动台在欲切换到的目标基站的业务信道上，和在原业务信道上同时接收业务信息。当测量到目标基站的导频信道上的信号强度，超过原基站的导频信道上的信号强度一定值时，再将原信道释放掉，这样，在整个切换过程中就不需要中断信息的传输，做到了软切换。

但是，软切换期间会使系统产生更多的干扰，因为将要切换信道的移动台会与多个基站发生通信，这就相当于在各相邻基站无线覆盖范围内增加了正在进行业务信息传输的用户数，而 CDMA 移动通信系统是受自身干扰的系统，系统中其他正在进行业务信息传输的用户，相对于某一用户来说都是干扰。

更软切换（softer hand-off）是指移动台在同一基站区中从 1 个扇区移动到另 1 个扇区时发生的切换，由于在切换时不需要基站控制器参与，切换的建立比软切换更快。更软切换的特点如下。

① 相同基站的不同扇区之间的切换。

② 跨越两扇区时始终保持与两个扇区的同时通信直到移动台切换完全完成。

③ 更软切换可能频繁发生。

④ 所有行为由基站管理。

⑤ 从 2 个扇区接收到的信号可以被合并以改善信号质量。

更软切换与软切换的本质区别是切换过程中不用分配新的信道单元（channel element，CE）资源。

软切换过程中会伴随有新的通信链路的建立和旧的通信链路的删除，而更软切换的前后，使用的是相同的通信链路。

（4）第3代移动通信系统中的切换技术

第3代CDMA系统中，为了增加系统容量，在每一个无线小区中将需要多个不同频率的载波，各小区中的载波数，会因业务繁忙程度不同而不同，如果同一地理区域存在分层小区结构时，会有微区和宏区的交叠，微区和宏区要用不同的频率，这就要求系统能够处理不同频率间的切换，也就是要求移动台去测量邻近小区另一个载波频率的强度的同时，保持和现有小区载波频率的连接。要实现这一要求，必须采用压缩模式和双模接收机（CDMA系统不像TDMA系统那样有空的时隙去进行频率间的测量）。

所谓压缩模式，是通过传输的数据帧产生测量时隙，例如，在一小段时间中用较低的扩频率，使帧中剩余的时间可以去测量其他载波，而双模接收机则可以在不影响对现有载波频率接收的情况下，测量其他频率。

10.2.3 移动交换接口与信令

GSM系统的主要接口包括：A接口、Abis接口、Um接口，其中A接口、Um接口为开放式接口。

1. A接口

A接口用来定义网络子系统（NSS）与基站子系统（BSS）之间的通信接口，其物理链接通过采用标准的2. 048Mbit/s PCM数字传输链路来实现，此接口传递的信息包括移动台管理、基站管理、移动性管理、接续管理等。

A接口的信令规程由《800MHz CDMA数字蜂窝移动通信网移动业务交换中心与基站子系统间接口信令技术规范》规定，电信运营商均已颁布了此规范，中国联通颁布的A接口信令规程与EIA/TIA/IS－634的信令规程基本兼容，是其一个子集。

2. Abis接口

Abis接口定义的是，基站子系统的两个功能实体，基站控制器（BSC）和基站收发信台（BTS）之间的通信接口，物理链接通过采用标准的2. 048Mbit/s或64kbit/s PCM数字传输链路来实现，BS接口作为Abis接口的一种特例，用于BTS（与BSC并置）与BSC之间的直接互连方式。

3. Um接口

Um接口（即，空中接口）定义的内容是，移动台与基站收发信台（BTS）之间的通信接口，用于移动台与GSM系统的固定部分之间的互通，其物理链接通过无线链路实现，通过该接口，MS完成与网络侧的通信，传递的信息包括无线资源管理，移动性管理和接续管理等。

Um接口是GSM/GPRS/EDGE网络中的接口，是MS与网络之间的接口，因此，也被称为空中接口（air interface），用于传输MS与网络之间的信令信息和业务信息。

Um接口上的通信协议包括5层，自下而上依次为物理层、MAC层、LLC层、SNDC层和网络层，Um接口的物理层为射频接口部分，而物理链路层则负责提供空中接口的各种逻辑信道。

GSM 空中接口的载频带宽为 200kHz，1 个载频分为 8 个物理信道，如果 8 个物理信道都分配为传送 GPRS 数据，则原始数据速率可达 200kbit/s，考虑前向纠错码的开销，则最终的数据速率可达 164kbit/s 左右。

MAC 为媒质访问控制层，MAC 的主要作用是定义和分配空中接口的 GPRS 逻辑信道，使得这些信道能被不同的移动终端共享，LLC 层为逻辑链路控制层，它是一种基于高速数据链路规程 HDLG 的无线链路协议。

SNDC 被称为子网结合层，它的主要作用是完成传送数据的分组、打包，确定 TCP/IP 地址和加密方式，网络层的协议主要是 Phase 1 阶段提供的 TCP/IP 和 L25 协议，TCP/IP 和 X.25 协议对于传统的 GSM 网络设备（如：BSS、NSS 等设备）是透明的。

Um 接口的无线信令规程由《800MHz CDMA 数字蜂窝移动通信网空中接口技术规范》规定，中国电信和中国联通均已颁布了此规范，此规范基于 TIA/EIA/IS-95A 宽带双模扩频蜂窝系统移动台－基站兼容性标准。

4．NSS 内部接口

B 接口，定义了访问用户位置寄存器（VLR）与移动业务交换中心（MSC）之间的内部接口，B 接口用于移动业务交换中心（MSC）向访问用户位置寄存器（VLR），询问有关移动台（MS）当前位置信息，或者通知访问用户位置寄存器（VLR）有关移动台（MS）的位置更新信息。

C 接口，定义为归属用户位置寄存器（HLR）与移动业务交换中心（MSC）之间的接口，用于传递路由选择和管理信息，在建立 1 个至移动用户的呼叫时，入口移动业务交换中心（GMSC），应向被叫用户所属的归属用户位置寄存器（HLR）询问被叫移动台的漫游号码，C 接口的物理链接方式是标准的 2. 048 Mbit/s 的 PCM 数字传输链路。

D 接口定义为，归属用户位置寄存器（HLR）与访问用户位置寄存器（VLR）之间的接口，用于交换有关移动台位置和用户管理的信息，为移动用户提供的主要服务是，保证移动台在整个服务区内能建立和接收呼叫，实用化的 GSM 系统结构中，一般把 VLR 综合于移动业务交换中心（MSC）中，而把归属用户位置寄存器（HLR）与鉴权中心（AUC）综合在同一个物理实体内，D 接口的物理链接是通过移动业务交换中心（MSC），与归属用户位置寄存器（HLR）之间的标准 2. 048Mbit/s 的 PCM 数字传输链路实现的。

E 接口定义为，控制相邻区域的不同移动业务交换中心（MSC）之间的接口，此接口用于切换过程中交换有关切换信息以启动和完成切换，E 接口的物理链接方式是，通过移动业务交换中心（MSC）之间的标准 2. 048Mbit/s PCM 数字传输链路实现的。

F 接口定义的是，移动业务交换中心（MSC）与移动设备识别寄存器（EIR）之间的接口，用于交换相关的国际移动设备识别码管理信息，F 接口的物理链接方式是，通过移动业务交换中心（MSC），与移动设备识别寄存器（EIR）之间的标准 2. 048Mbit/s 的 PCM 数字传输链路实现的。

G 接口定义的是，访问用户位置寄存器（VLR）之间的接口。此接口用于向分配临时移动用户识别码（TMSI）的访问用户位置寄存器（VLR），并且询问此移动用户的国际移动用户识别码（IMSI）的内容信息，G 接口的物理链接方式是标准 2. 048Mbit/s 的 PCM 数字传输链路。

B、C、D、E、N 和 P 接口的信令规程由《800MHz CDMA 数字蜂窝移动通信网移动应用部分技术规范》规定，电信运营商已颁布了此规范，此规范基于 TIA/EIA/IS-41C—蜂窝无线通信系统间操作标准，中国联通颁布的 MAP 为 IS-41C 的子集，第 1 阶段使用 IS-41C 中 51 个操作（OPERATION）中的 19 个，主要内容包括鉴权、切换、登记、路由请求、短消息传送等。

5. GSM 系统与公众电信网的接口

公众电信网主要是指公众电话网（PSTN）、综合业务数字网（ISDN）、分组交换公众数据网（PSPDN），以及电路交换公众数据网（CSPDN）。GSM 系统通过 MSC 与这些公众电信网互连，其中，GSM 系统与 PSTN 和 ISDN 网的互连方式采用 7 号信令系统接口，其物理链接方式是通过 MSC 与 PSTN 或 ISDN 交换机之间标准 2.048Mbit/s 的 PCM 数字传输实现的。GSM 各接口协议如表 10-8 所示。

表 10-8　　GSM 系统各接口协议层次表

<table>
<tr><td></td><td>MS：移动台</td><td colspan="2">BTS：基站收发信台</td><td colspan="2">BSC：基站控制器</td><td>MSC：移动业务交换中心</td></tr>
<tr><td rowspan="3">信号层1</td><td>CM：通信管理</td><td></td><td></td><td></td><td></td><td>CM：通信管理</td></tr>
<tr><td>MM：移动性管理</td><td></td><td></td><td>RR：无线资源管理</td><td></td><td>MM：移动性管理</td></tr>
<tr><td>RR：无线资源管理</td><td>RR：无线资源管理</td><td>BTSM：BTS 的管理部分</td><td>BTSM：BTS 的管理部分</td><td>BSSMAP：基站子系统</td><td>BSSMAP：基站子系统</td></tr>
<tr><td>信号层2</td><td>LAPDm：ISDN 的 Dm 数据链路协议移动应用部分</td><td>LAPDm：ISDN 的 Dm 数据链路协议移动应用部分</td><td>LAPDm：ISDN 的 Dm 数据链路协议移动应用部分</td><td>LAPDm：ISDN 的 Dm 数据链路协议移动应用部分</td><td rowspan="2">SCCP
MTP：信息传递部分</td><td rowspan="2">SCCP
MTP：信息传递部分</td></tr>
<tr><td>信号层3</td><td>信令层</td><td>信令层</td><td>信令层</td><td>信令层</td></tr>
<tr><td></td><td colspan="2">Um 接口</td><td colspan="2">Abits 接口</td><td colspan="2">A 接口</td></tr>
</table>

信号层 1（物理层），是无线接口的最低层，提供传送比特流所需的物理链路（例如，无线链路），以及为高层提供各种不同功能的逻辑信道。

信号层 2（L2）的主要目的是，在移动台和基站之间建立可靠的专用数据链路，L2 协议基于 ISDN 的 D 信道链路接入协议（LAP-D），但做了变动，因而在 Um 接口的 L2 协议称之为 LAP-Dm。

信号层 3（L3），是实际负责控制和管理的协议层，L3 包括 3 个基本子层，分别为：无线资源管理（RR）、移动性管理（MM）和接续管理（CM）。其中 1 个 CM 子层中含有多个呼叫控制（CC）单元，提供并行呼叫处理，为支持补充业务和短消息业务，CM 子层中还包括补充业务管理（SS）单元和短消息业务管理（SMS）单元。

6. 信号层 3 的接口协议

RR 在基站子系统中终止，同时 RR 消息在 BSS 中进行处理和转译，映射成 BSS 移动应用部分（BSSMAP）的消息在 A 接口中传递，移动性管理（MM）和接续管理（CM）都至 MSC 终止，MM 和 CM 消息在 A 接口中是采用直接转移应用部分（DTAP）传递，基站子系统（BSS）则透明传递 MM 和 CM 消息。

7．NSS 内部及 GSM 与 PSTN 之间的协议

与非呼叫相关的信令采用移动应用部分（MAP），用于 NSS 内部接口（B、C、D、E、F、G）之间的通信，除此之外，与呼叫相关的信令，则采用的是电话用户部分（TUP）和 ISDN 用户部分（ISUP），分别用于 MSC 之间和 MSC 与 PSIN、ISDN 之间的通信。协议层次之间的关系如表 10-9 所示。

表 10-9 NSS 内部及 GSM 与 PSTN 之间的协议

<table>
<tr><td rowspan="3">TUP 电话用户部分</td><td rowspan="3">ISDN 用户部分 ISUP</td><td>MAP 移动应用部分</td><td rowspan="2">BSSAP</td></tr>
<tr><td>TCAP 事务处理应用部分</td></tr>
<tr><td colspan="2">SCCP 信令连接控制部分</td></tr>
<tr><td colspan="4">MTP 消息传递部分</td></tr>
</table>

10.2.4 位置更新

为了确认移动台的位置，每个 GSM 覆盖区都被分为许多个位置区，1 个位置区可以包含 1 个或多个小区，网络将存储每个移动台的位置区，并作为将来寻呼该移动台的位置信息，对移动台的寻呼，是通过对移动台所在位置区的所有小区中寻呼来实现的，如果 MSC 容量负荷较大，它就不可能对所控制区域内的所有小区一起进行寻呼，因为这样的寻呼负荷将会很大，这就需引入位置区的概念，位置区的标识（LAC 码）将在每个小区广播信道上的系统消息中发送。

当移动台由 1 个位置区移动到另 1 个位置区时，必须在新的位置区进行登记操作，也就是说，一旦移动台出于某种需要，或发现其存储器中的 LAI 与接收到当前小区的 LAI 号发生了变化，就必须通知网络更改它所存储的移动台的位置信息，即在这个过程中就发生了位置更新。

根据网络对位置更新的标识不同，位置更新可分为 3 种：正常位置更新（即越位置区的位置更新）、周期性位置更新、以及 IMSI 附着分离（对应用户开机）。

1．正常位置更新

MS 就通过新的 BTS 小区向 MSC 发送 1 个具有本地位置意义的信息，即位置更新请求，MSC 把位置更新请求消息送给 HLR，同时给出 MSC 的和 MS 的识别码，HLR 修改该客户数据，并回送给 MSC 确认响应，VLR 对该客户进行数据注册，最后由新的 MSC 发送给 MS1 个位置更新确认，同时由 HLR 通知原来的 MSC 删除 VLR 中有关该 MS 的客户数据，并且，在这一过程发生前，要进行 MS 的鉴权。

根据判断该位置更新程序是否属于同 1 个 VLR，是否需要 IMSI 号参与，可分为以下几种位置更新。

（1）同 1 个 VLR，不同位置区的位置更新。

（2）越 VLR 间的位置更新，且发送的是 TMSI 号码。

（3）越 VLR 间的位置更新，且发送的是 IMSI 号码。

当HLR收到VLR向其发起更新位置消息时，如果允许MS漫游，HLR将回传更新位置确认消息，其中含有HLR号码。若不许MS漫游，HLR则给出此MS标明不许漫游，若给VLR发出不许漫游的消息，VLR则删除所有的MS数据且向移动台发出位置更新拒绝的消息。若MS标志不允许漫游且该移动台未激活呼叫前转，则HLR将闭锁MS的来话呼叫；若激活此业务，则HLR将入局的呼叫接至所要求的地方。

此时若是MS主叫，则按不认识的移动用户处理，被漫游限制的移动台将在其漫游区域不停的去进行位置更新，虽然网络将持续的向该移动台发出位置更新拒绝的消息，但位置更新拒绝所限制的时间逾时后，移动台会继续去进行位置更新尝试，直到发现一个允许漫游的位置区。

2. 周期性位置更新

当出现以下情况时，网络和移动台往往会失去联系：第1种情况是，如果当移动台开着机而移动到网络覆盖区以外的地方（即盲区），此时由于移动台无法向网络作出指示，因而网络因无法知道移动台目前的状态，而仍会认为该移动台还处于附着的状态；第2种情况是，当移动台在向网络发送“IMSI分离”消息时，如果此时无线路径的上行链路存在着一定的干扰导致链路的质量很差，那么网络就有可能不能正确的译码该消息，这就意味着系统仍认为MS处于附着的状态；第3种情况是，当移动台掉电时，也无法将其状态通知给网络，而导致移动台与移动网络之间失去联系。

当发生以上这几种情况后，若在此时该移动台被寻呼，则系统将在此前用户所登记的位置区内发出寻呼消息，其结果必然是网络以无法收到寻呼响应而告终，导致无效的占用系统的资源。

为了解决该问题，GSM系统就采取了相应的措施，迫使移动台必须在经过一定时间后，自动的向网络汇报它目前的位置，网络就可以通过这种机制来及时了解移动台当前的状态有无发生变化，这就是周期性位置更新机制。

在BSS部分，它是通过小区的BCCH的系统广播消息，向该小区内的所有用户，发送1个应该做周期性位置更新的时间T3212，强制移动台在该定时器超时后，自动地向网络发起位置更新的请求，请求原因注明是周期性位置更新；移动台在进行小区选择或重选后，将从当前服务小区的系统消息中读取T3212，并将该定时器置位且存储在它的SIM卡中，此后当移动台发现T3212超时后就会自动向网络发起位置更新请求。

与此相对应的，在NSS部分，网络将定时的对在其VLR中标识为IMSI附着的用户做查询，它会把在这一段时间内没有和网络做任何联系的用户的标识改为IMSI分离（IMSI DETATCH），以防止对已与网络失去联系的移动台进行寻呼，从而导致白白浪费移动通信系统的资源。

周期性位置更新是网络与移动用户保持紧密联系的一种重要手段，因此周期性位置更新越短，网络的总体性能就越好。但频繁的位置更新有2个负作用：一是会使网络的信令流量大大增加，对无线资源的利用率降低，在严重时，将影响MSC、BSC、BTS的处理能力；另一方面将使移动台的耗电量急剧增加，使该系统中移动台的待机时间大大缩短，因而T3212的设置应综合考虑系统的实际情况。

当移动台进行小区选择时，将该服务小区的T3212存储在SIM卡中，当发现该值超时后，即触发位置更新程序，当移动台在不同位置区内进行小区重选时，因为这对应1次位置更新，因而，移动台就会去采用新小区的T3212值且从0开始计时，当移动台进行1次呼叫处理时，也会将T3212置位。

当移动台在不同位置区内进行小区重选时，如该两小区的T3212一样（例如，都为30），则会根据上一次的计时值继续计时，如上次T3212的状态是4/30（4为目前的计时时间，30为T3212的值），当小区重选后还是4/30。

如2个小区的T3212不一样（设A小区是20，B小区是8），当移动台在A中的状态是2/20，当重选为B时就会变成6/8，此时，当它再重选为A时就会变成8/20，之后若因为位置原因，再次切换为B，则状态应为4/8。从这种情况我们可以看出，设目前的计时时间为$T1$，T3212为$T0$，即定时状态为$T1/T0$，若A小区$T0-T1$（目前的计时时间距离位置更新的时间）大于B小区的$T0$，则重选到B小区状态应为（$T0$b - T'）/$T0$b，其中T'为（$T0$a - $T1$a）/$T0$b取余数；若A小区的$T0-T1$小于B小区的$T0$，则重选到B小区状态应为[$T0$b -（$T0$a - $T1$a）]/$T0$b。

3. IMSI的附着和分离

IMSI的附着和分离过程就是在MSC/VLR中用户记录上附加1个二进制标志，IMSI的附着过程就是置标志位为允许接入，而IMSI的分离过程就是置标志位为不可接入。

若移动台开机后发现它所存储的LAI号与当前的LAI号一致，则进行IMSI附着过程，它的程序过程同INTRA VLR LOCATION UPDATE基本一样，唯一不同的是，在LOCATION UPDATING REQUEST的报文中注明位置更新的种类是IMSI附着，它的初始化报文含有移动台的IMSI号码。

若移动台开机后发现它所存储的LAI号与当前的LAI号不一致，则执行正常位置更新过程。

当移动台进行关机操作时，它会定义通过1个按键触发IMSI分离过程，在此过程中，仅有1条指令从MS发送到MSC/VLR，这是1条非证实的消息，当MSC收到IMSI的分离请求时，即通知VLR对该IMSI完成"分离"的标志，而HLR并没有得到该用户已脱离网络的通知。

当该用户被基站寻呼，HLR将向该用户所在的VLR查询漫游号码（MSRN），此时系统就会通知该用户已脱离网络，因此不再执行寻呼程序，而会直接对该寻呼消息进行处理（treatment），例如系统播放"用户已关机"的录音等，在MS发出此消息后就自动将RR连接放弃。

参数ATT是IMSI附着和分离允许（ATTATCH - DETACH ALLOWDE，ATT）标识，用来指示移动台在本小区内是否允许进行IMSI附着和分离的过程，其中，0表示不允许，1表示移动台必须启用附着和分离的过程。

在同一位置区的不同小区，ATT参数的设置必须相同，因为移动台在该参数设为1的小区中关机时启动IMSI分离过程，网络将记录该用户处于非工作状态，并拒绝所有寻呼该用户的请求。若移动台再次开机时处于同它关机时同一位置区（此时不触发位置更新）但不同的小区，而该小区的参数ATT设为0，此时移动台也不启动IMSI附着的过程，在这种情况下，该用户无法正常成为被叫直至它启动主叫或位置更新过程。

4. 位置更新的参数命令

对于本小区内的被服务手机在开关机时是否向系统报告，该功能一般应打开。功能格式表示为：ATT以字符串表示。

取值范围为：NO 表示不允许移动台启动 IMSI 结合和分离过程；YES 表示移动台必须启用结合和分离过程，默认值为 NO。

T3212 参数为当前服务小区内手机周期性位置更新登记的周期。功能格式表示为：T3212 以十进制数表示，取值范围 0～255，单位为 6 分钟（1/10 小时），如 T3212＝1，表示 0.1 小时；T3212＝255，表示 25 小时 30 分，T3212 设置为 0 时，表示本小区中不启用周期位置更新。

10.3 GPRS 无线数据业务

移动通信技术从第 1 代的模拟通信系统发展到第 2 代的数字通信系统，以及之后的 3G、4G、5G，正以突飞猛进的速度发展。在第 2 代移动通信技术中，GSM 的应用最广泛，但是 GSM 系统只能进行电路域的数据交换，且最高传输速率为 9.6kbit/s，难以满足数据业务的需求。因此，欧洲电信标准委员会（ETSI）推出了 GPRS。

GPRS 是通用分组无线服务技术的简称，它是 GSM 移动电话用户可用的一种移动数据业务，属于第 2 代移动通信中的数据传输技术。GPRS 可以认为是 GSM 的延续，GPRS 和以往连续在频道传输的方式不同，是以封包（Packet）式来传输，因此，用户所负担的费用是以其传输的数据单位计算，并非使用其整个频道，GPRS 的传输速率可提升至 56kbit/s 甚至 114kbit/s。

分组交换技术是计算机网络上一项重要的数据传输技术，为了实现从传统语音业务到新兴数据业务的支持，GPRS 在原 GSM 网络的基础上叠加了支持高速分组数据的网络，向用户提供 WAP 浏览（浏览因特网页面）、E-mail 等功能，推动了移动数据业务的初次飞跃发展，实现了移动通信技术和数据通信技术（尤其是 Internet 技术）的结合。

10.3.1 网络架构

1．网络实体

GPRS 是在 GSM 网络的基础上增加新的网络实体来实现分组数据业务，GPRS 新增的网络实体分为以下几种。

（1）GPRS 支持节点（GPRS support node，GSN）

GSN 是 GPRS 网络中最重要的网络部件，包括 SGSN 和 GGSN 2 种类型。其中，服务 GPRS 支持节点，（serving GPRS support node，SGSN）的主要作用是记录 MS 的当前位置信息，提供移动性管理和路由选择等服务，并且在 MS 和 GGSN 之间完成移动分组数据的发送和接收。

GPRS 网关支持节点（gateway GPRS support node，GGSN）起网关作用，把 GSM 网络中的分组数据包进行协议转换，之后发送到 TCP/IP 或 X.25 网络中。

（2）分组控制单元（packet control unit，PCU）

PCU 位于 BSS，用于处理数据业务，并将数据业务从 GSM 语音业务中分离出来，PCU 增加了分组功能，可控制无线链路，并允许多用户占用同一无线资源。

（3）边界网关（border gateways，BG）

BG 用于 PLMN 之间的 GPRS 骨干网的互连，主要完成分属于不同 GPRS 网络的 SGSN、GGSN 之间的路由功能，以及安全性管理功能，此外，还可以根据运营商之间的漫游协定增加相关功能。

（4）计费网关（charging gateway，CG）

CG 主要完成从各 GSN 的话单收集、合并、预处理工作，并用作 GPRS 与计费中心之间的通信接口。

（5）域名服务器（domain name server，DNS）

GPRS网络中存在两种DNS：一种是GGSN同外部网络之间的DNS，主要功能是对外部网络的域名进行解析，作用等同于因特网上的普通DNS。另一种是GPRS骨干网上的DNS，主要功能是在PDP上下文激活过程中，根据确定的接入点名称（access point name，APN）解析出GGSN的IP地址，并且在SGSN间的路由区更新过程中，根据原路由区号码，解析出原SGSN的IP地址。

2. GPRS的网络接口

GPRS系统中存在各种不同的接口种类，GPRS接口涉及帧中继规程、七号信令协议、IP协议等不同规程种类。

（1）Gb接口

SGSN与SGSN之间的接口，该接口既传送信令又传输话务信息。

（2）Gc接口

GGSN与HLR之间的接口，Gc接口为可选接口。

（3）Gd接口

SMS-GMSC与SGSN之间的接口，及SMS-IWMSC与SGSN之间的接口，GPRS通过该接口传送短消息业务，提高SMS服务的使用效率。

（4）Gf接口

SGSN与GIR之间的接口，Gf给SGSN提供接入设备获得设备信息的接口。

（5）Gn/Gp接口

Gn是同一个PLMN内部GSN之间的接口，Gp是不同PLMN中GSN之间的接口，Gn与Gp接口都采用基于IP的GTP协议规程，提供协议规程数据包在GSN结点间通过GTP隧道协议传送的机制，Gn接口一般支持域内静态或动态路由协议，而Gp接口由于经由PLMN之间路由传送，所以它必须支持域间路由协议，如边界网关协议BGP。

GTP规程仅在SGSN与GGSN之间实现，其他系统单元不涉及GTP规程的处理。

（6）Gr接口

Gr接口是SGSN与HLR之间的接口，Gr接口在SGSN与HLR之间用于传送移动性管理的相关信令，给SGSN提供接入HLR并获得用户信息的接口，该HLR可以属于不同的移动网络。

（7）Gs接口

Gs接口为SGSN与MSC/VLR之间的接口，在Gs接口存在的情况下，MS可通过SGSN进行IMSI/GPRS联合附着、LA/RA联合更新，并采用寻呼协调通过SGSN进行GPRS附着用户的电路寻呼，从而降低通信系统无线资源的浪费，同时减少系统信令链路负荷，有效提高网络性能。

（8）Um接口

MS与GPRS网络侧的接口，通过该接口完成MS与网络侧的通信，完成分组数据传送、移动性管理、会话管理、无线资源管理等方面的功能。

（9）Gi接口

Gi接口是GPRS网络与外部数据网络的接口点，它可以用X.25协议、X.75协议或IP协议等接口方式。其中与的 IP 接口方式，在 IP 网络中，子网的链接一般通过路由器进行，因此，外部 IP 网络认为 GGSN 就是一台路由器，它们之间可跟据客户需要考虑采用何种 IP 路由协议。

根据协议和 IP 网络的基本要求，可由运营商在 Gi 接口上配置防火墙，进行数据和网络安全性管理、配置域名服务器进行域名解析、配置动态地址服务器进行 MS 地址的分配，以及配置 Radius 服务器进行用户接入鉴权等。

10.3.2 GPRS 网络协议栈

GPRS 协议规程体现了无线和网络相结合的特征，其中既包含类似局域网技术中的逻辑链路控制 LLC 子层和媒体接入控制 MAC 子层，又包含 RLC 和 BSSGP 等新引入的特定规程，并且，各种网络单元所包含的协议层次也有所不同，如 PCU 中规程体系与无线接入相关，GGSN 中规程体系完全与数据应用相关，而 SGSN 规程体系则涉及两个方面，它既要连接 PCU 进行无线系统和用户管理，又要连接 GGSN 进行数据单元的传送。

SGSN 的 PCU 侧的 Gb 接口上采用帧中继规程，与 GGSN 侧的 Gn 接口上则采用 TCP/IP 规程，SGSN 中协议低层部分，如 NS 和 BSSGP 层与无线管理相关，高层部分，如 LLC 和 SNDCP 则与数据管理相关。

由 GPRS 系统的端到端之间的应用协议结构可知，GPRS 网络是存在于应用层之下的承载网络，它用于以承载 IP 或 X.25 等数据业务，由于 GPRS 本身采用 IP 数据网络结构，所以基于 GPRS 网络的 IP 应用规程结构可理解为两层 IP 结构，即应用级的 IP 协议以及采用 IP 协议的 GPRS 系统本身。

GPRS 分为传输面和控制面 2 个方面，传输面为提供用户信息传送及其相关信息传送控制过程（如流量控制、错误检测和恢复等）的分层规程，控制面则包括控制和支持用户面功能的规程，如分组域网络接入连接控制（附着与去激活过程），网络接入连接特性（PDP 上下文激活和去激活），网络接入连接的路由选择（用户移动性支持），以及网络资源的设定控制等。

10.3.3 GPRS 的业务信道与控制信道

GPRS 系统定义的无线分组逻辑信道，分为业务信道与控制信道两大类，其信道分类与功能描述如表 10-10 所示。

表 10-10　　GPRS 信道分类

	信道	子信道	功能
控制信道	分组广播控制信道（PBCCH）	无	下行信道，用于广播分组数据的特定系统信息
	分组公共控制信道（PCCCH）	分组随机接入信道（PRACH）	上行信道，MS 发送随机接入信息或循序响应以请求分配 1 个或多个 PDTCH
		分组寻呼信道（PPCH）	下行信道，用于寻呼 MS，可支持不连续接收 DRX。PPCH 可用于交换或分组交换数据业务寻呼。当 MS 工作在分组传输方式时，也可以在分组随路控制信道（PACCH）1 为电路交换业务寻呼 MS

续表

信道		子信道	功能
控制信道	分组公共控制信道（PCCCH）	分组接入准许信道（PAGCH）	下行信道，用于向 MS 分配 1 个或多个 PDTCH
		分组通知信道（PNCH）	下行信道，用于通知 MS 的 PTM-M 呼叫
	分组专用控制信道	分组随路控制信道（PACCH）	上下行双向信道，用于传送包括功率控制、资源分配与再分配、测量等信息。1 个 PACCH 可以对应 1 个 MS 所属的 1 个或几个 PDTCH
		上行分组定时控制信道（PTCCH/U）	上行信道，用于传送随机突发脉冲以及估计分组传送模式下的时间提前量
		下行分组定时控制信道（PTCCH/D）	下行信道，用于向多个 MS 传送时间提前量
业务信道	分组数据业务信道（PDTCH）	无	在分组模式下承载用户数据的信道。与电路型双向业务信道不同，PDTCH 为单向业务信道。它作为上行信道时，用于 MS 发起的分组数据传送。它作为下行信道时，用于 MS 接收分组数据

系统分配给 GPRS 使用的物理信道，可以是永久的，也可以是暂时的，以便 GPRS 与 GSM 之间能进行动态重组，GPRS 的逻辑信道可以按下列 4 种方式组合到物理信道上，分别表示如下。

（1）PBCCH + PCCCH + PDTCH + PACCH + PTCCH

（2）PCCCH + PDTCH + PACCH + PTCCH

（3）PDTCH + PACCH + PTCCH

（4）PBCCH + PCCCH

GPRS 分组信道采用 52 帧复帧结构，每个分组信道共 52 个复帧，每 4 个组成 1 个无线块（radio block），因此 1 个无线信道一共分为 12 个无线块（表示为 B0～B11）和 4 个空闲帧（x），GPRS 的各个逻辑信道以一定的规则，映射到物理信道上的 52 帧复帧的各个无线块上。

10.3.4 GPRS 交换业务平台

GPRS 作为 GSM 分组数据的一种业务，拓展了 GSM 无线数据业务空间，主要包括 Internet 接入、WAP、专网接入、基于终端安装业务、专线接入、GPRS 短消息等。

1. Internet 接入

Internet 接入是 GPRS 最普遍的一种应用，利用手机和笔记本电脑接入 Internet，接入 Internet 业务的用户地址可以分配公有地址或私有地址，从节约公有地址角度出发，一般采用私有地址，实现方式为：手机接入经过服务器 RADIUS 授权后，由 GGSN 分配私有地址，该私有地址通过 NAT 转换后接入 CMNet。在 Internet 接入方式选择上，GGSN 接入 Internet 有透明和非透明 2 种方式，如果移动运营商作为 GPRS 运营商的同时，直接作为 ISP 提供 Internet 接入服务，采用透明方式，用户接入因特网无须进行认证，可由移动用户鉴权替代，这样可加快用户接入速度，减少 RADIUS 服务器的投资，也可以采用非透明方式接入 Internet，通过 RADIUS 进行用户认证。

2. GPRS 承载 WAP

GSM 系统中，承载 WAP 有 3 种方式：短消息、电路型数据、GPRS 分组数据。与 GPRS

相比，前两种方式有一定的局限性：短消息承载 WAP，长度只有 160 个字节，不能适应 WAP 业务数据量逐步增长的需求，同时，短消息对于 QoS 方面缺乏保证，接续时间过长，因此短消息难以对 WAP 进行较好的承载。

GPRS 承载 WAP 有很多优势，例如，GPRS 本身基于分组方式，系统资源占用少，接续速度快，时时在线，而且单用户带宽有保证。

WAP 业务的用户地址经服务器 RADIUS 授权后由 GGSN 分配使用私有地址，由于 WAP 网关建设采用私有 IP 地址段，而 GGSN 设备地址采用合法 IP 地址，所以 GGSN 和 WAP 网关之间必须建立隧道，才能进行连接，因此，可采用 GRE 隧道方式，由 GGSN 配置 GRE 隧道，并进行相应处理，WAP 网关需具有 GRE 功能，并且能够根据用户的私有 IP 地址，判断 GGSN 地址，并进行相应隧道封装处理。

3．专网接入业务

采用 VPDN 技术实现专网接入业务方案，MS 采用 PPP 方式接入 VPN 虚拟网，使用第 2 层隧道协议 L2TP，GGSN 通过输入的用户名或者是主被叫号码，从 Radius 服务器获取建立隧道的相关信息，然后启动到企业网关的 L2TP 隧道协议，建立起 GGSN 和企业网关之间的隧道连接。此时用户的 PPP 包可以直达企业网关，由企业网关通过公司的 Radius 服务器完成对用户级的认证，通过后，就建立起 GRPS 手机到达企业网关的 PPP 链路，从而真正实现移动办公业务。

GGSN 作为 L2TP 接入集中器，为企业网关提供代理认证，与企业网关之间建立 L2TP 隧道，与企业网关之间建立 L2TP 会话。企业网关与 GGSN 之间建立 L2TP 隧道和与 GGSN 之间建立 L2TP 会话，运营商 RADIUS 服务器对移动用户提供公司名认证，为 GGSN 提供企业网关的 IP 地址，为 GGSN 提供隧道类型（L2TP、PPTP、L2F），并且提供其他与隧道有关的信息，例如，对应于该隧道 GGSN 名和企业网关名等，企业 RADIUS 服务器对移动用户身份进行认证、授权。

用户认证实现方式包括企业网关认证和 GGSN 代理认证，其中，企业网关认证是用户认证信息以 PPP 数据包的形式透明穿过 GGSN，到达企业网关，企业网关从企业 RADIUS 服务器查找用户的合法信息，对用户进行认证和授权。GGSN 代理认证是当 GGSN 与企业网关之间存在某种信任关系时，GGSN 可对企业用户进行代理认证。此时，GGSN 读取用户认证 PPP 数据包，通过运营商的 RADIUS 服务器对用户认证请求进行确认，给用户分配权限，此时企业网关无需设立 RADIUS 服务器。

采用专网接入业务，需采用 PPP 方式接入 PDN 网，GGSN 的 Gi 接口上需具有 L2TP 功能，由于需进行隧道和会话处理，会对 GGSN 设备的处理能力产生一定的影响，运营商的 RADIUS 服务器能够提供对企业名认证和提供代企业认证功能。

10.4 基于移动交换的 3G 核心网发展与演进

移动核心网技术包括 2G（含 2.5G）核心网技术及 3G 核心网技术，2G（含 2.5G）核心网技术包括 GSM、GPRS、CDMA（IS95），其中 GSM、CDMA（IS95）技术分别是由欧洲和北美的标准组织提出的，主要区别体现在无线接入网，而核心网侧除采用的信令协议、编号方式等有所不同外，组网方式及节点设置基本上是相同的，这 2 种技术本身已发展得较为成熟，变化较小。GPRS 是基于 GSM 体系下演进的移动分组数据承载技术，目前已是成熟技术，中国移动和中国联通 2G 网络采用了 GSM 和 GPRS 核心网技术。

3G 网络技术包括 WCDMA 和 cdma2000 技术，分别由欧洲和北美提出，其主要区别体现在无线接入网部分，核心网的体系结构基本相同，只是采用的信令协议、以及编号方式等有所不同，各通信厂商的产品系列有所差别，其中 cdma2000 核心网基于 CDMA（IS95）网络演进，WCDMA 核心网则是基于 GSM/GPRS 网演进。TD-SCDMA 标准是我国提出的 3G 技术标准，其核心网采用 WCDMA 核心网技术标准，基于 GSM/GPRS 网络演进，中国移动 3G 网络采用 TD-SCDMA 标准。

10.4.1 基本概念

随着 3G R4 软交换技术在 2G 核心网中的应用，2G 核心网与 3G 核心网融合组网。采用 3G R4 标准的核心网，分组域（PS）架构没有变化，电路域（CS）引入了软交换技术，分为控制层 MSC Server 和接入层 MGW（媒体网关），实现了控制与承载分离，承载网络可采用 TDM/ATM/IP 组网技术。

CS 采用 IP 承载方式时，可与 PS 域采用相同的分组传输网络，3G R5/R6/R7 3 个版本的核心网架构基本相同，主要是引入了多媒体子系统（IMS）并逐渐完善，其中 R5 引入 IMS，叠加在核心网 PS 域，形成以 SIP 为核心的开放网络架构体系；R6 是在 R5 的功能基础上进一步完善，定义了 IMS 与 CS 网络互通、IMS 与 IP 网络互通、WLAN 接入、基于 IPv4 的 IMS、IMS 组管理、IMS 业务支持、基于流量计费、Gq 接口和 QoS 增强等方面的内容；R7 同样是对 IMS 的功能的完善，主要加强了对固定网络、移动网络融合的标准化制定，增加 IMS 对 xDSL、Cable 等固定接入方式的支持，还定义了 FBI、CSI、VCC、PCC、端到端 QoS、IMS 紧急业务等内容。

3G R8 在 PS 域引入面向全 IP 的核心网 SAE（system architecture evolution，即系统架构演进，后更新为 EPC，Evolved Packet Core）架构，以适应无线接入网中 LTE 技术的应用，EPC 架构的目标是高数据率、低延迟、数据分组化、支持多种无线接入技术等，R8 包含了 LTE 的绝大部分特性；R9 是在 R8 基础上对 LTE 的完善和增强，完善了核心网商用的相关内容；R10 是 LTE 长期演进的目标。

1．核心网电路域

2G/3G 核心网电路域主要承载语音类业务，目前采用 3GPP R4 软交换架构，并根据业务发展需要，逐渐向 R5 及以后版本演进。原有的 2G TDM 核心网已逐渐退网，并最终由软交换网完全替代。中国移动 2G/3G 核心网采用融合组网方式，融合架构的组网模式主要如下。

（1）核心网网络组织融合，即 2G/3G 核心网遵循相同的网络组织原则。

（2）核心网设备融合，即软交换的核心网元升级支持 3G 接入，并为 2G/3G 提供统一的移动性管理和业务处理能力。

R4 2G/3G 核心网电路域采用控制与承载相分离的架构，由 MSC Server 完成移动性管理、业务控制处理等功能，MGW 完成无线接入、业务疏通等功能。业务流可基于 TDM 或 IP 承载。运营商在引入软交换架构初期采用了 TDM 承载方式，但随着全网 IP 化的演进趋势，核心网电路域已向 IP 承载方式演进，遵循先汇接层面后本地层面再接入层面，先话音 IP 化后信令 IP 化的总体演进思路。

网络已基本实现核心网元间承载 IP 化，正在逐步实施 A 接口、Gb 接口和 Iu 接口的 IP

化。此外，随着 IMS 的引入及分组域向 EPC 的演进，为满足业务发展需求，核心网电路域需实现与 IMS 网络的融合、与 EPC 网络的互通。

为提升网络服务质量及安全可靠性，电路域中已引入了 MSC Pool 技术，并在 2G/3G 融合组网架构下应用，将多个 MSC Server/MGW 和 BSC/RNC 组成一个 Pool，将物理多局环境变为逻辑单局环境，减少用户的越局切换的次数，减轻网络负荷，提升设备利用率。部署 MSC Pool 需在 A/Iu 接口实施 IP 化基础上，以降低组网的复杂度和实施难度。

核心网电路域关键技术领域主要集中在以下方面。

（1）IP 承载方式下业务质量及网络安全研究。

（2）电路域与演进的分组域（EPC）的互通方式。

（3）电路域向 IMS 演进融合方式。

（4）不同运营商软交换核心网间互通方式。

（5）全网实现号码携带业务解决方案的研究。

（6）大容量交换设备引入策略、核心网元集中化设置原则及对现有网络的影响。

（7）A/Iu-CS 接口 IP 化对组网方式的影响研究。

（8）统一编解码等核心网新功能的引入模式。

（9）2G/3G 融合 MSC Pool 的大规模部署方案对网络的影响。

2．核心网分组域

核心网分组域承载的主要是数据业务，与核心网电路域相同，2G/3G 核心网分组域采用融合组网方式，未来随着 LTE 技术的部署，核心网分组域将向 EPC 架构演进。

随着 3G 网络的全面部署，移动数据业务发展迅速，为更好地应对业务发展，对 2G/3G/LTE/WLAN 等多种接入方式进行统一控制，作为移动宽带基础设施的核心网分组域需要从架构、组网及功能等方面进行优化和增强，以构建一个智能化、宽带化的分组域核心网络。目前核心网分组域正在或将要引入的技术主要包括：SGSN Pool、策略计费功能架构（PCC）、EPC 架构、WLAN 与移动网融合。

SGSN Pool 已经引入，并在 2G/3G 融合组网架构下应用，同时，将多个 SGSN 和 BSC/RNC 组成一个 Pool，可以支持 SGSN 和无线设备之间的全互联，实现设备之间容灾备份以及负载均衡。此外，随着分组域向 EPC 架构的演进，SGSN/MME 还具备支持融合 SGSN/MME Pool 的特性。

策略计费功能架构是在 3GPP R7 的动态计费和策略控制的基础上，为应对数据业务流量冲击，提升数据业务流量经营价值，实现基于用户和业务分级的差异化管控，将资源向收益率高的用户和业务倾斜，结合运营需求而提出的。

该架构在现有分组域上增加策略控制服务器（PCRF）实体，并升级 GGSN 支持策略控制执行功能，利用 GGSN DPI 功能支持业务识别和管控，采用业务、累积流量、用户签约信息、位置/接入、时间等多维管控手段，与业务营销、计费策略相关联，通过端到端 QoS 控制，实现差异化无线调度、用户分级、业务分级、热点忙时差异化控制、占用大量带宽的用户管控等管控能力。PCC 功能可实现 2G/3G/LTE/WLAN/LAN 接入的统一策略控制，符合网络向可管、可控的智能化管道演进的网络发展方向。

EPC 是分组域演进的核心网架构，为 LTE 无线接入提供业务服务，同时支持 2G/3G 和 WLAN 等接入。它以 IP 为基础，以分组交换为核心，在移动宽带化时代，会为运营商提供更有竞争力的核心网解决方案，EPC 的特点是控制承载分离（LTE 接入），全 IP 的数据通道，支持多种接入以及单一分组域架构。

目前，国内在大规模建设 WLAN，为实现 WLAN 与移动蜂窝网的融合，可充分利用 WLAN 的高带宽优势，实现对热点区域数据流量的有效分流，减轻蜂窝网负担，形成网络优势互补，有效提高数据业务的投资回报比。WLAN 与移动网的融合分为 3 个阶段：①WLAN 与 2G/3G 网络逐步融合统一认证；②WLAN 接入分组域；③WLAN 与移动网深度融合，支持业务连续性。

在核心网分组域的关键技术领域主要集中如下方面。

（1）分组域向 EPC 架构的演进，支持 LTE 接入。

（2）PCC 策略控制架构的引入。

（3）网络安全的研究。

（4）WLAN 与 2G/3G 网络的融合方式。

（5）2G/3G 融合的 SGSN Pool 的规模部署对网络结构的优化和影响。

3．演进的核心网分组域

3GPP 于 2005 年启动 3G 移动系统演进标准的制定工作，定义了可支持高速移动数据业务的无线接入网 LTE+演进的分组域核心网 EPC 架构，该架构中不再包含电路域，LTE 无线网仅接入 EPC 核心网，为 LTE 终端提供接入外部数据网络，以及 IMS 核心网的数据业务通道，可支持高速数据业务及语音类业务。

2009 年 8 月，3GPP 发布了 LTE 第 1 个版本 R8，2012 年 9 月，LTE 发展到 R11 版本，目前已进展到 R13。随着 LTE/EPC 技术标准及设备的不断成熟，国内外多家运营商已开始部署 LTE 试验网及商用网，但相关标准仍在不断完善，LTE/EPC 技术已经进入大规模商用阶段。

EPC 核心网采用控制与承载相分离的网络架构，是在 2G/3G 核心网分组域基础上演进而来，但在 LTE 网络建设初期，特别是试验网阶段，为了验证 EPC 技术及产品的成熟度，同时为避免对现有网络带来影响，且考虑初期用户所使用的 LTE 终端为单模单待终端，运营商在部署时一般采用独立组建 EPC 核心网的模式。

随着商用网络的部署，同时 LTE 网络规模也在不断地扩大，以及多模单待终端的使用，对于已拥有大规模 2G/3G 核心网络的运营商，保持独立组网模式还是与 2G/3G 核心网分组域融合组网是运营商需要考虑的问题。

EPC 核心网网元包括移动管理实体（MME）、归属用户服务器（HSS）、服务网关（S-GW）、分组数据网关（P-GW）、域名解析服务器、用于计费的 CG 设备。其中 S-GW 和 P-GW 通常情况下综合设置为 EPC-GW，在采用独立组网模式时，这些网元均为新建，并根据网络覆盖范围部署，其中 MME、HSS、DNS 通常采用集中设置的方式，EPC-GW 则集中或分散设置在有业务需求的本地网内。

随着移动通信技术和产业的发展，LTE/EPC 设备将逐步投入商用，在演进的核心网分组域，关键技术领域主要集中在以下方面。

（1）EPC 与 2G/3G 分组域融合组网研究。

（2）SGSN/MME Pool 组网模式研究。

10.4.2 移动软交换及应用

第 3 代合作伙伴计划，即 3GPP（3rd generation partnership project），3GPP 的目标是实现由 2G 网络到 3G 网络的平滑过渡，保证未来技术的后向兼容性，支持建网及系统间的漫游和兼容性。3GPP 主要是制订以 GSM 核心网为基础，UTRA（FDD 为 W-CDMA 技术，TDD 为 TD-CDMA 技术）为无线接口的第 3 代技术规范。

1. 3GPP 简介

3GPP 成立于 1998 年 12 月，由多个电信标准组织伙伴签署了《第三代伙伴计划协议》，3GPP 最初的工作范围是，为第 3 代移动通信系统制定全球范围内适用的技术规范和技术报告，第 3 代移动通信系统基于的是，发展的 GSM 核心网络和它们所支持的无线接入技术，主要是通用移动通信系统（universal mobile telecommunications system，UMTS）。

随后，3GPP 的工作范围得到了改进，增加了对 UTRA（universal terrestrial radio access）长期演进系统的研究和标准制定，3GPP 定义的 2 种无线接口：UTRA FDD（WCDMA）和 UTRA TDD（含 TD-SCDMA/LCR TDD 和 HCR TDD，低码片速率 Low Code Rate）。

欧洲 ETSI、美国 TIA、日本 TTC、ARIB、韩国 TTA，以及我国 CCSA 作为 3GPP 的 6 个组织伙伴（OP），目前独立成员有 300 多家，此外，3GPP 还有 TD-SCDMA 产业联盟（TDIA）、TD-SCDMA 论坛、CDMA 发展组织（CDG）等 13 个市场伙伴（MRP）。

2. 3GPP 组织机构

3GPP 的组织结构中，最上面是项目协调组（PCG），由 ETSI、TIA、TTC、ARIB、TTA 和 CCSA 6 个 OP 组成，对技术规范组（TSG）进行管理和协调，3GPP 共分为 4 个 TSG（之前为 5 个 TSG，后 CN 和 T 合并为 CT），分别为 TSG GERAN（GSM/EDGE 无线接入网）、TSG RAN（无线接入网）、TSG SA（业务与系统）、TSG CT（核心网与终端）。每一个 TSG 下面又分为多个工作组，如负责 LTE 标准化的 TSG RAN 分为 RAN WG1（无线物理层）、RAN WG2（无线层 2 和层 3）、RAN WG3（无线网络架构和接口）、RAN WG4（射频性能）和 RAN WG5（终端一致性测试）5 个工作组，如图 10-3 所示。

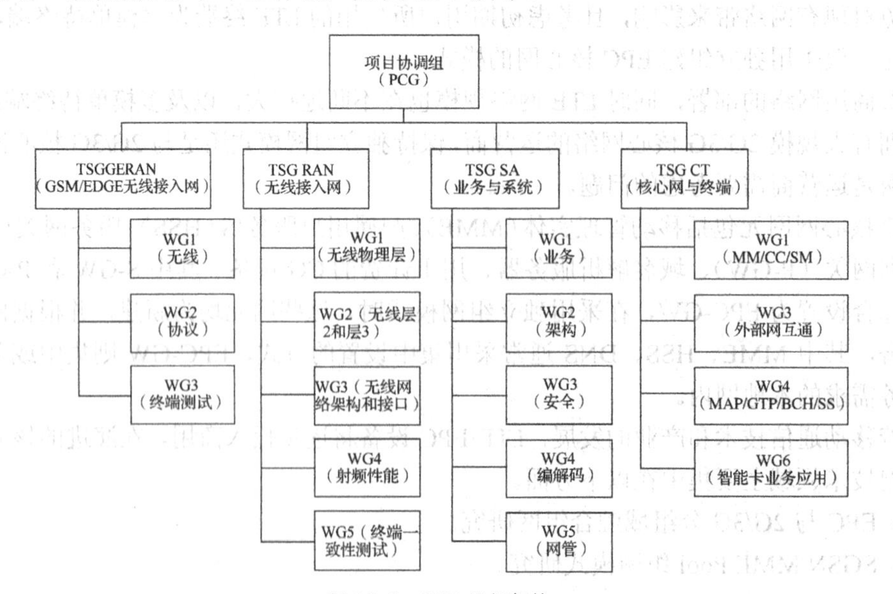

图 10-3 3GPP 组织架构

3GPP 制定的标准规范以 Release 作为版本进行管理，平均 1～2 年就会完成一个版本的制定，从建立之初的 R99，之后到 R4，目前已经发展到 R14。3GPP 对标准文本采用分系列的方式进行管理，如常见的 WCDMA 和 TD-SCDMA 接入网部分标准在 25 系列中，核心网部分标准在 22、23 和 24 等系列中，LTE 标准在 36 系列中等。

中国无线通信标准研究组（CWTS）于 1999 年 6 月在韩国正式签字同时加入 3GPP 和 3GPP2，成为这 2 个当前主要负责第 3 代伙伴项目的组织伙伴。

3．3GPP 版本

3GPP 规范不断增添新特性来增强自身能力，为了提供稳定的实施平台并添加新特性，3GPP 使用并行版本体制，99 版本便是最早出现的各种第 3 代规范汇编。

（1）99 版本

新型的 WCDMA 无线接入标准，引入了一套新的空中接口标准，运用了新的无线接口技术，即 WCDMA 技术，引入了适于分组数据传输的协议和机制，数据速率可支持 144kbit/s、384kbit/s 及 2Mbit/s。

其核心网仍是基于 GSM 的加以演变的 WCDMA 核心网，3GPP 标准为业务的开发提供了 3 种机制，即针对 IP 业务的 CAMEL 功能、开放业务结构（简称 OSA）和会话启始协议（简称 SIP），并在不同的版本中给出了相应的定义。

99 版本对 GSM 中的业务有了进一步的增强，传输速率、频率利用率和系统容量都有显著提高，99 版本在业务方面除了支持基本的电信业务和承载业务外，也可支持所有的补充业务，另外它还支持基于定位的业务（LCS）、号码携带业务（MNP）、64kbit/s 电路数据承载、电路域多媒体业务以及开放业务结构等。

（2）Release 4

3GPP 规范命名的 Release4（R4），R4 规范在 2001 年 3 月“冻结”，意为自即日起对 R4 只允许进行必要的修正而推出修订版，不再添加新特性，所有 R4 规范均拥有一个“4.x.y”形式的版本号。

R4 无线网络技术规范中没有网络结构的改变，而是增加了一些接口协议的增强功能和特性，主要包括：低码片速率 TDD，UTRA FDD 直放站，Node B 同步，对 Iub 和 Iur 上的 AAL2 连接的 QoS 优化，Iu 上无线接入承载（RAB）的 QoS 协商，Iur 和 Iub 的无线资源管理（RRM）的优化，增强的 RAB 支持，Iub、Iur 和 Iu 上传输承载的修改过程，WCDMA 1800/1900 以及软切换中 DSCH 功率控制的改进。

R4 在核心网上的主要特性为：电路域的呼叫与承载分离，将移动交换中心（MSC）分为 MSC 服务器（MSC Server）和媒体网关（MGW），使呼叫控制和承载完全分开。核心网内的七号信令传输第三阶段（Stage 3），支持七号信令在 2 个核心网络功能实体间以基于不同网络的方式来传输，如基于 MTP，IP 和 ATM 网传输。R4 在业务上对 99 版本做了进一步的增强，可以支持电路域的多媒体消息业务，增强紧急呼叫业务、MexE、实时传真（支持 3 类传真业务）以及由运营商决定的阻断（允许运营商完全或根据要求在分组数据协议建立阶段阻断用户接入）。

（3）Release 5

第 1 个 R5 的版本已在 2002 年 3 月冻结，未能及时添加到 R5 中的新特性将包含在后续版本 R6 中，所有 R5 规范均拥有一个“5.x.y”形式的版本号。

R5 实现对 IP 多媒体子系统（IMS）的定义，如路由选取及多媒体会话的主要部分。R5 计划的主要特性有：UTRAN 中的 IP 传输、高速下行分组数据业务的接入（HSDPA）、混合 ARQII/III、支持 RAB 增强功能、对 Iub/Iur 的无线资源管理的优化、UE 定位增强功能、相同域内不同 RAN 节点，与多个核心网节点的连接及其他原有 R5 的功能。在核心网方面的主要特性包括，用 M3UA（SCCP-User Adaptation）传输七号信令、IMS 业务的实现、紧急呼叫增强功能以及网络安全性的增强，另外，Rel-5 在网络接口上可支持 UTRAN 至 GERAN 的 Iu 和 Iur-g 接口，从而实现 WCDMA 与 EDGE 的互通。业务应用上，R5 版本主要加强的方面有，支持基于 IP 的多媒体业务、CAMEL Phase4、全球文本电话（GTT）以及 Push 业务。

（4）Release 8

3GPP 在 R8 阶段开始研究由 IMS 域实现的 IMS 集中业务，该业务特点在于可以为不同的接入域（CS 域、PS 域）的用户，提供一致和连续的业务体验，技术的关键点在于如何使 CS 域接入的用户使用 IMS 业务。

10.4.3 全 IP 核心网的发展演进

把移动网络划分为 3 个部分，分别为基站子系统、网络子系统，和系统支撑部分，核心网全面进入 IP 时代，IP、融合、宽带、智能、容灾和绿色环保是其主要特征，核心网部分就是位于网络子系统内，核心网的主要作用把 A 接口上的呼叫请求或数据请求，接续到不同的网络上。

1. 协议层面

协议上规定的起到核心交换或者呼叫路由功能的网元，比如，MSC SERVER、MGW、HLR、VLR、EIR 及 AUC 等，主要作用是整个呼叫信令控制和承载建立。

核心网的信令平面，在 GSM 中，面向 BSS 的协议是 BSSAP 协议，而在 WCDMA 中面向无线接入网络的协议是 RANAP，功能等同于 BSSAP，是核心网与无线接入网之间的对话连接。RANAP 协议同样在功能上被分成 2 个部分，一部分是直接与 RNC 的对话，另一部分是透明的与移动台的对话。

核心网内部的协议与 GSM 相比，信令部分仍然使用 MAP 协议，各个到寄存器的协议 MAP-B、MAP-C、MAP-D、MAP-E、MAP-F 相同，仍然是上层移动应用部分消息。

MAP 的底层是 TCAP（会话层能力应用部分），用于完成对上层各子系统（MAP-HLR、MAP-VLR 等）的寻址任务。业务控制部分 SCCP 用于实现对第 3 层 MTP3 层网络寻址的加强功能。

而对于底层的 MTP3、MTP2 和 MTP1，GSM 中 MTP1、MTP2 和 MTP3 完成的是 No.7 的完整的承载平台，在 WCDMA 中 MTP3 仍可以被选择进行底层承载任务或者选择 IP 地址寻址功能。

数据链路层和物理层选择的标准是 ATM。在 TCAP 上层还会有 CAP 和 INAP 协议，与 GSM 完全一样。INAP 可以称为智能网协议第 1 阶段的规范，主要用于固定网，没有对移动网的规范。

GSM 网络中使用的智能网协议采用的是 Camel，协议称为 CAP，是在 INAP 协议的基础之上提出了关于移动网业务的特性功能。

核心网与电话用户部分的通信协议 UP，目前选择的都是 TUP 协议和 ISUP 协议。关于

GPRS，分组核心网在Gn接口上的信令协议平面，采用的是GTP协议，封装在UDP协议上，再封装在IP网络层承载，底层仍可以是ATM承载或者其他，底层协议取决于所使用的实现方案。

在GPRS中，PDP Context（PDP场景）由SGSN来管理，SGSN将管理每个用户的PDP场景。用户和外部网络要激活1个PDP场景，意味着在SGSN和GGSN之间为该用户建立了GTP的通道，在GPRS网络中，每个用户只能激活1个PDP场景，不能同时激活多个PDP场景，在3G规范中，提出1个用户可以激活多个PDP场景，SGSN具有管理多个PDP场景的能力，如用户通过GGSN1接入了IP网络，同时它也可以通过GGSN2接入本地的内部网络。

智能网平台由3个主要的功能部分构成，分别是SSP、SCP和IP。SSP称为业务交换点，相当于交换机，必须能够提供到SCP点的接口。

SCP是整个智能网业务逻辑的控制平台和它存在的环境，用来完成智能网业务逻辑的调用，以及这个逻辑的存储环境，实现大型的数据库的功能。

IP称为智能外围，在SCP点的控制下来播放智能录音通知，不同厂家IP实现的方法不同。对于智能网的生存环境，被称之为业务管理系统，SMS和工作终端将构成业务创建环境，也就是智能网的生成平台，通过业务创建环境可以产生新的智能网业务，并送入SCP数据库中，来完成智能网逻辑的调用。

在3G中，使用Camel 3和Camel 4，将智能网功能更加细化，由运营商在人机接口上给出想要生成业务的功能，从而会自动生成该业务的逻辑平台。

2. 发展演进

全IP的骨干网，无论是接入网还是核心骨干网，底层都是基于IP的骨干网，IP效率比ATM要高，而且底层以太网技术发展较快，所以完全可以选择IP骨干网，用于实现一体化的网络。R5版本中所有的交换都是软交换，也就是在分组骨干网中的节点都可以通过服务器来实现，服务器平台包括HLR（归属位置寄存器）、SCP（智能网业务控制点平台）、UAS（播放录音通知平台），这些平台之间仍然通过No.7信令连接的，所以需要1个USP，USP功能相当于GPRS中SIG的功能，即No.7到IP的网关协议转换服务器。

作为业务承载的IP骨干网，路由器可靠性是满足电信网络可靠性要求的重要基础，关键技术包括设备和链路的冗余设计、部署不间断转发（non-stop forwording，NSF）技术、部署快速路由收敛（包括Fast OSPF/IS-IS技术）、部署快速路由切换和重路由技术（包括MPLS-TE快速重路由，MPLS-TE Fast Reroute和IP/LDP快速路由切换）。

本章小结

移动通信和IP的深层融合，是对现有移动通信方式的深刻变革，它将真正实现话音和数据的业务融合，它的目标是将无线话音和无线数据综合到一个技术平台上传输，这一平台就是IP协议。如何让人们能够随时、随地、基于任意终端来访问Internet，是技术研究的一个热点，无线接入中的移动IP技术使得人们一直梦想的无处不在的多媒体全球网络连接成为可能，为适应快速增长的数据型业务需求，以包交换为基础的无线网络结构正是移动IP的演进基础。

在电路交换的移动通信网络中引入IP业务，是在IP网络承载话音技术创新，它把话音进行压缩编码、打包分组、路由分配、存储交换、解包解压缩等变换处理，在IP网络上实现话音通信。GPRS 是一个从空中接口到地面接入网，再到核心网络部分都分组化的数据通信网络，GPRS 的分组化实质，使得空中接口频谱利用率与地面接入网带宽利用效率都得到极大地提高。

第3代移动通信的发展是在固定网络向宽带电信级IP网络发展的大背景下进行的，第3代移动通信的核心网络采用宽带IP网络，承载着从实时话音、视频到Web浏览、电子商务等多种业务，网上业务则由众多的第三方智能业务提供商提供，实现了传输网络、网络控制、业务提供的分离。

练习题与思考题

1．请说明GSM网络中，移动台作为主叫方和被叫方的呼叫过程。

2．请说明GSM网络中的接口类型及各自所处的网络位置。

3．请说明切换的种类以及切换的过程。

4．什么是位置更新，有哪几种类型的位置更新？

5．请说明2G移动网络如何向3G移动网络，以及全IP移动通信网络发展的。

第11章 光交换技术与光网络

利用光传递信息的方式即使在人类文明高度发展的今天，仍然在广泛使用，例如红黄绿交通信号灯和旗语。在 F1 的赛车场上，变化的旗语可谓是一道独特的风景线，可以说，它也是一种视距光通信的手段。例如，白色旗表示跑道上有缓慢移动的车辆，红色旗表示比赛已停止，黑色旗表示指定的赛车下次通过修理站时要停车，黄底红道旗意思是告诉车手跑道较滑，黑白对角旗表示是非运动员行为，黄旗表示有危险，黑白格相间的旗子意思是比赛结束，蓝旗表示有车手正要超车，黑底黄色圆心旗表示赛车有故障，绿色旗表示全程畅通。看似简单的方式，却蕴含着丰富的信息。

包括旗语在内的视距光通信就是利用大气传播可见光，由人眼接收。也正因为如此，大家才会对它们如此地熟悉，可是这些却不是真正的意义上的光通信，更不是强大的光通信，真正强大的光通信应该是光纤通信。

光纤通信（optical fiber communication）是以光波为载波的通信方式。增加光路带宽的方法有 2 种：（1）提高光纤的单信道传输速率；（2）增加单光纤中传输的波长数，即波分复用技术（WDM）。

11.1 光通信概述

1880 年，以发明电话而著名的贝尔，利用太阳光作光源，大气为传输媒质，用硒晶体作为光接收器件，成功地进行了光电话的实验，通话距离最远超过了 200 米。1881 年，贝尔宣读了题为《关于利用光线进行声音的产生与复制》的论文，报道了他的光电话装置。形成对比的是，波波夫发送与接收第 1 封无线电报是在 1896 年。

贝尔用弧光灯及太阳光作为光源，光束通过透镜聚焦在话筒的震动片上。当人对着话筒讲话时，震动片会随着话音震动而使反射光的强弱随着话音的强弱作相应的变化，从而使话音信息“承载”在光波上（调制）。

在接收端，装有 1 个抛物面接收镜，它把经过大气传送过来的，载有话音信息的光波反射到硅光电池上，硅光电池将光能转换成电流（解调），电流送到听筒，就可以复原从发送端送过来的声音了。

利用光在大气中传送信息方便简单，但是光在大气中的传送要受到气象条件的很大限制，比如，在遇到下雨、大风、雾霾、冰雹、下雪、阴天、下雾等情况，就会看不远和看不清，这叫做大气的能见度降低，使信号传输受到很大阻碍。此外，太阳光、灯光等普通的可见光源，都不适合作为通信的光源，因为从通信技术上看，这些光源都是带有“噪声”的光。也就是说，这些光的频率不稳定、不单一，光的性质也很复杂。因此，用作光通信的光源，必须要具备2个最根本的条件：一是必须有稳定的、低损耗的传输媒质；另一个条件是必须要找到高强度的、可靠的光源。在此后的相当长一段时间中，光通信也正是围绕这2项关键技术的解决而发展的。

1870年，英国物理学家廷德尔在实验中观察到，把光照射到盛水的容器内，从出水口向外倒水时，光线也沿着水流传播，出现弯曲现象，这好象不符合光线只能直线传播的定律。实际上，这时光仍是沿直线传播，只不过在水流中出现了光反射现象，因而光是以折线方式前进的。廷德尔观察到的现象，直至1955年才得到实际应用，当时在英国伦敦英国学院工作的卡帕尼博士，发明了用极细的玻璃制做的光导纤维。

每根细如发丝的光导纤维，是用2种对光的折射率不同的玻璃制成，一种玻璃形成中央中心束线，另一种包在中心束线外面形成包层。由于2种玻璃在光学性质上的差别，光线经一定角度从光导纤维的一端射入后，不会从纤维壁逸出，而是沿2层玻璃的界面连续反射前进，从另一端射出。最初，这种光导纤维只是应用在医学上。其实，现代的光纤通信也就是运用光反射原理，把光的全反射限制在光纤内部，用光信号取代传统通信方式中的电信号，从而实现信息的传递的。

1960年，美国科学家梅曼发明了世界上首台激光器——红宝石激光器，从此便可获得性质和电磁波相似而频率稳定的光源，研究现代化光通信的时代也从此开始，激光器的英文简称叫LASER，意思是“受激发射的光放大”。

在光的传输介质——光纤领域，20世纪60年代最好的玻璃纤维的衰减损耗仍在每公里1000分贝以上。每公里1000分贝的损耗可以这样理解，每公里10分贝损耗就是输入的信号传送1公里后只剩下了十分之一，20分贝就表示只剩下百分之一，30分贝是指只剩千分之一，1000分贝的含意就是只剩下亿分之一，这样大的损耗值，是无论如何也不可能用于通信的。直到1966年7月，出生于上海的华人高锟（K.C.Kao）博士，就光纤传输的前景发表了具有重大历史意义的论文，论文分析了玻璃纤维损耗大的主要原因，大胆地预言，只要能设法降低玻璃纤维的杂质，就有可能使光纤的损耗从每公里1000分贝降低到20分贝，从而有可能用于通信。

时间此时定格在1970年，美国康宁玻璃公司的3名科研人员马瑞尔、卡普隆、凯克，成功地制成了传输损耗每千米只有20分贝的光纤（世界上第1根低损耗的石英光纤）。怎样理解这个量级呢？用它和玻璃的透明程度比较，光透过玻璃功率损耗一半（相当于3分贝）的长度分别是：普通玻璃为几厘米、高级光学玻璃最多也只有几米，而通过每千米损耗为20分贝的光纤的长度可达150米。这就是说，光纤的透明程度已经比玻璃高出了几百倍！这标志着光纤用于通信有了现实的可能性。

1970年激光器和低损耗光纤这2项关键技术的重大突破，使光纤通信开始从理想变成可能，这立即引起了业界科技人员的重视。1974年美国贝尔研究所发明了低损耗光纤制作法——CVD法（汽相沉积法），使光纤损耗降低到1分贝/公里，1977年，贝尔研究所和日本电报电话公司几乎同时研制成功寿命达100万小时（10年左右使用期）的半导体激光器，从而有了真正实用的激光器。1977年，世界上第1条光纤通信系统在美国芝加哥市投入商用，速率为45Mbit/s。

20世纪70年代的光纤通信系统主要是使用多模光纤，应用光纤的短波长波段（850纳米），

20世纪80年代以后，逐渐改用长波长波段（1310纳米），光纤逐渐采用单模光纤。到20世纪90年代初，通信容量扩大了50倍，达到2.5Gbit/s。进入20世纪90年代以后，传输波长从1310纳米转向更长的1550纳米波长，并且开始使用光纤放大器、波分复用（WDM）技术等新技术。通信容量和中继距离继续成倍增长，广泛地应用于市内电话中继和长途通信干线，成为通信线路的骨干。

在20世纪70年代初期，国外的低损耗光纤获得突破以后，中国从1974年开始了低损耗光纤和光通信的研究工作，并于20世纪70年代中期研制出低损耗光纤和室温下可连续发光的半导体激光器。1979年分别在北京和上海建成了市话光缆通信试验系统，从1991年起，中国开始大力发展光纤通信。在"八五"期间，建成了含22条光缆干线、总长达33000公里的"八横八纵"大容量光纤通信干线传输网。1999年1月，中国第1条最高传输速率的国家一级干线（济南——青岛）8×2.5Gbit/s密集波分复用（DWDM）系统建成，使1对光纤的通信容量又扩大了8倍。

我国光器件市场规模，在全球市场中的份额也已从2008年的17%增加到2010年的26%左右，市场规模达到93亿人民币，同比增长率更是高达30%。随着"宽带中国战略"进程的推进，国内三大电信运营商加快了光网城市建设的步伐，我国光通信产业呈现出高速增长态势。为贯彻落实《国务院关于加快培育和发展战略性新兴产业的决定》，更好地指导各部门、各地区开展培育发展战略性新兴产业工作，发展改革委组织编制了《战略性新兴产业重点产品和服务指导目录》。目录涉及战略新兴产业7个行业、24个重点发展方向下的125个子方向，共3100余项细分的产品和服务。细分的产品和服务中包括950项新一代信息技术产业相关产品和服务，其中包含了下一代信息网络产业中的光通信设备。

光通信网络包含光通信设备、光纤接入设备、光传输设备。其中光通信设备包括光纤，FTTx用G.657光纤、宽带长途高速大容量光纤传输用G.656光纤、光子晶体光纤、掺稀土光纤（包括掺镱光纤、掺铒光纤、掺铥光纤等）、激光能量传输光纤，以及具有一些特殊性能的新型光纤，包括塑料光纤、聚合物光纤等。

光纤接入设备包括无源光网络（PON）、光线路终端（OLT）、光网络单元（ONU）、波分复用器等。在光传输设备中，线路速率达到40Gbit/s、100Gbit/s的超大容量（1.6Tbit/s及以上）密集波分复用（DWDM）设备，可重构光分插复用设备（ROADM）及波分复用系统用光交叉互连（OXC）设备，大容量高速率OTN光传送网设备，以及分组化增强型OTN设备、PTN分组传送网设备、MSTP/MSAP多业务传输和接入设备，高速光器件（包括有源器件和无源器件）。

11.2 光纤通信关键技术

传输网络的最终目标是构建全光网络，在接入网、城域网、骨干网完全实现"光纤传输"。对接入网来说，光纤到户（fiber to the home，FTTH）是一个长远的理想解决方案。FTTx的演进路线是逐渐将光纤向用户推近的过程，即从FTTN（光纤到小区）到FTTC（光纤到路边）和FTTB（光纤到公寓小楼）乃至最后到FTTP（光纤到驻地）。

11.2.1 FTTH技术

FTTH是下一代宽带接入的最终目标。实现FTTH的技术中，EPON（ethernet passive optical

networks）将成为中国的主流技术，而 GPON（gigabit capable passive optical networks）最具发展潜力。

EPON 技术采用 Ethernet 封装方式，所以非常适于承载 IP 业务，符合 IP 网络迅猛发展的趋势。GPON 比 EPON 更注重对多业务的支持能力，因此更适合未来融合网络和融合业务的发展。

中国的 FTTH 已进入商业部署阶段。在未来的产业化发展中，运营商对本地网“最后一公里”的垄断是制约 FTTH 发展的重要因素，采取“用户驻地网运营商与房地产开发商合作实施”的形式，更有利于 FTTH 产业的健康发展。从日本、美国、欧洲和韩国等国家的 FTTH 发展经验看，FTTH 的核心推动力在于网络所提供的丰富内容，而政府对应用和内容的监控和管理政策也会关系到 FTTH 的发展。

2013 年工信部、城建部对城市住宅光纤到户建设主体、投资、建设、标准、产权、运营等进行了规范和统一，为运营商发展光网通信奠定了基础，为用户选择优质的光网通信服务提供了条件。

2015 年，中国电信在武汉成功完成“以电信网为基础的融合试验网”项目，使武汉成为全国首个规模化实现 50M 以上光宽带接入城市。2016 年 4 月，武汉市人民政府、武汉市通信管理局、武汉市城建委、武汉市住房保障和房屋管理局、武汉三大电信运营商联合召开光纤到户工作会议，全面贯彻落实工信部、城建部联合推出的城市住宅光纤到户建设相关指示精神。

11.2.2 WDM 技术

波分复用（wavelength division multiplexing，WDM）技术突破了传统 SDH 技术的网络容量的极限，按照通道间隔的不同，WDM 可以分为 DWDM（密集波分复用）和 CWDM（稀疏波分复用）2 种技术。DWDM 是当今光纤传输领域的首选技术，但 CWDM 也有其用武之地。

烽火、华为等设备厂商都推出了自己的 DWDM 系统，国内运营商也开展了相关网络的部署。DWDM 将在对传输速率要求苛刻的网络中发挥不可替代的作用，如利用 DWDM 来建设骨干网等。

相对于 DWDM，CWDM 具有成本低、功耗低、尺寸小、对光纤要求低等优点。在技术成熟度较高的当前，电信运营商将会严格控制网络建设成本，这时 CWDM 技术就有了自己的生存空间，它适合快速、低成本多业务网络建设，如应用于城域网和本地接入网、中小城市的城域核心网等。

11.2.3 RPR 技术

弹性分组环（resilient packet ring，RPR）是光城域网络中的重要技术。许多国内外传输设备厂商都开发了内嵌 RPR 功能的 MSTP 设备，RPR 技术得到了大量芯片制造商、设备制造商和运营商的支持和参与。

在标准化方面，IEEE 802.17 的 RPR 标准被整个业界认可，RPR 将主要应用于城域网骨干网络和接入网方面，同时也可以在分散的政务网、企业网和校园网中应用，还可应用于 IDC 和 ISP 之中。

11.3　光交换机制

光交换技术是指不经过任何光/电转换，在光域直接将输入光信号交换到不同的输出端。光交换技术可以分成光路交换技术和光分组交换技术，前者可利用 OADM、OXC 等设备来实现，而后者对光部件的性能要求更高。现有的分组光交换单元还要由电信号来控制，即所谓的电控光交换，随着光器件技术和控制技术的发展，光交换技术的最终发展趋势将是光控光交换。

光路交换又可分成3种类型，即空分（SD）光交换、时分（TD）光交换和波分/频分（WD/FD）光交换，以及由这些交换组合而成的结合型。其中，空分光交换按光矩阵开关所使用的技术又分成两类，一是基于波导技术的波导空分光交换，另一个是使用自由空间光传播技术的自由空分光交换。

光分组交换的关键技术有光分组的产生、同步、缓存、再生，光分组头重写及分组之间的光功率的均衡等，包括光分组交换技术、光突发交换技术、光标记分组交换技术、光子时隙路由技术。光分组交换技术与电分组技术相比，光分组交换技术受到的制约主要有两大原因：①缺乏深度和快速光记忆器件，在光域难以实现与电路由器相同的光路由器；②相对于成熟的硅工业而言，光分组交换的集成度很低，这是由于光分组本身固有的限制及这方面工作的不足造成的。

11.3.1　空分光交换

空分光交换是使光信号的传输通路在空间上发生变化，空分光交换是由开关矩阵实现的，开光矩阵节点可由机械、电或光进行控制，按要求建立物理通道，使输入端任意信道与输出端任意信道进行相连，完成信息的交换。空分光交换技术就是在空间域上对光信号进行交换，其基本原理是将光交换元件组成门阵列开关，并适当控制门阵列开关，即可在任一路输入光纤和任一输出光纤之间构成通路。

空分光交换的器件包括光开关，光开关有电光型、声光型和磁光型等多种类型，其中电光型开关具有开关速度快、串扰小和结构紧凑等优点。

空分光交换按光矩阵开关所使用的技术又分成两类，一是基于波导技术的波导空分，另一个是使用自由空间光传播技术的自由空分光交换。

空分光交换可以构成纵横式（crossbar）网络，双纵横式（double-crossbar）网络，Banyan 网络和扩张的 Banyan 网络，Benes 网络和扩张的 Benes 网络。

11.3.2　时分光交换

时分光交换是以时分复用为基础，把时间划分为若干互不重叠的时隙，由不同的时隙建立不同的子信道，通过时隙交换网络完成话音的时隙搬移，从而实现入线和出线间话音交换的一种交换方式。

其基本原理与现行的电子程控交换中的时分交换系统完全相同，因此，它能与采用全光时分多路复用方法的光传输系统匹配。在这种技术下，可以时分复用各个光器件，能够减少硬件设备，构成大容量的光交换机。该技术组成的通信网由时分型交换模块和空分型交换模块构成，它所采用的空分交换模块与上述的空分光交换功能块完全相同，而在时分型光交换模块中，则需要有光存储器（如光纤延迟存储器、双稳态激光二极管存储器）、光选通器（如定向复合型阵列开关）进行相应的交换。

时隙交换就是把时分复用帧中各个时隙的信号互换位置，首先使时分复用信号经过分接器，在同一时间内，分接器每条线上一次传输某一个时隙的信号，然后使这些信号分别经过不同的光延迟器件，获得不同的延迟时间，最后用复接器把这些信号重新组合起来。

时分交换的关键在于时隙位置的交换，而时分交换是由主叫拨号所控制的。为了实现时隙交换，必须设置话音存储器，在抽样周期内有若干个时隙，分别存入相应个数的存储器单元中，输入按时隙顺序存入。若输出端是按特定的次序读出，这就可以改变时隙的次序，实现时隙交换。

时分光交换系统，采用光器件或光电器件作为时隙交换器，通过光读写门对光存储器的受控单元有序读写操作完成交换动作。因为时分光交换系统能与光传输系统很好配合构成全光网，所以时分光交换技术的研究开发进展很快，其交换速率几乎每年提高一倍，实现光时分交换系统的关键是开发高速光逻辑器件，即光的读写器件和存储器件，时分交换可以等效为空分交换。

11.3.3 波分/频分光交换

波分光交换（或交叉连接）是以波分复用原理为基础，采用波长选择或波长变换的方法实现交换功能。波分交换是根据光信号的波长进行通路选择的交换方式，其基本原理是通过改变输入光信号的波长，把某个波长的光信号变换成另一个波长的光信号输出。波分复用是指把 N 个波长互不相同的信道复用在一起，就可以得到一个 N 路的波分复用信号。

波分光交换模块由波长复用器/去复用器、波长选择空间开关和波长变换器（波长开关）组成，其组成结构框图如图 11-1 所示。

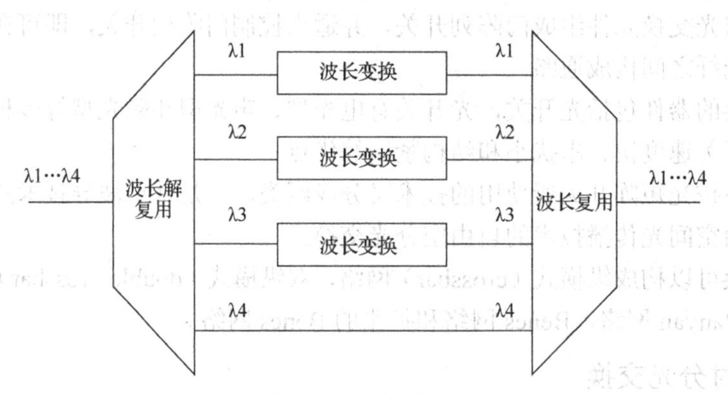

图 11-1　波分光交换结构图

波分光交换的信号都是从某种多路复用信号开始，先进行分路，再进行交换处理，最后进行合路，输出的还是一个多路复用信号。

波分交换机的输入和输出都与 N 条光纤相连接，这 N 条光纤可能组成一根光缆，每条光纤承载 W 个波长的光信号，从每条光纤输入的光信号首先通过分波器（解复用器，WDMX）分为 W 个波长不同的信号。所有 N 路输入的波长为（i=1,2,…,W）的信号都送到空分交换器，在那里进行同一波长 N 路（空分）信号的交叉连接，并由控制器决定如何交叉连接。

然后以 W 个空分交换器输出的不同波长的信号，再通过合波器（复用器，WMUX）复接到输出光纤上。这种交换机当前已经成熟，可应用于采用波长选路的全光网络中。

波长变换法与波长选择法的主要区别是，用同一个 $NW\times NW$ 空分交换器处理 NW 路信号的交叉连接，在空分交换器的输出必须加上波长变换器，容纳后进行波分复接。这样，内部阻塞概率较小。

波分光交换方式能充分利用光路的宽带特性，获得电子线路所不能实现的波分型交换网。可调波长滤波器和波长变换器是实现波分光交换的基本元件，前者的作用是从输入的多路波分光信号中选出所需波长的光信号，后者则将可变波长滤波器选出的光信号变换为适当的波长后输出，用分布反馈（DFE）型和分布 Bragg 反射（DBR）型的半导体激光器可以实现这两类元件的功能。

11.3.4 自由空间光交换

自由空间光交换技术，是利用自由空间光传播技术的一种空分交换方式。自由空间光交换是对所需要的互连不用物理接触，没有信号干扰和串音干扰，具有高的空间带宽和瞬时带宽，而且色散很低。这种交换通过平行反射提供很高的信号互连性，能够提供比波导技术更优越的系统性能，所以，自由空间光交换被认为是一种新型交换技术。其构成器件可以二维阵列连接芯片，而不是像连接电线和光纤那样只有一维接口。目前常采用自电光效应（S-SEED）器件组成空间光开关。许多基本的光交换元件组合后可以构成一个大型自由空间交换系统。

自由空间光交换兼有机械光开关和波导光开关优点，通用形式包括电光和光机械2种。商用的自由空间光交换系统有很多不同的构成形式，其中最通用的就是电光和光机械这两种。基于电子机械系统（MEMS）的光交换机在集成规模、吞吐量、交换速度等方面具有无可比拟的优越性，因而成为目前研究的热点。微电子机械光开关基于的是机械开关的原理，但又能像波导开关那样，集成在单片硅基底上，因此兼有机械光开关和波导光开关的优点，同时克服了它们所固有的缺点。

基于 MEMS 的光交换机，在入口光纤和出口光纤之间使用微镜阵列，阵列中的镜元可以在光纤之间任意改变角度来改变光束传输方向，达到实时对光信号进行重新选路的目的。当一路波长光信号照到镜面时，镜面倾斜以便将其导引到某一特定出口光纤中，从而实现光路倒换的目的。

自由空间光交换除硅微电子机械 MEMS 技术外，还有一种使用空间衍射光栅技术的光路由器，也称无交换光交叉连接器。它使用具有波长发射和控制功能的交换功能模块取代了传统的外围光开关交换网络。其关键模块是一种自由空间色差校正（aberration-corrected）凹面光栅，通过它将入射光纤阵列中的波长信道进行发散，然后再聚集到出射光纤阵列中相互独立的单路光纤上，就可实现目标波长路由器功能。

由于它没有传统的交换设备，所以称其为无交换型波长路由器。该路由器使用的自由空间校色差凹面光栅，其凹面经过特殊设计，不但能够使输入光纤阵列的入射光束发生衍射分光，而且能够将衍射光原路汇聚到出口光纤阵列中。

衍射光栅以它低串扰、高解析度而被广泛应用于各种光谱仪和分光仪中，但由于要求它必须能够将不同谱元素在空间进行严格分离，而不是仅仅进行谱分解，所以要真正实现灵活的色差控制也并非易事。由于光栅是一种两维设备，任何串扰或散射光都是按照一个固定的夹角而均匀分布的，这样可以大大降低不必要的光功率损耗。自由空间衍射光栅型路由器可以进行大规模集成。

11.3.5 光突发交换

光突发交换为IP骨干网的光子化提供了一个非常有竞争力的方案。一方面，通过光突发交换可以使现有的IP骨干网的协议层次扁平化，更加充分地利用DWDM技术的带宽潜力，另外一方面，由于光突发交换网对突发包的数据是完全透明的，不经过任何的光电转化，从而使光突发交换机能够真正的实现所谓的T比特级光路由器，彻底消除由于目前的电子交换瓶颈而导致的带宽扩展困难。此外，光突发交换的QoS支持特征也符合下一代Internet的要求。

光突发交换的重要研究领域如下。

（1）突发封装，突发偏置时延的管理。

（2）数据和控制信道的分配。

（3）QoS的支持。

（4）交换节点光缓存的配置。

（5）对于光突发交换网来说，在边缘路由器光接收机上的突发快速同步也是对系统效率有重要影响的问题。

11.3.6 光分组及其缓存

光分组交换机的总体结构由输入处理模块、输出处理模块，以及交换缓存模块组成。交换缓存模块将分组发送到正确的目的地，并实现分组竞争裁决和分组管理。输出处理模块的作用是减小或消除信号的相位抖动和功率波动，通过快速功率均衡减少分组之间的功率差异，还可以具有分组头重写和再生的功能。使用缓存器的再循环，可以实现分组服务等级优先权的处理。

为了减少单位时间光交换机必须处理的数据，具有相同目的地和服务质量的1个或多个分组，可以组成1个光分组。光分组长度可变，它是1个单位波长的整数倍，虽然这种方式在边缘网络中减少了分组交换的复杂性，但却增加了在网络边缘接口的复杂性，实际上，光分组的形成要比它完成IP路由的功能实现起来复杂得多。

光分组头包含路由信息和控制信息，分组越长则可在分组中有更多的保护时间，而不致降低链路的利用率，但分组要考虑与现有的ATM信元、IP分组等兼容。分组和分组头大小需要优化，分组较小时，具有较高的灵活性，但信息传输效率低，影响网络吞吐量，当分组较大时，信息传输效率高，但需要大的光缓存并且灵活性变差，因此需要根据分组丢失率在负载和分组头之间进行权衡。

为了提供一个全光的数据路径，必须提供光缓存器。在光分组交换中，由于没有可用的光随机存取器（RAM），因而，采用光纤延时线与光器件如光开关、光耦合器、光放大器等结合来实现光分组缓存。光纤延时线的延时长度，等于光分组单位时间的整数倍。一般地，在光分组交换中，光缓存可以按照2种方法来分类，一种是缓存器采用单级延时线还是多级延时线，单级延时线一般易于控制，多级延时线对于大的缓存深度可节省硬件数量；另一种是延时线被连成正向还是反馈结构，前者是分组从一条延时线被送入它下一条延时线，光分组穿过的延时光纤数不变，而后者的延时线将分组送回本级的输入，意味着分组之间穿过的延时线数是不同的。

11.4　光交换单元

光分插复用 OADM，是波分复用（WDM）光网络的关键器件之一，其功能是从传输光路中有选择地上、下本地接收和发送某些波长信道，同时不影响其他波长信道的传输。光交叉连接器（OXC：optical cross connect）是光波网络中的一个重要网络单元，其功能可以与时分复用网络中的交换机类比，主要用来完成多波长环网间的交叉连接，作为网格状光网络的节点，目的是实现光波网络的自动配置、保护/恢复和重构。

11.4.1　光分插复用

OADM 在光域内，实现了传统的 SDH（同步数字层次结构）分插复用器在时域内完成的功能，而且具有透明性，可以处理任何格式和速率的信号。鉴于 OADM 在骨干网节点及本地接入中的重要作用，国内外各大学、公司和研究所都展开了比较深入的研究，有力地推动了 OADM 商业化进程。

美国于 1994 年开始的 MONET 计划，包含基于声光可调谐滤波器结构的 8 波长通道 OADM 节点的研究。欧盟于 1995 年开始的 ACTS 计划中有 COBNET（联合光干线通信网）和 METON（光城域通信网）2 个项目都与 OADM 有关，该计划对 OADM 器件进行了广泛而深入的研究。

OADM 节点可以用四端口模型来表示，基本功能包括 3 种：下路需要的波长信道，复用进上路信号，使其他波长信道尽量不受影响地通过。OADM 具体的工作过程包括：从线路来的 WDM 信号包含 N 个波长信道，进入 OADM 的“Main Input”输入端，根据业务需求，从 N 个波长信道中，有选择性的从下路端（drop）输出所需的波长信道，相应地从上路端（add）输入所需的波长信道。而其他与本地无关的波长信道就直接通过 OADM，与上路波长信道复用在一起后，从 OADM 的线路输出端（main output）输出。

根据不同的组网设计、业务需求情况和资源配置，光网络对用于其中的 OADM 节点有一定的要求，主要集中在性能要求上，具体体现如下。

（1）重构性。

（2）可扩展性。

（3）透明性。

（4）多通道处理能力。主要参数如下。

① 信道间隔。

② 信道带宽。

③ 中心波长。

④ 信道隔离度。

⑤ 波长温度稳定度。

⑥ 信道差损均匀性。

OADM 节点的核心器件是光滤波器件，由滤波器件选择要上/下路的波长，实现波长路由。目前应用于 OADM 中的比较成熟的滤波器有声光可调谐滤波器、体光栅、阵列波导光栅（AWG）、光纤布拉格光栅（FBG）、多层介质膜等。

根据可实现上下波长的灵活性，OADM 可分为固定波长 OADM、半可重构 OADM 和完全可重构 OADM。从实际应用上看，固定波长 OADM 和半可重构 OADM 已可以应用于系统中。从 OADM 实现的具体形式来看，主要包括分波合波器加光开关阵列及光纤光栅加光开关两大类。

1．分波合波器加光开关阵列

OADM 的直通与上下的切换由光开关或光开关阵列实现，这种结构的支路与群路间的串扰由光开关决定，波长间串扰由分波合波器决定。由于分波合波器的损耗一般都比较大，所以这种结构的主要不足是插损较大。目前分波合波器多采用体光栅、多层介质膜和阵列波导光栅等器件。从物理上看分波器反过来用就成为合波器，在实际设计上，分波器与合波器的考虑还是有所不同的。

（1）多层介质膜

多个 FP 腔级联构成多层介质膜，根据每个 FP 腔的透过波长不同来实现解复用功能，这是多层介质膜的工作原理。其优点是顶带平坦，波长响应尖锐，温度稳定性好，损耗低，对信号的偏振性不敏感，在商用系统中广泛应用。但由于它要通过透镜与光纤相连，因而光纤耦合需要精确校准，另外其稳定性也受到环境温度的影响，因此在生产与使用过程中难以保证通带中心波长的精确控制。

（2）体光栅

体光栅属于色散型器件，衍射光栅在玻璃衬底上沉积环氧树脂，在其上制造光栅线，构成反射型闪耀光栅。入射光照射到光栅上后，由于光栅的角色散作用，不同波长的光以不同角度反射，然后经透镜汇聚到不同的输出光纤，从而完成波长选择作用。

（3）阵列波导光栅

将光从 $N\times N$ 星型耦合器的任何一处输入，都将传到所有输出端，没有任何波长选择性。而在阵列波导光栅（AWG）中，任何工作频段内的输入光都将从一个确定的端口输出，这样就可以实现复用和解复用的功能。与目前常用的多层介质膜相比，AWG 的特点是结构紧凑、价格便宜、信道间隔更窄，适用于多信道的大型节点。另外，AWG 需要解决的问题包括：偏振的影响、温度的影响、光纤的连接与耦合。

2．光纤光栅

光纤布拉格光栅（FBG），是使用紫外光干涉在光纤中形成周期性的折射率变化（光栅）制成的光器件。其优点是可直接写入通信光纤，成本低，生产重复性高，可批量生产，易于与各种光纤系统连接，连接损耗小，波长、带宽、色散可灵活控制。存在的主要问题是受外界环境的影响较大，如温度、应变等因素的微小变化都会导致中心波长的漂移。

干线 WDM 信号经开关选路，每路的光栅对准一个波长，被光栅反射的波长下路到本地，其他的干线信号波长通过光栅跟本地节点的上路信号波长合波，继续在干线上向前传输。这个方案可以根据开关和光栅来任意选择上下话路的波长，使网络资源的配置具有较大的灵活性。每个 FBG 只能下一路波长信道，由于生产成本的原因，这种结构只能适用于上下话路不多的节点。

11.4.2　光交叉连接

光交叉连接器主要由输入部分（放大器 EDFA，解复用 DMUX），光交叉连接部分（关交叉连接矩阵），输出部分（波长变换器，复用器），控制和管理部分及其分插复用这五大部分组成。

对于输入输出 OXC 设备的光纤数为 m，每条光纤复用 n 个波长，这些波分复用的光信号，首先进入放大器 EDFA 放大，然后经解复用器 DMUX 把每一条光纤中的复用光信号分解为单波长信号，m 条光纤就分解为 $m×n$ 个单波长光信号，所以，信号通过（$m×n$）×（$m×n$）的光交叉连接矩阵，在控制和管理单元的操作下进行波长配置、交叉连接。

由于每条光纤不能同时传输 2 个相同波长的信号（即波长争用），所以，为了防止出现这种情况，实现无阻塞交叉连接，在连接矩阵的输出端，每波长通道光信号还需要经过波长变换器进行波长变换，然后再进入均功器，从而把各波长通道的光信号功率控制在可允许的范围内，防止非均衡增益经 EDFA 放大，导致比较严重的非线性效应。最后，光信号经复用器 mux 把相应的波长复用到同一光纤中，经 EDFA 放大到线路所需的功率，从而完成信号的汇接。

光交叉连接器分为 3 类。

（1）光纤交叉连接器（fiber crossconnect，FXC）。

（2）波长固定交叉连接器（WSXC）。

（3）波长可变交叉连接器（wavelength interchanging crossconnect，WIXC）。

光纤交叉连接器连接的是多路输入输出光纤，每根光纤中可以是多波长光信号。在交叉连接器中，只有空分交换开关，交换的基本单位是一路光纤，并不对多波长信号进行解复用，直接对波分复用光信号进行交叉连接。交叉连接器在 WDM 光网络中不能发挥多波长通道的灵活性，难以实现波长选路。

光交叉连接器的功能如下。

（1）光层的保护和恢复，环网/格状网（Ring/Mesh）的保护和恢复。

（2）端到端光通道业务的指配（网络级交叉）。

（3）网络优化和恢复算法。

（4）动态带宽管理，按需分配带宽。

（5）多种业务接入能力。

（6）光信道自动均衡。

（7）色散管理。

（8）光传送网 och/oms/ots 三层模型的网络管理系统，具备业务管理能力。

（9）骨干网、城域网、本地网应用。

11.5　自动交换光网络

自动交换光网络（automatically switched optical network，ASON），是以光传送网（OTN）为基础的自动交换传送网（ASTN）。ASON 的概念由国际电联在 2000 年提出，基本设想是在光传送网中引入控制平面，以实现网络资源的按需分配，从而实现光网络的智能化。与现有的光传送网技术相比，ASON 具有以下几个特点。

（1）强大而灵活的传送和交换能力、支持光交换技术复杂拓扑的格状网络。传送平台普遍采用大容量DWDM技术，提供由波长组成的端到端的光通路。交换平台解决网络规模扩展问题，将链形和环形网络变为网状拓扑，提供光通路的优化路由，在线路或者节点发生故障时进行快速迂回，能方便的升级和扩充。

（2）分布式的控制。通过分布式的信令/协议实现网络智能化的控制，随着光层技术的不断提高，特别是多协议标记交换（MPLS）技术向光层的拓展，使建立分布式、开放的网络控制系统成为可能，这也大大提高了网络的性能，降低网络的运营成本。

（3）开放的网络管理。由于业务的多样性及多设备供应环境的原因，要求网络管理系统由封闭走向开放。同样，由于容量的迅速增长和对业务质量的要求，要求网络管理系统向自动化和智能化方向发展。

（4）以业务为中心，支持多业务。IP技术的发展促使光网络必须能够支持多种业务，这些业务对带宽、时延和业务质量等有不同的要求。

11.5.1 ASON的网络体系结构

自动交换光网络技术的实现，使得传统的多层复杂网络结构变得简单化和扁平化，光网络层开始直接承载业务，避免了传统网络中业务升级时受到的多重限制，可以满足用户对资源动态分配、高效保护恢复能力，以及波长应用新业务等方面的需求，其优越性是显而易见的。此外，ASON的概念和思想可以扩展应用于不同的传送网技术，具有普遍适应性。因此，ASON不仅是传统传送网概念的历史性突破，也是传送网技术的一次重大突破，是具有自动交换功能的下一代光传送网。

1．垂直分层结构

ITU-T的G.808和G.807定义了ASON的体系结构，总体包括3个平面，分别是传送平面、控制平面和管理平面。3个平面相互独立，任意一个平面的工作出现错误时，均不会影响其余两个平面的正常工作。

传送平面由一系列的传送实体（传输数据的硬件和逻辑）组成，在2点之间提供端到端的用户信息传送，也可以提供控制和网络管理信息的传送。控制平面是ASON的核心部分，由网络的基础结构，以及网络中用来控制建立连接和控制维护连接的分布式部分组成。控制平面通过使用接口、协议及信令系统，可以动态的交换光网络的拓扑信息、路由信息，以及其他的控制信令，实现光通路的动态建立和拆除，以及网络资源的动态分配。

控制平面具有如下4大功能。

（1）邻居发现。

（2）路由（拓朴发现、路径计算）。

（3）信令。

（4）本地资源管理。

管理平面由系统、协议和接口组成，负责对传送平面和控制平面以及整个系统进行管理，包括性能管理、故障管理、配置管理、安全管理、计费管理。管理平面主要面向网络运营者的管理需求，相对于传统的光网络管理系统，其管理功能部分为控制平面所取代，许多曾经需要手动配置的业务由控制平面所完成，大大减轻了网络运营者的负担。

3个平面之间运行着数据通信网（DCN），DCN是光网络中控制代理之间，进行通信而使用的通信基础结构，为三大平面内部，以及平面之间的管理信息和控制信息提供通路，主要承载管理信息和分布式信令消息。

ASON 3个平面之间可通过三类接口实现信息的交互，控制平面和传送平面之间通过连接控制接口CCI相连，管理平面通过网络管理接口（NMI-A和NMI-T）分别与传送平面和控制平面相连，通过这些接口实现了三大平面的分离。

2．水平分割结构

从水平方向对ASON进行分割，在控制平面内，ASON由许多管理域（AD）组成，不同管理域之间通过E-NNI连接，每一个管理域内部又包括很多信令网元，这些网元之间通过I-NNI相连。上层用户节点则通过UNI和管理域内的信令网元相连。在传送平面内，ASON由许多传送网元组成。

3．邻居发现

邻居发现指的是一个光网络网元自动获得与其相邻的网元（邻居）间连通性的过程。邻居发现使得在同一层的网元和邻居能互相确定对方的标识，以及与局部端口相邻的远端口的标识。邻居发现是控制平面的一项重要功能，将自动邻居发现过程和网元管理系统（EMS）合用，可以自动得到完整的网络拓朴信息。EMS拥有该网络中至少一个节点的管理接口，从该节点获得其发现的所有邻居的地址和端口映射，如有新加入的网元，EMS可以继续向已发现的网元发送消息来查询未被发现的新网元。

邻居发现包括以下协议机制。

（1）网元在每条链路上周期性的发送含有本端标识符的“Hello”消息；

（2）假设该网元从某条链路上收到了另一端所发的含有标识符的“Hello”消息，则该网元将发送含有本端标识符和另一端的标识符的“Hello”消息。

STS-1用来实现邻居发现有2种方式，第1种是使用带外控制通道，第2种是使用带内控制通道。存在带外控制通道时：①发送时：网元把节点ID字段用IP地址的十六进制格式（8个字节）表示，把端口ID字段用端口标识符的十六进制格式（4个字节）表示，没有其他的字段；②接收时：网元将接收到的节点ID，以及端口ID字段中的十六进制值，分别转换为远端节点的IP地址和端口号，随后确定控制通道，用以联系那个发来节点ID的邻居。网元在控制通道中向回应邻居发送的消息包括：①邻居发来的节点ID和端口ID；②本身的节点ID和收到消息的本地ID。

11.5.2 ASON的链路资源管理

实际的光网络中，2个节点之间的每一条连接都可能是由多条数据链路组成的，这些链路对于路由协议来说具有相同的属性，可以把它们合并为一条流量工程链路（TE-Link），作为信息处理的对象。

在核心光网络中，随着网络扩大，会出现例如精确的故障定位、本地同远端的链路资源协商、网络资源的使用效率等一系列问题，为此，IETF组织提出了LMP协议。为了实现通信，节点之间必须存在1对可以互相访问的IP接口，这对接口就形成了1条逻辑上的“控制通道”（控制通道分为纤内控制通道和纤外控制通道，前者是用DCC字节来创建1条控制通道，后者是IP数据包被承载在与数据网络不同的控制网络上）。这1对互相联通的节点就称为LMP邻居，LMP协议要求在LMP邻居间运行。LMP协议通用首部结构如表11-1所示。

表 11-1 LMP 协议通用首部

版本号，4bit	预留位，12bit	标记位，8bit	消息类型，8bit
LMP 长度，16bit		校验和，16bit	

LMP 协议包括 4 个功能模块。

（1）控制通道管理：监测相邻网元间，控制通道的工作状态，传递控制平面的信息。

（2）链路属性一致性校验（链路属性关联）：支持相邻网元间的链路信息交换，可以将多条数据链路汇聚成 1 条 TE 链路，并同步链路属性。

（3）链路连通性校验：支持 OXC 或 PXC 间拓朴连接的发现。

（4）链路故障定位：定位 PXC 间拓朴连接的故障。

控制通道管理与链路属性一致性校验，是对 TE-Link 管理的必要功能模块，链路连通性校验与链路故障定位，是可选模块，主要适用于控制通道与物理通道分开的情况。如果同时存在纤内和纤外控制通道，或是 1 个网元与其多个邻居网元间有不同类型的控制通道，则必须对网元进行配置，标识数据链路集中所实现的控制通道。

11.5.3 ASON 光网络的保护和恢复

保护和恢复技术是确保 ASON 光网络正常运行的必要手段，其处理原理是：当使用的“主用”资源出现故障而不能工作时，利用剩余的资源来备份。“保护”是指使用某一指定的备用资源来传送本来由 1 个已经出现故障的资源所承载的业务。“恢复”是指备用资源不会被专门用于某一主用资源，但是会有一些资源被保留，在主用资源出现故障时进行备份，主用资源的故障会导致备用资源的动态分配。

与使用保护技术相比，使用恢复技术可能会使恢复时间明显加长，但是在网络资源的利用率方面会得到较好的改进。能够及时且准确的报告故障环境，是任何保护机制都必须具备的重要功能。

光网络的保护方案可分为线性保护、环网保护和 Mesh 恢复。线性保护是所有保护机制中最简单也最快的一种保护机制，线性保护有 1+1 保护和 $M:N$ 保护（包括 1 : N 保护），含义是 N 条工作线路有 M 条保护线路。

1+1 保护可分为 1+1 单向保护和 1+1 双向保护（1 ： 1 双向保护）。在 1+1 单向保护方式下，工作线路只有一根光纤，工作线路和保护线路传送相同的信号，接收机会选择质量好的一路信号，发送端和接收端不需要协调。

在 1+1 双向保护方式下，工作线路由一对光纤组成，此时发送端和接收端需要协调，如果链路上一端发生线路倒换时，另一端也要倒换。在 $M:N$ 保护中，工作线路由 1 对光纤组成，如果链路上一端发生线路倒换时，另一端也要倒换，在故障修复之后，信号应从保护线路倒换回修复好了的工作线路上，以释放保护资源。

$M:N$ 保护遵循收益递减法则，即随着保护线路数量 M 的增加，故障发生平均间隔时间增加的速度越慢，$M:N$ 保护的优势并不比 $1:N$ 保护明显。系统可用性=故障发生平均间隔时间/（故障发生平均间隔时间+修复故障所需的平均时间）。

在 SDH 中，一般采用线性 $1:N$ 保护机制，SDH 复用段的 K1、K2 字节用来控制自动保护倒换（APS）。保护通道的 K1、K2 字节用作 APS 组的双向信令通道，如果这些字节连续三帧都相等，则认为有效。M : N保护在恢复过程中，信号并不是在工作线路故障被修复后立刻倒换回工作线路上，而是要延迟一段时间，这段时间被称为恢复等待时间（WTR），以防止间歇性的故障致使信号频繁倒换。在 WTR 周期中，若有某条线路信号失效或劣化，将会中止 WTR 周期，立刻倒换予以保护。

环网保护比树形保护的保护成功率高，但是，环越大，节点就越多，两条线路同时发生故障的概率就越大，稳定性也就越差。最容易实现的环形保护是单向通道倒换环 UPSR，即嵌入在环形网络中的 1+1 单向保护机制，当 1 个节点与另 1 个节点通信的时候，分别向环中两个相反的方向发送两份相同的信号，即通过两个不同的反向旋转环传输通道来发送信号，因此，其中 1 条通道是工作通道，另 1 条就是保护通道。除此之外，还包括双向通道倒换环（共享保护环，BLSR）。

Mesh 网中的 2 种保护机制分别为：区段保护和端到端保护。区段保护与 M:N 保护类似，由从节点向主节点发送“失效指示”，主节点收到信令后向从节点发送“倒换请求”，从节点倒换线路并且回送“倒换响应”，主节点收到信令后倒换线路，完成倒换操作。而对于区段倒换，既可以在底层实现也可以在高层实现，在 PXC 中只能在高层实现。端到端通道保护和恢复指的是网络中从入口到出口的整条连接的愈合，分为端到端专用 Mesh 保护和端到端共享 Mesh 保护。端到端专用 Mesh 保护是 1+1 保护（单向或双向），而在共享 Mesh 保护中，网络资源被多条保护线路共享。

11.5.4 ASON 光网络的路由

光网络的路由协议是由 IP 路由协议扩展而来，IP 网络是基于分组交换的无连接网络，而光网络是面向连接的电路交换网络，因此，光网络的路由功能具有不同于 IP 网络路由的特点。

IP 路由协议包括控制平面和数据平面两大部分，只有 IP 路由协议的控制平面才适用于光网络，IP 路由的数据包传送功能和光网络并不相关。在 IP 网络中，路由协议和数据平面的转发过程关系密切，一旦出现故障，用户的数据传输将受到影响。光网络中的控制平面与数据平面是分开的，路由协议出现故障不会影响已经建立的连接，拓朴或资源状态出现问题时，只会影响新连接的建立。

IP 网络中所有节点都必须知道整个网络的拓朴，而在光网络中，路由的计算是由源节点完成的，只需要源节点拥有正确的网络拓朴信息即可。

ASON 路由协议使用扩展了的 OSPF 路由协议，它仍采用 OSPF 的扩散和同步机制，但提供了更丰富的链路状态信息，如资源的可用性、物理层分离信息等。同时，ASON 路由协议也提供了对控制网和传送网分离的支持，使得 OSPF 协议可以应用于非 IP 网络中（例如 ATM、SDH 等）。IETF 将 OSPF 协议扩展为 GMPLS OSPF-TE 协议，用于实现光域路由。扩展的 OSPF 路由协议与传统 OSPF 路由协议的特点如表 11-2 所示。

表 11-2　扩展的 OSPF 路由协议特点

	传统 OSPF 路由协议	扩展 OSPF 路由协议
协议消息集	5 种消息	5 种消息，与传统 OSPF 相同
发现机制	Hello 机制	Hello 机制

续表

	传统 OSPF 路由协议	扩展 OSPF 路由协议
扩散机制	泛洪	泛洪
支持的 LSA	传统 LSA	传统 LSA、TE LSA
分层支持	2 级路由	多层路由
应用网络	IP 网	IP 网、ATM、SDH
支持显式路由	不支持	支持

OSPF 采用 Dijkstra 提出的“最短路径算法”，用“洪泛法”向域内节点发送路由信息。链路具有以下属性：最大带宽、未预留带宽、最大最小连接带宽、链路保护类型、共享风险链路组（SRLG）信息和交换能力描述符。

由于 OSPF 域有可扩展性，某个 OSPF 域可由多个域组成，单 OSPF 域路由应当向跨域扩展。一种方案是严格的层次配置，每个域（包括骨干域，骨干域由所在域的域边界节点构成，ABN）分配 1 个 IP 地址，除了经过骨干域以外，从域中节点到另一域中某节点的路径不会穿过其他中间域。

另一种方案是 1 条骨干域中的路径可能包含有多条穿过中间域的路径。在 OSPF 协议中，每个节点都会生成 LSA，并将其泛洪到域内所有节点。ABN 创建它所在域（非骨干域）的摘要信息，并把摘要信息泛洪到骨干域中。

11.5.5 光交换平台

1. 华为 MA5600 多业务平台

作为 DSLAM 平台设备，Smart AX MA5600 多业务接入模块，具有可运营、可管理、高密度、灵活组网等特点。MA5600 对外提供丰富的业务接入手段，系统集成度高、业务接口丰富、组网灵活，既满足住宅用户宽带上网、网络游戏、视频点播的需求，也满足商业用户视频会议、企业互联、VPN、分组语音等高 QoS 业务需求。

MA5600 包括如下业务功能。

（1）作为 DSLAM 设备对外提供 ADSL2+/ SHDSL 接入。

（2）提供 LAN 接入。

（3）电信级的组播运营能力，可以支持组播协议和可控组播，实现从用户到网络的全套协议支持。

（4）提供多种认证方式：可支持 PPPoE 认证、VLAN 绑定认证、VLAN+Web（强制 Portal、内置 Portal）认证和 L2TP，支持按流量、按时长的灵活计费方式。

ADSL/ADSL2+业务采用 DMT（离散多音频）模式，支持对线路参数进行配置，配型项包括：上下行业务速率、噪声容限、交织深度等。同时支持非对称传输模式，上行传输速率最高达到 896 kbit/s（ADSL）/3M bit/s（ADSL2+），下行传输速率最高达到 160 kbit/s（ADSL）/24 Mbit/s（ADSL2+）。初始化时，基于线路状态调整速率，调整步长为 32 kbit/s（ADSL）/4 kbit/s（ADSL2+）。

SHDSL 单线对高速数字用户线，为上下行速率对称方式，单线对 192kbit/s 至 2312kbit/s，interval 8kbit/s，双线对 384kbit/s 至 4624kbit/s，interval 16kbit/s，传输距离为 3 至 6km，所执

行的标准为ITU-G.991.2，其中ITU-G.991.2 Annex A为北美标准，ITU- G.991.2 Annex B为欧洲标准。

Standard VLAN通过把不同的端口划分到不同的VLAN，可以实现用户二层隔离，把不同的端口划分到在同一VLAN可以实现二层互通。当前版本不支持Standard VLAN增加业务虚端口。Smart VLAN通过添加多个下行端口，以及1个或多个上行端口，由系统自动创建上行端口和下行端口内部映射关系，实现用户之间二层报文的隔离。

MUX VLAN只能添加1个业务端口，但是可以添加多个上行端口，用于需要用VLAN来区分用户的场合。

Super VLan是1个虚拟的三层接口。它可以添加多个SubVlan，并且这些SubVlan共享一个三层接口，从而达到节省IP网段的目的。Sub Vlan是Super VLAN的子VLAN，Smart VLAN、MUX VLAN或者标准VLAN都可以加入到Super VLAN作为Sub VLAN，但该VLAN必须是已经创建好的VLAN。

系统主控单元SCU功能如下。

（1）负责MA5600系统的控制管理和业务交换功能。

（2）实现各种以太网协议，实现二层功能及三层交换。

（3）通过扣板方式，提供多种网络接口（包括FE/GE电口、FE单模/多模光口、GE单模/多模光口）。

（4）提供维护串口与网口。

（5）提供环境监控接口，用于连接环境监控模块。

（6）支持主控板主备倒换功能。

计费方式如下。

（1）本地计费。

（2）RADIUS计费。

（3）无计费。

（4）按流量计费。

（5）按时长计费。

（6）实时计费。

（7）预付费计费。

2．华为分布式智能平台MA5800

在固定宽带网络中，接入网是最靠近用户的基础网络，作为接入网的核心节点，OLT的性能与架构，则直接影响到网络的带宽和性能，以及用户的最终体验。作为分布式智能OLT平台，MA5800采用了与路由器相同的分布式架构和软件平台，成为千兆接入时代的应用平台，MA5800支持GPON和10G GPON接入技术，同时XGS-PON技术、TWDM-PON（40G PON）技术，甚至未来的100G PON技术在这个平台上都是可以平滑支持的，这一切的基础都是得益于MA5800先进的架构设计。

作为面向未来的下一代OLT平台，MA5800一方面通过采用分布式架构实现高性能，保证从GPON到100G PON都能实现线速转发，无需更换平台，支持长期演进。另外一方面，针对PON网络演进过程中的各个阶段都提供了平滑演进方案，如PON Combo方案支持从GPON到10G PON演进无需更改ODN，即插即用。

Flex-PON 方案支持 XG-PON/XGS-PON/TWDM-PON 三模合一，从 10G PON 到 40G PON 只需更换光模块，实现带宽平滑升级。

分布式架构保证从 GPON 到 100G PON 线速转发。传统 OLT 架构是集中式架构，报文的查找转发都是通过主控板的交换芯片进行，效率虽低，但架构简单，这在宽带建设初期，以文本数据为主的业务模型时，具有低成本汇聚的优点。但在 70%流量转换为视频数据的时代，主控的交换芯片已经成为整个系统性能的瓶颈，要达到更高的转发性能，核心芯片需要在工艺、成本、功耗等方面发展。

MA5800 作为华为最新开发的首款分布式智能 OLT 平台，采用了与路由器相同的分布式架构和软件平台，业务报文的查表转发均分布到各个业务板上进行处理，主控板只做交换，犹如通过交换机来实现数据的无缝转发，整个系统无性能瓶颈、扩展性佳，是面向未来长期演进的先进架构平台。

MA5800 通过采用分布式架构，槽位带宽高达 200Gbit/s，性能超过上一代 OLT 产品的 3 倍以上。单槽位可以支持 16 口 10G PON 无阻塞接入，可以实现用户业务流量的无阻塞接入和转发能力的平滑扩展。同时，无需更换子框即可平滑演进支持 40G/100G PON，无需更换主控板即可实现 MAC 和 IP 地址等转发能力的线性平滑扩容，充分保护客户已有投资，并根据业务发展需要进行分步投资。

为解决外置 WDM1r 合波设备的空间占用问题，MA5800 采用了 PON Combo 单板方案。这种方案主要由 PON Combo 单板和合一尾纤连接器构成，PON Combo 单板包含 16 个端口，GPON 和 10G GPON 端口交替排列，每 1 对 GPON 和 10G GPON 端口构成 PON Combo 端口。合一尾纤连接器由普通的尾纤演化而来，通过将 2 个连接器合二为一，并内置 WDM1r 合波器件，以最小的体积实现 GPON 和 10G PON 的合波。

此种方案的优点在于不需要独立的 WDM1r 插框设备，减少体积占用，合一尾纤连接器属于无源器件，定制化成本低，可靠性高，可以沿用已有标准光模块，保证光链路预算，整体性价比高，是 10G GPON 平滑演进过程中的优选方案。

虽然 10G PON 从标准上来说不能直接兼容 GPON，但通过 PON Combo 光模块方案，也可以达到类似的效果。XFP 封装格式的 PON Combo 光模块通过三合一的工艺，在内部集成了 GPON 光模块、10G GPON 光模块和 WDM1r 合波器，配合对应的 PON 单板，不论用户侧接 GPON ONT 还是 10G GPON ONT，都可以正常工作。

同时，PON Combo 光模块集成了所有 10G PON 平滑演进所必须的器件，ODN 无需改动，简化设备管理维护。与此同时，这种方案也有限制：受限于工艺和散热影响，当前 PON Combo 光模块中的 GPON 和 10G GPON 的光功率预算分别只能达到 28dB/29dB，即 Class B+ 和 Class N1 等级，在长距离或大分光比情况下，会影响覆盖范围，同时 PON Combo 光模块定制会增加成本。

运营商光纤接入网络从单一 PON 技术向 10G-PON（包括非对称 XG-PON 和对称 XGS-PON）、40G TWDM-PON 等技术的演进，需要平衡业务带宽、设备成本、技术选型、未来发展等各方需求。很多运营商会在 10G PON 和 TWDM-PON 的技术上加以选择。基于 MA5800 的平台方案，选择 Flex-PON 系统，相比传统方案，Flex-PON 方案具有三模合一、按需部署、平滑演进的特点。

三模合一是指产品通过同一块硬件单板，支持 XG-PON、XGS-PON、TWDM-PON 3 种不同的接入制式，通过配套不同光模块满足不同接入方式的要求，可有效减少备件和运维成本。运营商可以通过该方案，先部署成熟的10G-PON，以较低的成本快速满足提速需求，后续升级到XGS-PON提供对称接入带宽，或者待TWDM-PON光模块成熟后，可以通过逐步叠加不同TWDM-PON波长的光模块平滑升级到40G TWDM-PON，进一步提升带宽，满足按需投资升级的要求。

全新一代分布式智能OLT平台MA5800，通过支持从GPON到100G PON的所有制式的PON技术接入，同时面向GPON向10G PON演进过程，发布创新PON Combo解决方案，面向10G PON和40G PON平滑演进发布Flex-PON方案，使得运营商打造优质千兆网络，实现接入网平滑演进。

11.6 光交换网络的演进与未来发展

基于10G BASE-T标准，IEEE 802.3以太网工作小组正在开发2.5千兆以太网、5千兆以太网、25千兆以太网（25GbE）和40千兆以太网（40GbE）等4个不同速率的BASE-T解决方案。

与此同时，就当前获得业界极大关注的，用以实现服务器和交换机之间连接的25GbE为例，它的研发目标是在电路板印制线、背板、铜线电缆和多模光纤上运行25GbE。IEEE 802.3 bs400GbE工作小组完成了对技术方案的遴选，为接下来制定IEEE 802.3bs400GbE标准草案做好了准备。

IEEE 802.3bs400GbE的目标，包括开发用于电路板和400GbE光模块的400GbE电接口，以及在100米多模光纤（MMF）、500米单模光纤、2000米单模光纤和1万米单模光纤（SMF）上运行400GbE。完整解决方案组合，包括若干个基于多个25Gbit/s或50Gbit/s通道的方案，其中的运行速率主要取决于具体的光纤型号。100米MMF型号将通过16个运行速率为25Gbit/s的通道解决，即在各个方向上通过16条并行光纤以25Gbit/s的速率传输，同时它也使用基于16个25Gbit/s通道的电接口。该解决方案使用的是当前驱动25GbE与100GbE的同一25Gbit/s电信号和光信号传输速度。

烽火通信公司所关注的，EPON/GPON以及10G EPON/XGPON标准已经成熟，在市场已大规模商用或小规模应用，采用时分、波分两维度的复用，40G TWDM PON将随着NG PON2一系列标准的逐步完善而实现，用4个波长、每波长10Gbit/s的速率，将PON网络容量提高至40G，还可增加到8个波长，容量可达80G。基于相干技术的T比特接入技术，在接收端采用相干接收方式，可在一根光纤承载超过1000个波长，每波长1G/10G，无源传输距离达到100公里。

随着通信网络传输容量需求的激增，光传输系统其单通道传输速率在经历了从2.5Gbit/s→10Gbit/s→40Gbit/s→100Gbit/s的提升，正在酝酿下一代的超100G光传输系统。光传输复用维度也从单纯的时分复用发展到时间、波长、频率、偏振态、传输模式的多维复用。面向未来网络容量需求的光传输，Pbit多芯空分复用以及光子轨道角动量复用，已成为业界研究热点。

针对超100G光传输网络，可以考虑从以下几个方面加以解决。

（1）充分利用光信号可调制维度（包括：幅度、相位、偏振态）承载数据以提高频谱效率。

（2）采用多载波和正交频分复用技术，提高频谱利用率并降低符号传输的波特率以抑制色散的影响、减小对光、电器件带宽的要求。

（3）采用数字相干接收技术，提高接收机的灵敏度和信道均衡能力，采用更高增益的纠错编码提高系统的健壮性。

（4）采用先进的光电集成技术减小体积，降低功耗，提高系统可靠性。

基于灵活栅格的双子载波偏振复用16级正交幅度调制（2SC-PM-16-QAM）的400G光传输，是业界较为认可的方案之一。该方案每一个传输通道占用75GHz带宽，其频谱效率可以达到5.3bit/s/Hz，较100Gbit/s光传输2bit/s/Hz的频谱效率可以有较大提高。由于采用了较为密集的16QAM调制方式，400G传输损伤容忍能力（传输距离）较100G光传输系统有所下降。

在2016年2月的FTTH Council上，华为发布了业界首台100G PON原型机，华为100G PON原型机基于MA5800平台，样机采用模块化方案，通过克服重重技术挑战，将单波速率从10G提升到25G，开发出了业界首个25G OLT和ONU光模块，兼容现有的ODN网络。通过4个波长叠加的方式实现100G PON接入。此原型机的发布很也体现了MA5800平台面向未来的长期演进能力。

在现网存在大量的GPON 在线设备情况下，要实现千兆接入，不可能一蹴而就全部切换到10G PON。如何能不影响现有业务还能平滑升级演进到10G PON网络？这是一个非常实际且重要的问题，只有提供经济高效的解决方案简化工程演进，才能推进10GPON的规模部署和千兆宽带商用。

光纤网络作为高速有效的代名词已经深入人心，在通信系统中也已经大规模的实现部署和应用。而实现透明的、高生存性的全光通信网是宽带通信网的发展目标。光交换技术作为全光通信网络中的一项重要基础技术，其发展和应用很大程度上决定未来光通信网络的前进方向。

本章小结

对网络设计者来说，非常重要的是减少当前网络中协议层的数目，但是同时还要保留功能，并尽量利用现有的光交换技术。光分组交换具有大容量、数据率和格式的透明性、可配置性等特点，这对未来支持不同类型的数据是非常重要的。

光分组交换能够提供端到端的光通道或者无连接的传输，光分组交换的主要优点是带宽利用效率高，而且能提供各种服务，满足客户的需求。目的是把大量的交换业务转移到光域实现，能实现交换容量与WDM的传输容量相匹配。同时实现光分组技术与OXC、MPLS等新兴技术的结合，实现网络的优化与资源的合理利用。

练习题与思考题

1．请说明与传统OSPF路由协议相比，扩展的OSPF路由协议具有的特点。

2．请说明光分插复用与光交叉连接的结构与功能。

3．请说明光传输网的优点有哪些，有哪些主要的网元设备，及其各自的功能。

4．什么是波分复用和密集波分复用，并说明其工作原理。

5．光交换的机制有哪些，说明各种交换机制的特点。

附录 1 缩略词表

2G	2nd Generation Mobile Communications system	第 2 代移动通信系统
3G	3rd Generation Mobile Communications system	第 3 代移动通信系统
3GPP	3rd Generation Partner Project	第 3 代伙伴关系计划
AAA	Authentication Authorization Accounting	认证，授权和计费
AAL	ATM Adaptation Layer	ATM 适配层
ABM	Asynchronous Balanced Mode	异步平衡方式
AC	Authentication Center	鉴权中心
ACC	Automatic Congestion Control	自动拥塞控制
ACC	Account Card Calling	记账卡呼叫
ACM	Address Complete Massage	地址全信息
ADSL	Asymmetric Digital Subseriber Line	非对称数字环路
AF	Assured Forwarding	保证转发
AGCH	Access Grant Channel	准予接入信道
ALG	Application Layer Gateway	应用层网关
AMPS	Advanced Mobile Phone System	高级移动电话系统
ANC	Answer Charging	应答信号，计费
ANN	Answer No Charging	应答信号，免费
APDU	Application Protocol Data Unit	应用层协议数据单元
API	Application Programming Interface	应用编程接口
APN	Access Point Naming	接入点名称
ARM	Asynchronous Response Mode	异步响应方式
ARP	Address Resoloution Protocol	地址解析协议
ARPA	Advanced Research Project Agency	高级研究计划局
AS	Application Server	应用服务器
AS	Assured Service	确保的业务
ASE	Application Service Element	应用服务元素
ASON	Automatic Switch Optical Network	自动交换光网络

续表

ATD	Asynchronous Time Division	异步时分
ATM	Asychronous Transfer Mode	异步传递模式
BCCH	Broadcast Control Channel	广播控制信道
BCH	Broadcast Channel	广播信道
BCM	Basic Call Manager	基本呼叫管理
BCP	Basic Call processing	基本呼叫处理
BCSM	Basic Call State Model	基本呼叫状态模型
BE	Best Effort	尽力而为（业务）
BECN	Backward Explicit Congestion Notification	向后显示拥塞通知
BGCF	Breakout Grateway Control Function	出口网关控制功能
BGP	Bordder Gateway Protocol	边界网关协议
BHCA	Maximum Number of Busy Hour Call Attempts	最大忙时试呼次数
BIB	Backward Indication Bit	后向重发指示位
BICC	Bearer Independent Call Control	独立于承载的呼叫控制
B-ISDN	Broadband Integrated Services Digital Network	宽带综合业务数字网
BSC	Base Stadion Controller	基站控制器
BSM	Backward Setup Message	后向建立消息
BSN	Backward sequence Number	后向序号
BSS	Base Stadion System	基站系统
BSS	Bussiness Support System	业务支撑系统
BT	Burst Tolerance	突发容限
B-TCH	Backward Traffic Channe	反向业务信道
BTS	Base Transceiver Station	基站收发台
CAC	Connection/Call Admissiion Control	连接/呼叫接纳控制
CAM	Content Addressable Memory	内容可寻址储存器
CAMEL	Customized Application for Mobile Network Enhanced logic	移动网增强型逻辑的客户化应用
CBK	Clear Backward	后台拆线
CBQ	Class Based Queueing	基于级别的排队
CBR	Constant Bit Rate	固定比特率
CCAF	Call Control Agent Function	呼叫控制接入系统
CCB	Call Control Block	呼叫控制块
CCCH	Common Control Channel	公共控制信道
CCF	Call Control Agent Function	呼叫控制功能
CCH	Control Channel	控制信道
CCL	Calling Party Clear	主叫用户挂机
CCM	Circuit Supervision Message	电路监视消息

续表

CCR	Continuity Check Request Signal	导通检验请求消息
CDMA	Code Duvision Multiple Access	码分多址
CDVT	Cell Delay Variation Tolerance	信元时延变化容限
CES	Circuit Emulation Service	电路仿真业务
CFB	Call Forwarding Busy	遇忙呼叫前转
CFL	Call Failure	呼叫失败
CFNR	Call Forwarding No Response	无应答呼叫前转
CFS	Continuity - Failure Signal	导通检验失败消息
CFU	Call Forwarding Unconditional	无条件呼叫前转
CHILL	CCITT High Level Language	CHILL 高级语言
CIC	Circuit Identification Code	电路识别码
CID	Call Instance Date	呼叫实例数据
CIDR	Classless Inter-Domain Routing	无类别域间路由
CIOQ	Combined Input Output Queued	组合输入输出排队
CIR	Committed Information Rate	承诺的信息速率
CLF	Clear Forward	前向拆线
CLP	Cell Loss Priority	信元丢失优先级
CLR	Cell Loss Ratio	信元丢失率
CM	Control Memory	控制存储器
CM	Connection Management	接续管理
CNM	Circuit Network Management Message	电路网管理消息
COPS	Commom Open Policy Service	公共开放策略服务
CORBA	Commom Object Request Broker Arechitecture	公共对象请求代理体系结构
COT	Continuity Signal	导通检验成功消息
CPCS	Commom Part Convergence Sub-layer	公共部分汇聚子层
CPS	Commom Part Sub-layer	公共部分子层
CR	Cell Relay	信元中继
CRBT	Coloring Ring Back Tone	多彩回铃音
CRS	Cell Relay Service	信元中继业务
CS	Convergence Sub-layer	汇聚子层
CS	Circuit Switching	电路交换
CS	Capability Set	能力集
CSCF	Call Session Control Function	呼叫会话控制功能
CSI	Convergence Sublayer Indicator	汇聚子层指示
CSL	Component Sub-Layer	成分子层
CSM	Call Supervision Message	呼叫监视消息

续表

CSMA/CD	Carrier Sense Multiple Access with Collision Detection	载波监听多路访问/冲突检测
CSMA/CA	Carrier Sense Multiple Access/Collision Avoidance	载波监听多点接入/冲突避免
CTD	Cell Transfer Delay	信元传输时延
DCCH	Dedicated Control Channel	专用控制信道
DCE	Data Circuit-terminating Equipment	数据电路终接设备
DFP	Distributed Functional Plane	分布功能平面
DiffServ	Differentiated Services	区分业务模型
DLCI	Data Link Connection Identifier	数据链路连接标识
DNS	Domain Name System	域名服务系统
DPC	Destination Point Code	目的地信令点编码
DRR	Defict Round Robin	赤字轮转排队
DSL	Digital Subscriber Line	数字用户线路
DSLAM	DSL Access Multiplexer	DSL 接入复用器
DSN	Digital Switching Network	数字交换网络
DSS	Discrete Sampling Scrambling	分散样值扰码
DSS1	Digital Subscriber Signaling NO.1	1 号数字用户信令
DTE	Data Terminal Equipment	数据终端设备
DUP	Data User Part	数据用户部分
DWDM	Densive Wavelength Division Multiplexing	密集波分复用
EF	Expedited Forwarding	快速转发
EIR	Equipment Identity Register	设备标识寄存器
ENUM	E.164 Number Mapping	电话号码映射
ETSI	European Telecommunicatioans Standards Institute	欧洲电信标准协会
FACHH	Fast Associated Control Channel	快速随路控制信道
FAM	Forward Address Message	向前地址消息
FCCH	Frequency Correction Channel	频率校准信道
FCS	Frame Check Sequence	帧效验序列
FCS	Fast Cireuit Switching	快速电路交换
FDD	Frequency Division Duplex	频分双工
FDDI	Fider Distributed Digital Interface	光纤分布式数字接口
FDL	Fiber Delay Line	光纤时延线
FDMA	Frequency Division Multiple Access	频分多址
FE	Function Entity	功能实体
FEC	Forwarad Equivalence Class	等价转发类
FECN	Forward Explicit Congestion Notificatiaon	前向显式拥塞通知

续表

FEP	Front End Processor	前端处理器
FIB	Forwarad Indication Bit	前向指示位
FIM	Feature Interction Manager	特征交互管理
FISU	Fill-In Signal Unit	填充信令单元
FMC	Fixed-Mobile Convergence	固定移动融合
FPH	Free Phone	被叫集中付费
FR	Frame Relay	帧中继
FRCM	Free Running Clock Mode	独立时钟工作模式
FRS	Frame Relay Service	帧中继业务
FRMR	Frame Reject	帧拒绝
FSM	Finite State Machine	有限状态机
FSM	Forward Setup Message	前向建立消息
FSN	Forward Sequence Number	前向序号
GBE	Gigabite Ethernet	千兆位以太网
GERAN	GSM/EDGE Radio Access Network	GSM/EDGE 无线接入网
GFC	Generic Flow Control	一般流量控制
GFI	General Format Identification	通用格式标识符
GFP	Global Functional Plane	全局功能平面
GFP	Generic Framing Procedure	通用成帧规程
GGSN	Gateway GPRS Supportc Node	GPRS 网关支持节点
GII	Global Information Infrastructure	全球信息基础设施
GMPLS	Generalised Multiple Protocol Label Switching	通用多协议标记交换
GMSC	Gateway MSC	网关移动交换中心
GPRS	General Packet Radio Service	通用分组无线业务
GRM	Gircuit Group Supervision Message	电路群监视消息
GRQ	General Request Message	一般请求消息
GSL	Global Service Logic	总业务逻辑
GSM	Global Systems for Mobile communications	全球移动通信系统
GSM	General Forward Set-up Information Message	一般前向建立信息消息
GT	Global Title	全局码
GTP	General Tunelling Protocol	通用隧道协议
HDLC	High-Level Data Link Control	高级数据链路控制规程
HEC	Header Error Check	信头差错控制
HLR	Home Location Register	归属位置寄存器
HSS	Home Subscriber Server	归属用户服务器
HSDPA	High Speed Download Packet Access	高速下行分组接入
HSTP	Higher Signaling Transfer Point	高级信令转接点

续表

HSUPA	High Speed Uplink Packet Access	高速上行分组接入
IAD	Integrated Access Device	综合接入设备
IAI	IAM with Information	带有附加信息的初始地址消息
IAM	Initial Address Massage	初始地址消息
ICI	Interface Control Information	接口控制信息
IDU	Interface Data Unit	接口数据单元
IETF	Internet Engineering Task Force	因特网工程任务组
IGP	Interior Gateway Protocol	内部网关协议
IM	Information Mermory	信息储存器
IMEI	International Mobile Equipment Identification	国际移动设备识别号
IMP	Interface Mseeage Processor	接口信息处理机
IMS	IP Mutimedia Subsytem	IP 多媒体子系统
IMSI	International Mobile Subscriber Identity	国际移动用户识别号
IMT-2000	International Mobile Telecommunication-2000	国际移动通信 2000（第三代移动通信）
IN	Intelligent Netword	智能网
INP	Intelligent Netword Part	智能网应用部分
INP	Intelligent Netword Protocol	智能网应用规程
INCM	Intelligent Netword Conceptual Model	智能网概念模型
INSM	IN Switching Manager	IN 交换管理
IntServ	Integrated Services	综合业务模型
IP	Intelligent Periphcral	智能外设
IP-CAN	IP Connectivity Access Network	Ip 连通性接入网络
IP/DWDM	IP over DWDM	DWDM 上的 IP
IPOA	Classic IP Over ATM	ATM 上的经典 IP
IQ	Input Queued	输入排队
ISUP	ISDN User Part	ISDN 用户部分
ITAD	Internet Telephony Administrative Domain	Internet 电话管理域
LAC	Location Area Code	位置区编码
LAI	Location Area Identification	位置区识别码
LAN	Local Area Netword	局域网
LANE	Local Area Netword Emulation	局域网仿真
LAPB	Link Access Procedure Balanced	平衡型链路接入规程
LAPD	Link Access Procedure on D channel	基于 D 信道的链路接入规程
LAPF	Link Access Procedure for France-mode	针对帧方式的链路接入规程

续表

LCN	Logical Channel Number	逻辑信道号
LDP	Lable Distrebution Portocol	本地分配协议
LER	Label Edge Router	标记边缘路由器
LLC	Logical Link Control	逻辑链路控制子层
LMI	Logical Management Information	本地管理协议
LS	Location Server	定位服务器
LSP	Label Switch Path	标记交换路径
LSR	Label Switch Router	标记交换路由器
LSSU	Link Status Signal Unit	链路状态信令单元
LSTP	Lower Signlling Transfer Point	低级信令转接点
M2PA	MTP2 Peer-to-Peer Adaption	MTP2用户对等适配
M2UA	MTP2 User Adaptation	MTP2用户适配
M3UA	MTP3 User Adaptation	MTP3用户适配
MAC	Media Access Control	媒体访问控制子层
MACF	Multiple Association Control Function	多相关控制功能
MAN	Metropolitan Area Network	城域网
MAP	Mobile Application Part	移动应用部分
MAS	Mass Calling	大众呼叫
MB	Message Buffer	消息缓冲器
MCI	Malicious Call Identification	恶意呼叫识别
MCU	Multipoint Control Unit	多点控制单元
Megaco	Media Gataway Control Protocal	媒体网关控制协议
MFC	Multi-frequency Conquering	多频互控
MG	Media Gateway	媒体网关
MGCF	Media Gateway Control Function	媒体网关控制功能
MIN	Multi-stage Interconnect Network	多级互联网络
MIMO	Multiple-Input Multiple-Output	多输入多输出
MM	Message Mode	消息模式
MM	Mobility Management	移动性管理
MML	Man-Machine Language	MML语言
MPLS	Multiple Protocol Lablel Switch	多协议标记交换
MPOA	Multiple Protocol Over ATM	ATM上多协议
MRFC	Multimedia Resource Function Controller	多媒体资源功能控制器
MRFP	Multimedia Resource Function Processor	媒体资源功能处理器
MS	Mobile Station	移动台
MSC	Mobile Service Switching Center	移动业务交换中心
MSDN	Mobile Station Directory Number	移动用户号码簿号码

续表

MSRN	Mobile Station Roaming Number	移动台漫游号码
MSU	Message Signal Unit	消息信令单元
MTP	Message Signal Part	消息传递部分
NAT	Network Address Translation	网络地址转换
NGN	Next Generation Network	下一代网络
NHRP	Next Hop Resolution Protol	下一跳地址解析协议
NIFM	Non-IN Feature Manager	非 IN 特征管理
N-ISDN	Narrowhand Integrated Services Digital Network	窄带综合业务数字网
NNI	Network Node Interface	网络节点接口
NPC	Network Parameter Control	网络参数控制
NRM	Normal Response Mode	正常响应方式
NS	Network Server	网络服务器
OADM	Optical Add-Drop Multiplexer	光分插复用器
O-CSI	Originating CAMEL Subscriber Information	主叫签约信息
OFDM	Orthogonal Freguency Division Multiplexing	正交频分复用
OMC	Operation and Maintenancc Center	操作维护中心
OPC	Originating Point Code	源信令点编码
OQ	Output Queued	输出排队
OSA	Open System Architecture	开放系统体系结构
OSI RM	Open System Interconnection Reference Model	开放系统互连参考模型
OSPF	Open Shortest Path First	开放最短路径优先
OSS	Operationg support System	运营支撑系统
OXC	Optical Cross Connects	光交叉连接
P2P	Peer to peer	对等网络
PACH	Paging Channel	寻呼信通
PAM	Parting Transfer Message	逐段传递消息
PBS	Provisioned Bandwidth Service	提供宽带服务
PCH	Paging Channel	寻呼信道
PCR	Peak Cell Rate	峰值信元速率
PDF	Policy Decision Function	策略决策功能
PDU	Protocol Date Unit	协议数据单元
PGP	Pretty Good Privacy	端到端加密
PHB	Per Hop Behavior	每跳行为
PHI	Packet Handing Interface	分组处理接口
PIN	Personal Identity Number	个人识别码
PLMN	Public Land Mobile Network	公用陆地移动通信网
PM	Physical Media	物理媒体

续表

PNP	Privata Numbering Plan	专用编号计划
PP	Physical Plane	物理平面
PPDU	Presentation Protocol Date Unit	表示层协议单元
PPP	Point to Point Protocol	点对点协议
PS	Premium Service	优质的业务
PS	Packet Switched	分组交换
PSPDN	Packet Switched Public Date Network	分组交换公用数据网
PSTN	Public Switched Telephone Network	公用电话交换网
PTI	Payload Type Indication	净荷类型指示
SAP	Service Access Point	服务访问点
SAR	Segment And Reassemble	分段和重装子层
SAPI	Service Access Point Identificr	服务访问点标识
SBM	Successful Backward Message	后向建立成功消息
SCCP	Signaling Connection Control Part	信令链接控制部分
SCE	Service Creation Environment	业务生成环境
SCEF	Service Creation Environment Function	业务生成环境功能
SCF	Service Control Function	业务控制功能
SCH	Synchronization Channel	同步信道
SCP	Service Control Point	业务控制点
SCR	Sustainable Cell Rate	可维持的信元速率
SCTP	Stream Control Transport Protocol	流控制传送协议
SDCCH	Stand-alone Dediecated Control Channel	独立专用控制信道
SDF	Service Data Function	业务数据功能
SDL	Specification and Description Language	规范描述语言
SDP	Service Data Point	业务数据点
SDP	Session Description Protocol	会话描述协议
SE	Switching Element	交换单元
SF	Status Field	状态字段
SG	Signalling Gateway	信令网关
SGSN	Serving GPRS Support Node	GPRS 业务支持节点
SGW	Signalling Gateway	信令网关
SI	Service Indicator	业务指示语
SIB	Servce Independent Building Block	业务独立构件
SIF	Signaling Information Field	业务信息字段
SIGTRAN	Signaling Transport	信令传输
SIM	Subscriber Identity Module	用户识别卡
SIO	Service Indicator Octet	业务信息八位位组

续表

SIP	Session Initiation Protocol	会话启动协议
SL	Signaling Link	信令链路
SLA	Service Level Agreement	业务级别协定
SLEE	Service Logic Execution Environment	业务逻辑执行环境
SLEM	Service Logic Execution Management	业务逻辑执行管理
SLF	Subscription Locator Function	签约定位器功能
SLP	Service Logic Program	业务逻辑程序
SLPI	Service Logic Program Instance	业务逻辑处理程序实例
SLS	Signaling Link Selection	信令链路选择
SM	Streaming Mode	数据流模式
SMAF	Service Management Agent Function	业务管理接入功能
SMAP	Service Management Access Point	业务管理接入点
SMDS	Switched Multi-megebit Data Service	交换型多兆比特数据业务
SMF	Service Management Function	业务管理功能
SMPP	Short Message Point to Point	短信息点对点协议
SMS	Service Management System	业务管理系统
SMS	Short Message Service	短信息业务
SMS-G/IW	SMS Gateway/Internet Working	短信息业务网关/互联
SP	Signaling Pooint	信令点
SP	Service Plance	业务平面
SPC	Stored Program Conyrol	存储程序控制
SPDU	Session Protocol Data Unit	会话层协议数据单元
SRF	Specialized Resource Function	专用资源功能
SS	Software Swiching	软交换
SSCS	Service Specific Convergence Sub-layer	业务特定汇聚子层
SSD	Service Support Data	业务支撑数据
SSF	Service Switching Function	业务交换功能
SSF	Sub-Service Field	子业务字段
SSP	Service Switching Point	业务交换点
SSS	Self Synchronous Scrambling	自同步扰码
STD	Synchronous Time Division	同步时分
STM	Synchronous Transfer Mode	同步传送模式
STP	Signaling Transfer Point	信令转接点
SUA	SCCP-User Adaptation	SCCP 用户适配
SVC	Switching Virtual Circuit	交换虚电路
SVC	SWitched Virtual Connection	交换虚连接
TACS	Total Access Communication System	全接入通信系统

续表

TC	Transaction Capability	事务处理能力
TC	Transmmission Convergence	传输汇聚
TCH	Traffic Channel	业务信道
TCH/F	A Full Rate Traffic Channel	全速率业务信道
TCH/H	A Half Rate Traffic Channel	半速率业务信道
TCP	Transmission Control Protocol	传输控制协议
T-CSI	Termination CAMEL Subscriber Information	被叫签约信息
TDD	Time Division Duplex	时分双工
TDJ	Time Delay Jitter	时延抖动
TDMA	Time Division Multiple Access	时分多址
TD-SCDMA	Time Dividion-Synchronization Code Division Multiple Access	时分同步码分多址
TIA/EIA	Telecom Industries Associations/Electronic Industries	美国电信工业联盟/美国电子工业联盟
TMN	Telecommunication Management Network	电信管理网
TMSI	Temporary Mobile Subscriber Identity	临时移动用户识别码
ToS	Type of Service	服务类型
TRIB	Telephony Routing Information Base	电话路由信息库
TRIP	Telephony Routing over IP	电话路由协议
TUP	Telephone User Part	电话用户部分
UA	User Agent	用户代理
UAC	User Agent Client	用户代理客户机
UAS	User Agent Server	用户代理服务器
UBM	Unsuccessful Backward Message	后向建立不成功消息
UMTS	Universal Mobile Telecommunication System	全球移动通信系统
UNI	User-Network Interface	用户网络接口
UPC	User Parameter Control	用户参数控制
UPT	Universal Personal Telecommunication	通用个人通信
USR	User to User Message	用户至用户消息
UTRA	Universal Terrestrial Radio Access	全球陆地无线接入
VBR	Variable Bit Rate	可变比特率
VC	Virtual Channel	虚信道
VC	Virtual Connection	虚连接
VCC	Virtual Channel Connection	虚信道连接
VCI	Virtual Channel Identifier	虚信道标识符
VCL	Virtual Channel Link	虚信道链路
VLAN	Virtual LAN	虚拟局域网
VLR	Visitor Location Register	访问位置寄存器

续表

VoDSL	Voice over DSL	DSL 电话
VoIP	Voice over IP	IP 上的电话（IP 电话）
VOT	tele VOTing	电话投票
VP	Virtual Path	虚通路
VPC	Virtual Path Connection	虚通路连接
VPI	Virtual Path Identifier	虚通路标识符
VPL	Virtual Path Link	虚通路链路
VPN	Virtual Private Network	虚拟专用网
WAC	Wide Area Centrex	广域集中用户交换机
WAN	Wide Area Network	广域网
WCDMA	Wideband Code Division Multiple Access	宽带码分多址接入
WDM	Wavelength Division Multiplexing	波分复用
WF2Q	Worst case Fair Weighted Fair Queueing	最坏情况公平加权公平排队
WFQ	Weighted Fair Queuing	加权公平排队
WIN	Wireless Intelligent Network	无线智能网
WLAN	Wireless LAN	无线局域网
Wi-Fi	Wireless Fidelity	无线保真度（无线局域网的同义词）
WIMAX	Worldwide interoperability for Microwave Access	全球微波接入的互操作性，即 WMAN
WISP	Wireless Local Area Network	无线因特网服务提供者
WMAN	Wireless Metropolitan Area Network	无线局域网
WPAN	Wireless Personal Area Network	无线个人局域网
WSM	Wireless Sensor Network	无线传感器网络
WWW	World Wide Web	万维网
W3C	Worid Wide Web Consortium）	万维网联盟
WML	Wireless Markup Language	无线标记语言
WRR	Weighted Round Robin	加权轮转排队
XHTML	Extensible HTML	可扩展超文本标记语言
XML	Extensible Markup Language	可扩展标记语言

附录2 爱尔兰呼损公式计算表

求 E 的计算表

A \ m	11	12	13	14	15	16	17	18	19	20
7.1	0.050 716	0.029 113	0.015 662	0.007 880	0.003 716	0.001 646	0.000 687	0.000 271	0.000 101	0.000 036
7.2	0.053 802	0.031 272	0.017 025	0.008 680	0.004 149	0.001 864	0.000 789	0.000 315	0.000 119	0.000 043
7.3	0.056 973	0.033 498	0.018 463	0.009 535	0.004 619	0.002 103	0.000 902	0.003 660	0.000 141	0.000 051
7.4	0.060 226	0.035 809	0.079 976	0.010 449	0.005 128	0.002 366	0.001 020	0.000 423	0.000 165	0.000 061
7.5	0.063 557	0.038 206	0.021 566	0.011 421	0.005 678	0.002 655	0.001 170	0.000 487	0.000 192	0.000 072
7.6	0.066 964	0.040 685	0.023 233	0.012 455	0.006 271	0.002 970	0.001 326	0.000 560	0.000 224	0.000 085
7.7	0.070 444	0.043 247	0.024 976	0.013 551	0.006 908	0.003 313	0.001 499	0.000 641	0.000 260	0.000 100
7.8	0.073 994	0.045 889	0.026 796	0.014 709	0.007 591	0.003 687	0.001 689	0.000 731	0.000 300	0.000 117
7.9	0.077 610	0.048 609	0.028 692	0.015 933	0.008 321	0.004 092	0.001 898	0.000 832	0.000 346	0.000 137
8.0	0.081 288	0.051 406	0.030 665	0.017 221	0.009 101	0.004 530	0.002 127	0.000 945	0.000 398	0.000 159
8.1	0.085 027	0.054 278	0.032 713	0.018 575	0.009 931	0.005 002	0.002 378	0.001 069	0.000 455	0.000 184
8.2	0.088 821	0.057 222	0.034 836	0.019 996	0.010 813	0.005 511	0.002 651	0.001 206	0.000 520	0.000 213
8.3	0.092 669	0.060 235	0.037 034	0.021 484	0.011 748	0.006 057	0.002 949	0.001 358	0.000 593	0.000 246
8.4	0.096 567	0.063 317	0.039 304	0.023 039	0.012 738	0.006 643	0.003 272	0.001 524	0.000 674	0.000 283
8.5	0.100 511	0.066 464	0.041 647	0.024 662	0.013 783	0.007 269	0.003 621	0.001 707	0.000 763	0.000 324
8.6	0.104 499	0.069 673	0.044 061	0.026 353	0.014 884	0.007 937	0.003 999	0.001 907	0.000 862	0.000 371
8.7	0.108 527	0.072 943	0.046 543	0.028 110	0.016 042	0.008 648	0.004 406	0.002 125	0.000 972	0.000 423
8.8	0.112 592	0.076 270	0.049 094	0.029 935	0.017 259	0.009 403	0.004 844	0.002 363	0.001 093	0.000 481
8.9	0.116 691	0.079 652	0.051 711	0.031 827	0.018 534	0.010 204	0.005 314	0.002 621	0.001 226	0.000 545
9.0	0.120 821	0.083 087	0.054 393	0.033 785	0.019 868	0.011 052	0.005 817	0.002 900	0.001 372	0.000 617
9.1	0.124 979	0.086 571	0.057 137	0.035 809	0.021 262	0.017 948	0.006 355	0.003 203	0.001 532	0.000 696
9.2	0.129 163	0.090 102	0.059 943	0.037 898	0.022 716	0.012 893	0.006 929	0.003 529	0.001 706	0.000 784
9.3	0.133 369	0.093 678	0.062 807	0.040 051	0.024 230	0.013 888	0.007 540	0.003 881	0.001 896	0.000 881

续表

A \ m	11	12	13	14	15	16	17	18	19	20
9.4	0.137 595	0.097 296	0.065 728	0.042 267	0.025 804	0.014 933	0.008 190	0.004 259	0.002 102	0.000 987
9.5	0.141 839	0.100 953	0.068 705	0.044 544	0.027 437	0.016 030	0.008 878	0.004 664	0.002 327	0.001 104
9.6	0.146 097	0.104 647	0.071 734	0.046 883	0.029 131	0.017 178	0.009 608	0.005 098	0.002 569	0.001 232
9.7	0.150 368	0.108 375	0.074 814	0.049 281	0.030 884	0.018 379	0.010 378	0.005 562	0.002 831	0.001 371
9.8	0.154 649	0.112 134	0.077 943	0.051 738	0.032 697	0.019 634	0.011 191	0.006 056	0.003 114	0.001 524
9.9	0.158 938	0.115 923	0.081 119	0.054 251	0.034 568	0.020 941	0.012 048	0.006 583	0.003 418	0.001 689
10.0	0.163 232	0.119 739	0.084 339	0.056 819	0.036 497	0.022 302	0.012 949	0.007 142	0.003 745	0.001 869
10.1	0.167 531	0.123 580	0.087 601	0.059 441	0.038 484	0.023 717	0.013 895	0.007 736	0.004 096	0.002 046
10.2	0.171 831	0.127 442	0.090 903	0.062 116	0.040 527	0.025 185	0.014 886	0.008 365	0.004 471	0.002 275
10.3	0.176 131	0.131 325	0.094 244	0.064 841	0.042 626	0.026 708	0.015 924	0.009 030	0.004 871	0.002 502
10.4	0.180 429	0.135 226	0.097 620	0.067 615	0.044 780	0.028 284	0.017 009	0.009 732	0.005 299	0.002 748
10.5	0.184 723	0.139 142	0.101 030	0.070 436	0.046 988	0.029 914	0.018 141	0.101 471	0.005 754	0.003 011
10.6	0.189 012	0.143 073	0.104 472	0.073 302	0.049 249	0.031 596	0.019 321	0.011 250	0.006 237	0.003 295
10.7	0.193 294	0.147 015	0.107 943	0.076 212	0.051 561	0.033 332	0.020 549	0.012 068	0.006 750	0.003 598
10.8	0.197 568	0.150 967	0.111 442	0.079 164	0.053 924	0.035 121	0.021 825	0.012 926	0.007 294	0.003 923
10.9	0.201 832	0.154 928	0.114 967	0.082 156	0.056 337	0.036 961	0.023 150	0.013 825	0.007 869	0.004 270
11.0	0.206 085	0.158 894	0.118 515	0.085 186	0.058 797	0.038 852	0.024 523	0.014 765	0.008 476	0.004 640
11.1	0.210 326	0.162 865	0.122 085	0.088 253	0.061 304	0.040 795	0.025 945	0.015 748	0.009 116	0.005 034
11.2	0.214 553	0.166 840	0.125 675	0.091 335	0.063 856	0.042 787	0.027 416	0.016 773	0.009 790	0.005 453
11.3	0.218 765	0.170 815	0.129 282	0.094 489	0.066 452	0.044 828	0.028 935	0.017 841	0.010 499	0.005 897
11.4	0.222 963	0.174 791	0.132 907	0.097 655	0.069 090	0.046 917	0.030 502	0.018 952	0.011 243	0.006 368
11.5	0.227 143	0.178 765	0.136 545	0.100 851	0.071 770	0.049 054	0.032 118	0.020 107	0.012 024	0.006 866
11.6	0.231 306	0.182 737	0.140 197	0.104 074	0.074 489	0.051 237	0.033 781	0.021 306	0.012 841	0.007 393

续表

A \ m	11	12	13	14	15	16	17	18	19	20
11.7	0.235 450	0.186 704	0.143 860	0.107 323	0.077 245	0.053 466	0.035 491	0.022 549	0.013 695	0.007 948
11.8	0.239 576	0.190 665	0.147 533	0.110 596	0.080 039	0.055 739	0.037 248	0.023 836	0.014 588	0.008 533
11.9	0.243 681	0.194 620	0.151 213	0.113 893	0.082 867	0.058 055	0.039 051	0.025 167	0.015 518	0.009 149
12.0	0.247 766	0.198 567	0.154 901	0.117 210	0.085 729	0.060 413	0.040 900	0.026 543	0.016 488	0.009 796
12.1	0.251 829	0.202 506	0.158 593	0.120 547	0.088 623	0.062 812	0.042 794	0.027 963	0.017 496	0.010 474
12.2	0.255 870	0.206 434	0.162 290	0.123 901	0.091 548	0.065 250	0.044 732	0.029 426	0.018 544	0.011 186
12.3	0.259 889	0.210 352	0.165 989	0.127 273	0.094 501	0.067 727	0.046 714	0.030 934	0.019 632	0.011 930
12.4	0.263 885	0.214 257	0.169 689	0.130 659	0.097 482	0.070 242	0.048 738	0.032 485	0.020 760	0.012 708
12.5	0.267 857	0.218 150	0.173 390	0.134 058	0.100 489	0.072 792	0.050 805	0.034 079	0.021 929	0.013 520
12.6	0.271 806	0.222 030	0.177 089	0.137 470	0.103 521	0.075 378	0.052 912	0.035 716	0.023 137	0.014 367
12.7	0.275 730	0.225 895	0.180 786	0.140 892	0.106 576	0.077 996	0.055 060	0.037 395	0.024 386	0.015 249
12.8	0.279 629	0.229 745	0.184 479	0.144 324	0.109 652	0.080 647	0.057 246	0.039 116	0.025 675	0.016 167
12.9	0.283 504	0.233 579	0.188 168	0.147 764	0.112 749	0.083 329	0.059 472	0.040 879	0.027 005	0.017 120
13.0	0.287 353	0.237 397	0.191 852	0.151 210	0.115 865	0.086 040	0.061 734	0.042 683	0.028 375	0.018 110
13.1	0.291 176	0.241 198	0.195 530	0.154 663	0.118 999	0.077 780	0.064 032	0.044 526	0.029 785	0.019 136
13.2	0.294 974	0.244 982	0.199 200	0.158 119	0.122 149	0.091 547	0.066 366	0.046 410	0.031 235	0.020 199
13.3	0.298 746	0.248 747	0.202 862	0.161 579	0.125 314	0.094 340	0.068 734	0.048 332	0.032 725	0.021 299
13.4	0.302 491	0.252 494	0.206 515	0.165 041	0.128 492	0.097 157	0.071 135	0.050 293	0.034 255	0.022 436
13.5	0.306 210	0.256 222	0.210 158	0.168 505	0.131 684	0.099 998	0.073 568	0.052 291	0.035 823	0.023 610
13.6	0.309 903	0.259 930	0.213 791	0.171 968	0.134 886	0.102 860	0.076 032	0.054 325	0.037 430	0.024 821
13.7	0.313 569	0.263 618	0.217 413	0.175 431	0.138 099	0.105 744	0.078 525	0.056 396	0.039 075	0.026 069
13.8	0.317 208	0.267 286	0.221 023	0.178 891	0.141 321	0.108 647	0.081 048	0.058 501	0.040 759	0.027 354
13.9	0.320 821	0.270 934	0.224 620	0.182 349	0.144 551	0.111 568	0.083 597	0.060 641	0.042 479	0.028 676
14.0	0.324 407	0.274 560	0.228 205	0.185 804	0.147 788	0.114 507	0.086 174	0.062 814	0.044 236	0.030 035
14.1	0.327 966	0.278 166	0.231 776	0.189 253	0.151 030	0.117 462	0.088 775	0.065 019	0.046 030	0.031 431

续表

m / A	11	12	13	14	15	16	17	18	19	20
14.2	0.331 498	0.281 750	0.235 332	0.192 698	0.154 278	0.120 432	0.091 401	0.067 256	0.047 859	0.032 863
14.3	0.335 003	0.285 312	0.238 874	0.196 137	0.157 529	0.123 415	0.094 050	0.069 523	0.049 724	0.034 332
14.4	0.338 482	0.288 852	0.242 401	0.199 569	0.160 782	0.126 412	0.096 722	0.071 820	0.051 622	0.035 836
14.5	0.341 933	0.292 371	0.245 912	0.202 994	0.164 038	0.129 420	0.099 414	0.074 145	0.053 554	0.037 376
14.6	0.345 358	0.295 867	0.249 408	0.206 410	0.167 295	0.132 439	0.102 126	0.076 499	0.055 520	0.038 951
14.7	0.348 756	0.299 340	0.252 887	0.209 818	0.170 552	0.135 468	0.104 857	0.078 879	0.057 517	0.040 560
14.8	0.352 128	0.302 791	0.256 349	0.213 216	0.173 809	0.138 505	0.107 606	0.081 284	0.059 546	0.042 204
14.9	0.355 473	0.306 220	0.259 764	0.216 605	0.177 064	0.141 550	0.110 371	0.083 715	0.061 605	0.043 882
15.0	0.358 792	0.309 626	0.263 222	0.219 983	0.180 316	0.144 602	0.113 153	0.086 169	0.063 695	0.045 593
15.1	0.362 084	0.313 008	0.266 632	0.223 350	0.183 566	0.147 660	0.115 949	0.088 646	0.065 814	0.047 337
15.2	0.365 350	0.316 368	0.270 024	0.226 706	0.186 812	0.150 723	0.118 759	0.091 145	0.067 961	0.049 113
15.3	0.368 590	0.319 706	0.273 398	0.230 049	0.190 054	0.153 790	0.121 582	0.093 665	0.070 135	0.050 921
15.4	0.371 803	0.323 020	0.276 753	0.233 381	0.193 291	0.156 860	0.124 417	0.096 205	0.072 336	0.052 760
15.5	0.374 991	0.326 311	0.280 090	0.236 699	0.196 522	0.159 933	0.127 263	0.098 764	0.074 563	0.054 630
15.6	0.378 153	0.329 579	0.283 408	0.240 005	0.199 747	0.163 007	0.130 119	0.101 342	0.076 815	0.056 529
15.7	0.381 290	0.332 824	0.286 707	0.243 296	0.202 965	0.166 083	0.132 985	0.103 936	0.079 092	0.058 457
15.8	0.384 401	0.336 046	0.289 987	0.246 574	0.206 176	0.169 158	0.135 858	0.106 547	0.081 391	0.080 414
15.9	0.387 487	0.339 245	0.293 248	0.349 838	0.209 379	0.172 234	0.138 740	0.109 174	0.083 713	0.062 399
16.0	0.390 547	0.342 421	0.296 489	0.253 087	0.212 573	0.175 308	0.141 628	0.111 815	0.086 057	0.064 411
16.1	0.393 583	0.345 574	0.299 710	0.256 321	0.215 759	0.178 380	0.144 521	0.114 469	0.088 421	0.066 449
16.2	0.396 594	0.348 705	0.302 912	0.259 541	0.218 935	0.181 450	0.147 420	0.117 137	0.090 805	0.068 513

续表

m / A	11	12	13	14	15	16	17	18	19	20
16.3	0.399 580	0.351 812	0.306 095	0.262 744	0.222 102	0.184 516	0.150 324	0.119 816	0.093 209	0.070 602
16.4	0.402 542	0.354 897	0.309 257	0.265 932	0.225 258	0.187 580	0.153 231	0.122 507	0.095 631	0.072 715
16.5	0.405 479	0.357 959	0.312 400	0.269 105	0.228 404	0.190 638	0.156 141	0.125 208	0.098 070	0.074 852
16.6	0.408 393	0.360 999	0.315 522	0.272 261	0.231 539	0.193 693	0.159 053	0.127 919	0.100 526	0.077 011
16.7	0.411 282	0.364 016	0.318 625	0.275 401	0.234 663	0.196 741	0.161 966	0.130 638	0.102 997	0.079 192
16.8	0.414 148	0.367 011	0.321 708	0.278 525	0.237 775	0.199 785	0.164 881	0.133 365	0.105 484	0.081 395
16.9	0.416 990	0.369 984	0.324 771	0.281 632	0.240 875	0.202 821	0.167 796	0.136 100	0.107 985	0.083 618
17.0	0.419 809	0.372 934	0.327 814	0.284 723	0.243 963	0.205 852	0.170 710	0.138 842	0.110 500	0.085 860
17.1	0.422 604	0.375 862	0.330 837	0.287 797	0.247 038	0.208 874	0.173 624	0.141 589	0.113 027	0.088 122
17.2	0.425 377	0.378 769	0.333 840	0.290 854	0.250 101	0.211 890	0.176 536	0.144 341	0.115 566	0.090 402
17.3	0.428 127	0.381 653	0.336 823	0.293 893	0.253 159	0.214 897	0.179 446	0.147 098	0.118 117	0.092 700
17.4	0.430 854	0.384 516	0.339 786	0.296 916	0.256 186	0.217 896	0.182 354	0.149 859	0.120 678	0.095 014
17.5	0.433 559	0.387 357	0.342 729	0.299 922	0.259 209	0.220 886	0.185 258	0.152 623	0.123 248	0.097 344
17.6	0.436 241	0.390 177	0.345 652	0.302 910	0.262 218	0.223 868	0.188 159	0.155 390	0.125 828	0.099 690
17.7	0.438 902	0.392 976	0.348 556	0.305 881	0.265213	0.226 839	0.191 056	0.158 158	0.128 417	0.102 051
17.8	0.441 541	0.395 753	0.341 440	0.308 834	0.268 194	0.229 801	0.193 948	0.160 928	0.131 013	0.104 425
17.9	0.444 158	0.398 509	0.354 304	0.311 770	0.271 161	0.232 753	0.196 836	0.163 699	0.133 616	0.106 813
18.0	0.446 754	0.401 244	0.357 149	0.314 689	0.274 114	0.235 695	0.199 718	0.166 417	0.136 225	0.109 213
18.1	0.449 328	0.403 959	0.359 973	0.317 590	0.277 052	0.238 626	0.202 594	0.169 242	0.138 840	0.111 625
18.2	0.451 885	0.406 653	0.362 779	0.320 473	0.279 975	0.241 546	0.205 464	0.172 012	0.141 461	0.114 048
18.3	0.454 415	0.409 326	0.365 565	0.323 339	0.282 884	0.244 455	0.209 328	0.174 781	0.144 086	0.116 482
18.4	0.456 827	0.411 979	0.368 332	0.326 188	0.285 777	0.247 353	0.211 184	0.177 549	0.146 715	0.118 926

续表

A \ m	11	12	13	14	15	16	17	18	19	20
18.5	0.459 418	0.414 612	0.371 079	0.329 019	0.288 656	0.250 239	0.214 034	0.180 314	0.149 349	0.121 379
18.6	0.461 890	0.417 225	0.373 808	0.331 832	0.291 520	0.253 114	0.216 875	0.183 076	0.151 983	0.123 840
18.7	0.464 341	0.419 818	0.376 517	0.334 628	0.294 368	0.255 976	0.219 709	0.185 836	0.154 621	0.126 310
18.8	0.466 772	0.422 392	0.379 209	0.337 407	0.297 201	0.258 826	0.222 535	0.188 592	0.157 261	0.128 787
18.9	0.469 184	0.424 945	0.381 879	0.340 167	0.300 019	0.261 665	0.225 352	0.191 344	0.159 902	0.131 271
19.0	0.471 576	0.427 680	0.384 531	0.342 911	0.302 822	0.264 490	0.228 161	0.194 092	0.162 544	0.133 761
19.1	0.473 949	0.429 995	0.387 165	0.345 637	0.305 609	0.267 303	0.230 960	0.196 835	0.165 186	0.136 257
19.2	0.476 306	0.432 491	0.239 781	0.348 346	0.308 381	0.270 103	0.233 751	0.199 573	0.167 828	0.138 759
19.3	0.478 639	0.434 967	0.392 378	0.351 037	0.311 137	0.272 891	0.236 531	0.202 306	0.170 139	0.141 264
19.4	0.480 954	0.437 426	0.394 956	0.353 712	0.313 878	0.256 650	0.239 302	0.205 034	0.173 110	0.143 774
19.5	0.483 252	0.439 865	0.397 517	0.356 369	0.316 603	0.278 427	0.242 063	0.207 755	0.175 749	0.146 288
19.6	0.485 531	0.442 286	0.400 059	0.359 008	0.319 313	0.281 175	0.244 814	0.210 470	0.178 386	0.148 804
19.7	0.487 792	0.444 689	0.402 584	0.361 631	0.322 007	0.283 910	0.247 555	0.213 178	0.181 021	0.151 323
19.8	0.490 035	0.447 073	0.405 090	0.364 237	0.324 686	0.286 631	0.250 285	0.215 879	0.183 653	0.153 845
19.9	0.492 261	0.449 440	0.407 579	0.366 826	0.327 349	0.289 339	0.253 005	0.218 574	0.186 282	0.156 368
20.0	0.494 468	0.451 789	0.410 050	0.369 398	0.329 997	0.292 033	0.255 714	0.221 260	0.188 908	0.158 892
20.1	0.496 658	0.454 119	0.412 504	0.371 953	0.332 629	0.294 714	0.584 110	0.223 939	0.191 530	0.161 417
20.2	0.498 831	0.456 433	0.414 940	0.374 491	0.335 246	0.297 382	0.261 098	0.226 611	0.194 148	0.163 942
20.3	0.500 987	0.458 729	0.417 359	0.377 013	0.337 847	0.300 035	0.263 773	0.229 274	0.196 762	0.166 458
20.4	0.503 125	0.461 007	0.419 761	0.379 518	0.340 433	0.302 675	0.266 437	0.231 929	0.199 371	0.168 992
20.5	0.502 524	0.463 269	0.422 146	0.382 007	0.343 003	0.305 301	0.269 090	0.234 575	0.201 975	0.171 516
20.6	0.507 353	0.465 514	0.424 514	0.394 480	0.345 558	0.307 913	0.271 731	0.237 212	0.204 574	0.174 039
20.7	0.509 442	0.467 742	0.426 865	0.386 936	0.348 097	0.310 512	0.274 360	0.239 841	0.207 167	0.176 560

续表

A \ m	11	12	13	14	15	16	17	18	19	20
20.8	0.511 514	0.469 953	0.429 199	0.389 375	0.350 621	0.313 096	0.276 977	0.242 460	0.209 755	0.179 080
20.9	0.513571	0.472 148	0.431 517	0.391 799	0.353 130	0.315 667	0.279 583	0.245 070	0.212 336	0.181 597
21.0	0.515 611	0.474 326	0.433 819	0.394 207	0.355 624	0.318 224	0.282 176	0.247 671	0.214 911	0.184 111
21.1	0.517 636	0.476488	0.436 104	0.396 598	0.358 103	0.320 767	0.284 758	0.250 262	0.217 480	0.186 623
21.2	0.519645	0.478 634	0.438 373	0.398 974	0.360 566	0.323 290	0.287 327	0.252 844	0.220 042	0.189 131
21.3	0.521 638	0.480 731	0.440 626	0.401 334	0.363 015	0.325 811	0.289 885	0.255 415	0.222 597	0.191 635
21.4	0.523 617	0.482 879	0.442 864	0.403 679	0.365 448	0.328 312	0.292 430	0.257 977	0.225 144	0.194 136
21.5	0.525 580	0.484 978	0.445 085	0.406 008	0.367 867	0.330 800	0.294 962	0.260 528	0.227 685	0.196 633
21.6	0.527 528	0.487 061	0.447 291	0.408 321	0.370 270	0.333 273	0.297 483	0.263 069	0.230 217	0.199 125
21.7	0.529 461	0.489 129	0.449 482	0.410 619	0.372 659	0.335 733	0.299 991	0.265 600	0.232 742	0.201 613
21.8	0.531 380	0.491 182	0.451 657	0.412 902	0.375 033	0.338 179	0.302 487	0.268 121	0.235 259	0.204 096
21.9	0.533 284	0.493 220	0.453 816	0.415 170	0.377 392	0.340 611	0.304 970	0.270 630	0.237 768	0.206 574
22.0	0.535 173	0.495 243	0.455 961	0.417 423	0.379 737	0.343 030	0.307 441	0.273 130	0.240 269	0.209 046
23.0	0.553 300	0.514 700	0.476 600	0.439 100	0.402 400	0.366 500	0.331 500	0.297 500	0.264 800	0.233 400

求 A 的计算表

m \ E	0.001	0.002	0.005	0.010	0.020	0.030	0.050	0.070	0.100	0.200
10	3.092	3.427	3.961	4.461	5.084	5.529	6.216	6.776	7.511	9.685
11	3.651	4.022	4.610	5.160	5.842	6.328	7.076	7.687	8.487	10.857
12	4.231	4.637	5.279	5.876	6.615	7.141	7.950	8.610	9.474	12.036
13	4.831	5.270	5.964	6.607	7.402	7.967	8.835	9.543	10.470	13.222
14	5.446	5.919	6.663	7.352	8.200	8.803	9.730	10.485	11.473	14.413
15	6.077	6.582	7.376	8.108	9.010	9.650	10.633	11.434	12.484	15.608
16	6.722	7.258	8.100	9.875	9.828	10.505	11.544	12.390	13.500	16.807
17	7.373	7.946	9.834	9.652	10.656	11.368	12.461	13.353	14.522	18.010
18	8.046	8.644	9.578	10.427	11.491	12.238	13.385	14.321	15.548	19.216
19	8.724	9.351	10.331	11.230	12.333	13.115	14.315	15.294	16.579	20.424

续表

m \ E	0.001	0.002	0.005	0.010	0.020	0.030	0.050	0.070	0.100	0.200
20	9.411	10.068	11.092	12.031	13.182	13.997	15.249	16.271	17.613	21.635
21	10.108	10.793	11.860	12.838	14.036	14.884	16.189	17.253	18.651	22.848
22	10.812	11.525	12.635	13.651	14.896	15.778	17.132	18.238	19.692	24.064
23	11.524	12.265	13.416	14.470	15.761	16.675	18.080	19.227	20.737	25.281
24	12.243	13.011	14.204	15.295	16.631	17.577	19.031	20.219	21.784	26.499
25	12.969	13.763	14.997	16.125	17.505	18.483	19.985	21.215	22.833	27.720
26	13.701	14.522	15.795	16.959	18.383	19.392	20.943	22.212	23.885	28.941
27	14.439	15.285	16.598	17.797	19.265	20.305	21.904	23-213	24.930	30.164
28	15.182	16.054	17.406	18.640	20.150	21.221	22.867	24.216	25.995	31.388
29	15.930	16.828	18.218	19.487	21.039	22.140	23.833	25.221	27.053	32.614
30	16.684	17.606	19.034	20.337	21.932	23.062	24.802	26.228	28.113	33.840
31	17.442	18.389	19.854	21.191	22.827	23.987	25.773	27.238	29.174	35.067
32	18.205	19.176	20.678	22.048	23.725	24.914	26.746	28.249	30.237	36.295
33	19.972	19.966	21.505	22.909	24.626	25.844	27.721	29.262	31.301	37.524
34	19.743	20.761	22.336	23.772	25.529	26.776	28.698	30.277	32.367	38.754
35	20.517	21.559	23.169	24.638	26.435	27.711	29.677	31.293	33.434	39.985
36	21.296	22.361	24.006	25.507	27.343	28.647	30.657	32.311	34.503	41.216
37	22.078	23.166	24.846	26.378	28.254	29.585	31.640	33.330	35.572	42.448
38	22.864	23.974	25.689	27.252	29.166	30.526	32.624	34.351	36.643	43.680
39	23.652	24.785	26.534	28.129	30.081	31.468	33.609	35.373	37.715	44.913
40	24.444	25.599	27.382	29.007	30.997	32.412	34.596	36.396	38.787	46.147
41	25.239	26.416	28.232	29.888	31.916	33.357	35.421	35.584	39.861	47.381
42	26.037	27.235	29.085	30.771	32.836	34.305	36.574	38.446	40.936	48.616
43	26.837	28.057	29.940	31.656	33.758	35.253	37.565	39.473	42.011	49.851
44	27.641	28.882	30.797	32.543	34.682	36.203	38.557	40.501	43.088	51.086

续表

m \ s	0.001	0.002	0.005	0.010	0.020	0.030	0.050	0.070	0.100	0.200
45	52.10	39.62	53.86	67.03	65.14	46.71	71.88	55.56	58.13	80.44
46	61.91	44.75	55.14	36.11	41.38	61.32	49.68	67.52	53.56	60.28
47	46.47	55.74	47.74	35.76	65.49	69.87	58.13	69.94	75.25	58.68
48	56.95	58.55	44.98	34.68	62.45	66.31	42.36	74.08	78.27	52.91
49	47.67	56.06	41.50	60.62	58.32	71.30	51.64	66.14	76.79	65.87
50	50.32	50.61	56.55	62.51	69.43	51.51	43.47	42.73	67.28	81.44
51	36.62	40.45	57.43	62.46	43.18	47.71	39.04	72.06	61.86	69.37
52	28.02	39.21	59.25	51.53	37.66	69.51	67.32	54.39	47.19	52.16
53	54.69	44.90	32.02	49.61	60.63	71.46	39.30	69.42	45.33	61.05
54	46.99	41.31	41.41	52.28	38.61	59.67	66.63	55.50	78.45	70.45
55	52.82	61.56	57.00	67.33	51.96	42.49	59.34	42.28	62.46	67.58
56	38.22	45.67	39.45	60.88	40.64	57.38	45.95	49.48	74.35	72.57
57	30.75	46.63	65.32	58.96	66.14	39.30	52.77	52.92	67.21	62.64
58	54.62	50.70	34.97	39.70	53.02	50.00	62.43	65.99	63.03	84.94
59	42.20	56.94	37.65	49.41	53.72	62.68	49.41	41.93	74.01	63.53
60	32.64	49.56	36.97	65.90	45.85	43.90	60.22	69.51	75.40	74.63
61	42.48	56.72	37.84	60.79	49.44	50.96	66.51	73.51	51.76	69.44
62	41.43	29.96	39.31	48.33	45.52	44.77	48.32	51.37	69.60	64.02
63	59.19	55.67	57.84	55.91	45.18	59.24	65.69	55.90	50.08	57.40
64	43.47	61.80	60.41	42.65	57.49	68.33	72.44	53.99	67.14	67.43

续表

m \ s	0.001	0.002	0.005	0.010	0.020	0.030	0.050	0.070	0.100	0.200
65	44.60	35.85	51.59	39.28	42.21	71.53	46.66	54.26	69.79	70.38
66	56.35	63.59	36.47	59.84	43.91	40.50	55.37	45.26	44.15	61.57
67	43.97	61.95	60.15	56.97	44.62	71.56	71.80	75.92	61.67	86.18
68	53.91	48.76	61.72	42.00	37.49	54.08	56.03	62.25	61.54	77.80
69	32.95	53.27	52.36	41.91	57.69	48.66	48.16	72.57	64.40	75.79
70	45.09	59.32	39.82	38.41	37.67	69.52	53.81	50.09	69.43	53.82
71	51.14	53.96	34.50	49.44	49.12	43.40	56.59	69.42	62.17	77.82
72	42.93	52.05	56.70	49.23	51.16	49.74	68.26	44.59	60.47	84.41
73	56.45	62.12	49.14	65.17	39.04	57.10	49.34	42.08	45.80	52.45
74	61.06	29.31	47.78	59.75	40.20	60.82	69.86	71.73	53.48	61.16
75	50.46	43.20	55.24	45.34	61.23	50.83	46.41	65.76	51.60	64.91
76	45.52	61.75	53.45	67.92	43.90	47.56	59.71	55.63	59.26	76.97
77	41.12	32.30	31.22	64.44	61.74	51.83	67.16	57.22	70.17	74.61
78	33.13	37.43	35.82	60.66	62.05	66.79	40.52	62.71	65.77	62.04
79	42.53	48.45	63.34	66.86	63.82	58.54	61.61	49.71	57.39	63.74
80	51.93	57.99	58.70	34.82	58.07	47.37	50.30	62.59	69.50	52.31
81	37.45	49.82	49.54	55.11	46.30	52.42	70.86	43.02	53.54	78.75
82	30.20	42.90	43.59	36.72	44.85	66.15	64.01	53.81	57.62	56.66
83	30.41	40.32	57.63	51.76	53.03	55.51	41.00	65.49	45.37	80.27
84	30.24	62.43	33.00	37.54	43.87	60.28	68.56	59.13	46.78	53.45
85	35.54	43.88	46.46	63.60	53.39	48.14	58.96	58.77	75.49	63.84

续表

m \ E	0.001	0.002	0.005	0.010	0.020	0.030	0.050	0.070	0.100	0.200
82	59.54	61.84	64.48	67.22	70.61	73.04	76.86	80.06	84.39	98.24
83	60.40	62.36	65.39	68.15	71.57	74.02	77.87	81.11	85.48	99.48
84	61.27	63.24	66.29	69.08	72.53	75.01	78.89	82.16	86.58	100.73
85	62.14	64.13	67.20	70.02	73.49	75.99	79.91	83.21	87.67	101.97
86	63.00	65.01	68.11	70.95	74.45	76.97	80.93	84.26	88.77	103.21
87	93.87	65.90	69.02	71.88	75.42	77.96	81.95	85.31	89.86	104.46
88	64.74	66.78	69.93	72.81	76.38	78.39	82.97	86.36	90.96	105.70
89	65.61	67.67	70.84	73.75	77.34	79.93	93.99	87.41	92.05	106.95
90	66.48	68.56	71.76	74.68	78.31	80.91	85.01	88.46	93.15	108.19
91	67.36	69.44	72.67	75.62	79.27	81.90	86.40	89.52	94.24	109.44
92	68.23	70.33	73.58	76.56	80.24	82.89	87.06	90.57	95.34	110.68
93	69.10	71.22	74.50	77.49	81.20	83.87	88.08	91.62	96.43	111.93
94	69.98	72.11	75.41	78.43	82.17	84.86	89.10	92.67	97.53	113.17
95	70.85	73.00	76.32	79.37	83.13	85.85	90.12	93.73	98.66	114.42
96	71.73	73.90	77.24	80.31	84.10	86.84	91.15	94.78	99.72	115.66
97	72.61	74.79	78.16	81.24	85.07	87.83	92.17	95.83	100.82	116.91
98	73.48	75.68	79.07	82.18	86.06	88.82	93.19	96.89	101.92	118.15
99	74.36	76.57	79.99	83.12	87.00	89.80	94.22	97.94	103.01	119.40
100	75.24	77.47	80.91	84.06	87.97	90.79	95.24	98.99	104.11	120.64

参考文献

[1] 冯先成，李德骏，刘晓华．计算机网络及应用．武汉：华中科技大学出版社，2011.
[2] 李静．电话网交换技术．北京：人民邮电出版社，2012.
[3] 叶敏．程控数字交换与交换网．北京：北京邮电大学出版社，2003.
[4] 徐荣，邓春胜．电信级以太网．北京：人民邮电出版社．2009.
[5] 罗国明，沈庆国，张曙光，彭来献．现代交换原理与技术．北京：电子工业出版社．2014.
[6] 桂海源．软交换与NGN．北京：人民邮电出版社．2009.
[7] 金惠文．现代交换原理（第3版）．北京：电子工业出版社．2011.
[8] 毛京丽．宽带IP网络．北京：人民邮电出版社．2010.
[9] 谢希仁．计算机网络．北京：电子工业出版社．2013.
[10] 张中荃．现代交换技术（第3版）．北京：人民邮电出版社．2013.
[11] 吴潜蛟．现代交换原理与技术．西安：西安电子科技大学出版社．2013.
[12] 化雪荟．现代交换技术．北京：北京师范大学出版社．2012.
[13] 师向群，孟庆元．现代交换原理与技术．西安：西安电子科技大学出版社．2013.
[14] 姚仲敏．现代交换原理及CTI应用．哈尔滨：哈尔滨工业大学出版社．2014.
[15] 桂海源，张碧玲．现代交换原理（第4版）．北京：人民邮电出版社．2015.
[16] 刘丽．现代交换技术．北京：机械工业出版社．2016.
[17] 雒明世．现代交换原理与技术．北京：清华大学出版社．2016.